# Calculus
## for pre-service teachers

# 예비교사를 위한
# 미분적분학

이홍렬 지음

KM 경문사

# 머리말

현대사회에서 수학의 활용도와 중요성은 나날이 증대되고 있지만, 학생들의 수학에 대한 흥미와 성취도는 갈수록 낮아지고 있다. 다른 학문과 달리 수학은 유난히 계통적이고 추상적인 관계로 기초개념의 정확한 이해가 향후 수학 학습이나 활용의 성패에 커다란 영향을 미친다.

이 책은 전공과 관계없이 대학에서 처음으로 미적분을 배우는 학생들을 위하여 두 학기 강의용으로 만든 것으로 미적분을 처음 배우는 학생들이 계통적으로 기초 개념과 여러 가지 정리, 공식 등을 이해하고 충분히 활용할 수 있도록 가능하면 알기 쉽게 설명하였고, 계산에도 숙달될 수 있도록 다양하고 풍부한 문제를 수록하였다. 복잡한 증명이나 엄밀한 논리 전개보다는 직관적 이해에 중점을 두고 내용을 기술하였으며, 각 절의 끝에 연습문제를 두어 내용을 정리하였고 책 뒤에 간단히 해답을 두어 학생들의 학습에 도움이 되도록 하였다.

특히 저자가 수학교육과에서 강의하며 평소 학생들의 임용고사 준비 가운데 미적분 분야에서 미흡했던 내용이나 문제를 보완하려다 보니 내용이 조금 분산되고 두 학기에 모든 내용을 강의하기가 부담스러울 수 있을 것이다. 따라서 필요와 여건에 따라 내용을 가감하여 강의할 필요가 있다. 아울러 그동안 미적분 분야에서 임용고사에 출제되었던 문제를 대부분 수록하였으니 독자들의 임용 준비에 도움이 되길 바란다.

끝으로 이 책을 출판하는 데 도움을 주신 동료 교수님과 도서출판 경문사 여러분께 감사를 드린다.

지은이 씀

# 차 례

## 제3장 미 분



## 제4장 미분의 응용



## 제5장 적 분

## 제6장 적분법



## 제7장 적분의 응용



## 제8장 무한급수



## 제9장 편미분

제 1 장

# 행렬과 행렬식

## 1.1 행렬과 행렬연산

실수(또는 복소수)를 다음과 같이 직사각형 모양으로 배열한 것을 **행렬**(matrix)이라 하며, 그 각각의 수를 행렬의 **성분**(entry)이라고 한다.

$$A=\begin{bmatrix} a_{11} & a_{12} & \dots & a_{1n} \\ a_{21} & a_{22} & \dots & a_{2n} \\ \vdots & \vdots & & \vdots \\ a_{m1} & a_{m2} & \dots & a_{mn} \end{bmatrix} \tag{1}$$

행렬 $A$에서 $\left[a_{i1}\ a_{i2}\ \ \cdots\ \ a_{in}\right]\,(1 \le i \le m)$을 $A$의 $i$**행** ($i$-th row of $A$)이라 하고,

$$\begin{bmatrix} a_{1j} \\ a_{2j} \\ \vdots \\ a_{mj} \end{bmatrix} \quad (1 \le j \le n)$$

을 $A$의 $j$**열**($j$-th column of $A$)이라고 한다. 또, $m$개의 행과 $n$개의 열을 갖는 행렬 $A$를 크기(size)가 $m \times n$인 행렬이라 하며, 특히 $m=n$이면 $n$차의 **정사각행렬**(square matrix)이라고 한다.

행렬 $A$의 $i$행, $j$열의 성분 $a_{ij}$를 $A$의 $(i,\ j)$성분이라 하며, $n$차의 정사각행렬 $A$의 성분 $a_{11},\ a_{22},\ \cdots,\ a_{nn}$을 **주대각선성분**(main diagonal entries)이라고 한다. 행렬 (1)은 $(i,\ j)$성분을 써서 다음과 같이 간단히 나타내기도 한다.

$$A=\left[a_{ij}\right]_{m \times n} \text{ 또는 } A=\left[a_{ij}\right]$$

정사각행렬 $A$의 주대각선성분 이외의 모든 성분이 0일 때, $A$를 **대각행렬**(diagonal matrix)이라 한다. 특히, 주대각선성분이 모두 같은 대각행렬을 **스칼라행렬**(scalar matrix)이라고 한다.

**예제 1**

다음은 모두 대각행렬이다. 특히, $I$와 $K$는 스칼라행렬이다.

$$G=\begin{bmatrix} 2 & 0 \\ 0 & 1 \end{bmatrix},\quad H=\begin{bmatrix} -3 & 0 & 0 \\ 0 & -2 & 0 \\ 0 & 0 & 1 \end{bmatrix},\quad I=\begin{bmatrix} 1 & 0 & 0 \\ 0 & 1 & 0 \\ 0 & 0 & 1 \end{bmatrix},\quad K=\begin{bmatrix} 2 & 0 \\ 0 & 2 \end{bmatrix}$$

**정의 1.1**

두 행렬 $A=[a_{ij}]_{m\times n}$, $B=[b_{ij}]_{m\times n}$가 모든 $i,\ j$에 대하여 $a_{ij}=b_{ij}$를 만족하면 서로 같다(equal)고 하고 $A=B$로 나타낸다.

**정의 1.2**

두 행렬 $A=[a_{ij}]_{m\times n}$ $B=[b_{ij}]_{m\times n}$와 실수 $k$에 대하여 $A$와 $B$의 합(sum) $A+B$와 $A$의 스칼라배(scalar multiple) $kA$를 다음과 같이 정의한다.

$$A+B=[a_{ij}+b_{ij}]_{m\times n},\ kA=[ka_{ij}]_{m\times n}$$

**주의** 일반적으로 $(-1)B$는 간단히 $-B$로 쓴다.

**정의 1.3**

두 행렬 $A=[a_{ij}]_{m\times p}$ $B=[b_{ij}]_{p\times n}$에 대하여 $A$와 $B$의 곱(product) $AB$를 다음과 같이 정의한다.

$$AB=[c_{ij}]_{m\times n}$$

여기서,

$$c_{ij}=a_{i1}b_{1j}+a_{i2}b_{2j}+\cdots+a_{ip}b_{pj}=\sum_{k=1}^{p}a_{ik}b_{kj}$$

$(1\le i\le m,\ 1\le j\le n,\ p$는 자연수$)$

위의 정의에서 $AB$의 $(i,\ j)$성분은 $A$의 $i$행에 있는 각 성분에 $B$의 $j$열에 있는 성분을 차례로 곱하여 모두 더한 것임을 의미한다. 따라서, $A$와 $B$의 곱은 $A$의 열의 개수와 $B$의 행의 개수가 같을 때에만 정의된다.

**문제 1**

행렬 $A=\begin{bmatrix}-1 & 2 & 1\\ 0 & 1 & -1\end{bmatrix}$, $B=\begin{bmatrix}2 & 1\\ 1 & 1\\ -1 & 0\end{bmatrix}$에 대하여 $AB$를 구하시오.

**예제 2**

$n$개의 미지수를 갖는 $m$개의 일차방정식으로 이루어진 연립방정식

$$\begin{array}{l} a_{11}x_1 + a_{12}x_2 + \cdots + a_{1n}x_n = b_1 \\ a_{21}x_1 + a_{22}x_2 + \cdots + a_{2n}x_n = b_2 \\ \vdots \qquad \vdots \qquad \vdots \qquad \vdots \\ a_{m1}x_1 + a_{m2}x_2 + \cdots + a_{mn}x_n = b_m \end{array} \tag{2}$$

를 생각하자. 이때

$$A = \begin{bmatrix} a_{11} & a_{12} & \dots & a_{1n} \\ a_{21} & a_{22} & \dots & a_{2n} \\ \vdots & \vdots & & \vdots \\ a_{m1} & a_{m2} & \dots & a_{mn} \end{bmatrix}, \qquad X = \begin{bmatrix} x_1 \\ x_2 \\ \vdots \\ x_n \end{bmatrix}, \qquad B = \begin{bmatrix} b_1 \\ b_2 \\ \vdots \\ b_m \end{bmatrix}$$

라고 하면 연립일차방정식 (2)는 행렬의 곱을 이용하여 다음과 같이 간단히 쓸 수 있다.

$$AX = B$$

이때, 행렬 $A$를 연립일차방정식 (2)의 **계수행렬**(coefficient matrix)이라 하며, $A$에 $B$를 붙여서 만든 행렬

$$[A \ \vdots \ B] = \begin{bmatrix} a_{11} & a_{12} & \dots & a_{1n} & \vdots & b_1 \\ a_{21} & a_{22} & \dots & a_{2n} & \vdots & b_2 \\ \vdots & \vdots & & \vdots & \vdots & \vdots \\ a_{m1} & a_{m2} & \dots & a_{mn} & \vdots & b_m \end{bmatrix}$$

을 연립일차방정식 (2)의 **첨가행렬**(augmented matrix)이라고 한다.

**예제 3**

다음 연립일차방정식을 행렬의 곱을 이용하여 나타내어라. 또 연립일차방정식의 첨가행렬을 구하여라.

$$\begin{aligned} x + 2y + z &= 3 \\ 3x - y - 3z &= -1 \\ 2x + 3y + z &= 4 \end{aligned}$$

풀이

$$A = \begin{bmatrix} 1 & 2 & 1 \\ 3 & -1 & -3 \\ 2 & 3 & 1 \end{bmatrix}, \qquad X = \begin{bmatrix} x \\ y \\ z \end{bmatrix}, \qquad B = \begin{bmatrix} 3 \\ -1 \\ 4 \end{bmatrix}$$

이라 할 때, $AX = B$이다. 그리고 첨가행렬은 다음과 같다.

$$[A \ \vdots \ B] = \begin{bmatrix} 1 & 2 & 1 & \vdots & 3 \\ 3 & -1 & -3 & \vdots & -1 \\ 2 & 3 & 1 & \vdots & 4 \end{bmatrix}$$ ■

## 1.2 행렬연산의 성질

행렬연산의 성질은 우리가 이미 알고 있는 실수의 연산성질과 유사한 점이 많으나 몇 가지 예외가 있다. 가장 중요한 예외는 곱에 관한 것이다. 실수 $a$, $b$에 대하여 $ab = ba$는 항상 성립하지만, 행렬 $A$, $B$에 대하여 $AB = BA$가 일반적으로는 성립하지 않는다. 이 등식이 성립될 수 없는 이유로는 $AB$ 또는 $BA$가 정의되지 않는 경우와 $AB$, $BA$가 모두 정의되더라도 $AB \neq BA$인 경우가 있는데, 다음 예제에서 이를 확인해 보도록 하자.

**예제 1**

행렬 $A$, $B$, $C$, $D$, $E$가 각각 다음과 같다고 하자.

$$A = \begin{bmatrix} 5 & 2 & 3 \\ -2 & -3 & 4 \end{bmatrix}, \quad B = \begin{bmatrix} 1 & 0 & 1 & 0 \\ 0 & 2 & 2 & 2 \\ 3 & 0 & -1 & 3 \end{bmatrix}, \quad C = \begin{bmatrix} 1 & 0 \\ 2 & -3 \\ 2 & 1 \end{bmatrix}$$

$$D = \begin{bmatrix} 1 & 1 \\ 0 & 0 \end{bmatrix}, \quad E = \begin{bmatrix} 1 & 1 \\ 2 & 2 \end{bmatrix}$$

이때, $AB$는 정의되지만 $BA$는 정의되지 않으며, $AC$는 $2 \times 2$행렬이지만 $CA$는 $3 \times 3$행렬이므로 $AC \neq CA$이다. 또, $DE$나 $ED$는 모두 $2 \times 2$행렬이지만 다음에서 알 수 있듯이 $DE \neq ED$이다.

$$DE = \begin{bmatrix} 3 & 3 \\ 0 & 0 \end{bmatrix}, \quad ED = \begin{bmatrix} 1 & 1 \\ 2 & 2 \end{bmatrix}$$

다음에 나오는 정리들은 행렬의 기본성질들을 보여주는 것으로 증명은 생략한다.

**정리 1.1**

행렬 $A$, $B$, $C$는 각 연산이 정의될 수 있는 적당한 크기의 행렬이고, $a$, $b$가 스칼라일 때 다음이 성립한다.

(1) $A+B=B+A$ (덧셈의 교환법칙)

(2) $A+(B+C)=(A+B)+C$ (덧셈의 결합법칙)

(3) $A(BC)=(AB)C$ (곱셈의 결합법칙)

(4) $A(B+C)=AB+AC$ (분배법칙)

(5) $(B+C)A=BA+CA$ (분배법칙)

(6) $a(B+C)=aB+aC$

(7) $(a+b)C=aC+bC$

(8) $(ab)C=a(bC)$

(9) $a(BC)=(aB)C=B(aC)$

**문제 1**

다음 행렬에 대하여 $A(BC)=(AB)C$와 $A(B+C)=AB+AC$이 성립함을 확인하여라.

$$A=\begin{bmatrix} 1 & 2 \\ 3 & 4 \end{bmatrix}, \quad B=\begin{bmatrix} 2 & 1 \\ -3 & 2 \end{bmatrix}, \quad C=\begin{bmatrix} 1 & 0 \\ 2 & 1 \end{bmatrix}$$

성분이 모두 0인 행렬, 예를 들어

$$\begin{bmatrix} 0 & 0 \\ 0 & 0 \end{bmatrix}, \quad \begin{bmatrix} 0 & 0 & 0 \\ 0 & 0 & 0 \\ 0 & 0 & 0 \end{bmatrix}, \quad \begin{bmatrix} 0 & 0 & 0 \\ 0 & 0 & 0 \end{bmatrix}, \quad \begin{bmatrix} 0 \\ 0 \\ 0 \\ 0 \end{bmatrix}, \cdots$$

등을 **영행렬**(zero matrix)이라 하고, 크기가 $m\times n$인 영행렬을 $0_{m,\,n}$ 또는 0으로 나타낸다. 임의의 행렬 $A$에 대하여 영행렬 0이 $A$와 크기가 같은 영행렬이면 $A+0=0+A=A$가 성립한다. 즉, 영행렬 0은 행렬연산에서 실수의 덧셈에서의 0과 같은 역할을 하는 행렬이라 할 수 있다. 그러나 실수의 연산에서 성립하는 다음 두 가지 성질이 행렬연산에서는 일반적으로 성립하지 않는다.

(i) $ab=ac,\ a\neq 0 \Rightarrow b=c$

(ii) $ab=0 \Rightarrow a=0$ 또는 $b=0$

**예제 2**

$A=\begin{bmatrix}0&1\\0&2\end{bmatrix}$, $B=\begin{bmatrix}1&1\\3&4\end{bmatrix}$, $C=\begin{bmatrix}2&5\\3&4\end{bmatrix}$, $D=\begin{bmatrix}3&7\\0&0\end{bmatrix}$에서 $AB=\begin{bmatrix}3&4\\6&8\end{bmatrix}=AC$이고 $A\neq 0$이지만 $B\neq C$이다.

또한, $AD=0$이지만 $A\neq 0$, $D\neq 0$이다.

**정리 1.2**

임의의 행렬 $A$와 영행렬 0에 대하여 다음이 성립한다.

(1) $A+0=A=0+A$ (2) $A-A=0$

(3) $0-A=-A$ (4) $A0=0=0A$

주대각선성분이 모두 1인 $n$차의 스칼라행렬을 $n$차의 **단위행렬**(identity matrix)이라 하고 $I_n$으로 나타낸다. 즉,

$$I_n=\begin{bmatrix}1&0&\cdots&0\\0&1&\cdots&0\\\vdots&\vdots&\ddots&\vdots\\0&0&\cdots&1\end{bmatrix}$$

$A$가 $m\times n$행렬일 때, 단위행렬 $I_m$과 $I_n$에 대하여 다음이 성립한다.

$$I_mA=A=AI_n$$

**예제 3**

$A=\begin{bmatrix}4&-2&3\\5&0&2\end{bmatrix}$일 때,

$$I_2A=\begin{bmatrix}1&0\\0&1\end{bmatrix}\begin{bmatrix}4&-2&3\\5&0&2\end{bmatrix}=\begin{bmatrix}4&-2&3\\5&0&2\end{bmatrix}=A$$

또한, $AI_3=\begin{bmatrix}4&-2&3\\5&0&2\end{bmatrix}\begin{bmatrix}1&0&0\\0&1&0\\0&0&1\end{bmatrix}=\begin{bmatrix}4&-2&3\\5&0&2\end{bmatrix}=A.$

**정의 1.4**

$A$가 $n$차의 정사각행렬일 때 $A$의 거듭제곱을 다음과 같이 정의한다.

$$A^0 = I_n, \qquad A^k = \underbrace{AA \cdots A}_{k\text{개}}$$

거듭제곱의 정의로부터 다음 정리를 얻는다.

**정리 1.3**

$A$가 정사각행렬이고 $r$과 $s$가 음이 아닌 정수일 때 다음이 성립한다.

$$A^r A^s = A^{r+s}, \qquad (A^r)^s = A^{rs}$$

**정의 1.5**

행렬 $A = [a_{ij}]_{m \times n}$에 대하여 $A$의 전치행렬(transpose of $A$)을 $A^T$로 나타내고 다음과 같이 정의한다.

$$A^T = [a_{ij}{}']_{n \times m}, \quad a_{ij}{}' = a_{ji} \quad (1 \le i \le m, \ 1 \le j \le n)$$

앞의 정의로부터 행렬 $A$의 전치행렬 $A^T$는 $A$의 행과 열을 바꾸어 얻어진 행렬임을 알 수 있다.

**문제 2**

다음 행렬의 전치행렬을 각각 구하여라.

$$A = \begin{bmatrix} 1 & -2 & 3 \\ 4 & 5 & 0 \end{bmatrix}, \qquad B = \begin{bmatrix} 1 & 2 & -4 \\ 3 & -1 & 2 \\ 0 & 5 & 3 \end{bmatrix}, \qquad C = \begin{bmatrix} 5 & 4 \\ -3 & 2 \\ 2 & 1 \end{bmatrix}$$

$$D = \begin{bmatrix} 3 & 0 & 1 \end{bmatrix}, \qquad E = \begin{bmatrix} 2 \\ 0 \\ -3 \end{bmatrix}$$

**정리 1.4**

두 행렬 $A$, $B$와 임의의 스칼라 $k$에 대하여 다음이 성립한다.

(1) $(A^T)^T = A$

(2) $(A+B)^T = A^T + B^T$

(3) $(AB)^T = B^T A^T$

(4) $(kA)^T = kA^T$

**문제 3**

아래 행렬 $A$, $B$에 대하여 정리 1.4의 (3)이 성립함을 보여라.

$$A = \begin{bmatrix} 1 & 3 \\ 2 & 5 \end{bmatrix}, \qquad B = \begin{bmatrix} 1 & 1 & 3 \\ 2 & 1 & 4 \end{bmatrix}$$

**정의 1.6**

정사각행렬 $A$가 $A^T = A$를 만족하면 $A$를 **대칭행렬**(symmetric matrix)이라 하고, $A^T = -A$를 만족하면 **반대칭행렬**(skew-symmetric matrix) 또는 **교대행렬**(alternating matrix)이라고 한다.

정의 1.6으로부터 정사각행렬 $A = [a_{ij}]$가 대칭행렬이면 모든 $i$, $j$에 대하여 $a_{ij} = a_{ji}$임을 알 수 있다. 또한, $A = [a_{ij}]$가 반대칭행렬이면 모든 $i$, $j$ 에 대하여 $a_{ij} = -a_{ji}$이고, 따라서 주대각선성분은 모두 0임을 알 수 있다.

**예제 4**

다음 행렬에서 $A$와 $I_3$는 대칭행렬이고, $B$는 반대칭행렬이다.

$$A = \begin{bmatrix} 1 & 2 & 3 \\ 2 & 4 & 5 \\ 3 & 5 & 6 \end{bmatrix}, \qquad I_3 = \begin{bmatrix} 1 & 0 & 0 \\ 0 & 1 & 0 \\ 0 & 0 & 1 \end{bmatrix}, \qquad B = \begin{bmatrix} 0 & 1 & -2 \\ -1 & 0 & 3 \\ 2 & -3 & 0 \end{bmatrix}$$

**문제 4**

$A$가 임의의 정사각행렬일 때 다음이 성립함을 보여라.

(1) $A + A^T$는 대칭행렬이다.

(2) $A - A^T$는 반대칭행렬이다.

## 연습문제 1.2

**1.** 다음 행렬에 대하여 계산 가능한 것만을 계산하여라.

$$A=\begin{bmatrix} 1 & 2 & 3 \\ -2 & 1 & 0 \end{bmatrix}, \qquad B=\begin{bmatrix} 1 & 0 \\ -2 & 1 \\ 3 & 2 \end{bmatrix}, \qquad C=\begin{bmatrix} -3 & -1 & 2 \\ 4 & 0 & 5 \\ 2 & 1 & 3 \end{bmatrix}$$

$$D=\begin{bmatrix} 1 & -2 \\ 3 & 4 \end{bmatrix}, \qquad E=\begin{bmatrix} 1 & -4 & 5 \\ 0 & 1 & 6 \\ 3 & 2 & 1 \end{bmatrix}, \qquad F=\begin{bmatrix} -4 & 5 \\ 2 & 3 \end{bmatrix}$$

(1) $2D-3F$

(2) $AB$, $BA$

(3) $A(BD)$, $(AB)D$

(4) $A(C+E)$, $AC+AE$

**2.** 행렬 $A$, $B$가 2차의 정사각행렬이고 $A \neq 0$, $B \neq 0$일 때 $AB=0$이 성립하는 예를 하나만 찾아라.

**3.** 행렬 $A=\begin{bmatrix} -2 & 3 \\ 2 & -3 \end{bmatrix}$, $B=\begin{bmatrix} -1 & 3 \\ 2 & -3 \end{bmatrix}$, $C=\begin{bmatrix} -4 & 3 \\ 0 & -3 \end{bmatrix}$일 때 $AB=AC$이지만 $B \neq C$임을 확인하여라.

**4.** 행렬 $A=\begin{bmatrix} 1 & -1 \\ 2 & 3 \end{bmatrix}$에 대하여 다음을 계산하여라.

(1)$A^2-2A$

(2) $3A^3-2A^2+5A-4I_2$

**5.** $A$가 $m \times n$행렬이고 $k$가 스칼라일 때, $kA=0$이면 $k=0$ 또는 $A=0$임을 증명하여라. [힌트: 만일 그렇지 않으면 $kA \neq 0$임을 보이면 된다.]

**6.** 임의의 2차의 정사각행렬 $B$에 대하여 $AB=BA$가 성립하는 2차의 정사각행렬 $A$의 일반적인 모양을 모두 찾아라.

**7.** $n$차의 정사각행렬 $A$에 대하여 다음을 증명하여라.

(1) $AA^T$는 대칭행렬이다.

(2) $A$는 대칭행렬과 반대칭행렬의 합으로 나타낼 수 있다.

**8.** $A$가 정사각행렬일 때 $A$의 주대각선성분을 모두 더한 것을 $A$의 **대각합**(trace)이라 하고 $\text{tr}(A)$로 나타낸다. $A$, $B$는 $n$차의 정사각행렬일 때, 다음이 성립함을 보여라.

(1) $\text{tr}(A^T) = \text{tr}(A)$

(2) $\text{tr}(-A) = -\text{tr}(A)$, $\quad \text{tr}(kA) = k\text{tr}(A)$

(3) $\text{tr}(A+B) = \text{tr}(A) + \text{tr}(B)$

(4) $\text{tr}(AB) = \text{tr}(BA)$

## 1.3 행렬과 연립방정식

이 절에서는 연립일차방정식을 풀 때 자주 쓰던 소거법을 체계화하여 유용한 해법을 얻도록 한다. 이 방법은 주어진 연립일차방정식의 첨가행렬로부터 시작하여 어떤 특별한 형태의 행렬을 만들어 내는 것이다. 이 새로운 행렬은 주어진 연립일차방정식과 동치인 연립일차방정식을 나타낸다.

예제 1은 연립방정식을 푸는데 행렬을 어떻게 이용할 수 있는가를 암시한다.

**예제 1**

아래의 왼쪽은 연립방정식을 푸는 과정이고, 오른쪽은 이에 따른 이 연립방정식의 첨가행렬의 변화를 나타낸 것이다.

$$\begin{aligned} x + y + 2z &= 9 \\ 2x + 4y - 3z &= 1 \\ 3x + 6y - 5z &= 0 \end{aligned} \qquad A = \begin{bmatrix} 1 & 1 & 2 & 9 \\ 2 & 4 & -3 & 1 \\ 3 & 6 & -5 & 0 \end{bmatrix}$$

첫째 방정식을 $-2$배하여 둘째 방정식에 더한다.

$$\begin{aligned} x + y + 2z &= 9 \\ 2y - 7z &= -17 \\ 3x + 6y - 5z &= 0 \end{aligned} \qquad \xleftrightarrow{(-2)R_1 + R_2} \qquad A = \begin{bmatrix} 1 & 1 & 2 & 9 \\ 0 & 2 & -7 & -17 \\ 3 & 6 & -5 & 0 \end{bmatrix}$$

첫째 방정식을 $-3$배하여 셋째 방정식에 더한다.

$$\begin{aligned} x + y + 2z &= 9 \\ 2y - 7z &= -17 \\ 3y - 11z &= -27 \end{aligned} \qquad \xleftrightarrow{(-3)R_1 + R_3} \qquad A = \begin{bmatrix} 1 & 1 & 2 & 9 \\ 0 & 2 & -7 & -17 \\ 0 & 3 & -11 & -27 \end{bmatrix}$$

둘째 방정식에 $\frac{1}{2}$을 곱하면

$$\begin{aligned} x + y + \ 2z &= \ 9 \\ y - \frac{7}{2}z &= -\frac{17}{2} \\ 3y - \ 11z &= -27 \end{aligned} \qquad \xleftrightarrow{\frac{1}{2}R_2} \qquad A = \begin{bmatrix} 1 & 1 & 2 & 9 \\ 0 & 1 & -\frac{7}{2} & -\frac{17}{2} \\ 0 & 3 & -11 & -27 \end{bmatrix}$$

둘째 방정식에 $-3$배하여 셋째 방정식에 더하면

$$\begin{aligned} x + y + 2z &= 9 \\ y - \frac{7}{2}z &= -\frac{17}{2} \\ \frac{1}{2}z &= -\frac{3}{2} \end{aligned} \qquad \xleftrightarrow{(-3)R_2 + R_3} \qquad A = \begin{bmatrix} 1 & 1 & 2 & 9 \\ 0 & 1 & -\frac{7}{2} & -\frac{17}{2} \\ 0 & 0 & -\frac{1}{2} & -\frac{3}{2} \end{bmatrix}$$

셋째 방정식에 $-2$를 곱하면

$$\begin{aligned} x + y + 2z &= 9 \\ y - \frac{7}{2}z &= -\frac{17}{2} \\ z &= 3 \end{aligned} \qquad \xleftrightarrow{(-2)R_3} \qquad A = \begin{bmatrix} 1 & 1 & 2 & 9 \\ 0 & 1 & -\frac{7}{2} & -\frac{17}{2} \\ 0 & 0 & 1 & 3 \end{bmatrix}$$

따라서

$$\begin{aligned} z &= 3 \\ y &= \frac{7}{2}z - \frac{17}{2} = 2 \\ x &= 9 - y - 2z \ = 1 \end{aligned}$$

즉, 구하는 연립방정식의 해는 $x = 1$, $y = 2$, $z = 3$.

> **정의 1.7**
>
> $m \times n$행렬 $E$가 다음 성질을 만족할 때, **행 사다리꼴**(row echelon form)이라고 한다.
>
> (i) 성분이 모두 0인 행이 존재하면 그 행은 행렬의 맨 아래에 위치한다.
>
> (ii) 각 행에서 처음으로 나타나는 0이 아닌 성분은 1이다. 이때 이 1을 그 행의 **선행성분**(leading entry)이라고 한다.
>
> (iii) $i$행과 $(i+1)$행 모두에 선행성분이 존재하면 $(i+1)$행의 선행성분은 $i$행의 선행성분보다 오른쪽에 위치한다. 또, 행렬 $E$가 행 사다리꼴이고 다음 성질을 만족하면 $E$를 **기약행 사다리꼴**(reduced row echelon form)이라고 한다.
>
> (iv) 어떤 행의 선행성분을 포함하는 열의 다른 성분은 모두 0이다.

**예제 2**

다음 행렬은 모두 행 사다리꼴이다.

$$\begin{bmatrix} 1 & 2 & 3 & 4 \\ 0 & 1 & 0 & 7 \\ 0 & 0 & 1 & -1 \end{bmatrix}, \quad \begin{bmatrix} 1 & 2 & 3 \\ 0 & 1 & 4 \\ 0 & 0 & 1 \end{bmatrix}, \quad \begin{bmatrix} 0 & 1 & -2 & 3 & 4 \\ 0 & 0 & 0 & 1 & 3 \\ 0 & 0 & 0 & 0 & 1 \\ 0 & 0 & 0 & 0 & 0 \end{bmatrix}, \quad \begin{bmatrix} 0 & 0 \\ 0 & 0 \end{bmatrix}$$

**예제 3**

다음 행렬은 모두 기약행 사다리꼴이다.

$$\begin{bmatrix} 1 & 0 & 0 & 4 \\ 0 & 1 & 0 & 5 \\ 0 & 0 & 1 & 2 \end{bmatrix}, \quad \begin{bmatrix} 1 & 0 & 0 \\ 0 & 1 & 0 \\ 0 & 0 & 1 \end{bmatrix}, \quad \begin{bmatrix} 0 & 0 & 0 \\ 0 & 0 & 0 \end{bmatrix}, \quad \begin{bmatrix} 0 & 1 & 2 & 0 & -1 \\ 0 & 0 & 0 & 1 & 3 \\ 0 & 0 & 0 & 0 & 0 \\ 0 & 0 & 0 & 0 & 0 \end{bmatrix}$$

이제, 주어진 행렬을 기약행 사다리꼴로 변형하는 방법을 알아보자.

**정의 1.8**

$m \times n$행렬 $A$에 관한 다음 연산을 **기본행 연산**(elementary row operation)이라고 한다.

E1 : $A$의 두 행 $i$행과 $j$행을 서로 바꾼다.

E2 : $A$의 $i$행에 0이 아닌 상수 $k$를 곱한다.

E3 : $A$의 $i$행을 $k$배하여 $j$행에 더한다.

앞으로 기본행 연산을 다음과 같은 기호로 나타내기로 한다.

E1 : $R_i \leftrightarrow R_j$ ($i$번째 행과 $j$번째 행을 교환한다.)

E2 : $kR_i \rightarrow R_i$ ($i$번째 행에 $k$배 한 것을 $i$번째 행으로 대치한다.)

E3 : $kR_i + R_j \rightarrow R_j$ ($i$번째 행에 $k$배 한 것을 $j$번째 행에 더한 것을 $j$번째 행으로 대치한다.

**정의 1.9**

행렬 $A$에 기본행 연산을 시행하여 얻어지는 행렬을 $B$라 하면 $A$와 $B$는 **행동치**(row equivalent)라고 한다.

**예제 4**

다음 행렬은 모두 행동치이다.

$$A=\begin{bmatrix}3&4\\1&2\end{bmatrix},\quad B=\begin{bmatrix}1&2\\3&4\end{bmatrix},\quad C=\begin{bmatrix}1&2\\0&-2\end{bmatrix},\quad D=\begin{bmatrix}1&2\\0&1\end{bmatrix},\quad E=\begin{bmatrix}1&0\\0&1\end{bmatrix}$$

**예제 5**

다음 행렬 $A$에 기본행 연산을 시행하여 기약행 사다리꼴로 변형시켜 보자.

$$A=\begin{bmatrix}0&2&1&-1\\2&4&-2&2\\3&5&-5&1\end{bmatrix}$$

단계 1

성분이 모두는 0이 아닌 가장 좌측열을 찾는다.

$$A=\begin{bmatrix}0&2&1&-1\\2&4&-2&2\\3&5&-5&1\end{bmatrix}$$

성분이 모두는 0이 아닌 가장 좌측 열(이 경우는 첫 번째 열)을 찾는다.

단계 2

단계 1에서 찾은 열의 가장 위에 있는 성분이 0일 때에는 그 열의 위에서부터 처음으로 0이 아닌 성분을 포함하는 행과 1행을 교환한다.

$$A_1=\begin{bmatrix}2&4&-2&2\\0&2&1&-1\\3&5&-5&1\end{bmatrix}$$

$A$의 1행과 2행을 교환하였다($R_1 \leftrightarrow R_2$). (이 경우는 1열의 2행 성분이 대상이 된다).

단계 3

$A_1$의 1행의 선행성분을 1로 만들기 위하여 $A_1$의 1행을 첫째 성분으로 나눈다.

$$A_2=\begin{bmatrix}1&2&-1&1\\0&2&1&-1\\3&5&-5&1\end{bmatrix}$$

$A_1$의 1행을 2로 나누었다$\left(\frac{1}{2}R_1 \rightarrow R_1\right)$.

단계 4

$A_3$의 1행의 선행성분 아래에 있는 모든 성분을 0으로 만든다(행연산).

$$A_3 = \begin{bmatrix} 1 & 2 & -1 & 1 \\ 0 & 2 & 1 & -1 \\ 0 & -1 & -2 & -2 \end{bmatrix}$$

$A_1$의 1행을 $-3$배하여 3행에 더했다$(-3R_1 + R_3 \rightarrow R_3)$.

단계 5

$A_3$의 1행을 제외한 나머지를 $B$라 하고 단계 1에서 단계 4를 반복한다.

$$B = \begin{bmatrix} 1 & 2 & -1 & 1 \\ 0 & 2 & 1 & -1 \\ 0 & -1 & -2 & -2 \end{bmatrix} \qquad B_1 = \begin{bmatrix} 1 & 2 & -1 & 1 \\ 0 & -1 & -2 & -2 \\ 0 & 2 & 1 & -1 \end{bmatrix}$$

성분이 모두는 0이 아닌 가장 좌측 열 $B$의 1행과 2행을 교환한다$(R_1 \leftrightarrow R_2)$.

$$B_2 = \begin{bmatrix} 1 & 2 & -1 & 1 \\ 0 & 1 & 2 & 2 \\ 0 & 2 & 1 & -1 \end{bmatrix} \qquad B_3 = \begin{bmatrix} 1 & 2 & -1 & 1 \\ 0 & 1 & 2 & 2 \\ 0 & 0 & -3 & -5 \end{bmatrix}$$

$B_1$의 1행을 $-1$로 나누었다. $B_2$의 1행의 $-2$배를 2행에 더했다.
$(-R_1 \rightarrow R_1)$ $(-2R_1 + R_2 \rightarrow R_2)$

단계 6

$B_3$의 1행을 제외한 나머지를 $C$라 하고 단계 1에서 단계 3을 반복한다.

$$C_1 = \begin{bmatrix} 1 & 2 & -1 & 1 \\ 0 & 1 & 2 & 2 \\ 0 & 0 & -3 & -5 \end{bmatrix} \qquad C_2 = \begin{bmatrix} 1 & 2 & -1 & 1 \\ 0 & 1 & 2 & 2 \\ 0 & 0 & 1 & \frac{5}{3} \end{bmatrix}$$

모두는 0이 아닌 가장 좌측 열 $C_2$의 1행을 $-3$으로 나누었다$\left(-\frac{1}{2}R_1 \rightarrow R_1\right)$.

따라서, 다음과 같은 $A$의 행 사다리꼴을 얻는다.

$$\begin{bmatrix} 1 & 2 & -1 & 1 \\ 0 & 1 & 2 & 2 \\ 0 & 0 & 1 & \frac{5}{3} \end{bmatrix}$$

이것을 변형시키면 기약행 사다리꼴을 얻는다.

$$\begin{bmatrix} 1 & 2 & -1 & 1 \\ 0 & 1 & 2 & 2 \\ 0 & 0 & 1 & \frac{5}{3} \end{bmatrix} \xrightarrow{R_1 - 2R_2 \to R_1} \begin{bmatrix} 1 & 0 & -5 & -3 \\ 0 & 1 & 2 & 2 \\ 0 & 0 & 1 & \frac{5}{3} \end{bmatrix}$$

$$\xrightarrow[R_2 - 2R_3 \to R_2]{R_1 + 5R_3 \to R_1} \begin{bmatrix} 1 & 0 & 0 & \frac{16}{3} \\ 0 & 1 & 0 & -\frac{4}{3} \\ 0 & 0 & 1 & \frac{5}{3} \end{bmatrix}$$

**문제 1**

다음 행렬 $A$의 기약행 사다리꼴를 구하여라.

$$A = \begin{bmatrix} 1 & 1 & 1 & 4 & 4 \\ 2 & 3 & 4 & 9 & 16 \\ -2 & 0 & 3 & -7 & 11 \end{bmatrix}$$

**정리 1.5**

첨가행렬이 행동치인 두 연립일차방정식은 동치이다.

정리 1.5에 의하여 연립일차방정식의 첨가행렬을 행 사다리꼴로 변형시켜 그 해를 쉽게 구할 수 있다. 이러한 방법을 Gauss 소거법이라고 한다.

**문제 2**

다음 연립일차방정식을 Gauss 소거법으로 풀어라.

$$\begin{aligned} x+2y+3z &= 9 \\ 2x-\ y+\ z &= 8 \\ 3x\qquad -z &= 3 \end{aligned}$$

**예제 6**

$ad-bc\neq 0$이면 $\begin{bmatrix} a & b \\ c & d \end{bmatrix}$의 기약행 사다리꼴은 $\begin{bmatrix} 1 & 0 \\ 0 & 1 \end{bmatrix}$이다.

한편, 정리 1.5에 의하여 연립일차방정식의 첨가행렬을 기약행 사다리꼴로 변형시켜 해를 구할 수도 있다. 이러한 방법을 Gauss-Jordan **소거법**이라고 한다.

**예제 7**

위의 문제의 행렬 $A$로 부터 유도된 다음 연립방정식을 각각 Gauss 소거법과 Gauss-Jordan 소거법으로 풀어라.

$$\begin{aligned} x_1+\ x_2+\ x_3+4x_4 &= 4 \\ 2x_1+3x_2+4x_3+9x_4 &= 16 \\ -2x_1\qquad +3x_3-7x_4 &= 11 \end{aligned}$$

풀이 $\begin{bmatrix} 1 & 1 & 1 & 4 & 4 \\ 2 & 3 & 4 & 9 & 16 \\ -2 & 0 & 3 & -7 & 11 \end{bmatrix}$의 행 사다리꼴은 $\begin{bmatrix} 1 & 1 & 1 & 4 & 4 \\ 0 & 1 & 2 & 1 & 8 \\ 0 & 0 & 1 & -1 & 3 \end{bmatrix}$이다.

$\begin{bmatrix} 1 & 1 & 1 & 4 & 4 \\ 2 & 3 & 4 & 9 & 16 \\ -2 & 0 & 3 & -7 & 11 \end{bmatrix}$의 기약행 사다리꼴은 $\begin{bmatrix} 1 & 0 & 0 & 2 & -1 \\ 0 & 1 & 0 & 3 & 2 \\ 0 & 0 & 1 & -1 & 3 \end{bmatrix}$이므로 행 사다리꼴을 첨가행렬로 갖는 연립일차방정식은

$$\begin{aligned} &x_1+x_2+\ x_3+4x_4=4 \\ &x_2+2x_3+x_4=8 \\ &x_3-x_4=3 \end{aligned}$$

이므로 $x_4=r$($r$은 임의의 실수; 이것을 자유변수라 한다)이라 놓으면 구하는 해는 $x_1=-1-2r,\ x_2=2-3r,\ x_3=3+r,\ x_4=r$이다. 이 방법이 Gauss 소거법이다. ■

Gauss-Jordan 소거법을 이용하려면, 기약행 사다리꼴을 첨가행렬로 갖는 연립일차방정식을 같은 방법으로 풀면 된다. 물론 같은 답을 얻음을 알 수 있다.

**주의** 대개 기약행 사다리꼴을 구한 후 연립방정식을 풀면 쉽게 답을 얻는다. 그러나 행 사다리꼴만 구하고 해를 구하여도 같은 답을 구할 수 있으며, 행 사다리꼴만 가지고 해를 구하는 과정이 행 사다리꼴에서 기약 행 사다리꼴을 구한 후 해를 구하는 과정보다 간단하기 때문에 일반적으로 연립방정식의 해를 구할 때는 Gauss 소거법을 쓴다. 기약 행 사다리꼴은 주로 역행렬을 구할 때 효과적으로 이용된다.

## 1.4 역행렬

이 절에서는 정사각행렬에 대하여 실수에서의 역수와 같은 역할을 하는 행렬에 대하여 알아본다.

**정의 1.10**

$n$차의 정사각행렬 $A$에 대하여 다음을 만족하는 행렬 $B$가 존재하면 $A$는 **가역**(invertible)이라고 한다. $AB = I_n = BA$일 때, $B$를 $A$의 **역행렬**(inverse matrix)이라고 하며, 이러한 $B$가 존재하지 않으면 $A$는 **비가역**(nonivertible)이라고 한다.

**예제 1**

행렬 $A = \begin{bmatrix} 1 & 2 & 3 \\ 0 & 1 & 4 \\ 0 & 0 & 1 \end{bmatrix}$, $B = \begin{bmatrix} 1 & -2 & 5 \\ 0 & 1 & -4 \\ 0 & 0 & 1 \end{bmatrix}$에서 $B$가 $A$의 역행렬임을 다음 계산으로부터 알 수 있다.

$$AB = \begin{bmatrix} 1 & 2 & 3 \\ 0 & 1 & 4 \\ 0 & 0 & 1 \end{bmatrix}\begin{bmatrix} 1 & -2 & 5 \\ 0 & 1 & -4 \\ 0 & 0 & 1 \end{bmatrix} = \begin{bmatrix} 1 & 0 & 0 \\ 0 & 1 & 0 \\ 0 & 0 & 1 \end{bmatrix} = I_3$$

$$BA = \begin{bmatrix} 1 & -2 & 5 \\ 0 & 1 & -4 \\ 0 & 0 & 1 \end{bmatrix}\begin{bmatrix} 1 & 2 & 3 \\ 0 & 1 & 4 \\ 0 & 0 & 1 \end{bmatrix} = \begin{bmatrix} 1 & 0 & 0 \\ 0 & 1 & 0 \\ 0 & 0 & 1 \end{bmatrix} = I_3$$

**예제 2**

행렬 $A=\begin{bmatrix}1&4&3\\2&5&6\\0&0&0\end{bmatrix}$은 3행의 성분이 모두 0이므로 어떤 3차 행렬 $B$에 대하여도 $AB$의 3행은 $[0\ \ 0\ \ 0]$이다. 따라서 $AB=I_3$인 $B$가 존재하지 않으므로 $A$는 비가역이다.

**정리 1.6**

$n$차의 정사각행렬 $A$가 가역이면 $A$의 역행렬은 유일하다.

**증명** 행렬 $B$, $C$가 모두 $A$의 역행렬이라고 하면 $AB=I_n=BA$, $AC=I_n=CA$이므로 $B=BI_n=B(AC)=(BA)C=I_nC=C$이다. 따라서, $A$의 역행렬은 유일하다. □

$n$차의 정사각행렬 $A$가 가역일 때, $A$의 역행렬을 $A^{-1}$로 나타낸다. 즉,

$$AA^{-1}=I_n=A^{-1}A.$$

**문제 1**

행렬 $A=\begin{bmatrix}a&b\\c&d\end{bmatrix}$에서 $ad-bc\neq 0$라고 하면

$$A^{-1}=\frac{1}{ad-bc}\begin{bmatrix}d&-b\\-c&a\end{bmatrix}=\begin{bmatrix}\dfrac{d}{ad-bc}&\dfrac{-b}{ad-bc}\\\dfrac{-c}{ad-bc}&\dfrac{a}{ad-bc}\end{bmatrix}$$ 임을 보여라.

**정리 1.7**

$n$차의 정사각행렬 $A$, $B$가 가역이고 $k$가 0이 아닌 스칼라일 때, 다음이 성립한다.

(1) $A^{-1}$은 가역이고, $(A^{-1})^{-1}=A$이다.

(2) $AB$는 가역이고, $(AB)^{-1}=B^{-1}A^{-1}$이다.

(3) $A^T$는 가역이고, $(A^T)^{-1}=(A^{-1})^T$이다.

(4) $kA$는 가역이고, $(kA)^{-1}=\dfrac{1}{k}A^{-1}$이다.

**증명** (1) 가역행렬 $A^{-1}$에 대하여 $A^{-1}A = AA^{-1} = I_n$이므로 $A$는 $A^{-1}$의 역행렬이다. 따라서 $(A^{-1})^{-1} = A$.

(2) $(AB)(B^{-1}A^{-1}) = A(BB^{-1})A^{-1} = AI_nA^{-1} = AA^{-1} = I_n$,

$(B^{-1}A^{-1})(AB) = B^{-1}(A^{-1}A)B = B^{-1}I_nB = B^{-1}B = I_n$

이므로 $AB$는 가역이고, 역행렬은 유일하므로 $(AB)^{-1} = B^{-1}A^{-1}$이다.

(3) $AA^{-1} = A^{-1}A = I_n$의 각 변에 전치행렬을 취하면

$$(AA^{-1})^T = (A^{-1}A)^T = I_n^T = I_n$$

즉

$$(A^{-1})^T A^T = A^T (A^{-1})^T = I_n$$
$$\therefore (A^T)^{-1} = (A^{-1})^T$$

(4) $\left(\frac{1}{k}A^{-1}\right)(kA) = k\left(\frac{1}{k}A^{-1}\right)A = \left(k \cdot \frac{1}{k}\right)A^{-1}A = I^n$이므로

$$(kA)^{-1} = \frac{1}{k}A^{-1}.$$ □

**문제 2**

두 행렬 $A = \begin{bmatrix} 3 & 5 \\ 1 & 2 \end{bmatrix}$, $B = \begin{bmatrix} 1 & 3 \\ 2 & 7 \end{bmatrix}$에 대하여 $(AB)^{-1} = B^{-1}A^{-1}$임을 확인하여라.

이제, $n$차의 정사각행렬 $A$가 가역일 때 $A$에 기본행연산 $E_i$ $(i = 1, 2, \cdots, k)$를 시행하여 단위행렬을 만들 수 있다. 즉, $E_1E_2 \cdots E_kA = I_n$이다. 이제 $A$의 역행렬을 다음과 같은 단계로 구해보자.

**단계 1**

주어진 행렬 $A$에 단위행렬 $I_n$을 첨가하여 $n \times 2n$ 행렬 $[A : I_n]$을 만든다.

**단계 2**

단계 1에서 만든 행렬 $[A : I_n]$의 기약행 사다리꼴을 구한다.

단계 3

단계 2에서 얻어진 기약행 사다리꼴을 $[C : D]$ 라고 하면 다음이 성립한다.

( i ) $C = I_n$이면 $D = A^{-1}$이다.

(ii) $C \neq I_n$이면 $A$는 비가역이고 $A^{-1}$은 존재하지 않는다.

**예제 3**

다음 행렬의 역행렬을 구하여라.

$$A = \begin{bmatrix} 1 & 2 & 3 \\ 2 & 5 & 3 \\ 1 & 0 & 8 \end{bmatrix}$$

(풀이) $[A : I_3] = \left[\begin{array}{ccc:ccc} 1 & 2 & 3 & 1 & 0 & 0 \\ 2 & 5 & 3 & 0 & 1 & 0 \\ 1 & 0 & 8 & 0 & 0 & 1 \end{array}\right]$이고, 이 행렬의 기약행 사다리꼴을 구하면

$$\left[\begin{array}{ccc:ccc} 1 & 2 & 3 & 1 & 0 & 0 \\ 2 & 5 & 3 & 0 & 1 & 0 \\ 1 & 0 & 8 & 0 & 0 & 1 \end{array}\right] \xrightarrow[R_2 + (-2)R_1 \to R_2]{R_3 + (-1)R_1 \to R_3} \left[\begin{array}{ccc:ccc} 1 & 2 & 3 & 1 & 0 & 0 \\ 0 & 1 & -3 & -2 & 1 & 0 \\ 0 & -2 & 5 & -1 & 0 & 1 \end{array}\right]$$

$$\xrightarrow{2R_2 + R_3 \to R_3} \left[\begin{array}{ccc:ccc} 1 & 2 & 3 & 1 & 0 & 0 \\ 0 & 1 & -3 & -2 & 1 & 0 \\ 0 & 0 & -1 & -5 & 2 & 1 \end{array}\right]$$

$$\xrightarrow{-R_3 \to R_3} \left[\begin{array}{ccc:ccc} 1 & 2 & 3 & 1 & 0 & 0 \\ 0 & 1 & -3 & -2 & 1 & 0 \\ 0 & 0 & 1 & 5 & -2 & -1 \end{array}\right]$$

$$\xrightarrow[3R_3 + R_2 \to R_2]{-3R_3 + R_1 \to R_1} \left[\begin{array}{ccc:ccc} 1 & 2 & 0 & -14 & 6 & 3 \\ 0 & 1 & 0 & 13 & -5 & -3 \\ 0 & 0 & 1 & 5 & -2 & -1 \end{array}\right]$$

$$\xrightarrow{-2R_2 + R_1 \to R_1} \left[\begin{array}{ccc:ccc} 1 & 0 & 0 & -40 & 16 & 9 \\ 0 & 1 & 0 & 13 & -5 & -3 \\ 0 & 0 & 1 & 5 & -2 & -1 \end{array}\right]$$

이다. $C = I_3$이므로 $D = A^{-1}$이다. 그러므로

$$A^{-1} = \begin{bmatrix} -40 & 16 & 9 \\ 13 & -5 & -3 \\ 5 & -2 & -1 \end{bmatrix}$$ ■

**문제 3**

다음 행렬의 역행렬을 구하여라.

$$A = \begin{bmatrix} -1 & 1 & 1 \\ 0 & 7 & 4 \\ -1 & 10 & 6 \end{bmatrix}$$

**주의** Gauss-Jordan 소거법을 이용하여 역행렬의 존재성을 확인하거나 역행렬을 구하는 방법은 단순한 계산을 반복하는 것이다. 따라서 이런 계산은 컴퓨터를 이용하면 쉽게 구할 수 있다는 것을 알 수 있다.

이제 행렬의 가역성과 연립방정식의 해 사이의 관계를 알아보고 동차연립방정식에 대하여 살펴본다.

**정리 1.8**

$n$차의 정사각행렬 $A$가 가역이고 $B$가 $n \times 1$행렬일 때, 연립일차방정식 $AX = B$는 유일한 해 $X = A^{-1}B$를 갖는다.

**예제 4**

연립방정식

$$\begin{aligned} x_1 + 2x_2 + 3x_3 &= 1 \\ 2x_1 + 5x_2 + 3x_3 &= 3 \\ x_1 \qquad\quad + 8x_3 &= -1 \end{aligned}$$

은 다음과 같이 놓으면

$$A = \begin{bmatrix} 1 & 2 & 3 \\ 2 & 5 & 3 \\ 1 & 0 & 8 \end{bmatrix}, \qquad X = \begin{bmatrix} x_1 \\ x_2 \\ x_3 \end{bmatrix}, \qquad B = \begin{bmatrix} 1 \\ 3 \\ -1 \end{bmatrix}$$

$AX = B$로 나타낼 수 있다. 그런데 $A$는 예제 3에서 보듯이 가역이고

$$A^{-1} = \begin{bmatrix} -40 & 16 & 9 \\ 13 & -5 & -3 \\ 5 & -2 & -1 \end{bmatrix}$$

이므로 위 연립방정식의 해는

$$X = A^{-1}B = \begin{bmatrix} -40 & 16 & 9 \\ 13 & -5 & -3 \\ 5 & -2 & -1 \end{bmatrix} \begin{bmatrix} 1 \\ 3 \\ -1 \end{bmatrix} = \begin{bmatrix} -1 \\ 1 \\ 0 \end{bmatrix}$$

즉, $x_1 = -1$, $x_2 = 1$, $x_3 = 0$이다.

$$A = \begin{bmatrix} a_{11} & a_{12} & \dots & a_{1n} \\ a_{21} & a_{22} & \dots & a_{2n} \\ \vdots & \vdots & & \vdots \\ a_{m1} & a_{m2} & \dots & a_{mn} \end{bmatrix}, \quad X = \begin{bmatrix} x_1 \\ x_2 \\ \vdots \\ x_n \end{bmatrix}, \quad O = \begin{bmatrix} 0 \\ 0 \\ \vdots \\ 0 \end{bmatrix}$$

이라 하면 다음과 같이 나타낼 수 있다.

$$AX = 0$$

위의 동차연립일차방정식에 $x_1 = 0$, $x_2 = 0$, $\cdots$, $x_n = 0$을 대입하면 모든 방정식이 성립하므로 이것은 연립방정식의 해이다. 이 $X = 0$을 **자명한 해**(trivial solution)라 하며, $X \neq 0$인 해를 **자명하지 않은 해**(nontrivial solution)라고 한다. 연립일차방정식의 해는 존재하지 않거나, 유일하게 존재하거나 또는 무수히 많이 존재한다. 그런데 동차연립일차방정식은 항상 자명한 해는 가지므로 다음 두 가지 경우만이 가능하다.

(i) 자명한 해만 갖는다

(ii) 무수히 많은 해를 갖는다. (즉, 자명하지 않은 해도 갖는다.)

다음 정리는 동차연립방정식이 어떤 경우에 자명하지 않은 해를 갖는지 알려준다.

**정리 1.9**

$n$개의 미지수를 갖는 $m$개의 방정식으로 이루어진 동차연립일차방정식은 $m < n$이면 즉, 미지수의 개수가 방정식의 개수보다 많으면 자명하지 않은 해를 갖는다.

**예제 5**

동차연립방정식

$$\begin{aligned} x_1 + x_2 + x_3 + x_4 &= 0 \\ x_1 \qquad\qquad + x_4 &= 0 \\ x_1 + 2x_2 + x_3 \qquad &= 0 \end{aligned}$$

의 첨가행렬은 $\begin{bmatrix} 1 & 1 & 1 & 1 & \vdots & 0 \\ 1 & 0 & 0 & 1 & \vdots & 0 \\ 1 & 2 & 1 & 0 & \vdots & 0 \end{bmatrix}$이고, 이것을 기약행 사다리꼴로 변형하면 다음과 같다.

$$\begin{bmatrix} 1 & 0 & 0 & 1 & \vdots & 0 \\ 0 & 1 & 0 & -1 & \vdots & 0 \\ 0 & 0 & 1 & 1 & \vdots & 0 \end{bmatrix}$$

이것에 대응하는 연립방정식은

$$\begin{aligned} x_1 + \qquad\quad + x_4 &= 0 \\ x_2 \qquad - x_4 &= 0 \\ x_3 + x_4 &= 0 \end{aligned}$$

이므로$x_4 = r$ ($r$은 임의의 실수; 이것을 **자유변수**(free variable)라 한다)이라 놓으면 (3)의 해는 다음과 같다.

$$x_1 = -r,\quad x_2 = r,\quad x_3 = -r,\quad x_4 = r \quad (r \in R).$$

여기서 $r=0$이면 자명한 해가 되고, $r \neq 0$이면 자명하지 않은 해가 된다.

이제, 지금까지 논의한 역행렬을 이용하여 실제 응용문제를 연립방정식으로 만들어 해결하는 예를 살펴보자.

**예제 6**

연립일차방정식을 이용하여 코사인법칙을 유도해 보자.

$$\begin{cases} \qquad\qquad c(\cos\beta) + b(\cos\gamma) = a \\ c(\cos\alpha) \qquad\qquad + a(\cos\gamma) = b \\ b(\cos\alpha) + a(\cos\beta) \qquad\qquad = c \end{cases}$$

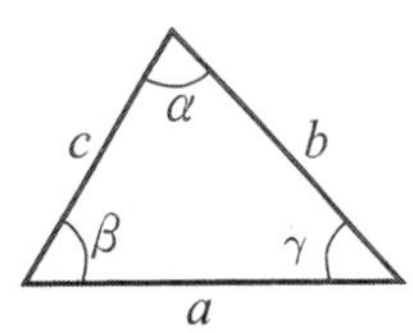


세 변 $a$, $b$, $c$와 마주보는 각(opposite angles) $\alpha$, $\beta$, $\gamma$를 갖는 위의 삼각형을 생각하자. 그러면 삼각비의 정의에 의해 위의 세 식을 얻는다. 이 식으로부터 $\cos\alpha$, $\cos\beta$, $\cos\gamma$를 구해보자. 우선 행렬을 이용하여 연립일차방정식 $AX=B$를 만들고 $A = \begin{bmatrix} 0 & c & b \\ c & 0 & a \\ b & a & 0 \end{bmatrix}$의 역행렬을 구한다.

$a$, $b$, $c$ 모두가 0이 아니라면 $A$는 역행렬을 갖는다. ($a$, $b$, $c$는 삼각형의 세 변의 길이이므로 모두 0은 아니다.) 따라서

$$X=\begin{bmatrix}\cos\alpha\\ \cos\beta\\ \cos\alpha\end{bmatrix},\qquad B=\begin{bmatrix}a\\ b\\ c\end{bmatrix},\qquad A^{-1}=\frac{1}{2abc}\begin{bmatrix}-a^2 & ab & ac\\ ab & -b^2 & bc\\ ac & bc & -c^2\end{bmatrix}$$

이고 $X=A^{-1}B$이므로

$$\begin{aligned}\cos\alpha &= \frac{-a^3+ab^2+ac^2}{2abc}\\ &= \frac{b^2+c^2-a^2}{2bc}\end{aligned}$$

를 얻는다.

$\cos\beta$, $\cos\gamma$도 같은 방법으로 얻을 수 있다.

## 연습문제 1.4 Exercises

**1.** 다음 연립방정식을 Gauss 소거법으로 풀어라.

(1) $\begin{aligned}x+y+2z&=-1\\ x-2y+z&=-5\\ 3x+y+z&=3\end{aligned}$

(2) $\begin{aligned}x+y+2z+3w&=0\\ x-2y+z+w&=0\\ 3x+y+z-w&=0\end{aligned}$

(3) $\begin{aligned}x+2y-3z&=4\\ x+3y+z&=11\\ 2x+5y-4z&=13\\ 2x+6y+2z&=22\end{aligned}$

(4) $\begin{aligned}-y+2z+4w&=0\\ -z+3w&=0\\ 2x+y+3z+7w&=0\\ 6x+2y+10z+28w&=0\end{aligned}$

**2.** 아래 연립방정식에 대하여 다음을 구하여라.

$$\begin{aligned}x_1+\qquad\qquad\qquad x_3&=4\\ 2x_1+x_2+\qquad\qquad 3x_3&=7\\ -3x_1-3x_2+(a^2-5a)x_3&=a-11\end{aligned}$$

(1) 해를 갖지 않기 위한 $a$의 조건

(2) 유일한 해를 갖기 위한 $a$의 조건

(3) 무수히 많은 해를 갖기 위한 $a$의 조건

**3.** 다음 연립일차방정식이 해를 갖기 위한 $a$, $b$, $c$의 조건을 구하여라.

$$\begin{aligned} x + 2y - 3z &= a \\ 2x + 6y - 11z &= b \\ 2x - 4y + 14z &= 2c \end{aligned}$$

**4.** 다음 행렬 중 가역인 것을 찾고, 그 역행렬을 구하여라.

(1) $\begin{bmatrix} 1 & 2 \\ 3 & 5 \end{bmatrix}$

(2) $\begin{bmatrix} 1 & 0 & 0 & 0 \\ 1 & 2 & 0 & 0 \\ 1 & 2 & 4 & 0 \\ 1 & 2 & 4 & 8 \end{bmatrix}$

(3) $\begin{bmatrix} 1 & 2 & -3 & 1 \\ -1 & 2 & -3 & -2 \\ 2 & 0 & 1 & 5 \\ 3 & 1 & -2 & 5 \end{bmatrix}$

(4) $\begin{bmatrix} 1 & 0 & 1 \\ 0 & 1 & 1 \\ 1 & 1 & 0 \end{bmatrix}$

**5.** 다음 행렬 $A$의 역행렬이 존재하기 위한 $a$의 값을 모두 구하고, 그 때의 $A^{-1}$를 구하여라.

$$A = \begin{bmatrix} 1 & 1 & 0 \\ 1 & 0 & 0 \\ 1 & 2 & a \end{bmatrix}$$

**6.** $n$차의 정사각행렬 $A$가 가역이고, $k$가 임의의 자연수일 때, $A^k$는 가역임을 보여라.

**7.** $n$차의 정사각행렬 $A$가 가역이고 다음 식을 만족하면 $A^{-1} = A^2 - 2A + 3I_n$임을 보여라.

$$A^3 - 2A^2 + 3A - I_n = 0$$

**8.** 다음 동차연립방정식 중에서 자명하지 않은 해를 갖는 것을 찾아라.

(1) $\begin{aligned} 2x_1 + 3x_2 - x_3 &= 0 \\ x_1 - x_2 + 2x_3 &= 0 \end{aligned}$

(2) $\begin{aligned} x_1 + 2x_2 - x_3 + 2x_4 &= 0 \\ 2x_1 + x_2 + x_3 - x_4 &= 0 \\ 3x_1 - x_2 + 2x_3 + 3x_4 &= 0 \end{aligned}$

(3) $\begin{aligned} x_1 + 2x_2 - x_3 &= 0 \\ x_2 + 2x_3 &= 0 \\ 4x_3 &= 0 \end{aligned}$

(4) $\begin{aligned} x_1 - x_2 &= 0 \\ 3x_1 &= 0 \\ 2x_1 + x_2 &= 0 \end{aligned}$

**9.** 행렬 $A=\begin{bmatrix} 1 & 0 & 5 \\ 1 & 1 & 1 \\ 0 & 1 & -4 \end{bmatrix}$에 대하여 다음 동차연립일차방정식을 풀어라.

(1) $(2I_3 - A)X = 0$    (2) $(-4I_3 - A)X = 0$

**10.** 다음 동차연립일차방정식이 자명하지 않은 해를 갖기 위한 조건은 $(a-\lambda)(d-\lambda)-bc = 0$임을 보여라.

$$(a-\lambda)x + by = 0$$
$$cx + (d-\lambda)y = 0$$

## 1.5 행렬식과 그 성질

이 절에서는 행렬 $X$에 대하여 어떤 실수 $f(X)$를 대응시키는 함수 중에서 특히 중요한 행렬식 함수에 관하여 살펴보기로 한다. 행렬식에 관한 여러 가지 결과는 연립 1차 방정식의 이론에 유용하고, 또한 역행렬의 계산공식을 만드는 데에도 유용하다. 행렬식 함수를 정의하기에 앞서 순열에 관하여 알아보자.

**정의 1.11**

자연수의 집합 $(1,\ 2,\ \cdots,\ n)$의 **순열**(permutation)이란 이 집합의 원소(즉, 자연수 $1,\ 2,\ \cdots,\ n$) 를 빠지거나 중복됨이 없이 어떤 순서로 나열한 것을 뜻한다.

$n$개의 물건을 일렬로 배열하는 방법은 $n!$ 가지이므로 자연수의 집합 $S=\{1,\ 2,\ \cdots,\ n\}$의 순열은 $n!$ 개 있으며, $S$ 의 순열 전체의 집합을 $S_n$으로 나타낸다.

**예제 1**

집합 $\{1\}$의 순열은 1 하나이므로 $S_1 = \{1\}$.

집합 $\{1,\ 2\}$의 순열은 12, 21이므로 $S_2 = \{12,\ 21\}$.

집합 $\{1,\ 2,\ 3\}$의 순열은 $3! = 6$개 있고, 열거하면 123, 231, 312, 132, 213, 321이

므로 $S_3 = \{123,\ 231,\ 312,\ 132,\ 213,\ 321\}$.

$S = \{1,\ 2,\ \cdots,\ n\}$의 순열 $j_1 j_2 \cdots j_n$에서 큰 자연수가 작은 자연수보다 먼저 나타나면 이 순열은 **반전**(inversion)을 가졌다고 한다. 또, 순열이 가진 반전의 총 개수가 짝수이면 이 순열을 **우순열**(even permutation), 홀수이면 **기순열**(odd permutation)이라고 한다.

**예제 2**

$S_2$에서 순열 12는 반전을 가지지 않으므로 우순열이고 순열 21은 반전의 개수가 1이므로 기순열이다.

**예제 3**

$S_3$의 순열을 우순열과 기순열로 분류하여라.

풀이

| 순열 | 반전의 개수 | 분류 |
|---|---|---|
| 123 | 0 | 우순열 |
| 231 | 2 (21, 31) | 우순열 |
| 312 | 2 (31, 32) | 우순열 |
| 132 | 1 (32) | 기순열 |
| 213 | 1 (21) | 기순열 |
| 321 | 3 (32, 31, 21) | 기순열 |

■

**정의 1.12**

$A = [a_{ij}]$를 $n \times n$행렬이라 하자. $A$의 **행렬식**(determinant)을 $\det(A)$ 또는 $|A|$로 나타내고 다음과 같이 정의한다.

$$\det(A) = \sum^{n!} (\pm) a_{1j_1}\ a_{2j_2} \cdots\ a_{nj_n}$$

여기에서 합은 $S = \{1,\ 2,\ \cdots,\ n\}$의 모든 순열에 대하여 구하고 부호는 순열 $j_1\ j_2\ \cdots\ j_n$이 우순열이면 $(+)$, 기순열이면 $(-)$로 취한다.

**예제 4**

$A = \begin{bmatrix} a_{11} & a_{12} \\ a_{21} & a_{22} \end{bmatrix}$일 때, $\det(A)$를 구하라.

풀이 $A$가 $2 \times 2$행렬이므로 $\det(A)$를 구하기 위하여는 $a_{1-}a_{2-}$, $a_{1-}a_{2-}$의 빈 칸에 $S_2$의 원소 12와 21을 채우면 된다. 그런데, 12는 우순열이므로 $a_{11}a_{21}$의 부호는 (−)이다. 따라서

$$\det(A) = a_{11}a_{22} - a_{12}a_{21}$$ ■

이것은 다음 그림과 같이 화살표 방향으로 곱하여 오른쪽 방향의 곱에서 (+), 왼쪽 방향의 곱에서 (−)를 붙여 계산하면 편리하다.

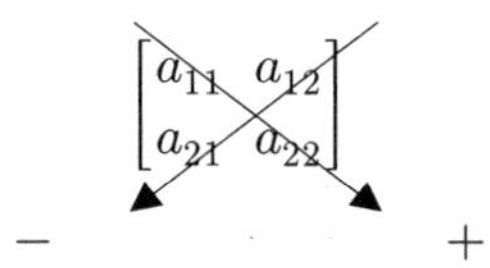


**예제 5**

$A = \begin{bmatrix} a_{11} & a_{12} & a_{13} \\ a_{21} & a_{22} & a_{23} \\ a_{31} & a_{32} & a_{33} \end{bmatrix}$일 때, $\det(A)$를 구하라.

풀이 $A$가 $3 \times 3$행렬이므로 $\det(A)$를 구하기 위해서는 다음 여섯 개의 항을 구하여야 한다.

$$a_{1-}a_{2-}a_{3-},\ a_{1-}a_{2-}a_{3-},\ a_{1-}a_{2-}a_{3-},$$
$$a_{1-}a_{2-}a_{3-},\ a_{1-}a_{2-}a_{3-},\ a_{1-}a_{2-}a_{3-}$$

위 항들의 빈 칸을 $S_3$의 모든 원소로 채우는데, 각 순열이 우순열이면 +, 기순열이면 −를 붙인다. 앞의 예제 3을 참조하여 다음을 얻는다.

$$\begin{aligned} \det(A) = &\ a_{11}a_{22}a_{33} + a_{12}a_{23}a_{31} + a_{13}a_{21}a_{32} \\ &- a_{11}a_{23}a_{32} - a_{12}a_{21}a_{33} - a_{13}a_{22}a_{31} \end{aligned}$$

이것도 역시 다음 그림을 이용하면 쉽게 계산할 수 있다. 여기서도 오른쪽 방향의 화살표의 곱에서 +, 왼쪽 방향의 화살표의 곱에서 −를 붙인다. ■

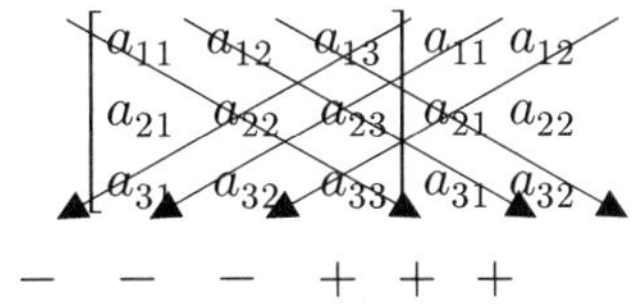

**예제 6**

다음 행렬의 행렬식을 계산하여라.

$$A=\begin{bmatrix} 3 & 1 \\ 4 & -2 \end{bmatrix},\quad B=\begin{bmatrix} 1 & 2 & 3 \\ -4 & 5 & 6 \\ 7 & -8 & 9 \end{bmatrix}$$

**풀이**

$$\det(A)=\begin{vmatrix} 3 & 1 \\ 4 & -2 \end{vmatrix}=3(-2)-(1)(4)=-10.$$

$$\det(B)=\begin{vmatrix} 1 & 2 & 3 \\ -4 & 5 & 6 \\ 7 & -8 & 9 \end{vmatrix}\begin{matrix} 1 & 2 \\ -4 & 5 \\ 7 & -8 \end{matrix}$$

$$=(45)+(84)+(96)-(105)-(-48)-(-72)=240$$ ■

**주의** 이 그림에 의한 계산법은 $4\times4$행렬 또는 그 이상의 크기의 행렬에 대하여는 사용할 수 없다.

정의에 의하여 직접 행렬식을 계산하는 작업은 일반적으로 매우 번거로운 일이다. 실제 $4\times4$행렬의 경우이면 $4!=24$개의 항과 그 부호의 결정이 필요하게 된다. 이것이 $10\times10$행렬이 되면 $10!=3,628,800$개로 된다. 가령, 최신식의 대형 고성능 계산기를 사용한다고 할지라도 $25\times25$행렬식 정도가 되면 직접적으로 그 행렬식을 실용적인 시간 내에 계산시킬 수는 없다. 따라서 행렬식의 계산이 가능한 한 간단히 될 수 있도록 하기 위하여 행렬식 함수의 성질에 관해서 설명한다.

다음에 열거하는 정리들은 행렬식의 성질에 관한 것으로 행렬식을 계산하는 데 매우 유용하다. 이 정리들의 증명은 선형대수학 책을 참조하고 여기서는 예를 들어 확인하도록 한다.

**정리 1.10**

정사각행렬 $A$의 행렬식과 $A$의 전치행렬 $A^T$의 행렬식의 값은 같다.

**예제 7**

앞의 예제 6의 행렬 B를 생각하면 det(B) = 240이고,

$$B^T = \begin{bmatrix} 1 & -4 & 7 \\ 2 & 5 & -8 \\ 3 & 6 & 9 \end{bmatrix}$$

$$\det(B^T) = \left| \begin{array}{ccc|cc} 1 & -4 & 7 & 1 & -4 \\ 2 & 5 & -8 & 2 & 5 \\ 3 & 6 & 9 & 3 & 6 \end{array} \right.$$

$$= (45) + (96) + (84) - (105) - (-48) - (-72) = 240$$

따라서, $\det(B) = \det(B^T)$이다.

**정리 1.11**

행렬 $B$가 정사각행렬 $A$의 두 행을 바꾸어서 얻어진 행렬이라면

$$\det(B) = -\det(A)$$

이다.

**예제 8**

$\begin{vmatrix} 2 & -1 \\ 3 & 2 \end{vmatrix} = 7$이고 $\begin{vmatrix} 3 & 1 \\ 2 & -1 \end{vmatrix} = -7$이다.

**정리 1.12**

정사각행렬 $A$의 두 행이 일치하면 $\det(A) = 0$이다.

**예제 9**

$$\left| \begin{array}{ccc|cc} 1 & 2 & 3 & 1 & 2 \\ -1 & 0 & 7 & -1 & 0 \\ 1 & 2 & 3 & 1 & 2 \end{array} \right.$$

$$= (0) + (14) + (-6) - (0) - (14) - (-6) = 0.$$

**정리 1.13**

정사각형행렬 $A$의 한 행의 성분이 모두 0이면 $\det(A)=0$이다.

**예제 10**

$$\left|\begin{matrix}1 & 2 & 3\\ 4 & 5 & 6\\ 0 & 0 & 0\end{matrix}\right|\begin{matrix}1 & 2\\ 4 & 5\\ 0 & 0\end{matrix}=0$$

**정리 1.14**

$B$가 정사각형행렬 $A$의 한 행을 $c$배 하여 얻어진 행렬이면 $\det(B)=c(\det(A))$이다.

**예제 11**

$$\begin{vmatrix}2 & 6\\ 1 & 12\end{vmatrix}=2\begin{vmatrix}1 & 3\\ 1 & 12\end{vmatrix}=(2)(3)\begin{vmatrix}1 & 1\\ 1 & 4\end{vmatrix}=6(4-1)=18$$

$$\begin{vmatrix}1 & 2 & 3\\ 1 & 5 & 3\\ 2 & 8 & 6\end{vmatrix}=2\begin{vmatrix}1 & 2 & 3\\ 1 & 5 & 3\\ 1 & 4 & 3\end{vmatrix}=(2)(3)\begin{vmatrix}1 & 2 & 1\\ 1 & 5 & 1\\ 1 & 4 & 1\end{vmatrix}=(2)(3)(0)=0.$$

**정리 1.5**

정사각형행렬 $A$에서 한 행의 각 성분이 두 수의 합으로 되어 있고 그 두 수의 각각을 그 성분의 자리에 놓아서 얻은 두 행렬 $B$, $C$라고 하면

$$\det(A)=\det(B)+\det(C)$$

이다.

**예제 12**

$$\begin{vmatrix}2 & 3 & 1\\ 1 & -1 & 2\\ 5 & 0 & 1\end{vmatrix}=\begin{vmatrix}2 & 3 & 1\\ 2 & 1 & 1\\ 5 & 0 & 1\end{vmatrix}+\begin{vmatrix}2 & 3 & 1\\ -1 & -2 & 1\\ 5 & 0 & 1\end{vmatrix}$$

정리 1.16

$B$가 정사각행렬 $A$의 한 행의 $c$배를 다른 행에 더하여 얻은 행렬이면

$$\det(B) = \det(A)$$

이다.

예제 13

$A = \begin{bmatrix} 1 & 2 & 3 \\ 2 & -1 & 3 \\ 1 & 0 & 1 \end{bmatrix}$, $B = \begin{bmatrix} 5 & 0 & 9 \\ 2 & -1 & 3 \\ 1 & 0 & 1 \end{bmatrix}$이면 $B$는 $A$의 2행의 2배를 1행에 더한 행렬이고, $\det(A) = \det(B) = 4$이다.

정리 1.17

$$\begin{vmatrix} a_{11} & 0 & \cdots & 0 \\ a_{21} & a_{22} & \cdots & a_{2n} \\ \vdots & \vdots & & \vdots \\ a_{n1} & a_{n2} & \cdots & a_{nn} \end{vmatrix} = a_{11} \begin{vmatrix} a_{22} & \cdots & a_{2n} \\ \vdots & & \vdots \\ a_{n2} & \cdots & a_{nn} \end{vmatrix}$$

주대각선보다 아래쪽의 성분이 모두 0인 정사각행렬을 **상삼각행렬(upper triangular matrix)**이라 한다. 같은 방법으로 주대각선보다 위쪽의 성분이 모두 0인 정사각행렬을 **하삼각행렬(lower triangular matrix)**이라 한다. 또한 상삼각행렬과 하삼각행렬을 통틀어 **삼각행렬(triangular matrix)**이라고 한다.

예제 14

일반적으로 $4 \times 4$ 상삼각행렬은 다음과 같은 모양이 된다.

$$\begin{bmatrix} a_{11} & a_{12} & a_{13} & a_{14} \\ 0 & a_{22} & a_{23} & a_{24} \\ 0 & 0 & a_{33} & a_{34} \\ 0 & 0 & 0 & a_{44} \end{bmatrix}$$

또한 $4 \times 4$ 하삼각행렬은 다음과 같은 모양이다.

$$\begin{bmatrix} a_{11} & 0 & 0 & 0 \\ a_{21} & a_{22} & 0 & 0 \\ a_{31} & a_{32} & a_{33} & 0 \\ a_{41} & a_{42} & a_{43} & a_{44} \end{bmatrix}$$

**정리 1.18**

$A=[a_{ij}]$가 $n$차의 삼각행렬이면 $A$의 행렬식의 값은 주대각선성분의 곱과 같다. 즉

$$\det(A)=a_{11}\, a_{22}\, \cdots\, a_{nn}$$

이다.

**예제 15**

$$\begin{vmatrix} 2 & 7 & -3 & 8 & 3 \\ 0 & -3 & 7 & 5 & 1 \\ 0 & 0 & 6 & 7 & 6 \\ 0 & 0 & 0 & 9 & 8 \\ 0 & 0 & 0 & 0 & 4 \end{vmatrix} = (2)(-3)(6)(9)(4) =-1296.$$

이제 행렬식의 정의를 직접 적용할 때 수반되는 많은 계산을 피할 수 있는 다른 방법을 공식화하기로 한다. 이 방법의 기본 착상은 주어진 행렬을 앞에서 열거한 정리들을 이용하여 삼각행렬로 변형하는 것이다. 다음 예제를 통하여 이 방법을 알아보자.

**예제 16**

$A=\begin{bmatrix} 0 & 1 & 5 \\ 3 & -6 & 9 \\ 2 & 6 & 1 \end{bmatrix}$일 때, $\det(A)$를 계산하라.

풀이 앞의 정리들을 이용하여 $A$를 삼각행렬로 변형하여 계산한다.

$$\det(A)=\begin{vmatrix} 0 & 1 & 5 \\ 3 & -6 & 9 \\ 2 & 6 & 1 \end{vmatrix} = -\begin{vmatrix} 3 & -6 & 9 \\ 0 & 1 & 5 \\ 2 & 6 & 1 \end{vmatrix} \quad (R_1 \leftrightarrow R_2)$$

$$=-3\begin{vmatrix} 1 & -2 & 3 \\ 0 & 1 & 5 \\ 2 & 6 & 1 \end{vmatrix} \quad (R_3-2R_1 \rightarrow R_3)$$

$$=-3\begin{vmatrix} 1 & -2 & 3 \\ 0 & 1 & 5 \\ 0 & 10 & -5 \end{vmatrix} \quad (R_3 - 10R_2 \to R_3)$$

$$=-3\begin{vmatrix} 1 & -2 & 3 \\ 0 & 1 & 5 \\ 0 & 0 & -55 \end{vmatrix}$$

$$=(-3)(-55)\begin{vmatrix} 1 & -2 & 3 \\ 0 & 1 & 5 \\ 0 & 0 & 1 \end{vmatrix}$$

$$=(-3)(-55)(1)=165$$

■

**정리 1.19**

크기가 같은 두 정사각행렬의 곱의 행렬식은 각각의 행렬식의 곱과 같다. 즉

$$\det(AB)=\det(A)\det(B)$$

이다.

**예제 17**

$A=\begin{bmatrix} 1 & 2 \\ 3 & 4 \end{bmatrix}$, $B=\begin{bmatrix} 2 & -1 \\ 1 & 2 \end{bmatrix}$이면 $\det(A)=\begin{vmatrix} 1 & 2 \\ 3 & 4 \end{vmatrix}=-2$, $\det(B)=\begin{vmatrix} 2 & -1 \\ 1 & 2 \end{vmatrix}=5$이고

$AB=\begin{bmatrix} 1 & 2 \\ 3 & 4 \end{bmatrix}\begin{bmatrix} 2 & -1 \\ 1 & 2 \end{bmatrix}=\begin{bmatrix} 4 & 3 \\ 10 & 5 \end{bmatrix}$이므로

$$\det(AB)=-10=(-2)(5)=\det(A)\det(B)$$

이다.

**정리 1.1**

$A$가 정칙이면 $\det(A)\neq 0$이고 $\det(A^{-1})=\dfrac{1}{\det(A)}$이다.

**예제 18**

$A=\begin{bmatrix} 1 & 2 \\ 3 & 4 \end{bmatrix}$이면 $\det(A)=-2$이고 $A^{-1}=\begin{bmatrix} -2 & 1 \\ \frac{3}{2} & -\frac{1}{2} \end{bmatrix}$이므로

$$\det(A^{-1}) = -\frac{1}{2} = \frac{1}{\det(A)}.$$

**정리 1.20**

$a_{11} \neq 0$이면

$$D = \begin{vmatrix} a_{11} & \cdots & a_{1n} \\ a_{n1} & \cdots & a_{nn} \end{vmatrix} = \frac{1}{a_{11}^{n-2}} \begin{vmatrix} b_{22} & \cdots & b_{2n} \\ b_{n2} & \cdots & b_{nn} \end{vmatrix}$$

이다. 단, $b_{rs} = a_{11}a_{rs} - a_{r1}a_{1s} = \begin{vmatrix} a_{11} & a_{1s} \\ a_{r1} & a_{rs} \end{vmatrix} \quad (r,\ s = 2,\ \cdots,\ n)$

**증명**

$$D = \frac{1}{a_{11}^{n-1}} \begin{vmatrix} a_{11} & a_{11}a_{12} & \cdots & a_{11}a_{1n} \\ a_{21} & a_{11}a_{22} & \cdots & a_{11}a_{2n} \\ & \vdots & & \\ a_{n1} & a_{11}a_{n2} & \cdots & a_{11}a_{nn} \end{vmatrix} \begin{pmatrix} C_2 - a_{12}C_1 \to C_2 \\ \vdots \\ C_n - a_{1n}C_1 \to C_n \end{pmatrix}$$

$$= \frac{1}{a_{11}^{n-1}} \begin{vmatrix} a_{11} & a_{11}a_{12} - a_{11}a_{12} & \cdots & a_{11}a_{1n} - a_{11}a_{1n} \\ a_{21} & a_{11}a_{22} - a_{21}a_{12} & \cdots & a_{11}a_{2n} - a_{21}a_{1n} \\ & & \vdots & \\ a_{n1} & a_{11}a_{n2} - a_{n1}a_{12} & \cdots & a_{11}a_{1n} - a_{11}a_{1n} \end{vmatrix}$$

$$= \frac{1}{a_{11}^{n-1}} \begin{vmatrix} a_{11} & 0 & \cdots & 0 \\ a_{21} & b_{22} & \cdots & b_{2n} \\ & & \vdots & \\ a_{n1} & b_{n2} & \cdots & b_{nn} \end{vmatrix}$$

$$= \frac{1}{a_{11}^{n-2}} \begin{vmatrix} b_{22} & \cdots & b_{2n} \\ b_{n2} & \cdots & b_{nn} \end{vmatrix}$$

□

이 정리를 쓰면 $n$차 행렬식을 쉽게 $n-1$차 행렬식으로 유도할 수가 있다.

**예제 19**

다음 행렬식의 값을 구하여라.

$$D = \begin{vmatrix} 2 & 5 & 7 & -2 \\ 1 & 3 & -3 & 4 \\ -2 & -1 & 4 & -3 \\ 2 & -4 & -2 & 1 \end{vmatrix}$$

풀이 $a_{11}=2\neq 0$이고 이 행렬식은 4차 행렬식이므로

$$D=\frac{1}{2^{4-2}}\begin{vmatrix} 2\cdot 3-5\cdot 1 & 2\cdot(-3)-7\cdot 1 & 2\cdot 4-(-2)\cdot 1 \\ 2\cdot(-1)-5\cdot(-2) & 2\cdot 4-7\cdot(-2) & 2\cdot(-3)-(-2)\cdot(-2) \\ 2\cdot(-4)-5\cdot 2 & 2\cdot(-2)-7\cdot 2 & 2\cdot 1-(-2)\cdot 2 \end{vmatrix}$$

$$=\frac{1}{4}\begin{vmatrix} 1 & -13 & 10 \\ 8 & 22 & -10 \\ -18 & -18 & 6 \end{vmatrix}=\frac{1}{4}\cdot 2\cdot 6\begin{vmatrix} 1 & -13 & 10 \\ 4 & 11 & -5 \\ -3 & -3 & 1 \end{vmatrix}$$

$$=3\begin{vmatrix} 1\cdot 11-(-13)\cdot 4 & 1\cdot(-5)-10\cdot 4 \\ 1\cdot(-3)-(-13)\cdot(-3) & 1\cdot 1-10\cdot(-3) \end{vmatrix}$$

$$=3\cdot 9\begin{vmatrix} 7 & -5 \\ -42 & 31 \end{vmatrix}=3\begin{vmatrix} 63 & -45 \\ -43 & 31 \end{vmatrix}$$

$$=27\cdot 7\begin{vmatrix} 1 & -5 \\ -6 & 31 \end{vmatrix}=189\cdot(31-30)=189$$ ■

## 연습문제 1.5 Exercises

**1.** 다음 행렬식의 값을 구하여라.

(1) $\begin{vmatrix} 3 & 4 & 2 \\ 2 & 5 & 0 \\ 3 & 0 & 0 \end{vmatrix}$  (2) $\begin{vmatrix} 4 & -3 & 5 \\ 5 & 2 & 0 \\ 2 & 0 & 4 \end{vmatrix}$

(3) $\begin{vmatrix} -4 & 2 & 0 & 0 \\ 2 & 3 & 1 & 0 \\ 3 & 1 & 0 & 2 \\ 1 & 3 & 0 & 3 \end{vmatrix}$  (4) $\begin{vmatrix} 4 & 2 & 3 & -4 \\ 3 & -2 & 1 & 5 \\ -2 & 0 & 1 & -3 \\ 8 & -2 & 6 & 4 \end{vmatrix}$

**2.** $|A|=\begin{vmatrix} a_1 & a_2 & a_3 \\ b_1 & b_2 & b_3 \\ c_1 & c_2 & c_3 \end{vmatrix}=-4$ 일 때, 다음 행렬의 행렬식의 값을 구하여라.

$$B=\begin{vmatrix} a_3 & a_2 & a_1 \\ b_3 & b_2 & b_1 \\ c_3 & c_2 & c_1 \end{vmatrix},\ C=\begin{vmatrix} a_1 & a_2 & a_3 \\ b_1 & b_2 & b_3 \\ 2c_1 & 2c_2 & 2c_3 \end{vmatrix},\ D=\begin{vmatrix} a_1 & a_2 & a_3 \\ b_1+4c_1 & b_2+4c_2 & b_3+4c_3 \\ c_1 & c_2 & c_3 \end{vmatrix}$$

**3.** 다음을 구하여라.

(1) $\begin{vmatrix} \lambda-1 & -1 & -2 \\ 0 & \lambda-2 & 2 \\ 0 & 0 & \lambda-3 \end{vmatrix}$　　(2) $A=\begin{bmatrix} -1 & 0 & 1 \\ -2 & 0 & -1 \\ 0 & 0 & 1 \end{bmatrix}$일 때 $|\lambda I_3 - A|$

(3) $\begin{vmatrix} x & 1 & 0 & 0 \\ -1 & a & 1 & 0 \\ 0 & -1 & b & 1 \\ 0 & 0 & -1 & c \end{vmatrix}$　　(4) $\begin{vmatrix} 1+x & 1 & 1 & 1 \\ 1 & 1-x & 1 & 1 \\ 1 & 1 & 1+y & 1 \\ 1 & 1 & 1 & 1-y \end{vmatrix}$

**4.** 다음 등식이 성립함을 밝혀라.

(1) $\begin{bmatrix} 1 & 1 & 1 \\ a & b & c \\ a^2 & b^2 & c^2 \end{bmatrix} = (b-a)(c-a)(c-b)$

(2) $\begin{vmatrix} a & -1 & 0 & 0 \\ b & x & -1 & 0 \\ c & 0 & x & -1 \\ d & 0 & 0 & x \end{vmatrix} = ax^3+bx^2+cx+d$

(3) $\begin{bmatrix} a & b & c \\ c & a & b \\ b & c & a \end{bmatrix} = (a+b+a)(a+bw+cw^2)(a+bw^2+cw)$ (단, $w^3=1$, $w \neq 1$)

**5.** $|A|=-4$일 때, 다음 행렬식의 값을 구하라.

(1) $|A^2|$　　(2) $|A^4|$

(3) $|A^{-1}|$

## 1.6 행렬식의 응용

이 절에서는 행렬식의 값을 직접 계산하는데 편리하고 이론적으로도 중요한 방법을 살펴보기로 한다. 그리고 이 방법의 응용으로서 역행렬을 계산하는 공식과 행렬식에 의한 연립 1차 방정식의 해에 대한 공식을 유도할 것이다.

**정의 1.13**

정사각행렬 $A$의 $i$행과 $j$열을 빼버리고 만들어진 부분행렬의 행렬식을 성분 $a_{ij}$의 **소행렬식**(minor of $a_{ij}$)이라 하고 $M_{ij}$로 표시한다. 또한

$$C_{ij} = (-1)^{i+j} M_{ij}$$

를 $a_{ij}$의 **여인자**(cofactor of $a_{ij}$)라고 한다.

**예제 1**

$A = \begin{bmatrix} 3 & 1 & -4 \\ 2 & 5 & 6 \\ 1 & 4 & 8 \end{bmatrix}$이라 할 때 $a_{11}$의 소행렬식과 여인자는 다음과 같다.

$$M_{11} = \begin{vmatrix} 3 & 1 & -4 \\ 2 & 5 & 6 \\ 1 & 4 & 8 \end{vmatrix} = \begin{vmatrix} 5 & 6 \\ 4 & 8 \end{vmatrix} = 16$$

$$C_{11} = (-1)^{1+1} M_{11} = M_{11} = 16.$$

같은 방법으로 $a_{32}$의 소행렬식과 여인자는 다음과 같다.

$$M_{32} = \begin{vmatrix} 3 & 1 & -4 \\ 2 & 5 & 6 \\ 1 & 4 & 8 \end{vmatrix} = \begin{vmatrix} 3 & -4 \\ 2 & 6 \end{vmatrix} = 26$$

$$C_{32} = (-1)^{3+2} M_{32} = -M_{32} = -26.$$

앞의 정의에서 알 수 있는 바와 같이 $a_{ij}$의 소행렬식 $M_{ij}$와 여인자 $C_{ij}$는 부호가 서로 다른 것에 지나지 않는다. 즉 $C_{ij} = \pm M_{ij}$로 되는데 이 부호가 $+$인지, $-$인지는 다음 배열의 $i$번째 행, $j$번째 열에 있는 부호와 같다.

$$\begin{bmatrix} + & - & + & - & + & \cdots \\ - & + & - & + & - & \cdots \\ + & - & + & - & + & \cdots \\ - & + & - & + & - & \cdots \\ \vdots & \vdots & \vdots & \vdots & \vdots & \end{bmatrix}$$

예컨대 $C_{11} = M_{11}$, $C_{21} = -M_{21}$, $C_{12} = -M_{12}$, $C_{22} = M_{22}$ 등 이다.

다음의 $3 \times 3$행렬을 생각해 보자.

$$A=\begin{bmatrix} a_{11} & a_{12} & a_{13} \\ a_{21} & a_{22} & a_{23} \\ a_{31} & a_{32} & a_{33} \end{bmatrix}$$

앞 절의 예제 5에서

$$\det(A)=a_{11}a_{22}a_{33}+a_{12}a_{23}a_{31}+a_{13}a_{21}a_{32} \\ -a_{13}a_{22}a_{31}-a_{12}a_{21}a_{33}-a_{11}a_{23}a_{32} \tag{1}$$

임을 알았으나, 이것은 또한

$$\det(A)=a_{11}(a_{22}\,a_{33}-a_{23}\,a_{32})+a_{21}(a_{13}\,a_{32}-a_{12}\,a_{33})+a_{31}(a_{12}\,a_{23}-a_{13}\,a_{22})$$

로 나타낼 수도 있다. 이 식의 우변의 괄호속이 각각 여인자 $C_{11}$, $C_{21}$, $C_{31}$과 같으므로

$$\det(A)=a_{11}C_{11}+a_{21}C_{21}+a_{31}C_{31} \tag{2}$$

으로 쓸 수 있다. 식 (1)(2)는 $A$의 행렬식이 $A$의 1열의 성분과 그 성분의 여인자를 각각 곱한 것을 모두 더한 것임을 나타낸다.

$\det(A)$을 계산한 이와 같은 방법을 $A$의 1열에 관한 **여인자전개(cofactor expansion)**라 한다.

**예제 2**

$A=\begin{bmatrix} 3 & 1 & 0 \\ -2 & -4 & 3 \\ 5 & 4 & -2 \end{bmatrix}$라고 할 때 $A$의 1열에 관한 여인자전개를 사용하여 $\det(A)$를 계산하여라.

풀이 식 (2)로부터

$$\det(A)=3\begin{vmatrix} -4 & 3 \\ 4 & -2 \end{vmatrix}-(-2)\begin{vmatrix} 1 & 0 \\ 4 & -2 \end{vmatrix}+5\begin{vmatrix} 1 & 0 \\ -4 & 3 \end{vmatrix}$$
$$=3(-4)-(-2)(-2)+5\cdot 3=-1.$$

■

위에서 주어진 $3\times 3$ 행렬에 대한 결과는 다음 일반적 정리의 특수한 경우를 이룬다. 다음 정리를 증명없이 쓰도록 한다.

정리 1.21

$n\times n$행렬 A의 행렬식은 어느 하나의 행(또는 열)의 성분들과 그 성분들에 대한 여인자를 각각 곱한 후 그 곱들을 더해서 계산할 수 있다. 즉 임의의 $1\le i\le n$, $1\le j\le n$에 대해서

$$\det(A)=a_{1j}C_{1j}+a_{2j}C_{2j}+\cdots+a_{nj}C_{nj}\quad (j\text{열에 의한 여인자전개})$$
$$\det(A)=a_{i1}C_{i1}+a_{i2}C_{i2}+\cdots+a_{in}C_{in}\quad (i\text{행에 의한 여인자전개})$$

이 성립한다.

이때, $\sum_{j=1}^{n}a_{kj}C_{ij}=\begin{cases}|A|, & k=i\\ 0, & k\ne i\end{cases}$ 또는 $\sum_{i=1}^{n}a_{ik}C_{ij}=\begin{cases}|A|, & k=j\\ 0, & k\ne j\end{cases}$.

**예제 3**

$A$를 예제 2에서 주어진 행렬이라 할 때 $A$의 1행에 관한 여인자전개를 사용하여 det(A)를 계산하여라.

풀이

$$\det(A)=\begin{vmatrix}3&1&0\\-2&-4&3\\5&4&-2\end{vmatrix}$$
$$=3\begin{vmatrix}-4&3\\4&-2\end{vmatrix}-(1)\begin{vmatrix}-2&3\\5&-2\end{vmatrix}+0\begin{vmatrix}-2&-4\\5&4\end{vmatrix}$$
$$=3(-4)-(1)(-11)=-1.$$ ■

이 값이 예제 2와 일치하고 있음을 알 수 있다.

주의 앞의 예제에서 알 수 있는 바와 같이 전개할 행(또는 열)의 성분이 0이면 그 영인자는 계산할 필요가 없다. 따라서 될 수 있는 한 0을 많이 포함하고 있는 행 또는 열에 대해서 여인자를 전개하는 것이 행렬식 계산법의 요령이다. 행렬식의 계산에 있어서 여인자전개만을 이용하는 것보다 행과 열의 기본연산과 혼합해서 사용하는 것이 편리하다. 다음 예제는 이 착상을 설명해 준다.

**예제 4**

$$A=\begin{bmatrix}3&5&-2&6\\1&2&-1&1\\2&4&1&5\\3&7&5&3\end{bmatrix}$$ 일 때, $\det(A)$를 계산하여라.

풀이 우선 A의 2행을 $(-2)$배 해서 3행에 더하고, 2행을 $(-3)$배 해서 1행과 4행에 더한다. 이 경우

$$\begin{aligned}\det(A) &= \begin{vmatrix} 0 & -1 & 1 & 3 \\ 1 & 2 & -1 & 1 \\ 0 & 0 & 3 & 3 \\ 0 & 1 & 8 & 0 \end{vmatrix} \quad \begin{pmatrix} R_1-3R_2 \to R_1 \\ R_3-2R_2 \to R_3 \\ R_4-3R_2 \to R_4 \end{pmatrix} \\ &= -\begin{vmatrix} -1 & 1 & 3 \\ 0 & 3 & 3 \\ 1 & 8 & 0 \end{vmatrix} \\ &= -\begin{vmatrix} -1 & 1 & 3 \\ 0 & 3 & 3 \\ 0 & 9 & 3 \end{vmatrix} \quad (R_3+R_1 \to R_3) \\ &= -(-1)\begin{vmatrix} 3 & 3 \\ 9 & 3 \end{vmatrix} = -18\end{aligned}$$

■

여인자전개를 실시할 때 det(A)의 계산은 어떤 한 행 또는 열의 성분마다 그 여인자를 곱하고 이들을 더했다. 그런데 만일 어떤 한 행 또는 열의 성분에 이것과는 다른 행 또는 열의 성분마다 만든 그 여인자를 곱하여 더하면 그 합이 0임을 알 수 있다(이 결과는 열에 대해서도 성립한다). 이것의 일반적인 증명은 생략하고 다음 예제에서 특수한 경우의 증명을 제시한다.

**예제 5**

$A = \begin{bmatrix} a_{11} & a_{12} & a_{13} \\ a_{21} & a_{22} & a_{23} \\ a_{31} & a_{32} & a_{33} \end{bmatrix}$에 있어서 A의 1행의 성분과 3행의 성분의 여인자를 곱하여 이들을 합하면

$$a_{11}C_{31} + a_{12}C_{32} + a_{13}C_{33}$$

가 된다. 이것이 0임을 알아보기 위하여 다음과 같은 교묘한 방법을 이용하자. 첫째로 $A$의 3행을 1행과 같은 것으로 놓아서

$$A' = \begin{bmatrix} a_{11} & a_{12} & a_{13} \\ a_{21} & a_{22} & a_{23} \\ a_{11} & a_{12} & a_{13} \end{bmatrix}$$

라는 행렬을 만든다. $C_{31}'$, $C_{32}'$, $C_{33}'$를 $A'$의 3행의 성분의 여인자라 하자. $A$와 $A'$의

처음 두 행은 같고, $C_{31}$, $C_{32}$, $C_{33}$와 $C_{31}'$, $C_{32}'$, $C_{33}'$의 계산은 $A$와 $A'$의 처음 두 행의 성분만을 포함하므로

$$C_{31} = C_{31}', \quad C_{32} = C_{32}', \quad C_{33} = C_{33}'$$

가 성립하고 $A'$는 같은 두 행을 갖기 때문에

$$\det(A') = 0 \tag{3}$$

이다.

한편 det(A′)를 3행에 관해서 여인자전개하여 계산하면

$$\begin{aligned} \det(A') &= a_{11}C_{31}' + a_{12}C_{32}' + a_{13}C_{33}' \\ &= a_{11}C_{31} + a_{12}C_{32} + a_{13}C_{33} \end{aligned} \tag{4}$$

이고, 식 (3)과 식 (4)로부터 다음을 얻을 수 있다.

$$a_{11}C_{31} + a_{12}C_{32} + a_{13}C_{33} = 0$$

**정의 1.14**

$A = [a_{ij}]$를 $n \times n$행렬, $C_{ij}$를 $a_{ij}$의 여인자라 할 때, 행렬

$$\begin{bmatrix} C_{11} & C_{21} & \dots & C_{n1} \\ C_{12} & C_{22} & \dots & C_{n2} \\ \vdots & \vdots & & \vdots \\ C_{1n} & C_{2n} & \dots & C_{nn} \end{bmatrix}$$

을 $A$의 **수반행렬**(adjoint of $A$)이라 하고 adj$(A)$로 나타낸다.

**예제 6**

$A = \begin{bmatrix} 3 & -2 & 1 \\ 5 & 6 & 2 \\ 1 & 0 & -3 \end{bmatrix}$이라 할 때 adj$(A)$를 구하여라.

풀이 $A$의 각 성분의 여인자는

$$C_{11} = (-1)^{1+1}\begin{vmatrix} 6 & 2 \\ 0 & -3 \end{vmatrix} = -18, \qquad C_{21} = (-1)^{2+1}\begin{vmatrix} -2 & 1 \\ 0 & -3 \end{vmatrix} = -6$$

$$C_{13} = (-1)^{1+3}\begin{vmatrix} 5 & 6 \\ 1 & 0 \end{vmatrix} = -6, \qquad C_{12} = (-1)^{1+2}\begin{vmatrix} 5 & 2 \\ 1 & -3 \end{vmatrix} = 17$$

$$C_{22} = (-1)^{2+2}\begin{vmatrix} 3 & 1 \\ 1 & -3 \end{vmatrix} = -10, \qquad C_{23} = (-1)^{2+3}\begin{vmatrix} 3 & -2 \\ 1 & 0 \end{vmatrix} = -2$$

$$C_{31} = (-1)^{3+1}\begin{vmatrix} -2 & 1 \\ 6 & 2 \end{vmatrix} = -10, \qquad C_{32} = (-1)^{3+2}\begin{vmatrix} 3 & 1 \\ 5 & 2 \end{vmatrix} = -1$$

$$C_{33} = (-1)^{3+3}\begin{vmatrix} 3 & -2 \\ 5 & 6 \end{vmatrix} = 28$$

이다. 그러므로

$$\mathrm{adj}(A) = \begin{bmatrix} -18 & -6 & -10 \\ 17 & -10 & -1 \\ -6 & -2 & 28 \end{bmatrix}$$ ■

**정리 1.22**

정사각행렬 $A$가 가역이면

$$A^{-1} = \frac{1}{\det(A)}\,\mathrm{adj}(A)$$

**증명**

$$A \cdot \mathrm{adj}(A) = \begin{bmatrix} a_{11} & a_{12} & \cdots & a_{1n} \\ a_{21} & a_{22} & \cdots & a_{2n} \\ \vdots & \vdots & & \vdots \\ a_{i1} & a_{i2} & \cdots & a_{in} \\ \vdots & \vdots & & \vdots \\ a_{n1} & a_{n2} & \cdots & a_{nn} \end{bmatrix} \begin{bmatrix} C_{11} & C_{21} & \cdots & C_{j1} & \cdots & C_{n1} \\ C_{12} & C_{22} & \cdots & C_{j2} & \cdots & C_{n2} \\ \vdots & \vdots & & \vdots & & \vdots \\ C_{1n} & C_{2n} & \cdots & C_{jn} & \cdots & C_{nn} \end{bmatrix}$$

이것으로부터 $A \cdot \mathrm{adj}(A)$의 $i$번째 행, $j$번째 열의 성분은 다음과 같다.

$$a_{i1}C_{j1} + a_{i2}C_{j2} + \cdots + a_{in}C_{jn}. \tag{5}$$

한편 $i = j$이면 식 (5)는 $A$의 $i$번째 행에 대한 $\det(\mathrm{A})$의 여인자전개이다. 또 $i \neq j$이면 $A$의 $i$행 성분과 이것과는 다른 $j$행의 성분의 여인자의 곱을 합한 것이 되므로 식 (5)의 값은 0이 된다. 따라서

$$A \cdot \mathrm{adj}(A) = \begin{bmatrix} \det(A) & 0 & \cdots & 0 \\ 0 & \det(A) & \cdots & 0 \\ \vdots & \vdots & & \vdots \\ 0 & 0 & \cdots & \det(A) \end{bmatrix} = \det(A) I_n \tag{6}$$

을 얻는다. $A$는 가역이므로 $\det(A) \neq 0$, 따라서 식 (6)을 $\det(A)$로 나누어서

$$\frac{1}{\det(A)}[A \cdot \operatorname{adj}(A)] = I_n, \quad \text{즉 } A\left[\frac{1}{\det(A)}\operatorname{adj}(A)\right] = I_n$$

으로 나타낼 수 있으므로 $A^{-1} = \frac{1}{\det(A)}\operatorname{adj}(A)$이다. □

**예제 7**

예제 6에서 행렬 $A$의 역행렬을 구하여라.

풀이 $\det(A) = -94$이므로

$$A^{-1} = \frac{1}{\det(\mathrm{A})}\operatorname{adj}(A)$$
$$= \frac{1}{-94}\begin{bmatrix} -18 & -6 & -10 \\ 17 & -10 & -1 \\ -6 & -2 & 28 \end{bmatrix}$$
$$= \begin{bmatrix} \frac{18}{94} & \frac{6}{94} & \frac{10}{94} \\ -\frac{17}{94} & \frac{10}{94} & \frac{1}{94} \\ \frac{6}{94} & \frac{2}{94} & -\frac{28}{94} \end{bmatrix}$$

■

연립 1차방정식의 해의 공식을 만들면 실제의 계산은 복잡하더라도 해의 성질을 조사하는 경우에는 매우 유용하다.

다음에 $n$개의 미지수를 가지는 $n$개의 1차방정식으로 이루어진 연립방정식에 관한 공식을 소개한다. 이 공식을 **크래머의 공식**(Cramer's rule)이라 부른다.

**정리 1.23 (크래머의 공식)**

$$a_{11}x_1 + a_{12}x_2 + \cdots + a_{1n}x_n = b_1$$
$$a_{21}x_1 + a_{22}x_2 + \cdots + a_{2n}x_n = b_2$$
$$a_{n1}x_1 + a_{n2}x_2 + \cdots + a_{nn}x_n = b_n \tag{7}$$

을 $n$개의 미지수를 가지는 $n$개의 1차방정식으로 이루어진 연립방정식이라 하고, $A = [a_{ij}]$을 계수행렬이라 하자. 그러면

$$X=\begin{bmatrix} x_1 \\ x_2 \\ \vdots \\ x_n \end{bmatrix}, \qquad B=\begin{bmatrix} b_1 \\ b_2 \\ \vdots \\ b_n \end{bmatrix}$$

일 때, 연립방정식은 $AX=B$로 나타낼 수 있다. 만일 $|A|\neq 0$이면 이 연립방정식은 유일한 해

$$x_1=\frac{|A_1|}{|A|},\ \ x_2=\frac{|A_2|}{|A|},\ \ \cdots\ ,\ x_n=\frac{|A_n|}{|A|}$$

을 갖는다.

여기서 $A_i$는 $A$의 $i$열을 $B$로 바꾸어 얻어진 행렬이다.

**증명** $|A|\neq 0$이므로 A는 가역이고 따라서 $X=A^{-1}B$가 $AX=B$의 유일한 해이다.

$$X=A^{-1}B\ =\frac{1}{|A|}\mathrm{adj}(A)B$$

$$=\frac{1}{|A|}\begin{bmatrix} C_{11} & C_{21} & \cdots & C_{n1} \\ C_{12} & C_{22} & \cdots & C_{n2} \\ \vdots & \vdots & & \vdots \\ C_{1n} & C_{2n} & \cdots & C_{nn} \end{bmatrix}\begin{bmatrix} b_1 \\ b_2 \\ \vdots \\ b_n \end{bmatrix}$$

이들 행렬을 곱하여 계산하면,

$$X=\frac{1}{|A|}\begin{bmatrix} b_1C_{11}+ & b_2C_{21}+\cdots+ & b_nC_{n1} \\ b_1C_{12}+ & b_2C_{22}+\cdots+ & b_nC_{n2} \\ \vdots & \vdots & \vdots \\ b_1C_{1n}+ & b_2C_{2n}+\cdots+ & b_nC_{nn} \end{bmatrix}$$

따라서, $X$의 $j$행의 성분은

$$x_j=\frac{b_1C_{1j}+b_2C_{2j}+\cdots b_nC_{nj}}{|A|} \tag{8}$$

가 된다. 그런데 $A_j$의 정의에서

$$A_j=\begin{bmatrix} a_{11} & a_{12} & \cdots & a_{1j-1} & b_1 & a_{1j+1} & \cdots & a_{1n} \\ a_{21} & a_{22} & \cdots & a_{2j-1} & b_2 & a_{2j+1} & \cdots & a_{2n} \\ \vdots & \vdots & & \vdots & \vdots & \vdots & & \vdots \\ a_{n1} & a_{n2} & \cdots & a_{nj-1} & b_n & a_{nj+1} & \cdots & a_{nn} \end{bmatrix}$$

이고, $A_j$의 $b_1$, $b_2$, $\cdots$, $b_n$의 여인자는 A의 $j$열의 성분의 여인자와 일치한다. 즉 $|A_j|$를 $j$열에 관한 여인자전개로 나타내면

$$|A_j| = b_1 C_{1j} + b_2 C_{2j} + \cdots + b_n C_{nj}$$

를 얻는다.

이 결과를 (8)에 대입하면 $j = 1, 2, \cdots, n$에 대하여 $x_j = \dfrac{|A_j|}{|A|}$. □

**예제 8**

크래머의 공식을 사용하여 다음 연립방정식을 풀어라.

$$\begin{cases} -2x_1 + 3x_2 - x_3 = 1 \\ x_1 + 2x_2 - x_3 = 4 \\ -2x_1 - x_2 + x_3 = -3 \end{cases}$$

풀이

$$|A| = \begin{vmatrix} -2 & 3 & -1 \\ 1 & 2 & -1 \\ -2 & -1 & 1 \end{vmatrix} = -2, \quad |A_1| = \begin{vmatrix} 1 & 3 & -1 \\ 4 & 2 & -1 \\ -3 & -1 & 1 \end{vmatrix} = -4$$

$$|A_2| = \begin{vmatrix} -2 & 1 & -1 \\ 1 & 4 & -1 \\ -2 & -3 & 1 \end{vmatrix} = -6, \quad |A_3| = \begin{vmatrix} -2 & 3 & 1 \\ 1 & 2 & 4 \\ -2 & -1 & -3 \end{vmatrix} = -8$$

이므로,

$$x_1 = \frac{|A_1|}{|A|} = \frac{-4}{-2} = 2, \quad x_2 = \frac{|A_2|}{|A|} = \frac{-6}{-2} = 3$$

$$x_3 = \frac{|A_3|}{|A|} = \frac{-8}{-2} = 4.$$ ■

$n$개의 미지수를 가지는 $n$개의 1차방정식으로 이루어진 연립 1차방정식을 크래머의 공식에 의하여 풀려고 하면 $n \times n$행렬의 행렬식을 $(n+1)$개나 계산할 필요가 있으므로 $n$이 3보다 큰 경우에는 실용적이라 할 수 없다. 이와 같은 경우에는 가우스의 소거법을 사용하는 것이 편리함은 말할 것도 없다. 되풀이하지만 크래머의 공식은 연립 1차방정식의 해를 직접, 더구나 일반적으로 구할 수 있다는 점이 장점이다.

연립 1차방정식 (7)에서 $b_1 = \cdots = b_n = 0$이면 $x_1, \cdots, x_n$에 관한 동차연립 1차방정식

$$\begin{cases} a_{11}x_1 + \cdots + a_{1n}x_n = 0 \\ \quad \vdots \\ a_{n1}x_1 + \cdots + a_{nn}x_n = 0 \end{cases} \tag{9}$$

을 얻는다. 여기서 계수행렬식 $|A| = \begin{vmatrix} a_{11} & \cdots & a_{1n} \\ & \vdots & \\ a_{n1} & \cdots & a_{nn} \end{vmatrix}$가 0이 아니면 크래머의 공식에 의하여 $x_1 = \cdots = x_n = 0$임을 알 수가 있다. 그러므로 동차연립 1차방정식 (9)가 $x_1 = \cdots = x_n = 0$이 아닌 해를 갖는다면

$$D = \begin{vmatrix} a_{11} & \cdots & a_{1n} \\ & \vdots & \\ a_{n1} & \cdots & a_{nn} \end{vmatrix} = 0 \tag{10}$$

이 되어야 한다. 다시 말하면 동차연립 1차방정식 (9)의 해 $x_1, \cdots x_n$중에 0이 아닌 것이 적어도 하나 있으면 식 (10)이 성립하여야 한다.

일반적으로 두 조의 문자 $x_1, \cdots x_n$과 $a_1, \cdots a_m$에 관한 관계식이 2개 이상 주어질 때 그들 관계식에서부터 한쪽 조의 문자 $x_1, \cdots x_n$을 포함하지 않고, 다른 쪽 조의 문자 $a_1, \cdots a_m$만을 포함하는 관계식을 유도하는 것을 $x_1, \cdots x_n$을 소거한다고 하며, 소거하여서 얻는 관계식을 **소거식** 또는 **종결식**이라고 한다. 이러한 뜻에서 보면 위의 식 (10)은 동차연립 1차방정식 (9)에서부터 $x_1, x_2, \cdots, x_n$을 소거한 소거식이다.

**예제 9**

$x$, $y$에 관한 세 개의 관계식

$$\begin{cases} a_1x + b_1y + c_1 = 0 \\ a_2x + b_2y + c_2 = 0 \\ a_3x + b_3y + c_3 = 0 \end{cases} \tag{11}$$

에서부터 $x$, $y$를 소거하여라.

풀이 식 (11)은 $x, y, z$에 관한 동차연립 1차 방정식

$$\begin{cases} a_1x + b_1y + c_1z = 0 \\ a_2x + b_2y + c_2z = 0 \\ a_3x + b_3y + c_3z = 0 \end{cases} \tag{12}$$

에서 $z = 1$이라고 놓은 것과 같다. 그러므로 식 (11)을 만족하는 $x, y$의 값을 각각

$x_0$, $y_0$이라고 하면 식 (12)의 해는 $x = x_0$, $y = y_0$, $z = 1$이고 이들 중에는 0이 아닌 것이 적어도 하나($z = 1 \neq 0$)있다. 그러므로 앞에서 설명한 바에 의하여 식 (12)의 계수 행렬식의 값은 0이 되어야 한다. 즉,

$$\begin{vmatrix} a_1 & b_1 & c_1 \\ a_2 & b_2 & c_2 \\ a_3 & b_3 & c_3 \end{vmatrix} = 0 \tag{13}$$

식 (13)은 식 (11)에서 $x$, $y$를 소거한 소거식이다. 실제로 식 (11)의 처음 두 식에서부터 $x$, $y$의 값을 구하고 그것을 셋째 방정식에 대입하고 정리하면 식 (13)이 성립함을 확인할 수가 있다. ■

**정리 1.24**

일반적으로 $n-1$개의 문자 $x_1$, $\cdots$ $x_{n-1}$에 관한 $n$개의 관계식

$$\begin{cases} a_{11}x_1 + \cdots + a_{1n-1}x_{n-1} + a_{1n} = 0 \\ \qquad \vdots \\ a_{n1}x_1 + \cdots + a_{nn-1}x_{n-1} + a_{nn} = 0 \end{cases}$$

에서부터 $x_1$, $\cdots$ $x_{n-1}$을 소거하면 다음 소거식을 얻는다. 즉,

$$\begin{vmatrix} a_{11} & \cdots & a_{1n} \\ & \vdots & \\ a_{n1} & \cdots & a_{nn} \end{vmatrix} = 0$$

**예제 10**

$x$에 관한 두 개의 2차방정식

$$\begin{cases} a_0x^2 + a_1x + a_2 = 0 \\ b_0x^2 + b_1x + b_2 = 0 \end{cases}$$

에서부터 $x$를 소거하여라(이것은 위의 두 2차방정식이 공유근을 갖기 위한 조건을 구하는 문제와 같다).

풀이 위의 두 2차방정식은 공유근을 $\alpha$라고 하면 이 $\alpha$에 관하여 다음 네 개의 관계식이 성립한다. 즉,

$$\begin{cases} a_0\alpha^3 + a_1\alpha^2 + a_2\alpha = 0 \\ a_0\alpha^2 + a_1\alpha + a_2 = 0 \\ b_0\alpha^3 + b_1\alpha^2 + b_2\alpha = 0 \\ b_0\alpha^2 + b_1\alpha + b_2 = 0 \end{cases}$$

$X = \alpha^3,\quad Y = \alpha^2,\quad Z = \alpha$ 라고 놓으면

$$\begin{cases} a_0X + a_1Y + a_2Z = 0 \\ a_0Y + a_1Z + a_2 = 0 \\ b_0X + b_1Y + b_2Z = 0 \\ b_0Y + b_1Z + b_2 = 0 \end{cases}$$

이 네 개의 관계식에서부터 $X,\ Y,\ Z$를 소거하면 위의 정리 1.24에 의하여

$$\begin{vmatrix} a_0 & a_1 & a_2 & 0 \\ 0 & a_0 & a_1 & a_2 \\ b_0 & b_1 & b_2 & 0 \\ 0 & b_0 & b_1 & b_2 \end{vmatrix} = 0$$

또는 전개하고 정리하면 다음 소거을 얻는다. 즉,

$$(a_0b_2 - a_2b_0)^2 = (a_0b_1 - a_1b_0)(a_1b_2 - a_2b_1)$$

이와 같은 소거법을 Sylvester의 **소거법**이라고 한다. ■

**문제 1**

$x$에 관한 두 방정식 $ax^2 + bx + c = 0,\ \ x^3 = 1$이 공유근을 가지면

$$\begin{vmatrix} a & b & c \\ b & c & a \\ c & a & b \end{vmatrix} = 0$$

임을 밝혀라.

**문제 2**

$x$에 관한 두 정식 $x^3 + ax^2 + bx + c,\ x^2 + bx + c$가 공약수를 가지면 $(a-b-1)(a-1)+c = 0$임을 밝혀라. (단, $c \neq 0$)

## 연습문제 1.6 Exercises

**1.** 다음 행렬의 행렬식 값을 적당한 행 또는 열에 관한 여인자전개를 이용하여 구하라.

(1) $\begin{vmatrix} 1 & 2 & 3 \\ -1 & 5 & 2 \\ 3 & 2 & 0 \end{vmatrix}$ (2) $\begin{vmatrix} 4 & -2 & 0 \\ 0 & 2 & 4 \\ -1 & -1 & -3 \end{vmatrix}$

(3) $\begin{vmatrix} 1 & 1 & 1 \\ a & b & c \\ a^2 & b^2 & c^2 \end{vmatrix}$ (4) $\begin{vmatrix} 4 & -4 & 2 & 1 \\ 1 & 2 & 0 & 3 \\ 21 & 0 & 3 & 4 \\ 0 & -3 & 2 & 1 \end{vmatrix}$

**2.** 크래머의 공식을 써서 다음 연립 1차방정식을 풀어라.

(1) $\begin{cases} 4x + y + z = 2 \\ 2x + 5y + 4z = 1 \\ 3x + 2y + 6z = 3 \end{cases}$ (2) $\begin{cases} 4y - 3z = 1 \\ 3x - 2z = 8 \\ 5x - 7y = 2 \end{cases}$

(3) $\begin{cases} x - y + 2z - 3u = -1 \\ x + y + 3z - 5u = 0 \\ 2x - 2y + 7z - 4u = 0 \\ -x + y - 2z + 7u = 3 \end{cases}$

**3.** $x$에 관한 두 방정식

$$\begin{cases} a_0x^2 + a_1x + a_2 = 0 & (a_0 \neq 0) \\ b_0x^3 + b_1x^2 + b_2x + b_3 = 0 & (b_0 \neq 0) \end{cases}$$

이 공유근을 가지기 위한 조건을 구하여라.

**4.** $\begin{vmatrix} a & b & c \\ c & a & b \\ b & c & a \end{vmatrix} = a^3 + b^3 + c^3 - 3abc$임을 이용하여서 다음 등식이 성립함을 밝혀라.

$$\begin{cases} (a^3 + b^3 + c^3 - 3abc)(x^3 + y^3 + z^3 - 3xyz) = \lambda^3 + \mu^3 + \nu^3 - 3\lambda\mu\nu \\ \text{단, } \lambda = ax + bz + cy, \quad \mu = ay + bx + cz, \quad \nu = az + by + cx \end{cases}$$

**5.** $A = \begin{vmatrix} 0 & c & b \\ c & 0 & a \\ b & a & 0 \end{vmatrix}$, $B = \begin{vmatrix} b^2 + c^2 & ab & ca \\ ab & c^2 + a^2 & bc \\ ca & bc & a^2 + b^2 \end{vmatrix}$ 이라고 하면 $A^2 = B$임을 밝혀라. 또 이

관계를 이용하여서 $B$의 값을 구하여라.

**6.** 다음을 증명하여라.

$$\begin{vmatrix} a_{11} & \cdots & a_{1r} & 0 & \cdots & 0 \\ & \vdots & & & \vdots & \\ a_{r1} & \cdots & a_{rr} & 0 & \cdots & 0 \\ a_{r+11} & \cdots & a_{r+1r} & a_{r+1\,r+1} & \cdots & a_{r+1n} \\ \vdots & \vdots & & \vdots & \vdots & \\ a_{n1} & \cdots & a_{nr} & a_{nr+1} & \cdots & a_{nn} \end{vmatrix} = \begin{vmatrix} a_{11} & \cdots & a_{1r} \\ & \vdots & \\ a_{r1} & \cdots & a_{rr} \end{vmatrix} \cdot \begin{vmatrix} a_{r+1\,r+1} & \cdots & a_{r+1n} \\ & \vdots & \\ a_{n\,r+1} & \cdots & a_{nn} \end{vmatrix}$$

## 1.7 공간벡터

물리적인 양 중에는 길이, 넓이, 질량, 온도와 같이 그 양의 크기만 주어지면 완전히 표시되는 스칼라(scalar)와 힘, 속도와 같이 크기뿐만 아니라 방향까지 지정하지 않으면 완전히 표현할 수 없는 벡터(vector)가 있다. 앞으로 특별한 언급이 없는 한 스칼라는 실수로 제한한다. 따라서 $k$가 스칼라이면 $k \in R$로 나타낸다. 또한, 2차원, 3차원 공간의 벡터는 기하학적으로 유향 선분으로서 표현할 수 있다. 이때, 유향 선분의 화살표에 의하여 그 벡터의 방향을 지정하고 그 길이에 의하여 크기를 나타낸다. 이 경우 유향 선분의 출발점을 **시작점**(initial point)이라 하고 유향 선분의 종점을 **끝점**(terminal point)이라고 한다.

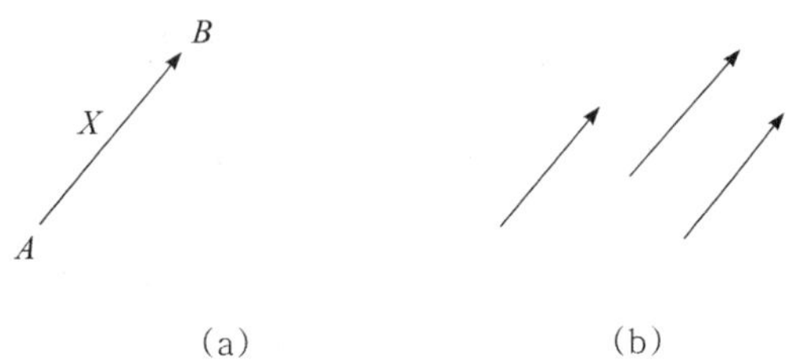


[그림 1-1]

[그림 1-1](a)와 같이 $X$를 시작점이 $A$이고 끝점이 $B$인 벡터라 하면 $X = \overrightarrow{AB}$로 나타낸다. 벡터는 크기와 방향에 의하여만 정의되므로 [그림 1-1](b)와 같이 크기와 방향이 각각 같

은 벡터는 시작점에 관계없이 모두 동일시 한다. 즉, 한 벡터를 평행이동하여 얻은 벡터는 모두 같은 것으로 여긴다는 것이다.

**정의 1.15**

두 벡터 $X$, $Y$와 스칼라 $k$에 대하여 두 벡터의 합 $X+Y$와 $k$에 의한 $X$의 스칼라 배 $kX$를 다음과 같이 정의한다.

(i) $X+Y$는 $X$와 $Y$에 의하여 결정되는 평행사변형의 대각선으로 표시되는 벡터이다(그림 1-2(a)).

(ii) $kX$는 $k>0$이면 $X$와 방향이 같으면서 길이를 $k$배 하여 얻어지는 벡터이고, $k<0$이면 $X$와 방향이 반대이면서 길이를 $|k|$배 하여 얻어지는 벡터이다(그림 1-2(b)).

또한 $k$가 0이면 $kX$는 길이가 0인 벡터이다.

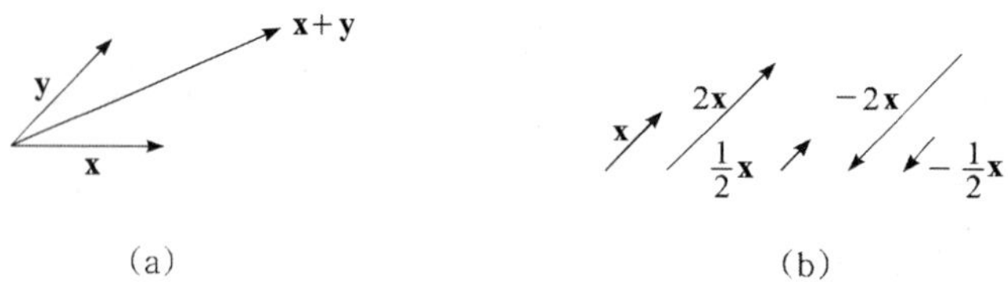


[그림 1–2]

이러한 3차원공간의 벡터는 직교좌표계를 사용하여 쉽게 다룰 수 있다. 직교좌표계에서 좌표공간 $R^3$는 모든 세 실수의 순서조 $(x_1, x_2, x_3)$의 집합 즉,

$$R^3 = \{(x_1, x_2, x_3) \mid x_1, x_2, x_3 \in R\}$$

이다. 이제, 공간상의 벡터 $X=\overrightarrow{AB}$를 평행이동 하여 직교좌표계의 원점 $O(0, 0, 0)$를 시작점이 되게 하고 $x$의 끝점을 $P(x_1, x_2, x_3)$라 하면 벡터 $\overrightarrow{OP}$는 $\overrightarrow{AB}$와 동일시 할 수 있다(그림 1-3). 따라서 직교좌표계를 사용하여 공간상의 벡터를 논할 때는 직교좌표계의 원점을 시작점으로 놓고 벡터를 다루는 것이 편리하다.

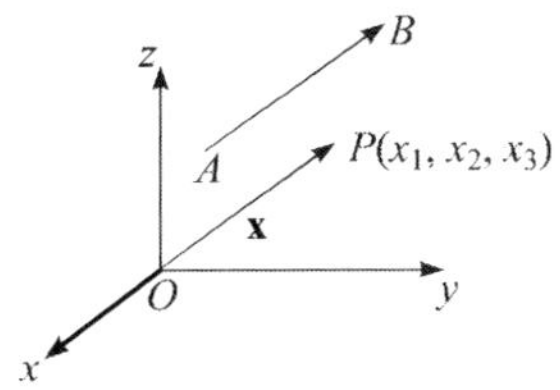


[그림 1–3]

직교좌표공간 $R^3$에서 원점을 시작점으로 갖는 모든 벡터는 끝점에 의해서 크기와 방향이 결정된다. 즉, $R^3$의 원점 $O$를 시작점으로 하고 다른 한 점 $P$를 취할 때 벡터 $\overrightarrow{OP}$는 점 $P$의 위치에 의하여 결정되고, 역으로 벡터 $\overrightarrow{OP}$가 주어지면 점 $P$의 위치가 정해진다.

**정의 1.16**

세 실수의 순서조(쌍) $(x_1,\ x_2,\ x_3)$를 **공간벡터**(vector in space)라 하고

$$X = (x_1,\ x_2,\ x_3)$$

또는 $3\times 1$행렬 $X = \begin{bmatrix} x_1 \\ x_2 \\ x_3 \end{bmatrix}$로 나타낸다. 이때 실수 $x_1,\ x_2,\ x_3$를 공간벡터 $X$의 성분(component)이라고 한다.

위 정리에서 혼돈할 염려가 없을 때는 공간벡터를 간단히 벡터라 한다.

**정의 1.17**

$R^3$의 벡터 $X = \begin{bmatrix} x_1 \\ x_2 \\ x_3 \end{bmatrix},\ Y = \begin{bmatrix} y_1 \\ y_2 \\ y_3 \end{bmatrix}$에 대하여 $x_1 = y_1,\ x_2 = y_2,\ x_3 = y_3$이면 $X = Y$라 한다.

점 $P(x_1,\ x_2,\ x_3)$에 대하여 유향 선분 $\overrightarrow{OP}$의 길이(length)를 벡터 $X = \overrightarrow{OP}$의 크기(norm)로 정의하며 $\| X \|$로 나타낸다. 따라서 피타고라스 정리에 의하여 $\| X \| = \sqrt{x_1^2 + x_2^2 + x_3^2}$이다.

특히, 시작점이 $P(x_1,\ x_2,\ x_3)$이고 끝점이 $Q(y_1,\ y_2,\ y_3)$인 벡터 $\overrightarrow{PQ}$의 크기는 다음과 같이 쉽게 알 수 있다.

$$\| PQ \| = \sqrt{(y_1 - x_1)^2 + (y_2 - x_2)^2 + (y_3 - x_3)^2}$$

**정의 1.18**

$R^3$의 벡터 $X = (x_1,\ x_2,\ x_3)$, $Y = (y_1,\ y_2,\ y_3)$와 실수 $k$에 대하여, 두 벡터의 합(vector sum) $X + Y$와, $k$에 의한 $X$의 스칼라배(scalar multiple) $kX$를 다음과 같이 정의한다.

(i) $X + Y = (x_1 + y_1,\ \ x_2 + y_2,\ \ x_3 + y_3)$

(ii) $kX = (kx_1,\ \ kx_2,\ \ kx_3)$

위 정의에서 $k > 0$이면 벡터 $kX$는 $X$와 같은 방향이고 $k < 0$이면 $X$와 반대방향이다. 또한,

$$\| kX \| = \sqrt{(kx_1)^2 + (kx_2)^2 + (kx_3)^2} = |k| \sqrt{x_1^2 + x_2^2 + x_3^2} = |k| \, \| X \|$$

이므로 $kX$의 크기는 $X$의 크기에 $|k|$배 한 것과 같다.

모든 성분이 0인 벡터 $(0,\ 0,\ 0)$을 $R^3$의 **영벡터**(zero vector)라 하며 $0$으로 나타낸다. 그러면 임의의 벡터 $X = (x_1,\ x_2,\ x_3)$에 대하여

$$X + 0 = X, \qquad X + (-1)X = 0$$

이 성립함을 쉽게 알 수 있다. 여기서 $(-1)X = -X$로 정의하며 $-X$를 $X$의 **음벡터**(negative vector)라 한다.

**예제 1**

두 벡터 $X = (4,\ -2,\ 0)$, $Y = (-3,\ 2,\ 4)$에 대하여 다음이 성립함을 쉽게 알 수 있다.

$$\begin{aligned} X + Y &= (4 + (-3),\ \ (-2) + 2,\ \ 0 + 4) = (1,\ \ 0,\ \ 4) \\ 3X &= (3 \cdot 4,\ \ 3 \cdot (-2),\ \ 3 \cdot 0) = (12,\ \ -6,\ \ 0) \\ 2X - 4Y &= (2 \cdot 4 - 4 \cdot (-3),\ \ 2 \cdot (-2) - 4 \cdot 2,\ \ 2 \cdot 0 - 4 \cdot 4) \\ &= (20,\ \ -12,\ \ -16) \end{aligned}$$

$R^3$에서 0아닌 두 벡터 $X=(x_1,\ x_2,\ x_3)$, $Y=(y_1,\ y_2,\ y_3)$사이의 각을 $\theta$ $(0 \le \theta \le \pi)$라 하면 코사인 제 2법칙으로부터

$$\| X-Y \|^2 = \| X \|^2 + \| Y \|^2 - 2\| X \| \| Y \| \cos\theta$$

이고

$$\begin{aligned} \| X-Y \|^2 &= (x_1-y_1)^2+(x_2-y_2)^2+(x_3-y_3)^2 \\ &= x_1^2+x_2^2+x_3^2+y_1^2+y_2^2+y_3^2-2(x_1y_1+x_2y_2+x_3y_3) \\ &= \| X \|^2 + \| Y \|^2 - 2(x_1y_1+x_2y_2+x_3y_3) \end{aligned}$$

이므로 $\cos\theta = \dfrac{x_1y_1+x_2y_2+x_3y_3}{\| X \| \| Y \|}$이다.

**정의 1.19**

$R^3$의 두 벡터 $X=(x_1,\ x_2,\ x_3)$, $Y=(y_1,\ y_2,\ y_3)$에 대하여 실수

$$x_1y_1+x_2y_2+x_3y_3$$

를 $X$와 $Y$의 **내적**(inner product 또는 scalar product)이라 하고 $X \cdot Y$ 또는 $< X,\ Y >$로 나타낸다. 즉,

$$X \cdot Y = < X,\ Y > = x_1y_1+x_2y_2+x_3y_3$$

앞 정의로부터 0아닌 두 벡터 $X$와 $Y$에 대하여 다음이 성립한다.

$$\cos\theta = \frac{X \cdot Y}{\| X \| \| Y \|} \quad \text{또는} \quad X \cdot Y = \| X \| \| Y \| \cos\theta$$

이 표현에서 보듯이 벡터의 내적을 이용하여 두 벡터 사이의 각 $\theta$를 구할 수 있다. $\theta = \dfrac{\pi}{2}$이면 즉, $X \cdot Y = 0$이면 $X$와 $Y$는 **직교한다**(orthogonal)고 하며 $\theta=0$이거나 $\theta=\pi$이면 즉, $X=kY$인 $k \in R$가 존재한다면 $X$와 $Y$는 **평행하다**(parallel)고 한다. 즉,

$X$와 $Y$는 직교한다. $\Leftrightarrow$ $X \cdot Y = 0$

$X$와 $Y$는 평행하다. $\Leftrightarrow$ $X=kY$ 인 $k \in R$가 존재한다.

영벡터는 모든 벡터와 직교하며 또한 평행하다고 할 수 있다. 특히, 내적의 정의로부터 $X=Y$이면 $X \cdot X = x_1^2 + x_2^2 + x_3^2 = \| X \|^2$이므로 다음이 성립한다.

$$\| X \| = \sqrt{X \cdot X}$$

크기가 1인 벡터를 **단위벡터(unit vector)**라 하며 0아닌 벡터 $X$에 대하여

$$\left\| \frac{1}{\| X \|} X \right\| = \frac{1}{\| X \|} \| X \| = 1$$

이므로 $U = \frac{1}{\| X \|} X$는 항상 $X$와 같은 방향을 갖는 단위벡터이다.

**예제 2**

$X = (-1,\ 2,\ 2)$, $Y = (2,\ 4,\ 4)$, $Z = (2,\ 1,\ 0)$, $W = (3,\ -6,\ -6)$에 대하여

$$\begin{aligned} X \cdot Y &= -1 \cdot 2 + 2 \cdot 4 + 2 \cdot 4 = 14 \\ \| X \| &= \sqrt{(-1)^2 + 2^2 + 2^2} = 3 \\ \| Y \| &= \sqrt{(2)^2 + 4^2 + 4^2} = 6 \end{aligned}$$

이므로 $X$와 $Y$사이의 각을 $\theta$라 하면 $\cos\theta = \frac{14}{3 \cdot 6} = \frac{7}{9}$이다. 또한,

$$X \cdot Z = -1 \cdot 2 + 2 \cdot 1 + 2 \cdot 0 = 0$$

$$X = (-1,\ 2,\ 2) = -\frac{1}{3}(3,\ -6,\ -6) = -\frac{1}{3} W$$

이므로 $X$는 $Z$와 직교하고 또한 $W$와 평행하다. 또한 $X$와 평행한 단위벡터는

$$U = \frac{1}{\| X \|} X = \frac{1}{\| (-1,\ 2,\ 2) \|}(-1,\ 2,\ 2) = \frac{1}{3}(-1,\ 2,\ 2)$$

이다.

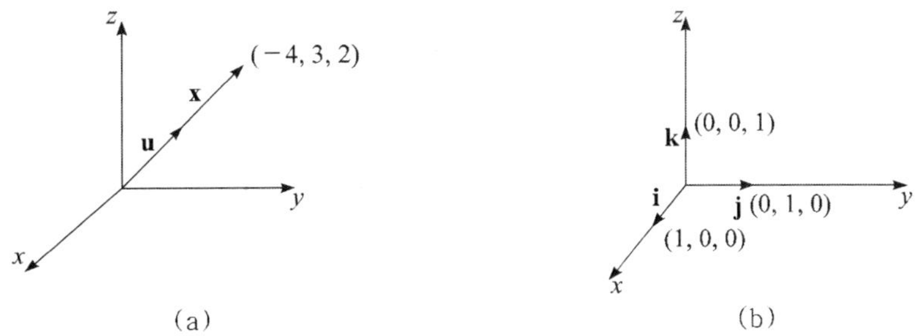


[그림 1–4]

**예제 3**

$X=(-4,\ 3,\ 2)$에 대하여

$$U=\frac{1}{\|X\|}X=\frac{1}{\sqrt{29}}(-4,\ 3,\ 2)=\left(-\frac{4}{\sqrt{29}},\ \frac{3}{\sqrt{29}},\ \frac{2}{\sqrt{29}}\right)$$

는 $X$와 같은 방향을 갖는 단위벡터이다(그림 1-4(a)).

$R^3$의 단위벡터 중에서 특히, 세 벡터 $\mathbf{i}=(1,\ 0,\ 0)$, $\mathbf{j}=(0,\ 1,\ 0)$, $\mathbf{k}=(0,\ 0,\ 1)$을 이용하면

$$\begin{aligned} X &= (x_1,\ x_2,\ x_3) \\ &= x_1(1,\ 0,\ 0)+x_2(0,\ 1,\ 0)+x_3(0,\ 0,\ 1) \\ &= x_1\mathbf{i}+x_2\mathbf{j}+x_3\mathbf{k} \end{aligned}$$

이므로, $R^3$의 임의의 벡터 $X=(x_1,\ x_2,\ x_3)$는 단위벡터 $\mathbf{i}$, $\mathbf{j}$, $\mathbf{k}$ 로 표시할 수 있다(그림 1-4(b)).

이제, 공간 벡터의 개념을 확장하여 $n$-차원 벡터를 정의하자.

**정의 1.19**

$n$개의 실수의 순서조 $(x_1,\ x_2,\ \cdots,\ x_n)$을 $n$−**차원 벡터**($n$-dimensional vector)라 하고

$$X=(x_1,\ x_2,\ \cdots,\ x_n)\ \text{또는}\ n\times 1\ \text{행렬}\ X=\begin{bmatrix} x_1 \\ x_2 \\ \vdots \\ x_n \end{bmatrix}$$

으로 나타낸다. 이때 실수 $x_1$, $x_2$, $\cdots$, $x_n$를 $X$의 성분이라 한다.

모든 $n$-차원 벡터 전체의 집합을 $R^n$으로 나타낸다. 즉,

$$R^n = \{(x_1,\ x_2,\ \cdots,\ x_n) \mid x_i \in R,\quad i = 1,\ 2,\ \cdots,\ n\}.$$

혼동할 염려가 없을 때는 $R^n$의 원소를 간단히 벡터라 한다. 특히 $n=1$일 때, $R^1$을 간단히 $R$로 나타낸다.

**정의 1.20**

$R^n$의 벡터에 $X = \begin{bmatrix} x_1 \\ x_2 \\ \vdots \\ x_n \end{bmatrix}$, $Y = \begin{bmatrix} y_1 \\ y_2 \\ \vdots \\ y_n \end{bmatrix}$ 대하여 $x_i = y_i$이면 $X = Y$라고 한다.

(단, $i = 1,\ 2,\ \cdots,\ n$)

$R^n$의 벡터에 대해서도 벡터의 합과 스칼라 배를 $R^3$의 벡터의 경우와 마찬가지로 다음과 같이 정의한다.

**정의 1.21**

$R^n$의 벡터 $X = \begin{bmatrix} x_1 \\ x_2 \\ \vdots \\ x_n \end{bmatrix}$, $Y = \begin{bmatrix} y_1 \\ y_2 \\ \vdots \\ y_n \end{bmatrix}$와 스칼라 $k$에 대하여, 두 벡터의 합 $X+Y$와 $k$에 의한 $X$의 스칼라배 $kX$를 각각 다음과 같이 정의한다.

(i) $X + Y = \begin{bmatrix} x_1 + y_1 \\ x_2 + y_2 \\ \vdots \\ x_n + y_n \end{bmatrix}$ (ii) $kX = \begin{bmatrix} kx_1 \\ kx_2 \\ \vdots \\ kx_n \end{bmatrix}$

## 1.8 벡터의 외적

기하학, 물리학, 공학등에서 벡터를 응용할 때, 종종 $R^3$의 주어진 두 벡터에 동시에 수직인 제 3의 벡터를 구하여야 할 때가 있다. $R^3$에서 중요한 의미를 갖는 벡터의 외적을 이용하면 이 제 3의 벡터를 쉽게 구할 수 있다.

**정의 1.22**

$R^3$의 벡터 $X=(x_1, x_2, x_3)$, $Y=(y_1, y_2, y_3)$에 대하여 $X$, $Y$의 외적(cross product 또는 vector product)을 $X\times Y$로 나타내며 다음과 같이 정의한다.

$$X\times Y=(x_2y_3-x_3y_2)\mathbf{i}+(x_3y_1-x_1y_3)\mathbf{j}+(x_1y_2-x_2y_1)\mathbf{k}$$

두 벡터 $X$, $Y$의 외적을 구할 때 $\mathbf{i}=(1, 0, 0)$, $\mathbf{j}=(0, 1, 0)$, $\mathbf{k}=(0, 0, 1)$를 실수와 같이 생각하여 다음과 같은 행렬식을 이용하면 편리하다.

$$X\times Y=\begin{vmatrix} \mathbf{i} & \mathbf{j} & \mathbf{k} \\ x_1 & x_2 & x_3 \\ y_1 & y_2 & y_3 \end{vmatrix}=\begin{vmatrix} x_2 & x_3 \\ y_2 & y_3 \end{vmatrix}\mathbf{i}-\begin{vmatrix} x_1 & x_3 \\ y_1 & y_3 \end{vmatrix}\mathbf{j}+\begin{vmatrix} x_1 & x_2 \\ y_1 & y_2 \end{vmatrix}\mathbf{k}$$

내적은 두 벡터로부터 스칼라를 생성하지만 외적은 두 벡터로부터 새로운 벡터를 생성한다.

**예제 1**

$X=(1, 2, -2)$와 $Y=(3, 0, 1)$에 대하여, $X\times Y$, $X\cdot Y$를 각각 구하여라.

풀이

$$X\times Y=\begin{vmatrix} \mathbf{i} & \mathbf{j} & \mathbf{k} \\ 1 & 2 & -2 \\ 3 & 0 & 1 \end{vmatrix}=2\mathbf{i}-7\mathbf{j}-6\mathbf{k}$$

$$X\cdot Y=1\cdot 3+2\cdot 0+(-2)\cdot 1=1$$

■

**정리 1.26**

벡터 $X=(x_1, x_2, x_3)$, $Y=(y_1, y_2, y_3)$, $Z=(z_1, z_2, z_3)$에 대하여 다음 등식이 성립한다.

$$X \cdot (Y \times Z) = \begin{vmatrix} x_1 & x_2 & x_3 \\ y_1 & y_2 & y_3 \\ z_1 & z_2 & z_3 \end{vmatrix}$$

**증명**

$$\begin{aligned} X \cdot (Y \times Z) &= (x_1,\ x_2,\ x_3) \cdot (y_2 z_3 - y_3 z_2,\ y_3 z_1 - y_1 z_3,\ y_1 z_2 - y_2 z_1) \\ &= x_1(y_2 z_3 - y_3 z_2) - x_2(y_1 z_3 - y_3 z_1) + x_3(y_1 z_2 - y_2 z_1) \\ &= \begin{vmatrix} x_1 & x_2 & x_3 \\ y_1 & y_2 & y_3 \\ z_1 & z_2 & z_3 \end{vmatrix} \end{aligned}$$

□

**정리 1.27**

$R^3$의 벡터 $X$, $Y$에 대하여 다음 등식이 성립하다.

(1) $X \cdot (X \times Y) = 0$

(2) $Y \cdot (X \times Y) = 0$

(3) $\| X \times Y \|^2 = \| X \|^2 \| Y \|^2 - (X \cdot Y)^2$

위 정리로부터 $R^3$의 주어진 두 벡터 $X$, $Y$의 외적 $X \times Y$의 기하학적 의미를 알 수 있다. 먼저, (1), (2)에서 알 수 있듯이 외적 $X \times Y$는 두 벡터 $X$, $Y$에 동시에 수직인 벡터이다. 따라서 $X$와 $Y$가 평행이 아니면 $X \times Y$는 이 두 벡터가 결정하는 평면에 수직인 벡터이다. 이때, 벡터 $X \times Y$의 방향은 소위 **오른손법칙**(righthand rule)에 의하여 결정된다.

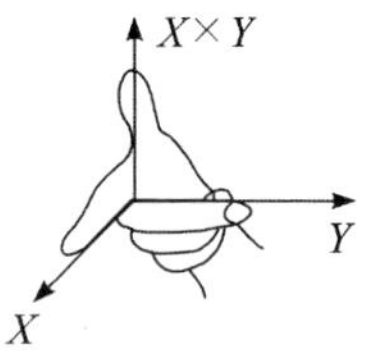


(a)

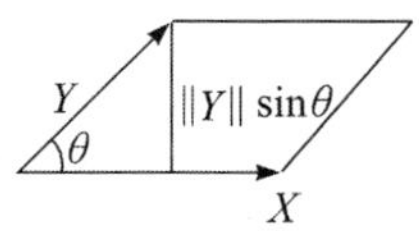


(b)

[그림 1-5]

즉, $X$로부터 $Y$로의 회전방향으로 손가락을 감을 수 있도록 오른손을 [그림 1-5](a)와 같이 두 벡터가 결정하는 평면에 놓으며 $X \times Y$의 방향은 엄지손가락이 지시하는 방향이다. 또한, $X$와 $Y$ 사이의 각을 $\theta$라 하면 (3)으로부터 다음이 성립한다.

$$
\begin{aligned}
\| X\times Y\|^2 &= \| X\|^2 \| Y\|^2 - (X\cdot Y)^2 \\
&= \| X\|^2 \| Y\|^2 - \| X\|^2 \| Y\|^2\cos^2\theta \\
&= \| X\|^2 \| Y\|^2 (1-\cos^2\theta) \\
&= \| X\|^2 \| Y\|^2\sin^2\theta
\end{aligned}
$$

따라서

$$\| X\times Y\| = \| X\| \, \| Y\| \sin\theta$$

이므로 벡터 $X\times Y$의 크기 $\| X\times Y\|$는 $X$와 $Y$를 이웃하여 만드는 평행사변형의 넓이와 같다(그림 1-5(b)).

**예제 2**

세 점 $P=(4,\ -3,\ 1)$, $Q=(6,\ -4,\ 7)$, $R=(1,\ 2,\ 2)$을 세 꼭지점으로 갖는 삼각형의 넓이를 구하여라.

풀이 $\triangle PQR$의 넓이 $S$는 벡터

$$
\begin{aligned}
\overrightarrow{PQ} &= (6-4)\mathbf{i}+(-4-(-3))\mathbf{j}+(7-1)\mathbf{k}=2\mathbf{i}-\mathbf{j}+6\mathbf{k} \\
\overrightarrow{PR} &= (1-4)\mathbf{i}+(2-(-3))\mathbf{j}+(2-1)\mathbf{k}=-3\mathbf{i}+5\mathbf{j}+\mathbf{k}
\end{aligned}
$$

를 이웃하여 만드는 평행사변형의 넓이의 반이다.

$$
\begin{aligned}
\therefore\ S &= \frac{1}{2}\| \overrightarrow{PQ}\times\overrightarrow{PR}\| = \frac{1}{2}\| -31\mathbf{i}-29\mathbf{j}+7\mathbf{k}\| \\
&= \frac{1}{2}\sqrt{(-31)^2+(-20)^2+7^2} \\
&= \frac{1}{2}\sqrt{1410}
\end{aligned}
$$

■

이제, 공간상의 네 점 $P$, $Q$, $R$, $S$에 대하여 벡터 $\overrightarrow{PQ}$, $\overrightarrow{PR}$, $\overrightarrow{PS}$가 서로 이웃하여 만드는 평행육면체의 부피를 생각해 보자(그림 1-6).

$X=\overrightarrow{PQ}$, $Y=\overrightarrow{PR}$, $Z=\overrightarrow{PS}$라 하면 [그림 1-5](b)에서 보듯이 평행육면체의 밑면의 넓이는 $\| X\times Y\|$이다. 이제, $Z$와 $X\times Y$사이의 각을 $\theta$라 하면 $X\times Y$는 밑면에 수직이므로 평행육면체의 높이 $h$는 $h=\| Z\| \,|\cos\theta|$이다. 따라서 부피 V는 다음과 같다.

$$V = \| X\times Y\| \, \| Z\| \,|\cos\theta| = |(X\times Y)\cdot Z|$$

이때, $X=(x_1,\ x_2,\ x_3)$, $Y=(y_1,\ y_2,\ y_3)$, $Z=(z_1,\ z_2,\ z_3)$라 하면

$$(X\times Y)\cdot Z=\begin{vmatrix} x_1 & x_2 & x_3 \\ y_1 & y_2 & y_3 \\ z_1 & z_2 & z_3 \end{vmatrix}$$

이므로 평행육면체의 부피 $V$는 행렬식 (1)의 절댓값과 같다.

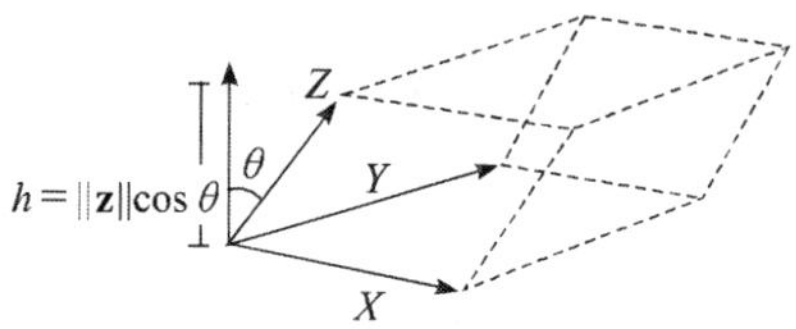


[그림 1-6]

**문제 1**

예제 2의 세 점 $P$, $Q$, $R$과 점 $S(4,\ -2,\ 3)$에 대하여 선분 $PQ$, $PR$, $PS$를 이웃하는 세 변으로 하는 평행육면체의 부피 $V$를 구하여라.

다음의 외적에 관한 여러 가지 성질은 행렬식의 성질을 이용하여 쉽게 증명할 수 있다.

**정리 1.28**

$R^3$의 벡터 $X$, $Y$, $Z$와 실수 $k$에 대하여 다음 등식이 성립한다.

(1) $X\times Y=-(Y\times X)$

(2) $X\times(Y+Z)=X\times Y+X\times Z$

(3) $(X+Y)\times Z=X\times Z+Y\times Z$

(4) $k(X\times Y)=(kX)\times Y=X\times(kY)$

(5) $X\times X=0$

(6) $0\times X=X\times 0=0$

(7) $(X\times Y)\times Z=(X\cdot Z)Y-(Y\cdot Z)X$

(8) $X\times(Y\times Z)=(X\cdot Z)Y-(X\cdot Y)Z$

**문제 2**

$X=3\mathbf{i}+\mathbf{k}$, $Y=\mathbf{i}+2\mathbf{j}-2\mathbf{k}$, $Z=2\mathbf{i}-\mathbf{k}$에 대하여 정리 1.28의 (7)이 성립함을 확인하여라.

## 연습문제 1.8 Exercises

**1.** 다음에서 $X+Y$, $X-Y$, $3X$, $\| Y \|$, $X \cdot Y$를 구하여라.

(1) $X=(1,\ 2,\ -3)$, $Y=(3,\ 0,\ 2)$

(2) $X=2\mathbf{i}+5\mathbf{j}-\mathbf{k}$, $Y=-\mathbf{i}+2\mathbf{j}+\mathbf{k}$

(3) $X=\begin{bmatrix} 6 \\ -2 \\ 3 \end{bmatrix}$, $Y=\begin{bmatrix} 0 \\ -1 \\ 0 \end{bmatrix}$

**2.** 다음에서 두 벡터 $X$, $Y$사이의 각을 $\theta$라 할 때 $\cos\theta$를 구하여라.

(1) $X=(2,\ -3,\ 1)$, $Y=(1,\ 0,\ 0)$

(2) $X=\mathbf{i}+\mathbf{j}-2\mathbf{k}$, $\mathrm{Y}=\mathbf{i}-3\mathbf{k}$

**3.** 다음에서 벡터 $X$와 같은 방향을 갖는 단위벡터를 구하여라.

(1) $X=(0,\ -3,\ 2)$

(2) $X=-3\mathbf{i}-4\mathbf{j}+5\mathbf{k}$

(3) $X=\begin{bmatrix} 4 \\ 0 \\ 3 \end{bmatrix}$

**4.** 다음에서 두 점 사이의 거리를 구하여라.

(1) $P=(0,\ 0,\ 0)$, $Q=(2,\ 3,\ -1)$

(2) $P=(2,\ -1,\ 5)$, $Q=(3,\ 4,\ 0)$

**5.** 다음에서 주어진 벡터에 대하여 물음에 답하여라.

$X_1=(1,\ 2,\ 3)$, $X_2=(0,\ 1,\ 2)$, $X_3=(-2,\ -4,\ -6)$, $X_4=(0,\ 0,\ 0)$

$X_5=(-2,\ 1,\ 0)$, $X_6=(2,\ 4,\ 6)$, $X_7=(-6,\ 6,\ -2)$, $X_8=(-4,\ -2,\ 1)$

(1) 서로 직교하는 것을 모두 찾아라.

(2) 서로 평행하는 것을 모두 찾아라.

**6.** 다음 세 점을 꼭지점으로 갖는 삼각형은 직각 삼각형을 보여라.

$$P(3,\ 1,\ 2),\quad Q(7,\ 0,\ 1),\quad R(2,\ 3,\ -4)$$

**7.** 다음에서 $X\times Y$, $Y\times X$를 각각 구하여라.

(1) $X=-3\mathbf{i}-3\mathbf{j}+5\mathbf{k}$, $Y=-6\mathbf{i}-4\mathbf{j}+2\mathbf{k}$

(2) $X=(3,\ 0,\ -2)$, $Y=(0,\ -1,\ 3)$

**8.** 다음에서 두 벡터 $X$, $Y$에 동시에 직교하는 벡터를 구하여라.

(1) $X=\mathbf{i}-5\mathbf{j}+3\mathbf{k}$, $Y=-\mathbf{i}-\mathbf{j}-2\mathbf{k}$

(2) $X=(4,\ -3,\ 1)$, $Y=(2,\ 0,\ 3)$

**9.** 다음에서 세 점 $P$, $Q$, $R$에 의하여 결정되는 평면에 수직인 벡터를 구하고 $\triangle PQR$의 넓이를 구하여라. 또한, 점 $S(0,\ 1,\ 6)$에 대하여 선분 $PQ$, $PR$, $PS$를 이웃하는 세 변으로 하는 평행육면체의 부피를 구하여라.

(1) $P(0,\ 0,\ 0)$, $Q(2,\ 4,\ 6)$, $R(-1,\ 2,\ 7)$

(2) $P(3,\ 2,\ -1)$, $Q(1,\ 0,\ -1)$, $R(2,\ 1,\ 3)$

**10.** 다음에서 주어진 등식이 성립함을 보여라.

(1) $\mathbf{i}\times\mathbf{j}=\mathbf{k}$ (2) $\mathbf{j}\times\mathbf{k}=\mathbf{i}$

(3) $\mathbf{k}\times\mathbf{i}=\mathbf{j}$

**11.** 다음을 $\mathbf{i}$, $\mathbf{j}$, $\mathbf{k}$로 표시된 벡터는 $3\times1$행렬로, $3\times1$행렬로 표시된 벡터는 $\mathbf{i}$, $\mathbf{j}$, $\mathbf{k}$로 나타내어라.

(1) $X=-3\mathbf{i}+5\mathbf{j}+2\mathbf{k}$ (2) $X=\begin{bmatrix}1\\2\\0\end{bmatrix}$

**12.** 두 벡터 $A=(1,\ 1,\ 0)$, $B=(0,\ 1,\ 1)$에 수직인 단위벡터를 구하여라.

**13.** 네 점 $(0,\ 0,\ 0)$, $(1,\ 3,\ 2)$ $(1,\ 4,\ 3)$ $(2,\ 7,\ 5)$를 꼭지점으로 갖는 평행사변형의 면적을 구하여라.

**14.** 세 점 $(1,\ 1)$ $(0,\ 2)$ $(3,\ 2)$를 꼭지점으로 하는 삼각형의 면적을 구하여라.

## 1.9 직선과 평면의 방정식

이 절에서는 벡터를 이용하여 $R^3$에서의 직선의 방정식과 평면의 방정식을 구하고 이와 관련된 거리문제를 알아본다.

### (1) 직선

평면 $R^2$에서의 직선은 그 기울기와 한 점이 주어지면 유일하게 결정되며, 이때 직선의 방정식은 일반적으로 다음과 같이 표현한다.

$$ax + by + c = 0$$

여기서 $a$, $b$, $c$는 실수이며 $a$, $b$는 동시에 0은 아니다.

$R^3$에서의 직선의 방정식을 구하여 보자. 한 점 $P_0(x_0,\ y_0,\ z_0)$를 지나고 영 아닌 벡터 $\mathbf{a} = a\,\mathbf{i} + b\mathbf{j} + c\mathbf{k}$ 에 평행한 직선은 벡터 $\mathbf{a}$와 $\overrightarrow{P_0P}$가 평행, 즉

$$\overrightarrow{P_0P} = t\mathbf{a}\ (t \in R) \quad \text{또는} \quad \overrightarrow{OP} - \overrightarrow{OP_0} = t\mathbf{a} \tag{1}$$

를 만족하는 점 $P(x,\ y,\ z)$전체의 집합과 같다(그림 1-7).

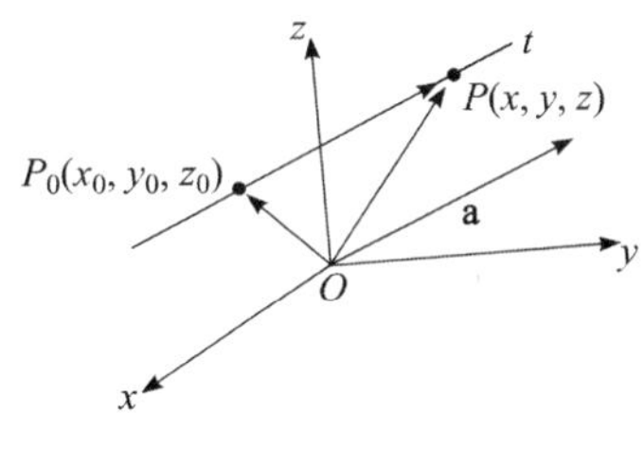


[그림 1-7]

식 (1)로부터

$$(x - x_0)\mathbf{i} + (y - y_0)\mathbf{j} + (z - z_0)\mathbf{k} = t\,a\mathbf{i} + t\,b\mathbf{j} + t\,c\mathbf{k}$$

이므로 $R^3$에서 직선의 방정식은 다음과 같이 세 가지로 나타낼 수 있다.

( i ) 매개변수방정식(parametric equations)

$$x = x_0 + ta$$
$$y = y_0 + tb \quad (-\infty < t < \infty)$$
$$z = z_0 + tc$$

( ii ) 벡터방정식(vector equations)

$$\mathbf{p} = \mathbf{p}_0 + t\mathbf{a}, \quad (\mathbf{p} = \overrightarrow{OP}, \ \mathbf{p}_0 = \overrightarrow{OP_0})$$

(iii) 대칭방정식(symmetric equations)

$$\frac{x - x_0}{a} = \frac{y - y_0}{b} = \frac{z - z_0}{c}, \quad (a, b, c \neq 0)$$

**예제 1**

점 $P(2, -1, 3)$를 지나고 벡터 $\mathbf{a} = -3\mathbf{i} + 2\mathbf{j} + 4\mathbf{k}$ 에 평행한 직선의 방정식은 다음 세 가지로 나타낼 수 있다.

( i ) $x = 2 - 3t, \quad y = -1 + 2t, \quad z = 3 + 4t \ (-\infty < t < \infty)$,

( ii ) $x\mathbf{i} + y\mathbf{j} + z\mathbf{k} = 2\mathbf{i} - \mathbf{j} + 3\mathbf{k} + (-3\mathbf{i} + 2\mathbf{j} + 4\mathbf{k})t \ (-\infty < t < \infty)$,

(iii) $\dfrac{x - 2}{-3} = \dfrac{y + 1}{2} = \dfrac{z - 3}{4}$.

**예제 2**

두 점 $P(-1, 2, 4)$, $Q(2, 0, -1)$을 지나는 직선의 매개변수방정식을 구하여라.

[풀이] 직선의 방정식을 구하기 위해서는 구하고자 하는 직선에 평행한 벡터와 그 직선을 지나는 한 점만 있으면 된다. 따라서 구하고자 하는 직선은 벡터 $\mathbf{a} = \overrightarrow{PQ} = (3, -2, -5)$와 평행하고 점 $P$를 지나므로 직선의 매개변수방정식은 다음과 같다.

$$x = -1 + 3t, \quad y = 2 - 2t, \quad z = 4 - 5t \ (-\infty < t < \infty)$$ ■

### (2) 평면

$R^3$에서의 평면의 방정식을 구하여 보자. 한 점 $P_0(x_0, y_0, z_0)$를 지나고 0이 아닌 벡터 $\mathbf{n} = a\mathbf{i} + b\mathbf{j} + c\mathbf{k}$ 에 수직인 평면 $\pi$는

$$\mathbf{n} \cdot \overrightarrow{P_0P} = 0 \qquad (2)$$

을 만족하는 점 $P(x,\ y,\ z)$ 전체의 집합과 같다(그림 1-8). 여기서 $\mathbf{n}$을 평면 $\pi$의 **법선벡터**(normal vector)라 한다.

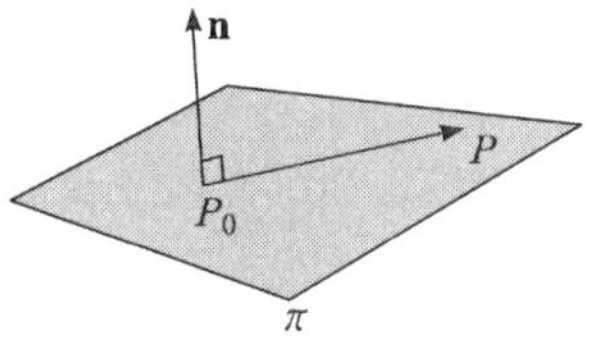


[그림 1-8]

식 (2)로부터

$$a(x - x_0) + b(y - y_0) + c(z - z_0) = 0 \qquad (3)$$

이다. 이때 $d = -ax_0 - by_0 - cz_0$라 하면 식 (3)은 다음과 같이 나타낼 수 있다.

$$ax + by + cz + d = 0 \qquad (4)$$

식 (4)를 일반적인 **평면의 방정식**이라 하며, 이 평면의 법선벡터는 $\mathbf{n} = (a,\ b,\ c)$이다.

**예제 3**

점 $P(1,\ -2,\ 3)$를 지나고 벡터 $\mathbf{n} = 2\mathbf{i} + 5\mathbf{j} - 3\mathbf{k}$에 수직인 평면의 방정식을 구하여라.

풀이 식 (3)으로부터

$$2(x-1) + 5(y - (-2)) - 3(z-3) = 0$$

이므로 평면의 방정식은 다음과 같다.

$$2x + 5y - 3z + 17 = 0$$ ■

**예제 4**

세 점 $P(4,\ -3,\ 1)$, $Q(6,\ -4,\ 7)$, $R(1,\ 2,\ 2)$을 지나는 평면의 방정식을 구하여라.

풀이 평면의 방정식을 구하기 위해서는 구하고자 하는 평면의 법선벡터와 그 평면을 지나는 한 점만 있으면 된다.

벡터의 외적으로부터 $\overrightarrow{PQ}\times\overrightarrow{PR}$은 주어진 세 점 $P$, $Q$, $R$을 지나는 평면에 수직이므로 평면의 법선벡터는 $\mathbf{n}=\overrightarrow{\mathrm{PQ}}\times\overrightarrow{\mathrm{PR}}=-31\mathbf{i}-20\mathbf{j}+7\mathbf{k}$이고, 점 $P(4,\ -3,\ 1)$가 이 평면에 있으므로 평면의 방정식은

$$-31(x-4)-20(y-(-3))+7(z-1)=0$$

이다. 즉,

$$-31x-20y+7z+57=0.$$

■

## 연습문제 1.9 Exercises

**1.** 다음에서 점 $P$를 지나고 주어진 벡터 $\mathbf{a}$에 평행한 직선의 방정식을 구하여라.

(1) $P(-2,\ 1,\ 3)$, $\mathbf{a}=2\mathbf{i}+5\mathbf{j}-2\mathbf{k}$ (2) $P(3,\ 1,\ 0)$, $\mathbf{a}=(4,\ -1,\ 2)$

**2.** 다음에서 두 점 $P$, $Q$를 지나는 직선의 방정식을 구하여라.

(1) $P(2,\ -1,\ 3)$, $Q(3,\ 2,\ -4)$ (2) $P(-3,\ 2,\ 5)$, $Q(1,\ -4,\ -1)$

**3.** 다음에서 주어진 직선에 평행한 벡터를 찾아라.

(1) $x=3+5t,\quad y=2-3t,\quad z=4+2t\quad(-\infty<t<\infty)$

(2) $\dfrac{x+3}{-2}=\dfrac{y}{3}=\dfrac{z+1}{5}$

**4.** 다음에서 점 $P$를 지나고 벡터 $\mathbf{n}$에 수직인 평면의 방정식을 구하여라.

(1) $P(2,\ 3,\ -1)$, $\mathbf{n}=2\mathbf{i}-3\mathbf{j}+\mathbf{k}$ (2) $P(4,\ 0,\ -3)$, $\mathbf{n}=(1,\ 2,\ -3)$

**5.** 다음에서 세 점 $P$, $Q$, $R$을 지나는 평면의 방정식을 구하여라.

(1) $P(1,\ 2,\ -1)$, $Q(3,\ -2,\ 1)$, $R(-2,\ 4,\ 0)$

(2) $P(3,\ 0,\ 1)$, $Q(2,\ 1,\ -4)$, $R(1,\ 1,\ 1)$

**6.** 다음에서 주어진 평면에 수직인 벡터를 찾아라.

(1) $x-3y+5z-6=0$ (2) $z=-4x+3y-7$

**7.** 다음에서 주어진 두 평면의 교선의 방정식을 구하여라.

(1) $3x-2y-5z+1=0,\quad 2x+3y+4z-6=0$

(2) $-x+2y+5z=0,\quad 2x-y+2z+8=0$

**8.** 세 점 $P(1,\ 2,\ -3)$, $Q(1,\ 6,\ 2)$, $R(7,\ 14,\ 11)$은 동일한 직선위에 있는가?

**9.** 두 점 $P(1,\ 2,\ 4)$, $Q(2,\ 1,\ -1)$을 지나는 직선과 평면$x+2y+5z=0$의 교점을 구하여라.

**10.** 점 $P(1,\ -2,\ 3)$을 지나고 평면 $2x-3y+5z-7=0$과 평행한 평면의 방정식을 구하여라.

**11.** 점 $P(2,\ -5,\ 4)$을 지나고 평면 $x+2y-4z+5=0$에 수직인 직선의 방정식을 구하여라.

**12.** 다음과 같은 두 평행한 직선을 포함하는 평면의 방정식을 구하시오.

$$\begin{cases} x=-2+2t \\ y=1+4t \\ z=2-t \end{cases} \qquad \begin{cases} x=2-2t \\ y=3-4t \\ z=1+t \end{cases}$$

**13.** 직선 $x=1+2t,\ y=-1+3t,\ z=4+t$와 점 $(1,\ -1,\ 5)$를 포함하는 평면의 방정식을 구하시오.

**14.** 곡선 $x=3t,\ y=2t^2,\ z=t^5$에 $t=-1$에서 수직인 평면의 방정식을 구하여라.

제 2 장

# 집합과 함수

## 2.1 집 합

집합(set)의 개념은 19세기 후반기에 독일의 수학자 칸토어(George Cantor)에 의하여 처음으로 수학에 도입되었다. 20세기 초에 모든 수학의 이론이 집합의 개념 위에 기초를 두고 있다는 사실이 발견되자 수학의 각 분야에서는 집합의 개념으로부터 출발하여 모든 이론을 전개해 나아가는 이른바 수학의 추상화작업을 착수하기에 이르렀다. 이의 영향을 받아 오늘날 미분적분학(calculus)의 이론 전개에서도 실수의 성질, 함수, 극한, 연속성 등 중요한 수학적 개념들이 집합의 개념을 토대로 하여 설명되고 있다.

우리들은 뿔뿔이 흩어져 있는 사물을 같은 성질을 갖고 있는 것끼리 함께 모아 몇 개의 집단을 만듦으로써 산만한 상태로부터 정돈된 상태로 이끌어 나아가고 있다. 이것이 우리가 수학에 집합의 개념을 도입하는 동기가 된다. 그러나 '집합'이 무엇인가를 완전히 정의하기는 어렵다는 사실이 알려져 있다. 따라서 고등수학에서는 '집합'을 무정의용어(無定義用語)로 사용하기도 한다. 그러나 직관적으로 볼 때

**집합**이란 사물의 확정된 모임이다.

여기서 '사물'이란 말은 인간의 사고의 대상이 되는 개체를 의미하며, "확정된 모임"이란 말은 어떤 사물이 그 모임의 구성원이 되느냐 또는 되지 못하느냐를 판가름할 수 있는 기준이 명확히 제시되어 있는 모임을 뜻한다.

한 집합의 구성원이 되는 사물을 그 집합의 **원소**(element)라 한다. 일반적으로 집합은 대문자 $A$, $B$, $X$, $Y$ 등으로, 원소는 소문자 $a$, $b$, $x$, $y$ 등으로 나타낸다. 사물 $a$ 가 집합 $S$의 원소이면 $a \in S$, 그렇지 않으면 $a \notin S$로 나타낸다.

두 집합 $S$와 $T$에서 집합 $S$의 모든 원소가 집합 $T$에 속하면 $S$는 $T$의 **부분집합**(subset)이라 부르고, 이를 $S \subset T$로 나타낸다. $S \subset T$이고 동시에 $T \subset S$일 때는 $S$와 $T$는 같은 집합이라 부르고, 이를 $S = T$로 나타낸다.

한 집합 $S$가 어떤 원소들로 구성되어 있는가를 표현할 때는 다음과 같은 방법을 쓴다.

### (1) 다이어그램법

한 폐곡선 안에 집합을 구성하는 원소들을 모두 낱낱이 기입함으로써 집합을 표현하는 방법이다.

**예제 1**

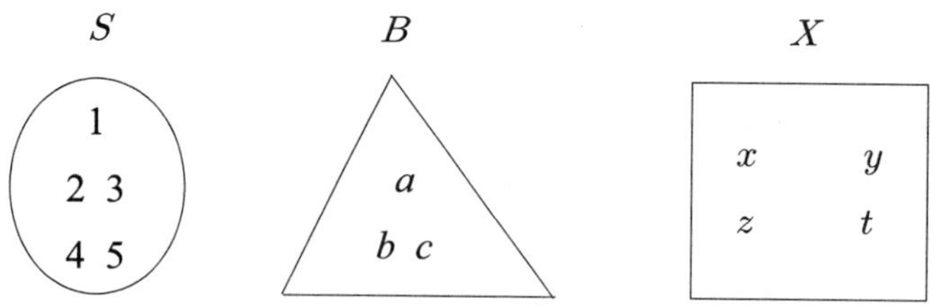


### (2) 원소나열법

한 집합을 구성하는 원소들을 순서 없이 일렬로 모두 나열한 후 괄호 { }로 묶어 집합을 표현하는 방법이다.

**예제 2**

예제 1의 세 집합 $S$, $B$, $X$를 각각 원소나열법으로 표현하면 다음과 같다.

$$S=\{1,\ 2,\ 3,\ 4,\ 5\},\quad B=\{a,\ b,\ c\},\quad X=\{x,\ y,\ z,\ t\}$$

### (3) 조건제시법

임의의 한 원소 $x$가 집합$S$의 원소인지 아닌지 판가름할 수 있는 조건들을 문장 또는 수식으로 제시함으로써 집합 $S$를 표현하는 방법으로 다음과 같은 표현방식을 취한다.

$$S=\{x \mid x\text{에 대한 조건}\}$$

**예제 3**

예제 1의 집합 $S$ 를 조건제시법으로 나타내면 다음과 같다.

$$S=\{x \mid x\text{는 } 1 \le x \le 5\text{인 자연수}\}$$

원소가 전혀 없는 모임도 집합으로 보기로 하며 이것을 **공집합**(empty set)이라 부르고 기호 $\varnothing$ 로 나타낸다.

두 집합 $S$와 $T$를 결합하여 새로운 집합 $W$를 만드는 결합규칙을 **집합연산**(Set Operation)이라 한다. 집합연산에는 ∪, ∩, −, × 등이 있으며 이들은 각각 다음과 같이 정의한다.

$$S \cup T = \{x \mid x \in S \text{ 또는 } x \in T\},\quad S \cap T = \{x \mid x \in S \text{그리고 } x \in T\}$$

$$S-T = \{x \mid x \in S,\ x \notin T\}, \qquad S \times T = \{(x,\ y) \mid x \in S,\ y \in T\}$$

위에서 $S \cup T$를 $S$와 $T$의 **합집합**(union), $S \cap T$를 $S$와 $T$의 **교집합**(intersection), $S-T$를 $S$의 $T$에 대한 **차집합**(difference), $S \times T$를 $S$와 $T$의 **곱집합**(cartesian product)이라 한다. 특히 $S \subset U$일 때 $U-S$를 $S^c$로 나타내고 집합 $U$에 대한 $S$의 **여집합**(complement)이라고 한다.

**자연수의 집합**

모든 자연수의 모임을 자연수의 집합(set of natural numbers)이라 부르고 기호 $N$으로 나타내기로 한다. $N$을 원소나열법으로 표현하면 다음과 같다.

$$N = \{1,\ 2,\ 3,\ 4,\ \cdots\}$$

**정수의 집합**

모든 자연수와 0과 각 자연수 $n$에 대하여 $-n$ 모양의 수를 정수라 부른다. 모든 정수들로 형성된 집합을 정수의 집합(set of integers)이라 부르고 기호 $Z$ 또는 $I$로 나타내기로 한다. $Z$를 원소나열법으로 표현하면 다음과 같다.

$$Z = \{\cdots\ -2,\ -1,\ 0,\ 1,\ 2,\ \cdots\}$$

**유리수의 집합**

$p,\ q \in Z(q \neq 0)$일 때 $\frac{p}{q}$ 모양의 수를 유리수(또는 순환소수)라 부른다. 모든 유리수들로 구성되는 집합을 유리수의 집합(set of rational numbers)이라 부르고 기호 $Q$로 나타내기로 한다. $Q$를 조건제시법으로 표현하면 다음과 같다.

$$Q = \left\{r \mid r = \frac{p}{q},\quad p,\ q \in Z,\quad q \neq 0\right\}$$

**실수의 집합**

$\sqrt{2}$, $\sqrt{3}$, $\pi$ 등의 수는 $\frac{p}{q}(p,\ q \in Z,\quad q \neq 0)$인 모양의 수로 나타낼 수 없다. 즉 이들은 유리수가 아니다. 이와 같은 수를 무리수(또는 비순환소수)라 한다. 모든 무리수의 집합을 $Q^c$으로 나타내기로 한다. 유리수와 무리수를 통틀어 실수라 부른다. 모든 실수들의 집합을 실수의 집합(set of real numbers)이라 부르고 기호 $R$로 나타내기로 한다. $R$, $Q$, $Q^c$ 사이에는 다음과 같은 관계가 있다.

$$R = Q \cup Q^c$$

**복소수의 집합**

$a,\ b \in R$일 때 $a+bi$ 모양의 수를 복소수라 한다. 모든 복소수들의 집합을 복소수의 집합(set of complex numbers)이라 부르고 기호 $C$로 나타내기로 한다. $C$를 조건제시법으로 표현하면 다음과 같다.

$$C = \{x + yi \mid x,\ y \in R\}$$

위의 각 수 집합에는 여러 가지 연산(+, −, ×, ÷ 등)이 있다. 또 $C$를 제외하고는 각 수 집합의 원소들 사이에 대소관계가 있다. 이들 연산과 대소관계에 대하여는 이미 알고 있는 것으로 하고 실수의 집합 $R$에 대해서는 다음 절에서 자세히 설명하기로 한다.

**문제 1**

$x \in R$이고 $x^2 = 2$이면 $x \not\in Q$임을 증명하여라.

**참고** 수를 분류하는데 위의 방법 이외에 수를 **대수적 수**와 **초월수**로 구분할 수 있다. 대수적 수는 유리계수 대수방정식의 근이 되는 수이고, 유리계수 대수방정식의 근이 되지 않는 수를 초월수라 한다. 따라서 유리수와 허수, 무리수의 일부가 대수적 수이고, $\pi$, $e$ 등이 초월수로 초월수는 무리수에 포함된다. 또한 초월수가 대수적 수 보다 훨씬 많음이 밝혀져 있다.

**예제 4**

$\sqrt[3]{2} + \sqrt{3}$이 대수적 수임을 보이자.

$x = \sqrt[3]{2} + \sqrt{3}$이라면 $x - \sqrt{3} = \sqrt[3]{2}$이다. 즉, $(x - \sqrt{3})^3 = 2$이다. 그러므로

$$x^3 + 9x - 2 = 3\sqrt{3}(x^2 + 1).$$

윗 식의 양변을 제곱하여 정리하면

$$x^6 - 9x^4 - 4x^3 + 27x^2 + 36x - 23 = 0$$

이다. 이 식은 정수계수를 갖는 대수방정식이고 이 방정식의 근이 $\sqrt[3]{2} + \sqrt{3}$이다.
따라서 $\sqrt[3]{2} + \sqrt{3}$은 대수적 수이다.

## 2.2 실수와 함수

### 1. 실수

미적분학은 실수(real number)의 성질에 그 기초를 두고 있으므로 실수의 기본 성질에 대하여 먼저 알아보기로 하자. 여기서 실수의 성질이란 연산(+, −, ×, ÷)과 대소관계(<, =, >)등에 관하여 갖는 성질을 뜻한다.

실수 전체의 집합 $R$에 대하여 덧셈과 곱셈이 정의된다고 가정하자. 즉 임의의 두 실수 $a$, $b$에 대하여 $a+b$로 표시되는 합과 $a \cdot b$ 또는 $ab$로 표시되는 곱이 유일하게 결정된다고 하자. 그러면 실수의 집합은 다음의 공리들을 만족하는 집합이며, 이 집합의 원소를 실수라고 한다.

**공리 1 (교환법칙)**

$$a+b=b+a, \quad a \cdot b=b \cdot a$$

**공리 2 (결합법칙)**

$$a+(b+c)=(a+b)+c, \quad a \cdot (b \cdot c)=(a \cdot b) \cdot c$$

**공리 3 (분배법칙)**

$$a(b+c)=ab+ac$$

**공리 4 (항등원의 존재)**

임의의 실수 $a$에 대하여 $a+0=a$, $1 \cdot a=a$인 서로 다른 두 실수 0과 1이 존재한다.

**공리 5 (덧셈역원의 존재)**

임의의 실수 $a$에 대하여 $a+b=0$인 실수 $b$가 존재한다. 이때 $b$를 $-a$로 나타낸다.

**공리 6 (곱셈역원의 존재)**

임의의 실수 $a \neq 0$에 대하여 $a \cdot b=1$인 실수 $b$가 존재한다. 이때 $b$를 $a^{-1}$ 또는 $\frac{1}{a}$로 나타낸다.

**공리 7 (양수의 특수성)**

실수의 집합 $R$에는 양수의 집합이라 불리는 부분집합 $R^+$가 존재해서 $R^+$의 임의의 두 원소 $a$, $b$에 대하여 $a+b \in R^+$, $a \cdot b \in R^+$가 성립한다.

**공리 8 (양수의 음수의 연관성)**

임의의 실수 $a$에 대하여 다음 중 꼭 하나만이 성립한다.

( i ) $a \in R^+$ (ii) $a=0$ (iii) $-a \in R^+$

이때 공리 1~6을 **체의 공리**, 7~8을 **순서공리**라 한다.

앞의 공리 7, 8에 의하여 $b-a \in R^+$이면 $a < b$, $b-a=0$이면 $a=b$라 함으로써 실수 집합에 순서개념이 도입된다.

다음 공리 9를 소개하기 위하여 필요한 몇 가지 용어를 설명하기로 한다. 집합 $R$의 부분집합 $A$에 속하는 모든 원소 $x$에 대하여 $x \le a$인 실수 $a$가 존재할 때, $A$는 **위로 유계**(bounded above)라 하고, $a$를 $A$의 **상계**(upper bound)라 한다. 마찬가지로 $A$에 속하는 모든 원소 $x$에 대하여 $x \ge b$인 실수 $b$가 존재할 때, $A$는 **아래로 유계**(bounded below)라 하고, $b$를 $A$의 **하계**(lower bound)라 한다. 집합 $A$가 위로 유계인 동시에 아래로 유계일 때에는 간단히 **유계**(bounded)라고 말한다.

**예제 1**

집합 $\left\{\frac{1}{n} \mid n \in N\right\}$은 위로 유계이고 또 아래로 유계이다. 이때 1, 2, …등은 상계이고, 0, $-1$, $-2$, …등은 하계이다.

집합 $A$가 위로 유계일 때 그 상계가 확정적으로 정해지지는 않는다. 즉 하나의 상계보다도 더 큰 실수는 역시 $A$의 상계이다. 마찬가지로, 하나의 하계보다도 더 작은 실수는 역시 하계이다.

실수의 한 집합 $A$에 대하여 다음 두 조건을 만족하는 실수 $l$을 $A$의 **상한**(supremum) 또는 **최소상계**(least upper bound)라 한다.

( i ) $l$은 $A$의 상계이다. 즉 모든 $x \in A$에 대하여 $x \le l$이다.

(ii) $A$의 모든 상계 $u$에 대하여 $l \le u$이다.

조건 (ii)에 의하여 $l$이 $A$의 상한일 때, $l' \le l$인 모든 $l'$에 대하여 $l' < x$인 $x \in A$가 존재한다.

마찬가지로 다음 두 조건을 만족하는 실수 $g$를 집합 $A$의 하한(infimum) 또는 최대하계 (greatest lower bound)라 한다.

(i) $g$는 $A$의 하계이다. 즉 모든 $x \in A$에 대하여 $g \le x$이다.
(ii) $A$의 모든 하계 $v$에 대하여 $v \le g$이다.

**예제 2**

집합 $A = \{x \mid 2 \le x < 3\}$는 유계이며, 2는 하한이고 3은 상한이다. 이때 상한은 $A$에 속하지 않는다.

**예제 3**

집합 $\left\{\frac{1}{n} \mid n \in N\right\}$은 유계이며, 0은 하한이고 1은 상한이다. 이때 하한은 이 집합에 속하지 않는다.

**공리 9 (완비성의 공리, axiom of completeness)**

실수의 부분집합 $A(\neq 0)$가 위로 유계이면 $A$의 상한이 존재하고, 아래로 유계이면 $A$의 하한이 존재한다.

예제 3에서 보는 바와 같이, 유리수만으로 이루어진 집합의 상한 또는 하한이 역시 유리수일 수 있다. 그러나 때에 따라서는 유리수만으로 이루어진 유계 집합의 상한과 하한이 유리수가 아닌 경우도 있다. 이 경우에도 완비성의 공리에 의하여 상한과 하한은 역시 실수이다. 예를 들어, 집합

$$A = \{x \mid x \text{는 } x^2 < 2 \text{인 유리수}\}$$

를 생각해 보자. 실제로 계산하면

$$(1.1)^2 = 1.21 \quad (1.3)^2 = 1.69 \quad (1.4)^2 = 1.96 \quad (1.5)^2 = 2.25$$

이므로 1.2, 1.3, 1.4는 모두 $A$에 속하고 1.5는 $A$의 상계이다. 따라서 $A$는 위로 유계인 집합이므로 완비성의 공리에 의하여 $A$의 상한은 존재한다. 이 상한은 $\sqrt{2}$로 유리수가 아니다.

**문제 1**

집합 $\{x \in Q \mid x^2 \leq 4\}$의 상한을 구하여라. 또, 이 상한은 이 집합에 속하는지 말하여라.

**문제 2**

무한집합 $\left\{x \mid x = \dfrac{2^n - 1}{2^n},\quad n \in N\right\}$의 상계를 말하여라. 또 이 집합의 상한을 구하여라.

## 2. 함수

'함수(function)'란 용어는 독일의 수학자 라이프니츠(Leibniz)가 처음으로 사용했는데, 그는 함수란 용어를 특수한 수학공식(예; $x^2$, $\sin x$, $\log x$ 등)을 지칭하는 데 사용하였다. 그 후 오일러, 코시 등에 의하여 함수의 의미가 점차 일반화되었으며, 19세기 초에 프랑스의 수학자 디리클레(Dirichlet)는 「두 변수 $x$와 $y$에 대하여 $x$의 값이 정해지면 이에 따라 $y$의 값이 정해질 때 $y$를 $x$의 함수라고 한다」라고 정의하였다. 그러나 오늘날에 와서 함수의 의미는 더욱 일반화되어 다음과 같이 집합을 이용하여 정의하게 되었다.

**정의 2.1**

두 집합 $X$와 $Y$에 대하여, $X$의 각 원소를 $Y$의 단 하나의 원소에 대응시키는 것을 $X$에서 $Y$로의 **함수**(function) 또는 **사상**(mapping)이라고 한다.

$X$에서 $Y$로의 함수 $f$를 기호 $f : X \rightarrow Y$로 나타내며, 이때 집합 $X$를 함수 $f$의 **정의역**(domain)이라 하고 $Y$를 $f$의 **공역**(codomain)이라고 한다. 정의역 $X$의 한 원소 $x$가 함수 $f$에 의하여 공역 $Y$의 한 원소 $y$에 대응될 때, 이를 $f(x) = y$ 또는 $x \rightarrow f(x)$로 나타낸다. 이때 $y$를 함수 $f$에 의한 $x$의 **상**(image) 또는 함숫값이라 하고, $x$를 $f$에 의한 $y$의 **원상**(preimage)이라 하며 $f^{-1}(y)$로 나타낸다. 또한 집합 $f(X) = \{f(x) \mid x \in X\}$를 함수 $f$의 **치역**(range)이라고 한다.

**예제 4**

방정식 $y = \sqrt{x+6}$은 정의역이 $\{x \mid x \geq -6\}$이고, 치역이 $\{y \mid y \geq 0\}$인 함수를 정의해 준다.

**문제 3**

다음 화살표로 표시된 함수 $f$에 대하여 $f$에 의한 1의 상과 8의 원상, 그리고 $f$의 치역을 말하여라.

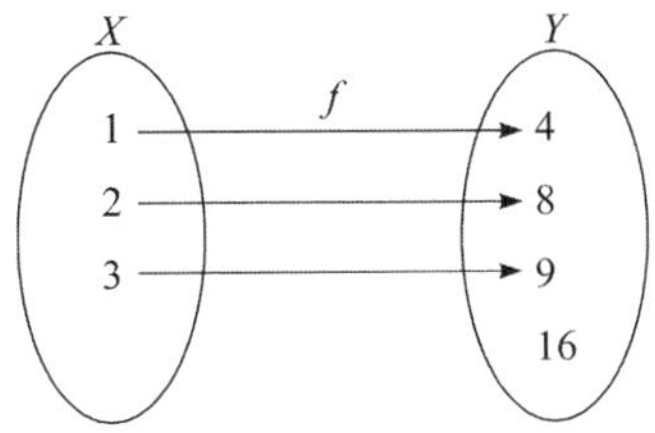


초등미적분학에서는 주로 정의역과 공역이 실수인 함수, 즉

$$f : X \to R \ (\text{단}, \quad X \subset R)$$

인 함수를 취급하게 되는데 이런 함수를 실변수의 실수치함수(real valued function of real variable) 또는 간단히 $R-R$함수라 한다. 이때 $R-R$함수 $y=f(x)$만으로 표시된 함수의 정의역은 $f(x)$의 값이 유일하게 결정되는 모든 실수의 집합으로 약속하는데 이런 약속을 **최대 정의역의 법칙**이라 하다.

이 책에서는 앞으로 특별한 언급이 없는 한, 함수 $f(x)$는 대응규칙이 $y=f(x)$인 모든 $R-R$함수를 뜻하기로 하며 이때 $x$를 **독립변수**, $y$를 **종속변수**라 한다. 종속변수 $y$의 값은 독립변수 $x$의 값에 의하여 완전히 결정되는데, 이런 의미에서 '$y$는 $x$의 함수'라고 말하기도 한다.

모든 $x \in X$에 대하여 함숫값이 일정한, 즉 특히 $X$에서 $Y$로의 함수 $f$중에서, $f(x)=c$ ($c$ : 상수)인 함수 $f$를 **상수함수**(constant function)라고 한다. $f(x)=x$이면, $f$는 $X$에서 $X$로의 함수인데 이 함수 $f$를 **항등함수**(identity function) 라고 하며 $I_x$ 또는 $I$로 표시한다.

두 함수 $f : X \to Y$, $g : Y \to Z$에 대하여 $g \circ f : X \to Z$를

$$(g \circ f)(x) = g(f(x))$$

라고 정의하며, 이 새로운 함수를 $f$와 $g$의 **합성함수**(composite function)라고 한다.

함수 $f : X \to Y$에 대하여 공역과 치역이 일치할 때, 즉 $Y=f(X)$일 때 $f$를 **전사**(surjective 또는 onto)라고 하며, $f(x_2)=f(x_1)$이면 언제나 $x_1=x_2$인 경우 $f$를 **단사**(injective 또는 one-to-one)라고 한다. 또 함수 $f : X \to Y$가 전사이고 단사이면 $f$를 **전단**

사함수(bijective function 또는 one-to-one correspondence)라고 한다. 함수 $f : X \to Y$ (즉, $y = f(x)$)가 전단사일 때, $f(X) = Y$의 각 원소 $y = f(x)$에 $x \in X$를 대응시키는 것을 $g$라고 하면, $g$는 $Y$에서 $X$로의 함수이다. 즉 $g : Y \to X(x = g(y))$.

이와 같은 함수 $g$를 $f$의 **역함수**(inverse function)라 하고, $f^{-1}$로 표시한다.

**정리 2.1**

두 함수 $f : X \to Y$, $g : Y \to X$에 대하여

$$g \circ f = I_x, \qquad f \circ g = I_y$$

가 성립하면, $f$와 $g$는 서로 역함수의 관계이다. 즉 $g = f^{-1}$, $f = g^{-1}$이다.

**증명** $f$와 $g$가 전단사임을 보이면 된다. $y \in Y$이면 $g(y) \in X$이다. $g(y) = x$라고 하면 $x \in X$이고 $f(x) = f(g(y)) = (f \circ g)(y) = I_y(y) = y$이다. 즉 임의의 $y \in Y$에 대하여 $y = f(x)$인 $x \in X$가 존재하므로 $f$는 전사이다.
$x_1, x_2 \in X$에 대해서 $f(x_1) = f(x_2)$라고 가정하면

$$(g \circ f)(x_1) = g(f(x_1)) = g(f(x_2)) = (g \circ f)(x_2)$$

이고, $(g \circ f)(x_1) = x_1$, $(g \circ f)(x_2) = x_2$이므로 $x_1 = x_2$이다. 즉 $f$는 단사이다. 따라서 $f$는 전단사이다. 마찬가지로 $g$도 전단사임을 증명할 수 있다. □

**문제 4**

함수 $y = \dfrac{x}{1+x}$의 역함수를 구하여라.

**문제 5**

함수 $f(x) = \tan x$, $g(x) = |x|$에 대하여 합성함수 $f \circ g$와 $g \circ f$를 구하여라.

**문제 6**

함수 $f : X \to Y$, $g : Y \to Z$에 대하여 다음이 성립함을 보여라.

(1) $f$와 $g$가 모두 단사이면 $g \circ f$도 단사이다.

(2) $f$와 $g$가 모두 전사이면 $g \circ f$도 전사이다.

(3) $g \circ f$가 단사이면 $f$도 단사이다.

(4) $g \circ f$가 전사이면 $g$도 전사이다.

## 2.3 함수의 극한

함수 중에서 정의역이 자연수 집합이고 공역이 실수 집합인 함수가 **수열**(sequence)이다. 즉 함수 $f : N \to R$을 $f(n) = a_n$으로 정의하면, 실수의 수열 $a_1,\ a_2,\ a_3,\ \cdots\ \ a_n,\ \cdots$ 을 얻는다. 이 수열을 간단히 $\{a_n\}$으로 나타내기로 한다.

수열 $\{a_n\}$에 대하여, $n$이 한없이 커질 때 $a_n$이 일정한 수 $l$에 한없이 가까이 가면, 수열 $\{a_n\}$은 $l$에 **수렴한다**(converge)고 하고, $l$을 수열 $\{a_n\}$의 **극한**(limit)이라고 하며, $n \to \infty$이면 $a_n \to l$ 또는 $\lim_{n\to\infty} a_n = l$로 나타낸다. 또 수렴하지 않는 수열은 **발산한다**(diverge)고 한다.

수열의 극한개념은 적분학을 탄생케 하였으며 나아가서는 함수의 극한개념을 도출시킴으로써 미분학을 탄생케 하였다. 따라서 수열의 극한개념은 미분적분학에서 반석과 같은 역할을 한다.

앞에서 수열의 극한개념을 직관적으로 '한없이 가까이 간다'는 말을 써서 정의하였는데, 그 의미가 불명확하고 모호하므로 수학적으로 엄밀하게 다음과 같이 정의한다.

**정의 2.2**

임의의 양수 $\varepsilon$에 대하여 적당한 자연수 $K$가 존재하여 $n > K$인 모든 $n \in \mathbb{N}$에 대하여 $|a_n - l| < \varepsilon$이 될 때 수열 $\{a_n\}$은 $l$에 **수렴한다**고 하고 $\lim_{n\to\infty} a_n = l$이라고 쓴다. 이것을 간단히 기호로 표현하면 다음과 같다.

$$\lim_{n\to\infty} a_n = l \Leftrightarrow {}^{\forall}\varepsilon > 0,\ {}^{\exists}K \in N \cdot \ni \cdot n > K \Rightarrow |a_n - l| < \varepsilon$$

**예제 1**

$\lim_{n\to\infty} \frac{1}{n} = 0$임을 보여라.

풀이 임의로 주어진 $\varepsilon > 0$에 대하여 $K$가 정해져 $n > K$인 모든 자연수 $n$에 대하여 $\left|\frac{1}{n} - 0\right| < \varepsilon$, 즉 $\frac{1}{n} < \varepsilon$임을 보이면 된다. 따라서 $\frac{1}{\varepsilon} \leq K$인 자연수 $K$을 택하면, $n > K$인 모든 자연수 $n$에 대하여 $\left|\frac{1}{n} - 0\right| < \frac{1}{K} \leq \varepsilon$이다. ■

**정리 2.2**

(1) 수렴하는 수열의 극한은 유일하다.

(2) 수렴하는 수열의 각 항으로 된 집합은 유계이다.

증명 (1) 수열 $\{a_n\}$이 두 극한 $l$, $l'$에 수렴한다고 가정하면, 임의로 주어진 $\varepsilon > 0$에 대해서 $N$이 정해져

$$n > N \Rightarrow |a_n - l| < \frac{\varepsilon}{2}, \quad |a_n - l'| < \frac{\varepsilon}{2}$$

이다. 따라서

$$|l - l'| = |(l - a_n) - (l' - a_n)| \leq |l - a_n| + |l' - a_n| < \frac{\varepsilon}{2} + \frac{\varepsilon}{2} < \varepsilon$$

인데, $\varepsilon$은 임의의 양수이므로 충분히 작게 잡으면 $l = l'$이다.

(2) 수열 $\{a_n\}$이 $l$에 수렴한다고 하면, 임의로 주어진 $\varepsilon > 0$에 대해 $N$이 정해져 $n > N \Rightarrow |a_n - l| < \varepsilon$, 즉 $n > N$인 모든 $n$에 대하여 $l - \varepsilon < a_n < l + \varepsilon$이다. $M = \max\{|a_1|, |a_2|, \cdots |a_N|, |l - \varepsilon|, |l + \varepsilon|\}$이라고 하면, 모든 자연수 $n$에 대하여 $|a_n| \leq M$이다. 따라서 $\{a_n\}$은 유계이다. □

수렴하는 수열에 관한 다음 정리를 증명없이 소개한다.

**정리 2.3**

수열 $\{a_n\}$, $\{b_n\}$이 각각 수렴할 때, 다음이 성립한다.

(1) $\lim_{n \to \infty}(a_n \pm b_n) = \lim_{n \to \infty} a_n \pm \lim_{n \to \infty} b_n$

(2) $\lim_{n \to \infty} a_n b_n = (\lim_{n \to \infty} a_n)(\lim_{n \to \infty} b_n)$

(3) $\lim_{n\to\infty} ka_n = k\lim_{n\to\infty} a_n$ (단 $k$는 상수)

(4) $\lim_{n\to\infty} \frac{a_n}{b_n} = \frac{\lim_{n\to\infty} a_n}{\lim_{n\to\infty} b_n}$ (단 $\lim_{n\to\infty} b_n \neq 0$, 모든 $n$에 대하여 $b_n \neq 0$)

수열 $\{a_n\}$에 대해서

$$a_1 \le a_2 \le a_3 \le \cdots \le a_n \le a_{n+1} \le \cdots$$

이면 $\{a_n\}$을 **단조증가수열**이라 하고,

$$a_1 \ge a_2 \ge a_3 \ge \cdots \ge a_n \ge a_{n+1} \ge \cdots$$

이면 $\{a_n\}$을 **단조감소수열**이라고 한다. 단조증가 또는 단조감소인 수열을 **단조수열**이라고 한다. 또 모든 $n$에 대하여 $a_n \le M$인 실수 $M$이 존재하면 $\{a_n\}$은 **위로 유계**라고 하며, $a_n \ge M$인 실수 $M$이 존재하면 $\{a_n\}$은 **아래로 유계**라고 한다.

다음 정리는 수열의 극한값에 관한 기본적인 정리이다.

**정리 2.4**

위로(또는 아래로) 유계인 단조증가(또는 단주감소) 수열은 수렴한다.

**증명** $\{a_n\}$을 위로 유계인 단조증가수열이라 하자. $a_n$의 전체 집합을 $A$라고 하면 $A$는 유계이므로 $supA = \alpha$인 $\alpha \in R$가 존재한다(실수의 완비성). 아래로 유계인 단조감소수열도 마찬가지로 증명할 수 있다. □

**정리 2.5**

$a_n = \left(1 + \frac{1}{n}\right)^n$일 때 수열 $\{a_n\}$은 수렴한다.

**증명** $a_n = \left(1 + \frac{1}{n}\right)^n$

$$
\begin{aligned}
&= 1+n\cdot\frac{1}{n}+\frac{n(n-1)}{2!}\cdot\frac{1}{n^2}+\frac{n(n-1)(n-2)}{3!}\cdot\frac{1}{n^3}+\cdots+\frac{1}{n^n}\\
&= 1+1+\frac{1}{2!}\left(1-\frac{1}{n}\right)+\frac{1}{3!}\left(1-\frac{1}{n}\right)\left(1-\frac{2}{n}\right)+\cdots\\
&\qquad\qquad \cdots+\frac{1}{n!}\left(1-\frac{1}{n}\right)\left(1-\frac{2}{n}\right)\cdots\left(1-\frac{n-1}{n}\right)
\end{aligned}
$$

이때 모든 자연수 $n$에 대해서 $1-\frac{p}{n}<1-\frac{p}{n+1}$(단, $p=1,\ 2,\ \cdots,\ n-1$)이 되어 $a_n<a_{n+1}$이므로 $\{a_n\}$은 단조증가이다. 또 다음 부등식이 성립한다.

$$
\begin{aligned}
a_n &< 1+\frac{1}{1!}+\frac{1}{2!}+\frac{1}{3!}+\cdots+\frac{1}{n!}\\
&< 1+1+\frac{1}{2}+\frac{1}{2^2}+\frac{1}{2^3}+\cdots+\frac{1}{2^{n-1}}=1+2\left(1-\frac{1}{2^n}\right)<3
\end{aligned}
$$

따라서 $a_n<3$이므로 $\{a_n\}$은 위로 유계이다. 그러므로 정리 2.4에 의하여 수열 $\{a_n\}$은 수렴한다. 이 수열의 극한값을 $e$로 나타낸다. □

**참고** 실제로 $e=2.71828\cdots$이며, 이것은 무리수(초월수)이다.

이제 함수의 극한에 관하여 알아보자. 수학의 다른 분야와 비교할 때 미적분학의 뚜렷한 특징은 함수의 극한의 개념을 토대로 하여 이론이 전개된다는데 있다.

함수의 극한의 개념은 1821년에 코시(A. L. Cauchy)에 의하여 확립되었으며 또 정확하게 수학적인 용어로 표현되었다. 18~19세기의 많은 수학자들이 극한의 본질을 규명하기까지는 100년 이상의 긴 세월이 소비되었다.

함수 $f(x)$가 $a$를 포함하는 어떤 구간에서 $a$ 이외의 모든 $x$에 대하여 정의되어 있다고 하자. 이때 $x$를 $a$에 가까이 가게 할 때 $f(x)$의 값이 어떤 수 $b$에 한없이 가까이 간다고 하면, '$x$가 $a$에 수렴할 때 $f(x)$는 극한값 $b$에 **수렴한다**'고 하고 다음과 같이 나타낸다. 즉

$$x\to a\text{일 때 } f(x)\to b \text{ 또는 } \lim_{x\to a}f(x)=b$$

여기서 $x\to a$라는 것은 $x=a$로 되는 것을 뜻하는 것은 아니다. 그러므로 $x\to a$일 때의 $f(x)$의 극한값과 $f(a)$와는 전혀 관계가 없는 것이다. 예를 들면 $f(x)=\frac{x^2-4}{x-2}$에서 $f(2)$는 정의되지 않지만 $x\neq 2$일 때 $f(x)=x+2$이므로 $\lim_{x\to 2}f(x)=4$이다.

특히 $x<a$인 범위에서 $x$가 $a$에 접근할 때, 즉 수직선상에서 $x$가 $a$의 왼쪽에서 $a$에 접

근할 때는 $x \to a-0$ 또는 $x \to a^-$ 와 같이 나타내고, $x > a$ 인 범위, 즉 $x$가 $a$의 오른쪽에서 $a$에 접근할 때에는 $x \to a+0$ 또는 $x \to a^+$ 와 같이 나타낸다.

$x \to a^-$ (또는 $x \to a^+$)일 때 $f(x)$가 어떤 수 $b$에 한없이 접근하면 이 $b$를 $a$에 있어서 $f(x)$의 **좌극한값**(또는 **우극한값**)이라 하며

$$\lim_{x\to a^-} f(x) = b \ (\text{또는 } \lim_{x\to a^+} f(x) = b) \qquad (*)$$

로 나타낸다. 따라서 $x \to a$ 일 때 $f(x)$의 극한이 존재한다는 것은 좌극한과 우극한이 존재해서 서로 같을 때를 말한다.

$$\lim_{x\to a} f(x) = b \ \Leftrightarrow \lim_{x\to a^+} f(x) = b = \lim_{x\to a^-} f(x)$$

다음과 같은 극한의 뜻도 마찬가지로 정의한다.

$$\lim_{x\to a} f(x) = \infty, \quad \lim_{x\to a} f(x) = -\infty, \quad \lim_{x\to \infty} f(x) = b, \quad \lim_{x\to -\infty} f(x) = b$$

극한값을 구할 때 많이 이용되는 다음 정리들을 증명 없이 소개한다.

**정리 2.6**

$\lim_{x\to a} f(x) = \alpha$, $\lim_{x\to a} f(x) = \beta$이면

(1) $\lim_{x\to a}\{f(x) \pm g(x)\} = \lim_{x\to a} f(x) \pm \lim_{x\to a} g(x) = \alpha \pm \beta$

(2) $\lim_{x\to a} kf(x) = k\lim_{x\to a} f(x) = k\alpha$ ($k$는 상수)

(3) $\lim_{x\to a} f(x)g(x) = \{\lim_{x\to a} f(x)\}\{\lim_{x\to a} g(x)\} = \alpha \cdot \beta$

(4) $\beta \neq 0$이면 $\lim_{x\to a} \dfrac{f(x)}{g(x)} = \dfrac{\lim_{x\to a} f(x)}{\lim_{x\to a} g(x)} = \dfrac{\alpha}{\beta}$

**정리 2.7**

$\lim_{x\to a} f(x) = \infty$, $\lim_{x\to a} g(x) = \beta$이면

(1) $\lim_{x \to a}\{f(x)+g(x)\}=\infty$

(2) $\lim_{x \to a} cf(x)=\begin{cases} +\infty & (c>0) \\ -\infty & (c<0) \end{cases}$ ($c$는 상수)

(3) $\lim_{x \to a} f(x)g(x)=\begin{cases} +\infty \ (\beta>0) \\ -\infty \ (\beta<0) \end{cases}$

(4) $\lim_{x \to a}\dfrac{1}{f(x)}=0$

정리 2.7의 (1)과 (3)은 $\lim_{x \to a} g(x)=\infty$일 때도 성립한다.

이 정리 2.6 및 2.7의 결과는 직관적으로 생각할 때 조금도 이상할 것이 없다. 때문에 간단한 함수의 극한값은 이들 정리를 이용하여 쉽게 구할 수 있을 것이다. 그러나 좀더 복잡한 극한에 관하여 더욱 정밀한 고찰을 하고자 할 때에는 앞에서 기술한

$$\text{“}x\text{가 } a\text{에 가까이 가면 } f(x)\text{가 } b\text{에 한없이 가까이 간다.”} \qquad (*)$$

와 같은 정의방식으로는 충분하지 못하여 이론 전개가 막히게 되는 수가 있다. 따라서 극한의 정의를 다시 엄밀하게 하고, 몇 가지 문제를 생각해 보기로 한다.

$f(x)$가 $b$에 한없이 가까이 간다는 것은 $f(x)$와 $b$의 차 $|f(x)-b|$가 한없이 작아진다는 것과 같다. 그런데 크다든가 작다든가 하는 것은 다른 어떤 수와 비교한 결과로서 정해지는 것이며, 어느 한 수만을 따로 생각할 때는 그것이 크다든지 또는 작다든지 할 수는 없는 것이다. 따라서 크거나 작다는 것은 절대적인 개념이 아니라 상대적인 개념인 것이다. $|f(x)-b|$가 한없이 작아진다는 것은, 예를 들면 0.01, 0.001, 0.0001, ⋯등 어떤 양의 수를 비교의 상대로 취한다 하여도 $x$를 $a$에 충분히 가까이 가져가기만 하면 $|f(x)-b|$를 그 상대보다도 더 작게 할 수 있다는 것이 될 것이다. 이렇게 생각하면 (*)가 뜻하는 내용은 다음과 같이 된다.

(비교의 상대로서) 어떤 (충분히 작은) 양수 $\varepsilon$을 취해도 거기에 대응하여 적당한 양수 $\delta$를 취하여 $x$를 $0<|x-a|<\delta$를 만족할 정도로 $a$에 가까이 가져가면 부등식 $|f(x)-b|<\varepsilon$이 성립한다.

**정의 2.3**

임의의 양의 수 $\varepsilon$에 대하여, 적당한 양의 수 $\delta$가 존재하여 $0<|x-a|<\delta$이면

$|f(x)-b|<\varepsilon$이 될 때, $x$가 $a$에 수렴하면 $f(x)$는 $b$에 수렴한다고 한다.

**주의** $0<|x-a|<\delta$는 $x \neq a$이고 $a-\delta<x<a+\delta$임을 뜻한다. 극한값의 이러한 정의 방법을 '$\varepsilon-\delta$식 정의'라 부르기도 한다. 이 $\varepsilon-\delta$식 정의는 처음에는 매우 난해한 것으로 생각되지만 그것이 어떤 내용을 나타내고 있는지 기회있을 때마다 잘 생각해서 충분히 이해하도록 하여야 한다. 해석학 과목에서 이런 내용을 집중적으로 배운다.

**예제 2**

$f(x)=3x+2$일 때 $\lim_{x\to 3} f(x)=11$임을 보여라.

**풀이** 임의의 양의 수 $\varepsilon$에 대하여

$$|f(x)-11|<\varepsilon \iff |3(x-3)|<\varepsilon \iff |x-3|<\frac{\varepsilon}{3}$$

따라서 $\delta=\frac{\varepsilon}{3}$으로 택하면 $0<|x-3|<\delta$일 때 $|f(x)-11|<\varepsilon$이 성립한다. 그러므로 정의 2.3에 의하여 $\lim_{x\to 3}(3x+2)=11$이다. ■

**문제 1**

다음을 $\varepsilon-\delta$식으로 증명하시오

(1) $\lim_{x\to 1} 2x=2$ (2) $\lim_{x\to 2}\frac{2}{x}=1$ (3) $\lim_{x\to 3} x^2=9$

다음에 $f(x)\to\infty$인 경우를 생각해 보자. $f(x)$가 한없이 커진다는 것은 비교하는 상대로 어떠한 (충분히 큰)양의 수 $M$을 잡아도 $f(x)$의 값을 그것보다도 더 크게 할 수 있다는 것이다. 그러므로 정의 2.3과 마찬가지로 다음 정의가 얻어진다.

**정의 2.4**

임의의 양의 수 $M$에 대하여 적당한 양의 수 $\delta$가 존재하여 $0<|x-a|<\delta$이면 $f(x)>M$이 될 때, $x\to a$이면 $f(x)\to\infty$라고 한다.

**정의 2.5**

임의의 양의 수 $\varepsilon$에 대하여 적당한 양의 수 $M$이 존재하여 $x > M$이면 $|f(x)-b| < \varepsilon$이 될 때 $x \to \infty$이면 $f(x) \to b$라고 한다.

앞으로 다음과 같은 표현을 자주 보게 될 것이다. 즉, "$a$에 충분히 가까운 $x$에 대하여 $f(x)$는 $p$라는 성질을 갖는다." 이 말의 뜻은 다음과 같다.

"적당한 양의 수 $\delta$를 잡으면 $0 < |x-a| < \delta$인 모든 $x$에 대하여 $f(x)$는 $p$라는 성질을 갖는다."

마찬가지 논법으로 '충분히 큰 $x$에 대하여 … '라는 표현은 '적당한 양의 수 $M$을 잡으면 $x > M$인 모든 $x$에 대하여 … '라는 뜻이다. 다음 정리는 그러한 표현의 한 예이다.

**정리 2.8**

$\lim_{x\to a} f(x) = b \neq 0$이면 $a$에 충분히 가까운 $x$에 대하여 $f(x)$는 $b$와 같은 부호를 갖는다.

**증명** $b > 0$라 하자. 그러면 가정에 의하여 $\varepsilon = \frac{b}{2} > 0$에 대해서 적당한 양의 수 $\delta$가 존재하여

$$0 < |x-a| < \delta \text{이면 } |f(x)-b| < \frac{b}{2}$$

이다. 그런데 $|f(x)-b| < \frac{b}{2}$에서 $0 < b-\frac{b}{2} < f(x) < b+\frac{b}{2}$가 얻어지므로 $0 < |x-a| < \delta$인 모든 $x$에 대하여 $f(x) > \frac{b}{2} > 0$이다.

$b < 0$인 경우는 $\varepsilon = \frac{|b|}{2}$라고 취하여 같은 방법으로 증명할 수 있다. □

**정리 2.9**

(1) $a$를 포함하는 어떤 구간에서 $a$이외의 모든 $x$에 대하여 $f(x) \le g(x)$이고 $\lim_{x\to a} f(x) = \alpha$, $\lim_{x\to a} g(x) = \beta$이면 $\alpha \le \beta$이다.

(2) $a$를 포함하는 어떤 구간에서 $a$이외의 모든 $x$에 대하여 $f(x) \le h(x) \le g(x)$이고 $\lim_{x\to a} f(x) = \lim_{x\to a} g(x) = \alpha$ 이면 $\lim_{x\to a} h(x) = \alpha$ 이다.

증명 (1) $F(x) = f(x) - g(x)$라 놓으면 가정에 의하여 $x \ne a$이면 $F(x) \le 0$이고 $\lim_{x\to a} F(x) = \alpha - \beta$이다. 만일 $\alpha - \beta > 0$라 하면 $a$에 충분히 가까운 $x$에 대하여 $F(x)$는 $\alpha - \beta > 0$와 같은 부호를 가지므로 $F(x) > 0$이다. 이것은 $F(x) \le 0$에 모순이다. 따라서 $\alpha \le \beta$가 성립한다.

(2) 정의 2.3 에 의하여 쉽게 증명할 수 있다. □

**정리 2.10**

$\lim_{x\to a} f(x) = b,\ \ \lim_{x\to b} g(x) = g(b)$이면 $\lim_{x\to a} g(f(x)) = g(b)$이다.

이 정리 2.10 도 $\varepsilon - \delta$식 논법으로 증명되지만 여기서는 생략하기로 한다.

**예제 3**

$\lim_{x\to\infty}\left(1+\frac{1}{x}\right)^x = e$ ($x$는 실수) 임을 보여라.

풀이 먼저 $x > 0$이라고 하자. $n \le x < n+1$인 음이 아닌 정수 $n$을 잡으면

$$1+\frac{1}{n} \ge 1+\frac{1}{x} > 1+\frac{1}{n+1}$$

따라서

$$\left(1+\frac{1}{n}\right)^{n+1} > \left(1+\frac{1}{x}\right)^x > \left(1+\frac{1}{n+1}\right)^n$$

가 성립한다. 그런데

$$\lim_{n\to\infty}\left(1+\frac{1}{n}\right)^{n+1} = \lim_{n\to\infty}\left(1+\frac{1}{n}\right)^n\left(1+\frac{1}{n}\right) = e$$

$$\lim_{n\to\infty}\left(1+\frac{1}{n+1}\right)^n = \lim_{n\to\infty}\left(1+\frac{1}{n+1}\right)^{n+1}\left(1+\frac{1}{n+1}\right)^{-1} = e$$

이며 $n \to\infty$ 일 때 $x \to\infty$ 이므로 정리 2.9 의 (2)에 의하여

$$\lim_{x\to\infty}\left(1+\frac{1}{x}\right)^x = e.$$

다음에 $x<0$이라 하자. $x=-y$, $y>0$이라 놓으면 $x \to -\infty$ 일 때 $y \to\infty$ 이고

$$\left(1+\frac{1}{x}\right)^x = \left(1-\frac{1}{y}\right)^{-y} = \left(\frac{y}{y-1}\right)^y$$

$$= \left(1+\frac{1}{y-1}\right)^{y-1}\left(1+\frac{1}{y-1}\right) \to e\ (y \to\infty)$$

따라서

$$\lim_{x\to\infty}\left(1+\frac{1}{x}\right)^x = e. \qquad \blacksquare$$

## 연습문제 2.3

Exercises

**1.** 수열 $\{n^2\}$과 $\{-n^3\}$은 유계인 수열인가?

**2.** 다음 수열 중에서 수렴하는 수열을 말하여라.

(1) $\left\{\frac{n+1}{n+2}\right\}$

(2) $\left\{\frac{(-1)^n}{n}\right\}$

(3) $\{2+(-1)^n\}$

(4) $\{3^{-n}\}$

(5) $\{\sqrt[3]{n}\}$

(6) $\left\{(n+1)^{\frac{1}{\ln(1+n)}}\right\}$

(7) $\left\{\frac{(n+1)^n}{n!}\right\}$

(8) $\left\{\frac{1+na}{(1+a)^n}\right\}$ (단, $a$는 양의 실수)

**3.** $\lim_{n\to\infty} a_n = l$이면 $\lim_{n\to\infty}\frac{a_1+a_2+\cdots+a_n}{n} = l$임을 증명하여라.

**4.** 다음의 극한값을 구하여라.

(1) $\lim_{x \to a}(x^n - a^n)$　　(2) $\lim_{x \to 1}\frac{1+\sqrt{x}}{1-x}$

(3) $\lim_{x \to 1}\frac{(x-2)(\sqrt{x}-1)}{x^2+x-2}$　　(4) $\lim_{x \to 1}\frac{x^n-1}{x-1}$　$(n \in N)$

**5.** 어떤 정수 $m$, $n$에 대하여 $\lim_{x \to a}\frac{x^m+a^m}{x^n+a^n}$이 존재하는가?

**6.** $f(x)=\frac{1}{x}$일 때 다음 극한값을 구하여라.

$$\lim_{h \to 0}\frac{f(x+h)-f(x)}{h}$$

**7.** 정리 2.9를 이용하여 다음 극한값을 구하여라.

$$\lim_{x \to 0} x \sin \frac{1}{x}$$

**8.** 예제 3을 이용하여 다음 극한값을 구하여라.

$$\lim_{x \to \infty}\left(1+\frac{a}{x}\right)^x$$

**9.** 일반항이 다음과 같은 수열의 극한값을 구하여라.

(1) $a_n = \frac{1}{2}\left(a_{n-1}+\frac{2}{a_{n-1}}\right)$　(단, $a_1 = 2$, $n \geq 2$)

(2) $a_1 = 1$,　$a_{n+1} = \sqrt{3a_n}$　$(n \geq 1)$

(3) $a_1 = 1$,　$a_{n+1} = 1+\frac{1}{1+a_n}$　$(n \geq 1)$

**10.** 다음 수열의 수렴성을 판정하고 수렴하면 극한값을 구하여라. (단, $n \in N$)

$$\{a_n\} = \left\{\frac{1 \cdot 3 \cdot 5 \cdot \cdots \cdot (2n-1)}{2 \cdot 4 \cdot \cdots \cdot 2n}\right\}$$

**11.** 다음을 보여라.

(1) $\lim_{n\to\infty}(1+n+n^2)^{\frac{1}{n}}=1$

(2) $\lim_{n\to\infty}\frac{a^n}{n!}=0$ (단, $a\in R$)

## 2.4 함수의 연속성

연속함수란 함수 $y=x^2$, $y=\sin x$ 등과 같이 직관적으로 볼 때 함수의 그래프가 모든 점에서 연결되어 있음을 의미한다. 미분적분학의 발달 초기에는 다루던 함수가 거의 모두 연속함수이었다. 그러므로 그 당시에는 연속성의 정확한 의미에 관하여 세심한 주의를 기울일 필요가 없었다.

그러나 18세기에 와서 물리학에서의 많은 문제 해결을 위하여 불연속함수를 취급하지 않으면 안되었다. 특히 푸리에(Fourier)의 열역학에 관한 연구는 19세기 초의 많은 수학자들로 하여금 함수의 연속성에 대한 정확한 의미를 면밀하게 연구하게끔 하였다. 연속이란 말의 뜻은 직관적으로는 누구나 명백히 알고 있는 것 같지만 이 개념을 정확하게 정의하는 문제는 쉽지 않다. 1921년 코시는 극한의 개념을 이용하여 만족할 만한 함수의 연속성의 정의를 내리는 데 성공하였다.

함수의 연속을 정의하기 전에 먼저 불연속인 곡선을 생각하자. [그림 2-3]에서 주어진 함수들은 $x=c$에서 끊어져 있다. (a)의 함수 $y=f(x)$는 $x=c$에서 함수가 정의되어 있지 않고, (b)와 (c)의 함수들은 $x=c$에서 정의되어 있지만 $\lim_{x\to c}f(x)$가 존재하지 않고, (d)의 함수는 $f(c)$도 존재하고 $\lim_{x\to c}f(x)$도 존재하지만 양자가 서로 다르다. 이러한 사실로부터 함수 $f$가 $x=c$에서 연속이기 위해서

첫째, $f(x)$가 $x=c$에서 정의되며
둘째, $\lim_{x\to c}f(x)$가 존재하고
셋째, $\lim_{x\to c}f(x)=f(c)$이어야 할 것이다.

이것을 $\varepsilon-\delta$논법으로 정의하면 다음과 같다.

**정의 2.6**

임의의 주어진 실수 $\varepsilon > 0$에 대하여 실수 $\delta > 0$가 존재하여 $|x-c| < \delta$이면 $|f(x)-f(c)| < \varepsilon$ 이 성립할 때, $f$는 $x=c$에서 **연속(continuous)**이라 한다.

함수 $f$가 정의역 안의 모든 점에서 연속일 때, $f$는 그 정의역에서 연속이라고 한다.

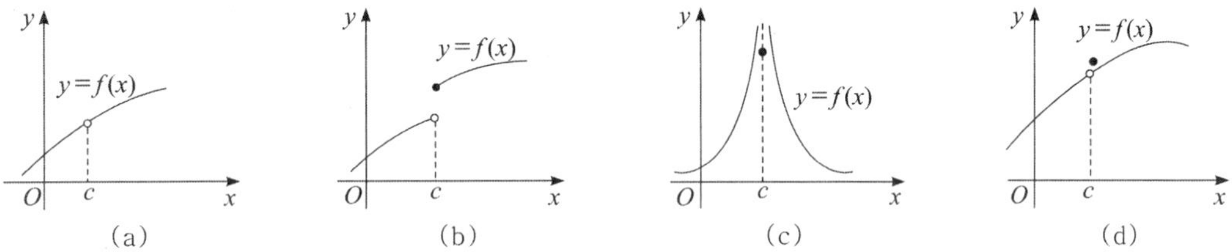


[그림 2-3]

**주의** 앞 절에서, 함수의 극한값은 함숫값과 일치할 필요가 없었다. 또 그 점에서 함수가 정의되어 있지 않아도 좋았다. 그러나 연속의 경우는 함숫값이 반드시 정의되어야 하고 또 함숫값과 극한값이 일치해야 한다.

**예제 1**

함수 $f(x) = |x|$는 $x=0$에서 연속임을 보여라.

풀이 임의의 양의 수 $\varepsilon$에 대하여 $|x-0| < \delta$ 이면

$$|f(x)-f(0)| = ||x|-0| < \varepsilon$$

이 성립하는 양의 수 $\delta$를 찾을 수 있음을 보여야 한다. $x>0$일 때는 $|x|<\delta$이면 $x < \varepsilon$이 성립하는 $\delta$를 찾으면 되고 $x<0$일 때는 $|x| < \delta$이면 $-x < \varepsilon$이 성립하는 $\delta$를 찾으면 된다. 어느 경우에나 $\delta = \varepsilon$으로 선택하면 되므로 함수 $f(x)=|x|$는 $x=0$에서 연속이다. ■

**예제 2**

함수 $f(x) = x^2 + \dfrac{x^2}{1+x^2} + \dfrac{x^2}{(1+x^2)^2} + \cdots + \dfrac{x^2}{(1+x^2)^n} + \cdots$가 $x=0$에서 불연속임을 보여라.

풀이 $x \neq 0$일 때 $f(x)$는 공비가 $\dfrac{1}{1+x^2}$ $(<1)$인 등비수열의 합이므로

$$f(x) = \frac{x^2}{1 - \dfrac{1}{1+x^2}} = 1 + x^2$$

$$\therefore \lim_{x \to 0} f(x) = \lim_{x \to 0}(1+x^2) = 1$$

그런데 $f(0) = 0$이므로 $\lim_{x \to 0} f(x) \neq f(0)$이다. 따라서 $f(x)$는 $x = 0$에서 불연속이다. ■

**예제 3**

함수 $f(x) = \begin{cases} 1 & (x\text{가 유리수}) \\ -1 & (x\text{가 무리수}) \end{cases}$는 모든 $a \in \mathbb{R}$ 에 대하여 $\lim_{x \to a} f(x)$가 존재하지 않으므로 모든 점에서 불연속인 함수이다.

정의 2.6 과 정리 2.3 으로부터 함수의 연속성에 관한 다음 정리가 성립된다. 이 정리의 증명은 극한값의 성질에 의하여 유도된다.

**정리 2.11**

두 함수 $f(x)$, $g(x)$가 $x = a$에서 연속이면, 다음의 함수들도 $x = a$에서 연속이다.

(1) $f(x) \pm g(x)$
(2) $f(x)g(x)$
(3) $kf(x)$ ($k$는 상수)
(4) $\dfrac{f(x)}{g(x)}$ (단, $g(x) \neq 0$)

**예제 4**

다항식 $f(x) = a_0x^n + a_1x^{n-1} + \ldots + a_n$은 $x$의 모든 값에 대하여 연속이다. 또 유리함수 $\dfrac{f(x)}{g(x)}$는 $g(x) \neq 0$인 $x$의 모든 값에 대하여 연속이다.

**정리 2.12**

함수 $g(y)$가 $y = b$에서 연속이고, 함수 $y = f(x)$에서 $\lim_{x \to a} f(x) = b$이면

$$\lim_{x\to a}\{g(f(x))\}=g(b)=g\{\lim_{x\to a}f(x)\}$$

이다. 따라서 두 연속함수의 합성함수도 연속이다.

**증명** $g(y)$가 $y=b$에서 연속이므로 임의의 실수 $\varepsilon>0$에 대하여 $|y-b|<\delta'$이면 $|g(y)-g(b)|<\varepsilon$이 되는 $\delta'$이 존재한다. $y$대신 $f(x)$를 쓰면 $|f(x)-b|<\delta'$이므로 $|g(f(x))-g(b)|<\varepsilon$이다.

또 $\lim_{x\to a}f(x)=b$이므로 $0<|x-a|<\delta$이면 $|f(x)-b|<\delta'$이 되는 $\delta>0$가 존재한다. (1), (2)에서 임의의 $\varepsilon>0$에 대하여 $0<|x-a|<\delta$이면 $|g(f(x))-g(b)|<\varepsilon$이 되는 $\delta>0$가 존재함을 보았다. 따라서 $\lim_{x\to a}g(f(x))=g(b)$. □

$f(x)$가 어떤 구간의 모든 점에서 연속일 때 $f(x)$는 이 구간에서 연속이라고 한다. 특히 $f(x)$가 폐구간 $[a,\ b]$에서 연속이라고 할 때, 구간의 끝 점 $a$와 $b$에 있어서는 $\lim_{x\to a^+}f(x)=f(a)$와 $\lim_{x\to b^-}f(x)=f(b)$가 성립한다는 것을 뜻한다.

폐구간에서 연속인 함수의 중요한 성질로서 다음의 정리가 있다.

**정리 2.13** **중간값의 정리**

$f(x)$가 폐구간 $[a,\ b]$에서 연속이고 $f(a)<f(b)$이면 $f(a)<k<f(b)$인 임의의 실수 $k$에 대하여 $f(c)=k,\ \ a<c<b$인 $c$가 적어도 하나 존재한다. $f(a)>f(b)$인 경우도 마찬가지이다.

**정리 2.14** **최대·최솟값의 정리**

$f(x)$가 폐구간 $[a,\ b]$에서 연속이면 이 구간에서 $f(x)$가 최댓값이 되는 점 및 최솟값이 되는 점이 존재한다.

위의 두 정리는 $f(x)$의 그래프가 두 점($(a,\ f(a)),\ \ (b,\ f(b))$)를 맺는 연결된 곡선임을 생각할 때 [그림 2-4]와 [그림 2-5]에서 분명한 것으로 간주될 것이다. 그러나 이들은 실수의 기본적인 성질이 바탕이 되는 것으로 실제로는 그 증명이 쉬운 것이 아니므로 당분간은 그 결과만 인정하기로 한다.

정리 2.13 과 정리 2.14 에서 다음 정리가 얻어진다.

**정리 2.15**

$f(x)$가 $[a,\ b]$에서 연속일 때 $[a,\ b]$에 있어서 $f(x)$의 최댓값을 $M$, 최솟값을 $m$이라 하면 $m < k < M$인 임의의 $k$에 대하여 $f(c)=k,\quad a<c<b$인 $c$가 적어도 하나 존재한다.

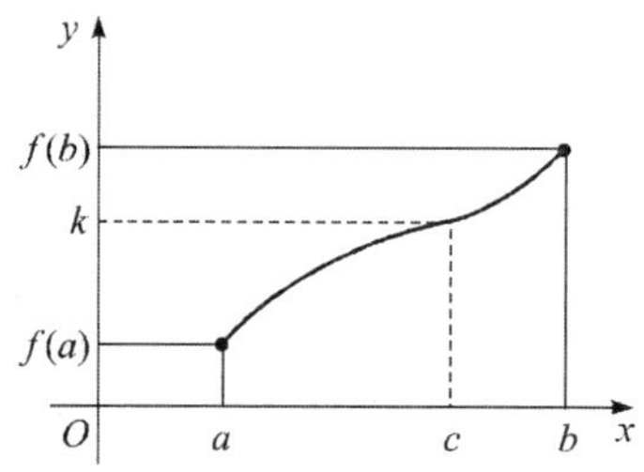


[그림 2-4]

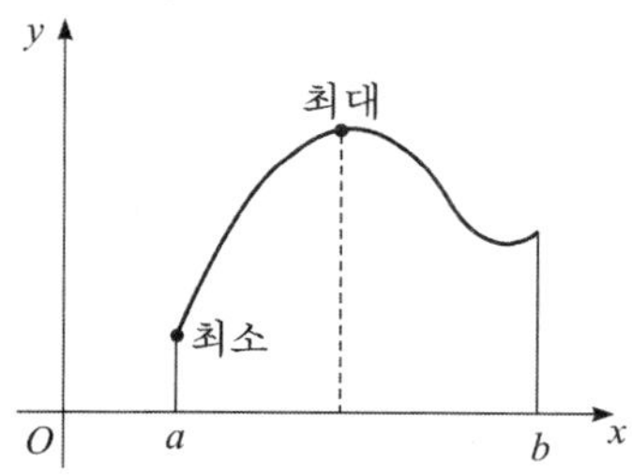


[그림 2-5]

**예제 5**

실계수의 홀수차 대수방정식은 적어도 하나의 실근을 가짐을 보여라.

풀이 $f(x)=x^n+a_1x^{n-1}+\cdots+a_{n-1}x+a_n$ ($n$은 홀수)라고 하자. $n$이 홀수이므로

$$\lim_{x\to-\infty} f(x)=-\infty,\qquad \lim_{x\to+\infty} f(x)=+\infty$$

이고, $f(x)$는 $(-\infty,\ +\infty)$에서 연속이므로 $f(a)<0,\quad f(b)>0,\quad a<b$인 $a,\ b$가 존재한다. 따라서 중간값의 정리에 의하여 $f(c)=0,\quad a<c<b$인 $c$ 즉 $f(x)=0$의 실근 $c$가 존재한다. ■

## 연습문제 2.4 Exercises

**1.** 다음 함수의 연속성을 조사하여라.

(1) $f(x)=3x^2$ (2) $f(x)=\dfrac{1}{x}$

(3) $f(x)=\dfrac{x^2-1}{x+1}$

**2.** 다음 함수의 연속함수가 되도록 불연속인 점에서의 함숫값을 정의하여라.

(1) $f(x)=\dfrac{x^2-1}{x-1}$ (2) $f(x)=\dfrac{x^2-4}{x^3-8}$

(3) $f(x)=\dfrac{1-\sqrt{x}}{1-x}$

**3.** 방정식 $\sin x - x\cos x = 0$은 $\pi$와 $\dfrac{3}{2}\pi$사이에서 실근을 가짐을 보여라.

**4.** 함수 $f(x)=\left[\dfrac{1}{x}\right]$에 대하여 다음에 답하여라.

(1) 폐구간$\left[-2,\ -\dfrac{1}{b}\right]$ 와 $\left[\dfrac{1}{b},\ 2\right]$에서의 그래프를 그려라. (단 $b \geq 2$)

(2) $\lim\limits_{x\to a^+} f(x)$와 $\lim\limits_{x\to a^-} f(x)$를 구하여라.

(3) $f(x)$가 $x=0$에서 연속이 되도록 $0$에서의 함숫값을 정의할 수 있는가?

**5.** 두 함수 $f$와 $g$가 $[a,\ b]$에서 연속이고 $f(a)<g(a)$이고 $f(b)>g(b)$이다. $a<x<b$인 점 $x$가 존재하여 $f(x)=g(x)$인 것을 증명하여라.

**6.** 다음 함수의 연속성을 조사하여라.

(1) $f(x)=\begin{cases} 0, & x\text{는 유리수} \\ x, & x\text{는 무리수} \end{cases}$ (2) $f(x)=\begin{cases} x, & x\text{는 유리수} \\ 0, & x\text{는 무리수} \end{cases}$

**7.** $f(x)=\lim\limits_{n\to\infty} \sqrt[n]{|x|^n+|x|^{-n}}$의 연속성을 조사하고, 그 그래프의 개형을 그려라.

**8.** $f(x)=\dfrac{1}{x}$은 $(0, \infty)$에서 연속이지만 이 구간에서 최댓값도 최솟값도 갖지 않음을 보여라.

**9.** 함수 $f(x)$가 $x=a$에서 연속이고, 함수 $g(x)$는 $x=a$에서 불연속일 때 함수 $f(x)+g(x)$는 $x=a$에서 불연속임을 증명하여라.

## 2.5 삼각함수와 역삼각함수

### 1. 삼각함수

[그림 2-6]과 같이 반지름이 $r$인 원의 중심에 각 $\theta$가 표준위치에 있을 때 $\theta$의 삼각함수는 다음과 같이 정의된다.

$$\sin\theta=\frac{y}{r},\quad \cos\theta=\frac{x}{r},\quad \tan\theta=\frac{y}{x}$$

$$\csc\theta=\frac{r}{y},\quad \sec\theta=\frac{r}{x},\quad \cot\theta=\frac{x}{y}$$

여기에서 $\tan\theta$와 $\sec\theta$는 $x=0$인 $\theta$의 값에 대해서는 정의되지 않는다. 마찬가지로 $\cot\theta$와 $\csc\theta$는 $y=0$에 대응하는 $\theta$의 값에 대하여 정의되지 않는다. 위의 정의로부터 함수가 정의된 $\theta$의 값에 대해

$$\csc\theta=\frac{1}{\sin\theta},\quad \sec\theta=\frac{1}{\cos\theta},\quad \cot\theta=\frac{1}{\tan\theta}$$

로 정한다. 또, 피타고라스 정리에 의하여 $x^2+y^2=r^2$이므로

$$\cos^2\theta+\sin^2\theta=1$$

을 얻는다.

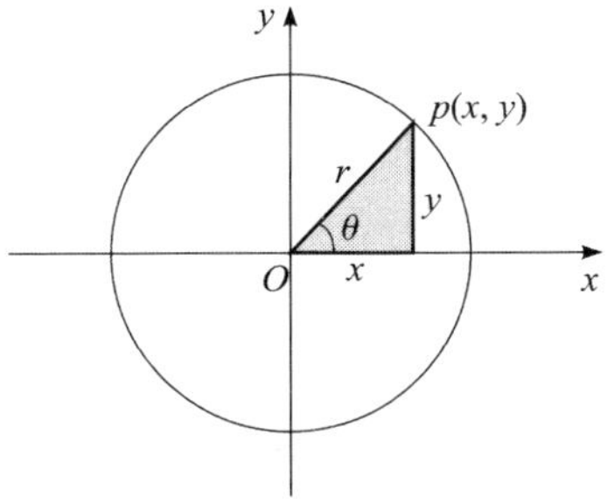


[그림 2-6]

삼각함수에서 각의 단위로 라디안(radian)을 쓴다. 반지름과 원의 호가 같게 되는 원의 중심각의 크기를 1라디안이라고 한다. 일반적으로 호의 길이가 $s$인 중심각의 라디안은 $\theta = \frac{s}{r}$이다. 반원주의 길이는 $\pi r$이므로 $180°$는 $\pi$라디안과 같다.

따라서 $1°$는 $\frac{\pi}{180} \approx 0.01745$라디안이며 1라디안은 $\frac{180}{\pi} \approx 57.3°$이다. [그림 2-7]은 크기는 같으나 부호가 반대인 두 각을 보여주고 있다.

두 각 $\theta$와 $-\theta$의 반지름이 원과 만나는 점 $P(x,\ y)$와 $P'(x,\ -y)$는 $x$좌표는 같고 $y$좌표는 단지 부호만 다르다. 따라서

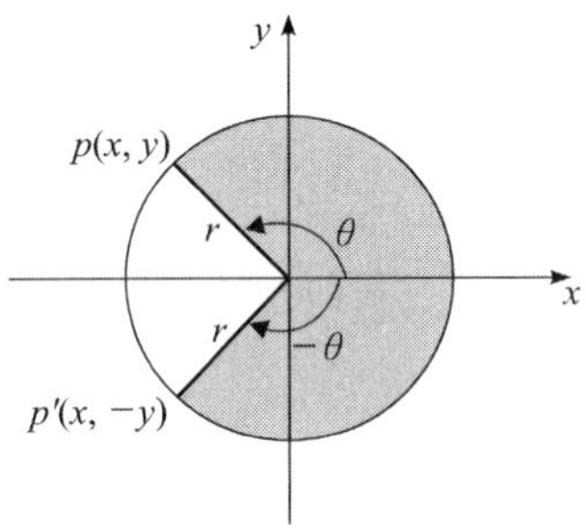


[그림 2-7]

$$\sin(-\theta) = -\frac{y}{r} = -\sin\theta, \quad \cos(-\theta) = \frac{x}{r} = \cos\theta$$

이다. 다음으로 삼각함수에서 유용한 등식들을 증명없이 소개한다.

$$\sin(x \pm y) = \sin x \cos y \pm \cos x \sin y$$
$$\cos(x \pm y) = \cos x \cos y \mp \sin x \sin y$$
$$\tan(x \pm y) = \frac{\tan x \pm \tan y}{1 \mp \tan x \tan y}$$

$$\sin 2x = 2\sin x \cos x$$

$$\cos 2x = \cos^2 x - \sin^2 x = 2\cos^2 x - 1 = 1 - 2\sin^2 x$$

$$\tan 2x = \frac{2\tan x}{1-\tan^2 x}, \qquad \sin^2\frac{x}{2} = \frac{1-\cos x}{2}$$

$$\cos^2\frac{x}{2} = \frac{1+\cos x}{2}, \qquad \tan^2\frac{x}{2} = \frac{1-\cos x}{1+\cos x}$$

$$\sin x + \sin y = 2\sin\left(\frac{x+y}{2}\right)\cos\left(\frac{x-y}{2}\right)$$

$$\sin x - \sin y = 2\cos\left(\frac{x+y}{2}\right)\sin\left(\frac{x-y}{2}\right)$$

$$\cos x + \cos y = 2\cos\left(\frac{x+y}{2}\right)\cos\left(\frac{x-y}{2}\right)$$

$$\cos x - \cos y = -2\sin\left(\frac{x+y}{2}\right)\sin\left(\frac{x-y}{2}\right)$$

**예제 1**

$\lim_{x\to 0}\frac{\sin x}{x} = 1$임을 보여라.

풀이 [그림 2-8]과 같은 반지름이 1인 단위원의 부채꼴에서 다음의 부등식이 성립한다.

$$\triangle OAB\text{의 면적} < \triangledown OAB\text{의 면적} < \triangle OAT\text{의 면적}$$

이 면적을 계산하면 $0 < x < \frac{\pi}{2}$일 때, 다음의 부등식이 성립한다.

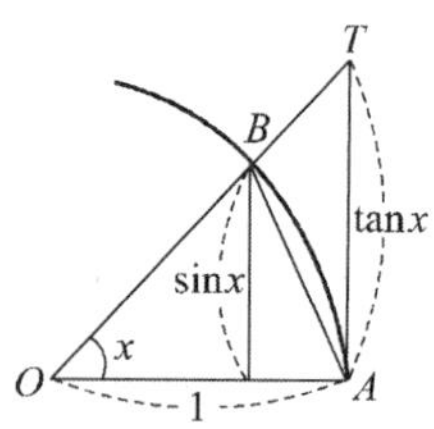


[그림 2-8]

$$\frac{1}{2}\sin x < \frac{1}{2}x < \frac{1}{2}\tan x$$

즉, $\sin x < x < \tan x$이고, 따라서 $\cos x < \frac{\sin x}{x} < 1$.

또 $0 > x > -\frac{\pi}{2}$일 때는 $0 < |x| < \frac{\pi}{2}$, $x = -|x|$이므로

$$\cos x = \cos|x| < \frac{\sin|x|}{|x|} = \frac{\sin x}{x} < 1$$

따라서 $0 < |x| < \frac{\pi}{2}$일 때 $\cos x < \frac{\sin x}{x} < 1$. 이때 $\lim_{x\to 0}\cos x = \lim_{x\to 0}1 = 1$이므로, 정리 2.9의 (2)에 의하여

$$\lim_{x\to 0}\frac{\sin x}{x} = 1.$$ ■

**예제 2**

$f(x) = \sin x$는 $R$에서 연속임을 증명하여라.

풀이 $a$를 임의의 실수라 하면 $f(a) = \sin a$가 정의되고, $|x| \ge |\sin x|$, $|\cos x| \le 1$이므로 다음 등식이 성립한다.

$$|\sin x - \sin a| = 2\left|\cos\frac{x+a}{2}\right|\left|\sin\frac{x-a}{2}\right| \le 2\cdot 1\cdot\frac{|x-a|}{2} = |x-a|$$

따라서 주어진 $\varepsilon > 0$에 대하여 $\delta = \varepsilon$되게 $\delta$를 잡으면 $|x-a| < \delta$일 때 $|\sin x - \sin a| < \varepsilon$이므로 $f(x) = \sin x$는 $x = a$에서 연속이다. $a$가 임의의 실수이므로 $\sin x$는 $R$에서 연속이다. ■

## 2. 역삼각함수

삼각함수는 역함수를 갖지 않는다. 왜냐하면 삼각함수는 $2\pi$(또는 $\pi$)를 주기로 하는 주기함수이므로 전단사함수가 아니기 때문이다. 그러나 삼각함수의 정의역을 제한함으로써 역함수를 갖게 할 수 있다.

정의역을 $\left[-\frac{\pi}{2}, \frac{\pi}{2}\right]$로 제한한 사인함수는 전단사함수가 되므로 역함수가 존재한다. 이 $\sin x$의 역함수를 $\arcsin x$ 또는 $\sin^{-1}x$로 나타낸다. 곧

$$y = \sin^{-1}x \iff x = \sin y.$$

따라서 $\sin^{-1}x$의 정의역은 $[-1, 1]$이고 치역은 $\left[-\frac{\pi}{2}, \frac{\pi}{2}\right]$인데 이 치역을 특별히 역삼각함수의 주치(principal value)라고 부른다. 즉

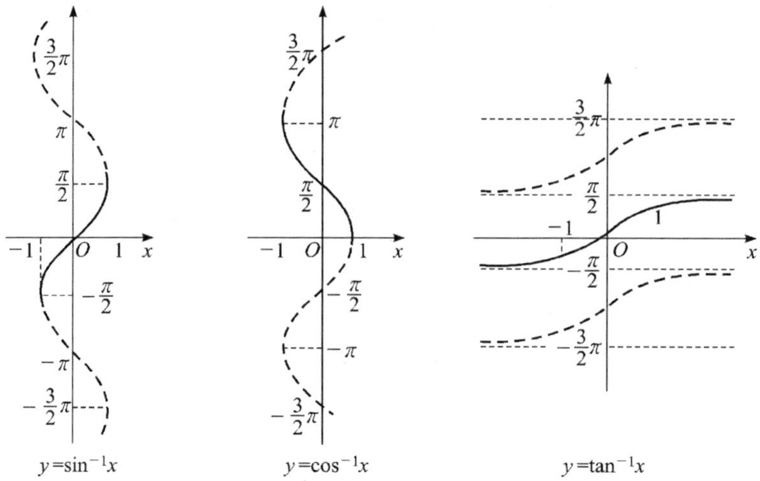

[그림 2-9]

$$주치:\ -\frac{\pi}{2} \le y \le \frac{\pi}{2}.$$

앞으로 역삼각함수의 값을 계산할 때에는 이 주치의 범위에서만 생각하기로 한다.

**예제 3**

$\sin^{-1}\frac{1}{2}$ 의 값을 구하여라.

(풀이) $y = \sin^{-1}\frac{1}{2}$이라 하면 $\sin y = \frac{1}{2}$, $y \in \left[-\frac{\pi}{2}, \frac{\pi}{2}\right]$이므로 $y = \frac{\pi}{6}$

$$\therefore\ \sin^{-1}\frac{1}{2} = \frac{\pi}{6}.$$ ■

$\cos x$도 정의역을 $[0, \pi]$로 제한하면 역함수가 존재하는데, 이 역함수를 $\arccos x$ 또는 $\cos^{-1}x$로 나타낸다. 즉

$$y = \cos^{-1}x \Leftrightarrow x = \cos y,\quad 주치:\ 0 \le y \le \pi$$

**예제 4**

$[-1, 1]$에 속하는 각 $x$에 대하여 $\sin(\cos^{-1}x) = \sqrt{1-x^2}$ 임을 보여라.

풀이 $t = \cos^{-1}x$ 라 놓으면 $x = \cos t$ 이고 $t \in [0, \pi]$ 이다. 좌변은 $\sin t$ 와 같으므로 $\cos^2\theta + \sin^2\theta = 1$ 에서 $\sin^2 t = 1 - \cos^2 t = 1 - x^2$, 즉 $\sin t = \sqrt{1-x^2}$.

그런데 $t \in [0, \pi]$ 이므로 $\sin t \geq 0$ 이고 $\sin t = \sqrt{1-x^2}$ 이다.

$$\therefore \sin(\cos^{-1}x) = \sqrt{1-x^2}.$$ ■

마찬가지로 $\tan x$ 의 역함수는 $\arctan x$ 또는 $\tan^{-1}x$ 로 나타낸다. 즉

$$y = \tan^{-1}x \Leftrightarrow x = \tan y, \quad \text{주치: } -\frac{\pi}{2} < y < \frac{\pi}{2}.$$

**예제 5**

$\tan^{-1}\frac{1}{2} + \tan^{-1}\left(-\frac{1}{3}\right)$ 을 간단히 하여라.

풀이 $\tan^{-1}\frac{1}{2} = x$, $\tan^{-1}\left(-\frac{1}{3}\right) = y$ 라고 하면, $\tan x = \frac{1}{2}$, $\tan y = -\frac{1}{3}$ 이므로

$$\tan(x+y) = \frac{\tan x + \tan y}{1 - \tan x \cdot \tan y} = \frac{\frac{1}{2} - \frac{1}{3}}{1 - \frac{1}{2}\left(-\frac{1}{3}\right)} = \frac{1}{7}$$

이다. 그러므로 $x + y = \tan^{-1}\frac{1}{7}$, 즉 $\tan^{-1}\frac{1}{2} + \tan^{-1}\left(-\frac{1}{3}\right) = \tan^{-1}\frac{1}{7}$ 이다. ■

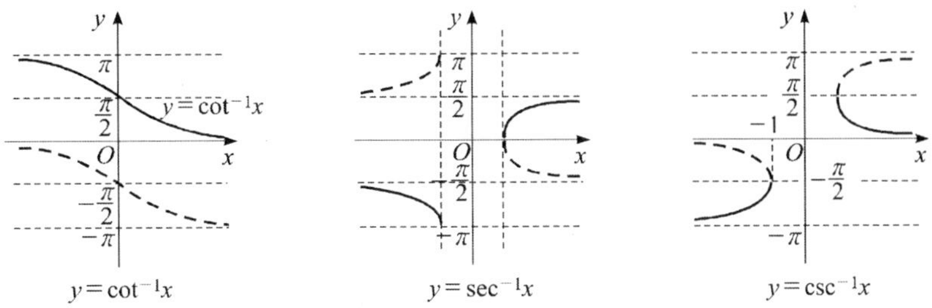


[그림 2-10]

이 밖에 $\cot x$, $\sec x$, $\csc x$ 의 역함수는 각각 다음과 같다.

$$y = \cot^{-1}x \Leftrightarrow x = \cot y, \qquad \text{주치}: 0 < y < \pi$$

$$y = \sec^{-1}x \iff x = \sec y, \quad \text{주치}: -\pi \le y < -\frac{\pi}{2}, \quad 0 \le y < \frac{\pi}{2}$$

$$y = \csc^{-1}x \iff x = \csc y, \quad \text{주치}: -\pi < y \le -\frac{\pi}{2}, \quad 0 < y \le \frac{\pi}{2}$$

앞으로 역삼각함수에서 특별한 언급이 없는 한 모두 그 주치에서만 생각하는 것으로 한다.

**예제 6**

$\sin^{-1}x + \cos^{-1}x = \dfrac{\pi}{2}$ 임을 보여라.

풀이 $\sin^{-1}x = \alpha$, $\cos^{-1}x = \beta$ 라고 하면

$$\sin\alpha = x = \cos\beta, \quad \text{단 } -\frac{\pi}{2} \le \alpha \le \frac{\pi}{2}, \ 0 \le \beta \le \pi.$$

그런데 $\cos\beta = \sin\left(\dfrac{\pi}{2} - \beta\right)$ 이고, $0 \le \beta \le \pi$ 에서 $-\dfrac{\pi}{2} \le \dfrac{\pi}{2} - \beta \le \dfrac{\pi}{2}$ 이므로

$$\alpha = \frac{\pi}{2} - \beta \iff \alpha + \beta = \frac{\pi}{2}$$

즉, $\sin^{-1}x + \cos^{-1}x = \dfrac{\pi}{2}$. ■

## 연습문제 2.5 Exercises

**1.** 다음 값을 구하여라.

(1) $\sin^{-1}\dfrac{\sqrt{3}}{2}$

(2) $\cos^{-1}\left(-\dfrac{1}{\sqrt{2}}\right)$

(3) $\tan^{-1}\sqrt{3}$

(4) $\sec^{-1}2$

(5) $\csc^{-1}(-2)$

(6) $\cot^{-1}1$

**2.** 다음 극한값을 구하여라.

(1) $\lim\limits_{x\to\infty}\tan^{-1}x$

(2) $\lim\limits_{x\to-\infty}\tan^{-1}x$

(3) $\lim_{x\to 0}\frac{\sin^{-1}x}{x}$

(4) $\lim_{x\to 0}\frac{\tan^{-1}x}{\sin^{-1}x}$

**3.** 다음 식을 간단히 하여라.

(1) $\cos^{-1}\frac{4}{5}+\cos^{-1}\frac{3}{5}$

(2) $\tan^{-1}2+\tan^{-1}(-3)$

(3) $\sin^{-1}1-\sin^{-1}(-1)$

(4) $\sin^{-1}\frac{12}{13}+\sin^{-1}\left(-\frac{5}{13}\right)$

(5) $\sin^{-1}\frac{3}{5}+\cos^{-1}\frac{12}{13}$

(6) $\tan^{-1}\frac{1}{2}+\tan^{-1}\frac{1}{3}$

**4.** $a>0$일 때 다음이 성립함을 보여라.

(1) $\csc^{-1}a=\sin^{-1}\frac{1}{a}$

(2) $\sec^{-1}a=\cos^{-1}\frac{1}{a}$

(3) $\cot^{-1}a=\tan^{-1}\frac{1}{a}$

(4) $\tan^{-1}\frac{a}{\sqrt{1-a^2}}=\sin^{-1}a$

**5.** 다음 등식이 성립함을 보여라.

(1) $\cos(\sin^{-1}x)=\sqrt{1-x^2}$

(2) $\tan^{-1}\frac{1}{2}+\tan^{-1}\frac{1}{3}=\frac{\pi}{4}$

**6.** 다음 그래프를 그리고 비교하여라.

$$y=\sin\frac{1}{x},\quad y=x\sin\frac{1}{x},\quad y=x^2\sin\frac{1}{x}$$

## 2.6 로그함수와 지수함수

자연로그 $\ln x$를 다음과 같이 정의한다. $x\geq 1$일 때는 1과 $x$사이의 구간에서 곡선 $\frac{1}{x}$과 $x$축 사이의 면적으로, $0<x<1$일 때는 $x$부터 1까지의 구간의 면적에 $-1$을 곱한 것을 $\ln x$로 정의한다. [그림 2-11]의 빗금 친 부분은 $x\geq 1$일 때와 $0<x<1$에서의 $\ln x$값을 나타내고 있다. 그러면 $\ln 1=0$이다.

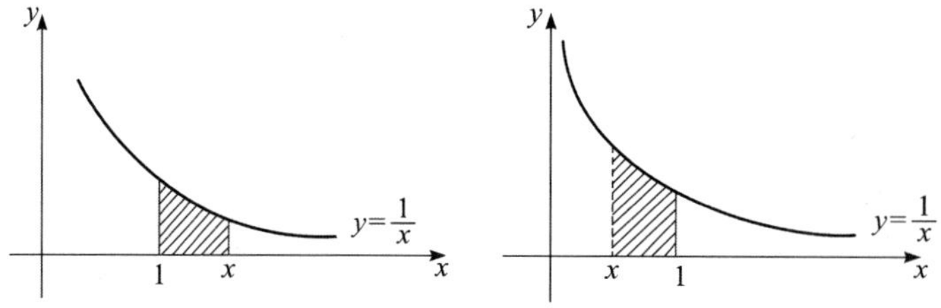


[그림 2-11]

다음은 자연로그의 기본 성질이다.

**정리 2.16**

임의의 양의 실수 $a$, $b$와 양의 유리수 $r$에 대하여 다음이 성립한다.

(1) $\ln ab = \ln a + \ln b$ (2) $\ln \frac{a}{b} = \ln a - \ln b$

(3) $\ln a^r = r \ln a$

$a > 0$을 밑으로 하는 로그함수를 다음과 같이 정의한다.

$$\log_a x = \frac{\ln x}{\ln a}$$

로그함수는 실수전체가 치역인 단조증가함수이므로 역함수가 존재하고, 이 역함수의 정의역은 $(-\infty, \infty)$이며, 치역은 $(0, \infty)$가 된다. 이 역함수를 exp로 표시하고 이것을 지수함수라 한다. 즉

$$y = \exp(x) = e^x \Leftrightarrow x = \ln y \ (-\infty < x < \infty, \ y > 0).$$

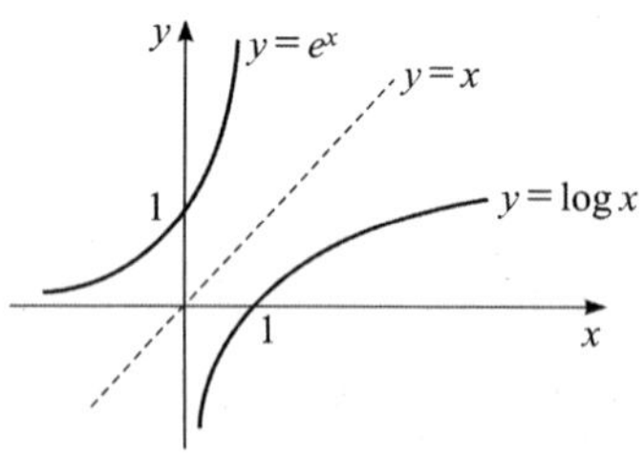


[그림 2-12]

$y=\ln x$ 의 성질로부터 다음이 성립함을 쉽게 알 수 있다.

$$\begin{aligned} 1 &= \exp(0) \\ \exp(a+b) &= \exp(a)\cdot\exp(b) \end{aligned}$$

$e$를 $\exp(1)$을 나타내는 실수라고 하면 $e$는 $\ln e=1$을 만족시키는 실수이다. 이제부터 함수 $\exp(x)$를 $e^x$로 표시한다.

ln 및 exp의 성질을 쓰면 모든 $x$, $y$에 대하여 $a^{x+y}=a^x\cdot a^y$가 성립하며, $a^0=1$이라는 것이 쉽게 밝혀진다. 또한 귀납법에 의하여 $x$가 자연수이면 $a^x=\underbrace{a\cdot a\cdot \ldots \cdot a}_{x\text{개}}$임을 보일 수 있다.

**예제 1**

$\lim_{h\to 0}(1+h)^{\frac{1}{h}}=e$임을 다음과 같이 보일 수도 있다.

풀이 $\lim_{x\to\infty}\left(1+\frac{1}{x}\right)^x=e$에서 $\frac{1}{x}=h$라면 $x\to\infty$일 때 $h\to 0$이다. 그러므로

$$\lim_{x\to\infty}\left(1+\frac{1}{x}\right)^x=\lim_{h\to 0}(1+h)^{\frac{1}{h}}=e.$$

■

예제 1의 양변에 자연로그를 취하면 다음과 같다.

$$\lim_{h\to 0}\frac{\ln(1+h)}{h}=1$$

여기서 $\ln(1+h)=t$라고 놓으면 $h=e^t-1$이고 $h\to 0$일 때 $t\to 0$이므로

$$\lim_{t\to 0}\frac{t}{e^t-1}=1.$$

## 2.7 쌍곡선함수와 역쌍곡선함수

이제 우리는 삼각함수와 아주 비슷한 성질을 가지고 있는 여섯 가지 지수함수에 대하여 생각하기로 한다. 이 함수들은 직각쌍곡선과 밀접한 관계가 있으므로 이것을 **쌍곡선함수**라고 하며, 각각 hyperbolic sin, hyperbolic cosine, … 등으로 부른다. 그 정의는 다음과 같다.

$$\sinh x = \frac{e^x - e^{-x}}{2}, \quad \cosh x = \frac{e^x + e^{-x}}{2}, \quad \tanh x = \frac{e^x - e^{-x}}{e^x + e^{-x}}$$

$$\coth x = \frac{1}{\tanh x}, \quad \operatorname{sech} x = \frac{1}{\cosh x}, \quad \operatorname{csch} x = \frac{1}{\sinh x}$$

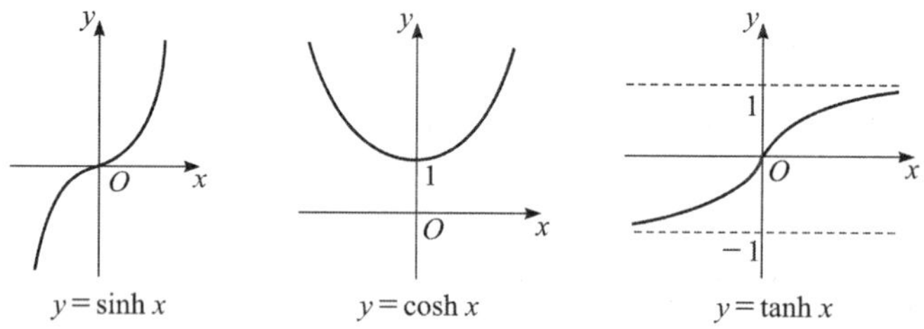


[그림 2-13]

위의 정의에서 $x$ 대신에 $-x$를 대입하면 다음 관계를 얻을 수 있다.

$$\sinh(-x) = -\sinh x, \ \cosh(-x) = \cosh x, \ \tanh(-x) = -\tanh x$$

또, 주어진 정의를 이용하면 다음 항등식을 얻는다.

$$\begin{aligned} \cosh^2 x - \sinh^2 x &= 1 \\ \tanh^2 x + \operatorname{sech}^2 x &= 1 \\ \coth^2 x - \operatorname{csch}^2 x &= 1 \end{aligned}$$

정의의 두 식에서

$$\cosh x + \sinh x = e^x, \qquad \cosh x - \sinh x = e^{-x}$$

임을 알 수 있다. 이 식을 이용하면 다음 관계식을 구할 수 있다.

$$\sinh(x+y) = \sinh x \cosh y + \cosh x \sinh y$$
$$\cosh(x+y) = \cosh x \cosh y + \sinh x \sinh y$$

**문제 1**

다음 극한값을 구하여라.

(1) $\lim_{x \to 0} \frac{\sinh x}{x}$  (2) $\lim_{x \to 0} \frac{\tanh 2x}{x}$

삼각함수에서와 같이 $y = \sinh x$ 의 역함수 $x = \sinh y$를 $y = \sinh^{-1} x$와 같이 나타내기로 하고 함수 $\sinh^{-1} x$를 'inverse hyperbolic sine'이라고 한다. 같은 방법으로 다른 다섯 가지 **역쌍곡선함수**도 정의한다. 쌍곡선함수가 지수함수에 의하여 정의되었으므로 역쌍곡선함수는 로그함수로 나타낼 수 있다. 그 관계식은 다음과 같다.

$$\begin{aligned}
\sinh^{-1} x &= \ln(x + \sqrt{x^2+1}) \quad (-\infty < x < \infty) \\
\cosh^{-1} x &= \ln(x \pm \sqrt{x^2-1}) \quad (x \geq 1) \\
\tanh^{-1} x &= \frac{1}{2}\ln\frac{1+x}{1-x} \quad (-1 < x < 1) \\
\coth^{-1} x &= \frac{1}{2}\ln\frac{x+1}{x-1} \quad (x^2 > 1) \\
\operatorname{sech}^{-1} x &= \ln\left(\frac{1}{x} \pm \sqrt{\frac{1}{x^2}-1}\right) \quad (0 < x \leq 1) \\
\operatorname{csch}^{-1} x &= \ln\left(\frac{1}{x} + \sqrt{\frac{1}{x^2}+1}\right) \quad (x^2 > 0)
\end{aligned}$$

예를 들어 $\sinh^{-1} x$를 유도해 보자. $y = \sinh^{-1} x$는 다음과 동치이다.

$$\begin{aligned}
&x = \sinh y = \frac{e^y - e^{-y}}{2} \\
&e^{2y} - 2xe^y - 1 = 0 \\
&\therefore\ e^y = x \pm \sqrt{1+x^2}
\end{aligned}$$

이때 모든 $y$에 대하여 $e^y > 0$이므로 $e^y = x + \sqrt{1+x^2}$ 이 된다. 그러므로

$$y = \sinh^{-1} x = \ln(x + \sqrt{1+x^2}).$$

**주의** 함수 $\cosh^{-1}$와 $\operatorname{sech}^{-1}$는 2가함수이다. 앞으로는 $\cosh^{-1} x$와 $\operatorname{sech}^{-1} x$를 각각 $\ln(x + \sqrt{x^2-1})$과 $\ln\left(\frac{1}{x} + \sqrt{\frac{1}{x^2}-1}\right)$로 나타낸다.

**예제 1**

$\lim_{x\to 0}\frac{\sinh^{-1}x}{x}$를 구하여라.

풀이 $\sinh^{-1}x = y$라 하자. 그러면 $x=\sinh y$이고 $x \to 0$이면 $y \to 0$. 그러므로

$$\lim_{x\to 0}\frac{\sinh^{-1}x}{x} = \lim_{y\to 0}\frac{y}{\sinh y} = 1.$$

■

## 연습문제 2.7

**1.** 다음 극한값을 구하여라.

(1) $\lim_{x\to 1}\frac{x^n-1}{x^m-1}$ ($m$, $n$은 자연수)

(2) $\lim_{x\to 1}\frac{\sin(x^2-1)}{x-1}$

(3) $\lim_{x\to 0}\frac{\sin(\tan x)}{x}$

(4) $\lim_{x\to 0}\frac{1-\sqrt{1-4x^2}}{x^2}$

(5) $\lim_{h\to 0}\frac{\cos(x+h)\sin h}{h}$

(6) $\lim_{x\to 0}\frac{\tan^{-1}x}{x}$

(7) $\lim_{x\to 0}\frac{\sin^{-1}x}{\sin x}$

(8) $\lim_{x\to 0}\frac{\sinh x}{\sin x}$

(9) $\lim_{h\to 0}\frac{\sin h}{2h}$

(10) $\lim_{\theta\to 0}\frac{\sin 3\theta}{\theta}$

(11) $\lim_{x\to 0}\frac{\sin 6x}{\sin 8x}$

(12) $\lim_{x\to 0}\frac{\tan 7x}{\sin 3x}$

(13) $\lim_{\theta\to 0}\frac{\sin^2\theta}{\theta}$

(14) $\lim_{h\to 0}\frac{h}{\tan h}$

(15) $\lim_{h\to 0}\frac{\sin h}{1-\cos h}$

(16) $\lim_{\theta\to 0}\frac{\theta^2}{1-\cos\theta}$

(17) $\lim_{x\to 0}\frac{x}{\cos\left(\frac{\pi}{2}-x\right)}$

(18) $\lim_{\theta\to 0}\frac{1}{\cos\theta}$

(19) $\lim_{t\to 0}\dfrac{t^2}{1-\cos^2 t}$ (20) $\lim_{h\to 0}\dfrac{1-\cos 5h}{\cos 7h-1}$

(21) $\lim_{x\to 0}(1+ax)^{\frac{1}{x}}$ (22) $\lim_{x\to\infty}\left(\dfrac{x}{x-2}\right)^x$

**2.** 다음 극한을 변수를 치환함으로써 구하여라.

(1) $\lim_{x\to+\infty} x\sin\dfrac{1}{x}$ $\left[t=\dfrac{1}{x}\text{로 치환}\right]$

(2) $\lim_{x\to-\infty} x\left(1-\cos\dfrac{1}{x}\right)$ $\left[t=\dfrac{1}{x}\text{로 치환}\right]$

(3) $\lim_{x\to\pi}\dfrac{\pi-x}{\sin x}$ $[t=\pi-x\text{로 치환}]$

**3.** 변수의 적당한 치환으로 다음 극한을 구하여라.

$$\lim_{x\to 2}\frac{\cos\left(\dfrac{\pi}{x}\right)}{x-2}$$

**4.** $\lim_{h\to 0}\dfrac{\tan h}{h}=1$이 됨을 보여라.

**5.** 다음을 증명하여라.

$$\tan^{-1}\frac{x}{\sqrt{1-x^2}}=\sin^{-1}x$$

**6.** 다음 항등식을 증명하여라.

$$(\cosh x\pm\sinh x)^n=\cosh nx\pm\sinh nx \quad (n\text{은 자연수})$$

**7.** $\sinh(\sinh^{-1}x)=x$ 와 $\cosh(\sinh^{-1}x)=\sqrt{1+x^2}$ 을 증명하여라.

# 제 3 장

# 미 분

## 3.1 도함수

함수 $f(x)$에 대하여 변수 $x$가 하나의 고정된 값 $a$로부터 다른 값 $a+h$로 변화하였을 때, $h$를 $a$로부터 $x$의 증분이라 하고 $\Delta x$로 표시하며, $f(a+h)-f(a)$를 $a$로부터 $x$의 증분 $h$에 따른 함수 $f(x)$의 증분이라 하고, 기호로 $\Delta y$라 한다. 이때 이 두 증분의 비 $\dfrac{\Delta y}{\Delta x}=\dfrac{f(a+h)-f(a)}{h}$를 함수 $f(x)$의 $x=a$로부터 $x=a+h$까지의 **평균변화율**이라고 한다. 이때 이 두 증분은 0보다 클 수도 있고 작을 수도 있다.

**예제 1**

$f(x)=x^3$에서 $x$가 $a$에서 $h$만큼 변할 때의 $f(x)$의 평균변화율을 구하여라.

풀이

$$\begin{aligned}\frac{\Delta y}{\Delta x}&=\frac{f(a+h)-f(a)}{h}=\frac{(a+h)^3-a^3}{h}\\&=\frac{3a^2h+3ah^2+h^3}{h}\\&=3a^2+h(3a+h).\end{aligned}$$ ■

예제 1에서 $x$의 증분 $h$가 점점 작아져 $h\to 0$일 때, $\dfrac{f(a+h)-f(a)}{h}$의 극한값은 $3a^2$이 된다. 이때 $f(x)=x^3$의 $x=a$에서의 순간변화율이 $3a^2$이라고 말할 수 있다.

**정의 3.1**

함수 $f(x)$가 $a$를 포함하는 한 개구간에서 정의되어 있을 때 극한값 $\lim\limits_{h\to 0}\dfrac{f(a+h)-f(a)}{h}$이 존재하면 이 값을 $x=a$에서 $f(x)$의 **순간변화율**(간단히 변화율, 또는 **미분계수**)이라 하며 $f'(a)$로 표시하고 이때 $f(x)$는 $x=a$에서 **미분가능**이라고 한다. 또 극한값이 존재하지 않을 때 **미분불가능**이라고 한다.

여기서 $a+h=b$라고 하면 $x=a$에서의 미분계수를 다음과 같이 나타낼 수도 있다.

$$f'(a)=\lim_{b\to a}\frac{f(b)-f(a)}{b-a}.$$

$f(x)$가 $a$에서 미분가능일 때 $\dfrac{f(a+h)-f(a)}{h}=f'(a)+\varepsilon$, 곧

$$f(a+h)-f(a)=f'(a)h+\varepsilon h$$

라 놓으면 $f'(a)$는 $h$와 관계없이 $\lim_{h\to 0}\varepsilon=0$이 된다. 역으로

$$f(a+h)-f(a)=Ah+\varepsilon h \tag{1}$$

(단, $A$는 $h$와 관계없는 상수이고 $\lim_{h\to 0}\varepsilon=0$)

이면 $f(x)$는 $x=a$에서 미분가능이고 $A=f'(a)$이다. 따라서 식 (1)이 성립하는 것은 $f(x)$는 $x=a$에서 미분가능이기 위한 필요충분조건이다.

**예제 2**

$f(x)=x^2$일 때 $x=1$에서의 순간변화율을 구하여라.

풀이

$$f'(1)=\lim_{h\to 0}\frac{f(1+h)-f(1)}{h}=\lim_{h\to 0}\frac{(1+h)^2-1}{h}$$
$$=\lim_{h\to 0}\frac{1+2h+h^2-1}{h}=\lim_{h\to 0}(2+h)=2.$$

■

**예제 3**

$f(x)=|x|$는 $x=0$에서 미분가능인가?

풀이

$$\lim_{h\to 0}\frac{f(0+h)-f(0)}{h}=\lim_{h\to 0}\frac{|h|}{h}.$$

그런데

$$\lim_{h\to 0^+}\frac{|h|}{h}=\lim_{h\to 0^+}\frac{h}{h}=1,\quad \lim_{h\to 0^-}\frac{|h|}{h}=\lim_{h\to 0^-}\frac{-h}{h}=-1$$

이므로 $x=0$에서 극한값이 존재하지 않는다. 따라서 $f(x)=|x|$는 $x=0$에서 미분불가능이다. 그러나 $x\neq 0$인 점에서는 미분가능이다. ■

**정리 3.1**

$f(x)$가 $x=a$에서 미분가능이면 $x=a$에서 연속이다.

**증명** $x \neq a$인 $x$에 대하여 $f(x)$를 다음과 같이 쓸 수 있다.

$$f(x)=\frac{f(x)-f(a)}{x-a}(x-a)+f(a)$$

따라서

$$\begin{aligned}\lim_{x\to a}f(x)&=\lim_{x\to a}\left[\frac{f(x)-f(a)}{x-a}(x-a)+f(a)\right]\\&=\lim_{x\to a}\frac{f(x)-f(a)}{x-a}\lim_{x\to a}(x-a)+\lim_{x\to a}f(a)\\&=f'(a)\cdot 0+f(a)=f(a).\end{aligned}$$

□

이 정리의 역이 성립하지 않는다는 것은 예제 3에서 알 수 있다. 즉 연속이지만 미분불가능일 수도 있다. 또 다른 예를 다음 그림에서 볼 수 있다. [그림 3-1]에서 $c$에서의 접선이 수직선이면 점 $c$에서 미분계수가 존재하지 않는다.

이것은 $c$에서의 평균변화율 $\frac{f(c+h)-f(c)}{h}$이 $h \to 0$이면 무한히 커지기 때문이다. 또한 $a$에서의 두 가지 극한값

$$\lim_{h\to 0^+}\frac{f(a+h)-f(a)}{h}=f'_+(a)$$

$$\lim_{h\to 0^-}\frac{f(a+h)-f(a)}{h}=f'_-(a)$$

를 구별할 때가 있다. 이 경우 $f'_+(a)$, $f'_-(a)$를 각각 $a$에 있어서의 **좌(측)미분계수, 우(측)미분계수**라 한다. $f'_+(a)$, $f'_-(a)$가 모두 존재하고 이 두 값이 일치할 때 $f(x)$는 $x=a$에서 미분가능이고 $f'(a)=f'_+(a)=f'_-(a)$가 성립한다.

이제 미분계수의 의미를 기하학적으로 살펴보자. [그림 3-2]에서와 같이 곡선 $y=f(x)$ 위의 두 점 $A(a, f(a))$, $P(a+\Delta x, f(a+\Delta x))$를 잡으면 $\frac{f(a+\Delta x)-f(a)}{\Delta x}$는 직선 $AP$의 기울기를 나타낸다 $\Delta x$를 변화시키면 $P$의 위치가 바뀌고 $AP$의 기울기도 달라지지만 $\Delta x \to 0$일 때, 즉 $P$를 곡선을 따라서 $A$에 가까이 접근시킬 때 직선 $AP$는 기울기가 $f'(a)$인 직선 $AT$에 한없이 가까이 간다. 여기서 점 $A$를 지나 기울기가 $f'(a)$인 직선 $AT$는 곡

선 $y=f(x)$의 점 $A$에 있어서의 **접선**(tangent line)이다. $f(a)$가 $x=a$에서 미분가능인 것은 곡선 $y=f(x)$상의 점 $(a,\ f(a))$에서 이 곡선에 접선을 그을 수 있음을 의미한다. 이때 한 점 $(a,\ f(a))$에서 접선의 방정식은 다음과 같다.

$$y-f(a)=f'(a)(x-a)$$

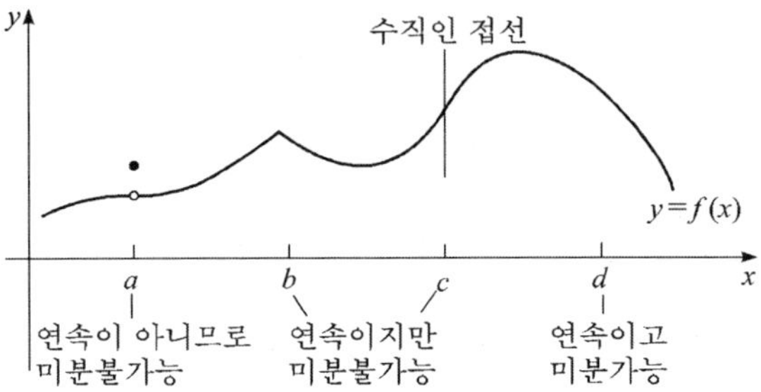


[그림 3-1]

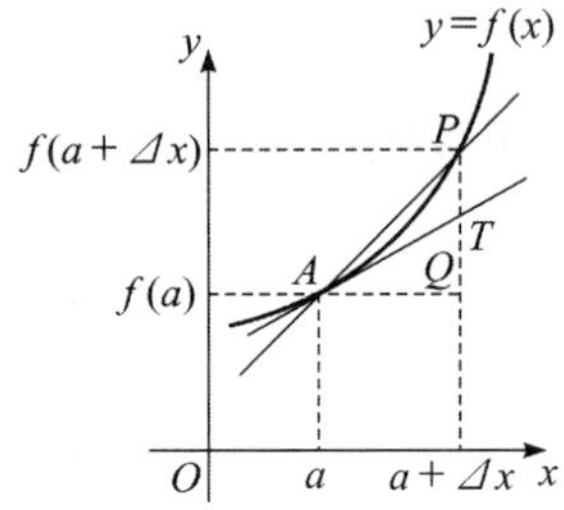


[그림 3-2]

**예제 4**

곡선 $y=x^2$위의 점(1, 1)에서 접선의 방정식을 구하라.

풀이 $f(x)=x^2$이면 예제 2에서 $f'(1)=2$이므로 접선의 기울기는 2이다. 따라서 구하는 접선의 방정식은 다음과 같다.

$$y-f(x)=f'(a)(x-a)$$
$$y-1=2(x-1),\quad 즉\ y=2x-1.$$

■

$y=f(x)$가 어떤 구간의 각 점 $x$에서 미분가능일 때 $f(x)$는 이 구간에서 미분가능이라고 한다. 이 경우 각 점 $x$에 그 점에서의 미분계수를 대응시킴으로써 정해지는 함수를 $f(x)$의 **도함수**(derivative)라 하고 다음 기호들로 나타낸다.

$f'(x)$, $y'$(Lagrange 기호), $\dfrac{d}{dx}f(x)$, $\dfrac{dy}{dx}$(Leibniz 기호),

$Df(x)$, $Dy$(Arbogast 기호)

함수 $f(x)$의 도함수를 구하는 것을 $f(x)$를 미분한다고 하며, 이것을 식으로 나타내면 다음과 같다.

$$f'(x)=\lim_{\Delta x\to 0}\frac{\Delta y}{\Delta x}=\lim_{\Delta x\to 0}\frac{f(x+\Delta x)-f(x)}{\Delta x}$$

**예제 5**

$f(x)=\dfrac{1}{x}$ 의 도함수를 구하여라.

풀이

$$f'(x)=\lim_{\Delta x\to 0}\frac{f(x+\Delta x)-f(x)}{\Delta x}=\lim_{\Delta x\to 0}\frac{\dfrac{1}{x+\Delta x}-\dfrac{1}{x}}{\Delta x}$$

$$=\lim_{\Delta x\to 0}\frac{x-(x+\Delta x)}{\Delta x\cdot x\cdot(x+\Delta x)}=\lim_{\Delta x\to 0}\frac{-1}{x\cdot(x+\Delta x)}$$

$$=-\frac{1}{x^2}$$

■

**예제 6**

함수 $y=\sqrt{x}$ 의 도함수를 구하고 $x=1$ 에서 $y$ 의 $x$ 에 관한 순간변화율을 구하여라.

풀이

$$y'=\lim_{\Delta x\to 0}\frac{\Delta y}{\Delta x}=\lim_{\Delta x\to 0}\frac{\sqrt{x+\Delta x}-\sqrt{x}}{\Delta x}$$

$$=\lim_{\Delta x\to 0}\frac{x+\Delta x-x}{\Delta x(\sqrt{x+\Delta x}+\sqrt{x})}=\lim_{\Delta x\to 0}\frac{1}{\sqrt{x+\Delta x}+\sqrt{x}}$$

$$=\frac{1}{2\sqrt{x}}$$

따라서 $f'(x)=\dfrac{1}{2\sqrt{x}}$ 이므로, $x=1$ 에서 순간변화율은 $\dfrac{1}{2}$ 이다. ■

**예제 7**

구의 반지름이 6cm일 때 반지름에 관한 구의 체적의 변화율을 구하여라.

풀이 반지름이 $r$ 인 구의 체적 $V(r)=\dfrac{4}{3}\pi r^3$ 에 대하여

$$\frac{\Delta V}{\Delta r}=\lim_{\Delta r\to 0}\frac{V(r+\Delta r)-V(r)}{\Delta r}=\lim_{\Delta r\to 0}\frac{\dfrac{4}{3}\pi(r+\Delta r)^3-\dfrac{4}{3}\pi r^3}{\Delta r}$$

$$=\lim_{\Delta r\to 0}\frac{4\pi}{3}(3r^2+3r\cdot\Delta r+\Delta r^2)=4\pi r^2$$

따라서 $r=6$ 일 때의 변화율은 $4\pi(6)^2=144\pi\,(\text{cm}^3)$ 이다. ■

## 연습문제 3.1 Exercises

**1.** 다음 함수의 $\dfrac{dy}{dx}$ 를 정의에 의하여 구하여라.

(1) $y=\dfrac{x}{x+1}$　　(2) $y=3x^2+x$

(3) $y=\sqrt{x+1}$

**2.** $x=2$에서 다음 함수의 변화율을 구하여라.

(1) $y=\dfrac{1}{x^2-1}$　　(2) $y=\dfrac{a-x}{a+x}$

**3.** $f(x)=\begin{cases} x\sin\dfrac{1}{x} & (x\neq 0) \\ 0 & (x=0) \end{cases}$ 일 때 $f(x)$는 $x=0$에서 연속이지만 미분불가능임을 보여라.

**4.** $f(x)=\begin{cases} x^2+1 & (x:\text{유리수}) \\ 1 & (x:\text{무리수}) \end{cases}$ 일 때 $f(x)$는 $x=0$에서 미분가능함을 보이시오.

**5.** $f(x)=\begin{cases} x+x^2 & (x:\text{유리수}) \\ x\cos x & (x:\text{무리수}) \end{cases}$ 일 때 $f(x)$는 $x=0$에서 미분가능함을 보이시오.

**6.** $f(x)=\begin{cases} x^2 & (x:\text{유리수}) \\ x^4 & (x:\text{무리수}) \end{cases}$ 일 때 $f(x)$가 미분가능한 점이 있으면 모두 구하고, 그 점에서 미분계수를 구하시오.

## 3.2 도함수의 계산

지금까지는 함수의 도함수를 직접 정의를 이용하여 구하였다. 이 절에서는 몇 가지 정리와 미분공식을 제시함으로써 더 효과적으로 도함수를 구하는 방법을 소개한다.

**정리 3.2**

$f(x)$가 상수함수, 즉 $f(x)=c$이면 $f'(x)=0$이다.

**증명** $$f'(x)=\lim_{h\to 0}\frac{f(x+h)-f(x)}{h}=\lim_{h\to 0}\frac{c-c}{h}=0. \qquad \square$$

**정리 3.3**

함수 $f(x)$, $g(x)$가 미분가능이면 $f(x)\pm g(x)$, $f(x)g(x)$, $\dfrac{f(x)}{g(x)}$도 미분가능이며 도함수는 다음과 같다.

(1) $\{f(x)\pm g(x)\}'=f'(x)\pm g'(x)$

(2) $\{f(x)g(x)\}'=f'(x)g(x)+f(x)g'(x)$

(3) $\left\{\dfrac{f(x)}{g(x)}\right\}'=\dfrac{f'(x)g(x)-f(x)g'(x)}{g(x)^2}$ (단, $g(x)\neq 0$)

**증명** 미분의 정의와 극한값의 정리를 이용하자.

(1) $$\{f(x)+g(x)\}'=\lim_{h\to 0}\frac{\{f(x+h)+g(x+h)\}-\{f(x)+g(x)\}}{h}$$
$$=\lim_{h\to 0}\frac{f(x+h)-f(x)}{h}+\lim_{h\to 0}\frac{g(x+h)-g(x)}{h}$$
$$=f'(x)+g'(x)$$

(2) $\{f(x)g(x)\}'$
$$=\lim_{h\to 0}\frac{f(x+h)g(x+h)-f(x)g(x)}{h}$$
$$=\lim_{h\to 0}\frac{\{f(x+h)g(x+h)-f(x)g(x+h)\}+\{f(x)g(x+h)-f(x)g(x)\}}{h}$$
$$=\lim_{h\to 0}\left\{\frac{f(x+h)-f(x)}{h}\right\}g(x+h)+\lim_{h\to 0}f(x)\left\{\frac{g(x+h)-g(x)}{h}\right\}$$
$$=f'(x)g(x)+f(x)g'(x)$$

(3) $\left\{\dfrac{f(x)}{g(x)}\right\}'$
$$=\lim_{h\to 0}\frac{\dfrac{f(x+h)}{g(x+h)}-\dfrac{f(x)}{g(x)}}{h}$$

$$= \lim_{h \to 0} \frac{f(x+h)g(x) - f(x)g(x+h)}{h \cdot g(x+h)g(x)}$$

$$= \lim_{h \to 0} \frac{1}{g(x+h)g(x)} \left[ \frac{\{f(x+h)g(x) - f(x)g(x)\} - \{f(x)g(x+h) - f(x)g(x)\}}{h} \right]$$

$$= \lim_{h \to 0} \frac{1}{g(x+h)g(x)} \left[ \left\{ \frac{f(x+h) - f(x)}{h} \right\} g(x) - f(x) \left\{ \frac{g(x+h) - g(x)}{h} \right\} \right]$$

$$= \frac{f'(x)g(x) - f(x)g'(x)}{g(x)^2} \quad (\text{단, } g(x) \neq 0)$$

□

**정리 3.4**

임의의 정수 $n$에 대하여, $(x^n)' = nx^{n-1}$이다.

**증명** $f(x) = x^n$이라고 하자.

(i) $n > 0$인 경우

$$f'(x) = \lim_{h \to 0} \frac{f(x+h) - f(x)}{h} = \lim_{h \to 0} \frac{(x+h)^n - x^n}{h}$$

$$= \lim_{h \to 0} \frac{1}{h} \left[ \left\{ x^n + nx^{n-1}h + \frac{n(n-1)}{2!} x^{n-2}h^2 + \frac{n(n-1)(n-2)}{3!} x^{n-3}h^3 + \cdots + nxh^{n-1} + h^n \right\} - x^n \right]$$

$$= \lim_{h \to 0} \frac{1}{h} \left[ h \left\{ nx^{n-1} + \frac{n(n-1)}{2!} x^{n-2}h + \frac{n(n-1)(n-2)}{3!} x^{n-3}h^2 + \ldots + nxh^{n-2} + h^{n-1} \right\} \right]$$

$$= nx^{n-1}$$

(ii) $n < 0$인 경우

$m = -n$으로 놓으면 $m > 0$이다. 따라서 $x^n = x^{-m} = \dfrac{1}{x^m}$이다.

$$\frac{d}{dx}[x^n] = \frac{d}{dx}\left[\frac{1}{x^m}\right] = \frac{-mx^{m-1}}{x^{2m}}$$

$$= (-m)x^{(m-1)-2m} = (-m)x^{(-m)-1}$$

$$= nx^{n-1}$$

(iii) $n=0$ 인 경우

$$\frac{d}{dx}[x^0]=\frac{d}{dx}[1]=0=0\cdot x^{-1}$$

따라서 모든 정수 $n$에 대하여 성립한다. □

**예제 1**

$y=(x^3-1)(2x^2-3x+1)$의 도함수를 구하여라.

풀이

$$\begin{aligned} y' &= (x^3-1)'(2x^2-3x+1)+(x^3-1)(2x^2-3x+1)' \\ &= (3x^2)(2x^2-3x+1)+(x^3-1)(4x-3) \\ &= 10x^4-12x^3-3x^2-4x+3 \end{aligned}$$

■

**예제 2**

$y=\dfrac{5x^4+x^2}{x^3+2}$의 도함수를 구하여라.

풀이

$$\begin{aligned} y' &= \frac{(5x^4+x^2)'(x^3+2)-(5x^4+x^2)(x^3+2)'}{(x^3+2)^2} \\ &= \frac{(20x^3+2x)(x^3+2)-(5x^4+x^2)(3x^2)}{(x^3+2)^2} \\ &= \frac{5x^6-x^4+40x^3+4x}{(x^3+2)^2} \end{aligned}$$

■

**예제 3**

다음의 도함수를 구하여라.

(1) $y=x^{-9}$

(2) $y=\dfrac{1}{x}$

풀이 (1) $\dfrac{d}{dx}[x^{-9}]=-9x^{-9-1}=-9x^{-10}$.

(2) $\dfrac{d}{dx}\left[\dfrac{1}{x}\right]=\dfrac{d}{dx}[x^{-1}]=-1\cdot x^{-1-1}=-x^{-2}=-\dfrac{1}{x^2}$. ■

**문제 1**

다음 각 함수의 도함수를 구하여라.

(1) $y = 9x^{10} - 10x^9 + 9x$

(2) $y = x^2 + \dfrac{1}{x^2}$

(3) $y = \dfrac{x-1}{x+1}$

(4) $y = \dfrac{x^2}{2-3x^2}$

(5) $y = x^2(2x^2-1)(4x^2+5)$

(6) $y = \dfrac{x^2-4}{x^2+4}$

(7) $y = -3x^{-8}$

(8) $y = x^{-3} + \dfrac{1}{x^4}$

**문제 2**

$y = kf(x)$일 때 $y' = kf'(x)$임을 증명하여라. (단, $k$는 상수)

## 3.3 합성함수와 음함수의 미분

다음 정리는 합성함수의 도함수를 각각의 함수의 도함수의 곱으로 표시할 수 있음을 나타내며, 미분에서 중요하게 사용되는 정리 중의 하나이다.

**정리 3.5**

함수 $y = f(u)$, $u = g(x)$가 각각 $u$, $x$에 대하여 미분가능이면 합성함수 $y = f(g(x))$도 $x$에 대하여 미분가능이고 다음이 성립한다.

$$\frac{dy}{dx} = \frac{dy}{du} \cdot \frac{du}{dx} = f'(u)g'(x)$$

**증명** $x$의 증분 $\Delta x$에 대한 $u = g(x)$의 증분을 $\Delta u$, $y = f(g(x))$의 증분을 $\Delta y$라 하면

$$\Delta u = g(x+\Delta x) - g(x)$$
$$\Delta y = f(g(x+\Delta x)) - f(g(x)) = f(u+\Delta u) - f(u)$$

이때 $f(u)$가 미분가능이므로

$$\frac{dy}{du}=\lim_{\Delta u\to 0}\frac{\Delta y}{\Delta u}=f'(u),\ \text{즉}\ \lim_{\Delta u\to 0}\frac{\Delta y-f'(u)\Delta u}{\Delta u}=0$$

그런데 $\rho=\dfrac{\Delta y-f'(u)\Delta u}{\Delta u}$라 놓으면

$$\Delta y=f'\Delta u+\rho\cdot\Delta u.$$

이때 $\Delta u\to 0$이면 $\rho\to 0$이다. 또 $u=g(x)$가 미분가능이므로 $\lim\limits_{\Delta x\to 0}\dfrac{\Delta u}{\Delta x}=u'$가 존재해서

$$\lim_{\Delta x\to 0}\frac{\Delta y}{\Delta x}=\lim_{\Delta x\to 0}\frac{f'(u)\Delta u+\rho\cdot\Delta u}{\Delta x}.$$

$$\therefore\ \lim_{\Delta x\to 0}\left\{f'(u)\cdot\frac{\Delta u}{\Delta x}+\rho\cdot\frac{\Delta u}{\Delta x}\right\}=f'(u)\cdot u',\ \text{즉}\ \frac{dy}{dx}=\frac{dy}{du}\cdot\frac{du}{dx}.\qquad\square$$

**예제 1**

$y=\dfrac{1}{u+1},\quad u=\dfrac{x}{x+1}$일 때 $\dfrac{dy}{dx}$를 구하여라.

풀이 $\dfrac{dy}{du}=-\dfrac{1}{(u+1)^2},\quad \dfrac{du}{dx}=\dfrac{1}{(x+1)^2}$이므로

$$\frac{dy}{dx}=\frac{dy}{du}\cdot\frac{du}{dx}=-\frac{1}{(u+1)^2}\cdot\frac{1}{(x+1)^2}=-\frac{1}{(2x+1)^2}.\qquad\blacksquare$$

**예제 2**

$y=(3x^2+5)^3$의 도함수를 구하여라.

풀이 $u=3x^2+5$라 놓으면 $y=(3x^2+5)^3$은 $y=u^3$과 $u=3x^2+5$의 합성함수이므로

$$\frac{dy}{dx}=\frac{dy}{du}\cdot\frac{du}{dx}=3u^2(6x)=18x(3x^2+5)^2.\qquad\blacksquare$$

방정식 $g(x, y)=0$이 주어졌을 때 $x$의 변역 $X$와 $y$의 변역 $Y$가 존재하여 $g(x, y)=0$을 대응규칙으로 하는 함수 $f: X\to Y$가 정의되면 $g(x, y)=0$은 함수 $f$를 음적으로 정의한다고 한다. 이때 $y$를 $x$의 **음함수**(implicit function)라고 한다. 즉 음함수는 $x$와 $y$사이에

대응 관계는 있지만 $y=f(x)$로 표현되지 않는 함수이다. 음함수의 도함수를 구할 때에는 다음 두 가지 방법 중 하나를 이용한다.

(1) 방정식 $g(x, y)=0$을 $y$에 대하여 푼 다음, $y$를 $x$에 관하여 미분한다.
(2) $y$를 $x$의 함수로 생각하고, 주어진 방정식 $g(x, y)=0$의 양변을 $x$에 관하여 미분한 다음 $y'$에 관하여 정리한다.

이와 같은 미분법을 **음함수의 미분법**이라고 한다.

**예제 3**

$x^3+y^3-3xy=0$에서 $\dfrac{dy}{dx}$를 구하여라.

풀이

$$\frac{d}{dx}(x^3)+\frac{d}{dx}(y^3)-3\frac{d}{dx}(xy)=3x^2+3y^2\frac{dy}{dx}-3\left(y+x\frac{dy}{dx}\right)=0$$

$$\therefore\ 3(y^2-x)\frac{dy}{dx}=3(y-x^2)$$

즉, $\dfrac{dy}{dx}=\dfrac{y-x^2}{y^2-x}$ (단, $y^2-x\neq 0$) ■

$n$이 정수일 때 $y=x^n$의 도함수는 $y'=nx^{n-1}$임을 알고 있다. 그런데 이 공식은 $n$이 임의의 유리수일 때도 성립한다.

**정리 3.6**

임의의 유리수 $n$에 대하여 $(x^n)'=nx^{n-1}$이다.

증명 $n=\dfrac{p}{q}$($p$, $q$는 정수, $q\neq 0$)라 하면, $y=x^n=x^{\frac{p}{q}}$이므로 $y^q=x^p$.
양변을 $x$에 관하여 미분하면 $p$, $q$는 정수이므로 다음이 성립한다.

$$qy^{q-1}\frac{dy}{dx}=px^{p-1}$$

$$\therefore\ \frac{dy}{dx}=\frac{p}{q}x^{p-1}x^{-p}x^n=nx^{n-1}$$ □

**예제 4**

$y = x\sqrt{x} - \sqrt[3]{x^2}$ 의 도함수를 구하여라.

풀이 $y = x^{\frac{3}{2}} - x^{\frac{2}{3}}$ 이므로 $y' = \frac{3}{2}x^{\frac{1}{2}} - \frac{2}{3}x^{-\frac{1}{3}} = \frac{3}{2}\sqrt{x} - \frac{2}{3\sqrt[3]{x}}$ 이다. ■

## 연습문제 3.3

Exercises

**1.** 다음에서 $\frac{dy}{dx}$ 를 구하여라.

(1) $y = u^2 + 6u, \quad u = 4x^2 + 8x + 1$

(2) $y = 2u^3, \quad u = x^2 - 4$

(3) $y = \frac{1}{1-u}, \quad u = \frac{1}{1+x}$

(4) $y = (x^2+3)^3(x^3+1)^5$

(5) $y = \left\{\frac{x-3}{x^2+1}\right\}^3$

(6) $y = \left\{\frac{x-1}{x^2+x+1}\right\}^4$

(7) $y = \sqrt{x^2} - \sqrt{x}$

(8) $y = (1 + 2\sqrt{x})^6$

**2.** 다음 방정식에서 $\frac{dy}{dx}$ 를 구하여라.

(1) $x^2 + y^2 = a^2$

(2) $x^{\frac{2}{3}} + y^{\frac{2}{3}} = a^{\frac{2}{3}}$

(3) $xy = (x-y)^2$

(4) $x^2 + y^2 = 2xy$

**3.** 방정식 $\frac{x^2}{4} - y^2 = 1$의 그래프 위의 어떤 점에서 그 접선이 직선 $y = x + 3$에 평행한가?

## 3.4 역함수와 매개변수 방정식의 미분

**정리 3.7**

함수 $f$가 구간 $I$에서 연속이고, 모든 $x = a \in I$에 대하여 $f'(a) \neq 0$이면 $y = f(x)$의 역함수 $x = g(y)$는 $y = b = f(a)$에서 미분가능이고 다음이 성립한다.

$$g'(b) = \frac{1}{f'(a)}, \qquad 즉 \ \frac{dx}{dy} = \frac{1}{\frac{dy}{dx}}$$

**증명** $g(b) = a$, $g(b+h) = a+k$라 하면 $b+h = f(a+k)$이므로

$$k = g(b+h) - g(b), \ h = f(a+k) - f(a)$$

이고 $h \to 0$일 때 $k \to 0$이므로

$$\begin{aligned} g'(b) &= \lim_{h \to 0} \frac{g(b+h) - g(b)}{h} = \lim_{h \to 0} \frac{k}{h} \\ &= \lim_{k \to 0} \frac{k}{f(a+k) - f(a)} = \frac{1}{f'(a)} \end{aligned}$$

□

**예제 1**

$x = \sqrt{y^2+1}$에서 $\dfrac{dy}{dx}$를 구하여라.

**풀이** $\dfrac{dx}{dy} = \dfrac{y}{\sqrt{y^2+1}}$이므로 $\dfrac{dy}{dx} = \dfrac{\sqrt{y^2+1}}{y} = \dfrac{x}{y}$. ■

곡선 위의 한 점의 좌표가 두 함수 $f$와 $g$에 의하여 $x = f(t)$, $y = g(t)$로 표시될 때 이 방정식을 **매개(변수)방정식**(parametric equation)이라 하고 변수 $t$를 **매개변수**(parameter)라 한다. 위 방정식에서 $t$를 소거하면 그 곡선의 **직교방정식**(rectangular equation)을 얻을 수 있다. 예를 들면, 매개방정식 $x = 3\cos\theta$, $y = 3\sin\theta$에서 매개변수 $\theta$를 소거하면 다음과 같은 같은 원의 직교방정식을 얻는다.

$$x^2 + y^2 = 9$$

그러나 한 가지 유의해야 할 것은 매개방정식을 만족하는 임의의 점은 매개변수를 소거하여 얻는 직교방정식을 만족하지만 그의 역은 성립하지 않는다는 것이다. 예를 들어 매개방정식 $x = 3\cos^2\theta,\quad y = 3\sin^2\theta$에서 매개변수 $\theta$를 소거하면 $x + y = 3$이 되고 이 방정식은 직선 전체를 나타내지만 매개방정식은 그 직선 중 제1사분면에 있는 반직선만을 나타낸다.

**예제 2**

한 원이 직선에 접하여 회전할 때 그 원주 위에 고정된 한 점이 그리는 자취를 **사이클로이드**(Cycloid)라 한다. 반지름의 길이가 $a$인 원의 한 고정점이 원점에서 출발하여 $x$축의 양의 방향으로 회전할 때의 사이클로이드의 매개방정식을 구하여라.

풀이 원의 중심을 $C$, 고정점을 $P$라 할 때 반지름 $CP$가 $\theta$만큼 회전하였을 때 이 원이 점 $A$까지 회전하였다면 $OA$의 길이는 호 $AP$의 길이와 같고 길이는 $a\theta$이다.

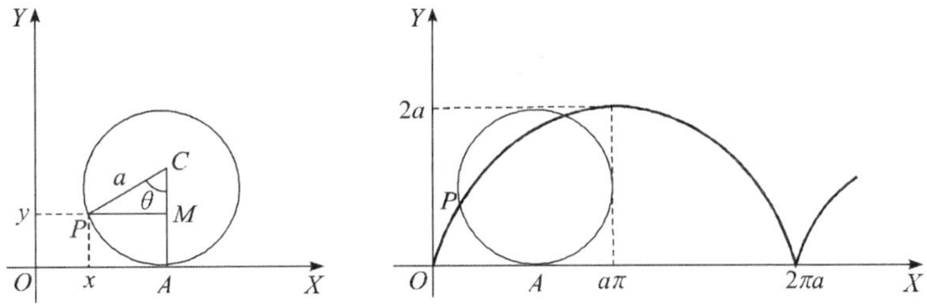


[그림 3–3]

따라서 점 $P$의 좌표는

$$\begin{cases} x = OA - PM = a(\theta - \sin\theta) \\ y = AC - CM = a(1 - \cos\theta) \end{cases}$$

이다. 이것이 구하고자 하는 사이클로이드의 매개방정식이다. ■

$x$, $y$에 관한 직교방정식이 서로 다른 차수의 항을 포함하고 있을 때, $y$대신 $tx$를 대입함으로써 이에 대응하는 매개방정식을 구할 수 있다.

**예제 3**

데카르트의 **폴리움**(folium) $x^3 + y^3 - 3xy = 0$을 매개방정식으로 표현하여라.

풀이 주어진 방정식에 $y$대신 $tx$를 대입하면

$$x^3 + t^3x^3 - 3tx^2 = 0$$

$$x^2(x + t^3x - 3t) = 0$$

$$\therefore\ x = 0 \text{ 또는 } x = \frac{3t}{1+t^3}.$$

따라서, $y = 0$ 또는 $y = \dfrac{3t^2}{1+t^3}$이다. 그런데 $t = 0$일 때 $x = 0$, $y = 0$이므로

$$x = \frac{3t}{1+t^3}, \qquad y = \frac{3t^2}{1+t^3}$$

이 $t$를 매개변수로 하는 매개방정식이다. ■

매개방정식 $x = f(t)$, $y = g(t)$에서 $t$를 소거하면 $x$, $y$에 관한 직교방정식이 된다. 이때 도함수 $\dfrac{dy}{dx}$를 구하는 방법은 다음과 같다.

**정리 3.8**

매개방정식 $x = f(t)$, $y = g(t)$가 $[a, b]$에서 연속이고, $(a, b)$에서 미분가능이며, $f'(t) \neq 0$이면

$$\frac{dy}{dx} = \frac{\frac{dy}{dt}}{\frac{dx}{dt}} = \frac{g'(t)}{f'(t)}.$$

**증명** $x = f(t)$에서 역함수의 미분법과 합성함수의 미분법에 의하여 다음이 성립한다.

$$\frac{dy}{dx} = \frac{dy}{dt} \cdot \frac{dt}{dx} = \frac{dy}{dt} \cdot \frac{1}{\frac{dx}{dt}} = \frac{\frac{dy}{dt}}{\frac{dx}{dt}} = \frac{g'(t)}{f'(t)}$$ □

**예제 4**

매개방정식이 $x = 4t - t^2$, $y = 4t^2 - t^3$ 인 곡선의 그래프를 그리고, $t = 1$에 해당하는 점에서의 접선의 방정식을 구하여라.

**풀이** $t$의 임의의 값에 해당하는 $x$, $y$의 값을 구하여 곡선을 추적하면 그래프는 [그림 3-4]와 같다.

| $t$ | -1 | 0 | 1 | 2 | 3 | 4 | $\frac{9}{2}$ |
|---|---|---|---|---|---|---|---|
| $x$ | -5 | 0 | 3 | 4 | 3 | 0 | $-\frac{9}{4}$ |
| $y$ | 5 | 0 | 3 | 8 | 9 | 0 | $-\frac{81}{8}$ |

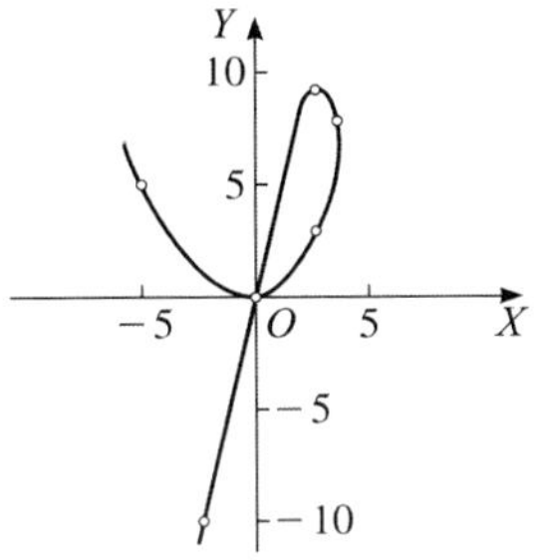


[그림 3-4]

$t=1$에 해당하는 점의 좌표는 $(3,\ 3)$이고, 그 점에서의 접선의 기울기는

$$\frac{dy}{dx}=\frac{\frac{dy}{dt}}{\frac{dx}{dt}}=\frac{8t-3t^2}{4-2t}$$

에 $t=1$을 대입하면 $\frac{5}{2}$이다. 따라서 구하는 접선의 방정식은

$$y-3=\frac{5}{2}(x-3), \qquad \text{즉} \quad y=\frac{5}{2}x-\frac{9}{2}.$$

■

## 연습문제 3.4

**1.** 다음 방정식에서 $\frac{dy}{dx}$를 구하여라.

(1) $x=3y^2+y$

(2) $x=\sqrt{y^3+3y}$

(3) $x=\dfrac{y-1}{\sqrt{y}}$

(4) $x=\dfrac{3y+2y^2}{2-y^2}$

(5) $x = \dfrac{1}{y^2 - y}$

**2.** 다음 매개방정식에서 매개변수를 소거하여라.

(1) $x = 3 - t,\quad y = t^2 - 2$

(2) $x = \dfrac{1}{1+t},\quad y = \dfrac{1}{1-t^2}$

(3) $x = 2\sin\theta,\quad y = 3\cos\theta$

(4) $x = \log_a t,\quad y = t^2 - 1$ ($a$는 상수)

**3.** 다음 매개방정식에서 $\dfrac{dy}{dx}$를 구하여라.

(1) $x = t + \dfrac{1}{t},\quad y = t - \dfrac{1}{t}$

(2) $x = \dfrac{1}{t^2},\quad y = \sqrt{t^2 + 12}$

(3) $x = \dfrac{t-1}{t+1},\quad y = \dfrac{t+1}{t-1}$

(4) $x = \dfrac{u}{1+u^3},\quad y = \dfrac{u^2}{1+u^3}$

(5) $x = u + u^{-1},\quad y = u^2 + u^{-2}$

(6) $x = t\sqrt{2t+5},\quad y = \sqrt[3]{4t}$

**4.** 다음 방정식을 매개방정식으로 변형하여라.

(1) $x^2 + y^2 = 4xy$

(2) $x^2 + 2xy + 4y^2 = 8x$

**5.** 다음 매개방정식의 주어진 점에서의 접선과 법선의 방정식을 구하여라.

$$x = t^2 - 2t,\quad y = t^3 - 3t \ :\ t = 2$$

**6.** $y = f(x) = x^5 + 2x + 1$일 때 $(f^{-1})'(4)$를 구하여라.

**7.** $f(x) = x^2 e^{x^2}$ (단, $x > 0$)일 때 $(f^{-1})'(e)$를 구하여라.

## 3.5 로그함수와 지수함수의 미분

이제 로그함수의 성질을 이용하여 그 도함수를 구해보자.

**정리 3.9 로그함수의 미분법**

$$y=\log_a x \Rightarrow y'=\frac{1}{x}\log_a e, \quad y=\ln x \Rightarrow y'=\frac{1}{x}$$

증명
$$\begin{aligned}\frac{d}{dx}[\log_a x] &= \lim_{\Delta x\to 0}\frac{\log_a(x+\Delta x)-\log_a x}{\Delta x}\\ &= \lim_{\Delta x\to 0}\frac{1}{\Delta x}\cdot\log_a\left(1+\frac{\Delta x}{x}\right)\\ &= \lim_{\Delta x\to 0}\frac{1}{x}\cdot\frac{x}{\Delta x}\log_a\left(1+\frac{\Delta x}{x}\right)\\ &= \lim_{\Delta x\to 0}\frac{1}{x}\log_a\left(1+\frac{\Delta x}{x}\right)^{\frac{x}{\Delta x}}\\ &= \frac{1}{x}\log_a e\end{aligned}$$

특히 $y=\ln x$의 도함수는 위의 $\log_a x$에서 $a=e$일 때이므로

$$\frac{d}{dx}(\ln x)=\frac{1}{x}\log_e e=\frac{1}{x}.$$ □

**예제 1**

다음 함수의 도함수를 구하여라.

(1) $y=\ln(3x+2)$ (2) $y=\ln(\ln(x^2+1))$

풀이 (1) $y'=\frac{1}{3x+2}\cdot(3x+2)'=\frac{3}{3x+2}$.

(2) $y'=\frac{1}{\ln(x^2+1)}(\ln(x^2+1))'=\frac{\frac{2x}{x^2+1}}{\ln(x^2+1)}=\frac{2x}{(x^2+1)\ln(x^2+1)}$. ■

**예제 2**

$y=\dfrac{\sqrt{(1+x)(2+x)}}{\sqrt{(1-x)(2-x)}}$의 도함수를 구하여라.

풀이 양변에 자연로그를 취하면

$$\ln y=\frac{1}{2}\{\ln(1+x)+\ln(2+x)-\ln(1-x)-\ln(2-x)\}.$$

양변을 $x$에 관하여 미분하면

$$\begin{aligned}\frac{1}{y}\cdot\frac{dy}{dx}&=\frac{1}{2}\left(\frac{1}{1+x}+\frac{1}{2+x}-\frac{-1}{1-x}-\frac{-1}{2-x}\right)\\&=\frac{1}{2}\left(\frac{2}{1-x^2}+\frac{4}{4-x^2}\right)=\frac{6-3x^2}{(1-x^2)(4-x^2)}\\\therefore\ \frac{dy}{dx}&=\frac{6-3x^2}{(1-x^2)(4-x^2)}\sqrt{\frac{(1+x)(2+x)}{(1-x)(2-x)}}\\&=\frac{6-3x^2}{\{(1+x)(2+x)\}^{\frac{1}{2}}\{(1-x)(2-x)\}^{\frac{3}{2}}}.\end{aligned}$$

■

이와 같이 주어진 함수를 직접 미분하는 것보다 로그를 취하여 미분하는 것이 편리한 경우가 있다.

**예제 3**

$n$이 임의의 실수일 때 $y=x^n$의 도함수가 $y'=nx^{n-1}$임을 밝혀라.

풀이 양변에 자연로그를 취하면 $\ln y=n\ln x$이다. 양변을 $x$에 관하여 미분하면

$$\frac{1}{y}\cdot y'=\frac{n}{x}$$

$$\therefore\ y'=\frac{n}{x}\cdot y=\frac{n}{x}\cdot x^n=nx^{n-1}.$$

■

다음에는 지수함수 $y=a^x$(단, $a>0$)의 도함수를 구해 보자.

양변에 자연로그를 취하면 $\ln y=x\ln a$이다. 따라서 양변을 $x$에 관하여 미분하면

$$\frac{1}{y} \cdot y' = \ln a$$

이므로

$$y' = y \ln a = a^x \ln a.$$

특히 $y = e^x$의 도함수는 $y' = e^x \ln e = e^x$이다.

이상을 정리하면

**정리 3.10 지수함수의 미분법**

$$y = a^x \Rightarrow y' = a^x \ln a, \qquad y = e^x \Rightarrow y' = e^x$$

**예제 4**

$y = x^2 e^{\sin x}$의 도함수를 구하여라. (단, $(e^{\sin x})' = \cos x \cdot e^{\sin x}$)

풀이

$$\begin{aligned} y' &= (x^2)' e^{\sin x} + x^2 (e^{\sin x})' \\ &= 2x e^{\sin x} + x^2 e^{\sin x} \cos x. \end{aligned}$$

■

**예제 5**

$y = x^x$의 도함수를 구하여라.

풀이 양변에 자연로그를 취하면 $\ln y = x \ln x$이다. 양변을 $x$에 관하여 미분하면

$$\frac{1}{y} \cdot y' = \ln x + x \cdot \frac{1}{x}$$

$$\therefore \ y' = x^x (1 + \ln x).$$

■

## 연습문제 3.5 Exercises

**1.** 다음 각 함수의 도함수를 구하여라.

(1) $y = \ln(\ln x)$

(2) $y = \dfrac{x}{\ln x}$

(3) $y = \sqrt{\log_a x}$

(4) $y = (\ln x)^2$

(5) $y = x\ln x^3$

(6) $y = \sqrt{\dfrac{x^2-x+1}{x^2+x+1}}$

**2.** 다음 각 함수를 로그함수의 미분법을 써서 미분하여라.

(1) $y = \sqrt[3]{\dfrac{x+1}{x-1}}$

(2) $y = \dfrac{x}{x+\sqrt{x^2-a^2}}$

(3) $y = \sqrt{\dfrac{(x-1)(x-2)}{(x-3)(x-4)}}$

(4) $y = \dfrac{x^2(x+1)}{(x+2)^2}$

**3.** 곡선 $x = t^2 - 1,\ \ y = t\ln t$ 위의 점 $t = e$ 에서의 접선의 방정식을 구하여라.

**4.** 다음 방정식에서 $\dfrac{dy}{dx}$를 구하여라.

(1) $y^n \ln y = x^3$

(2) $x = 1 - \ln t,\ \ y = t - \ln t$

**5.** 다음 각 함수의 도함수를 구하여라.

(1) $y = x^2 e^x$

(2) $y = \left(\dfrac{1}{x}\right)^x$

(3) $y = \left(1+\dfrac{1}{x}\right)^x$

(4) $y = x^{\ln x}$

(5) $x^y = y^x$

(6) $y = e^{\frac{(x+y)}{y}}$

**6.** 다음 주어진 점에서 각 함수의 미분계수를 구하여라.

(1) $y = e^{2x}\left(x - \dfrac{1}{2}\right)\ ;\ x = \dfrac{1}{4}$

(2) $y = \tan e^x\ ;\ x = 0$

(3) $y = \ln(e^x + e^{-x})\ ;\ x = \dfrac{1}{2}$

(4) $y = e^{3x}\ln 2x\ ;\ x = 1$

**7.** 곡선 $x = e^t,\ \ y = 2e^{-t}$ 위의 점 $t = 0$에서 접선의 방정식을 구하여라.

## 3.6 삼각함수와 쌍곡선함수의 미분

이 절에서는 삼각함수와 쌍곡선함수의 도함수을 알아본다. 먼저 $f(x) = \sin x$의 도함수를 미분의 정의에 의하여 구해 보자.

$$\begin{aligned}\frac{d}{dx}[\sin x] &= \lim_{\Delta x \to 0} \frac{f(x+\Delta x) - f(x)}{\Delta x} \\ &= \lim_{\Delta x \to 0} \frac{\sin(x+\Delta x) - \sin(x)}{\Delta x} \\ &= \lim_{\Delta x \to 0} \frac{2\cos\left(x + \frac{\Delta x}{2}\right)\sin\frac{\Delta x}{2}}{\Delta x} \\ &= \lim_{\Delta x \to 0} \cos(x+\Delta x) \lim_{\Delta x \to 0} \frac{\sin\frac{\Delta x}{2}}{\frac{\Delta x}{2}}\end{aligned}$$

여기서 $\lim_{\Delta x \to 0} \frac{\sin\frac{\Delta x}{2}}{\frac{\Delta x}{2}} = 1$이므로 $(\sin x)' = \cos x$.

**예제 1**

$y = \sin x^2$과 $y = \sin^2 x$의 도함수를 각각 구하여라.

[풀이] $y = \sin x^2$에서 $u = x^2$으로 놓으면 $y = \sin u$이므로

$$\frac{dy}{dx} = \frac{dy}{du}\frac{du}{dx} = \cos u \cdot (2x) = 2x\cos x^2.$$

또, $y = \sin^2 x$에서 $u = \sin x$로 놓으면 $y = u^2$이므로

$$\frac{dy}{dx} = \frac{dy}{du}\frac{du}{dx} = 2u \cdot \cos u = 2\sin x \cdot \cos x = \sin 2x.$$ ■

다른 삼각함수의 도함수는 $\sin x$의 미분법과 앞에서 알아 본 미분법칙들을 이용하여 구할 수 있다. 예를 들어 $y = \cos x$의 도함수를 구해 보자.

$\cos x = \sin\left(\frac{\pi}{2} - x\right)$이므로 $u = \frac{\pi}{2} - x$로 놓으면 $y = \sin u$와 같다. 따라서

$$\frac{dy}{dx}=\frac{dy}{du}\frac{du}{dx}=\cos u \cdot (-1)=-\cos\left(\frac{\pi}{2}-x\right)=-\sin x.$$

또 $\tan x=\dfrac{\sin x}{\cos x}$ 이므로, $y=\tan x$의 도함수는

$$\begin{aligned}\frac{dy}{dx}&=\frac{(\sin x)'\cos x-\sin x(\cos x)'}{\cos^2 x}\\&=\frac{\cos^2 x+\sin^2 x}{\cos^2 x}=\frac{1}{\cos^2 x}=\sec^2 x.\end{aligned}$$

$\sec x=\dfrac{1}{\cos x}$ 이므로, $y=\sec x$의 도함수는

$$\frac{dy}{dx}=\frac{-(\cos x)'}{\cos^2 x}=\frac{\sin x}{\cos^2 x}=\sec x\tan x.$$

마찬가지 방법으로 $y=\cot x$의 도함수는 $y'=-\csc^2 x$이고, $y=\csc x$의 도함수는 $y'=-\csc x\cot x$이다. 지금까지의 결과를 정리한 삼각함수의 미분공식은 다음과 같다.

**정리 3.11 삼각함수의 미분법**

(1) $y=\sin x \Rightarrow y'=\cos x$
(2) $y=\cos x \Rightarrow y'=-\sin x$
(3) $y=\tan x \Rightarrow y'=\sec^2 x$
(4) $y=\cot x \Rightarrow y'=-\csc^2 x$
(5) $y=\sec x \Rightarrow y'=\sec x\tan x$
(6) $y=\csc x \Rightarrow y'=-\csc x\cot x$

**예제 2**

$y=\cos^5 x\cos 5x$의 도함수를 구하여라.

풀이

$$\begin{aligned}y'&=5\cos^4 x(-\sin x)\cdot\cos 5x+\cos^5 x(-5\sin 5x)\\&=-5\cos^4 x(\sin x\cos 5x+\cos x\sin 5x)\\&=-5\cos^4 x\sin 6x.\end{aligned}$$

■

**예제 3**

$\tan x+\cot y=xy$일 때 $y'$을 구하여라.

풀이 음함수의 미분법에 의하여 양변을 $x$에 관하여 미분하면

$$\sec^2 x - \csc^2 y \cdot y' = y + xy'$$
$$(\csc^2 y + x)y' = \sec^2 x - y$$
$$\therefore\ y' = \frac{\sec^2 x - y}{\csc^2 y + x} \quad (\text{단},\ \csc^2 y + x \neq 0)$$ ■

다음은 역삼각함수 $y = \sin^{-1}x$의 미분법에 대하여 알아보자.

이 함수는 $x = \sin y,\ \ y \in \left[-\frac{\pi}{2}, \frac{\pi}{2}\right]$와 같으므로 역함수의 미분법에 의하여

$$\frac{dy}{dx} = \frac{1}{\frac{dx}{dy}} = \frac{1}{\cos y}.$$

그런데

$$\cos y = \pm\sqrt{1-\sin^2 y} = \pm\sqrt{1-x^2}, \quad y \in \left[-\frac{\pi}{2}, \frac{\pi}{2}\right]$$

이므로 $\cos y \geq 0$이다. 따라서 $\cos y = \sqrt{1-x^2}$ 이다.

그러므로 $\frac{dy}{dx} = \frac{1}{\sqrt{1-x^2}}$이다.

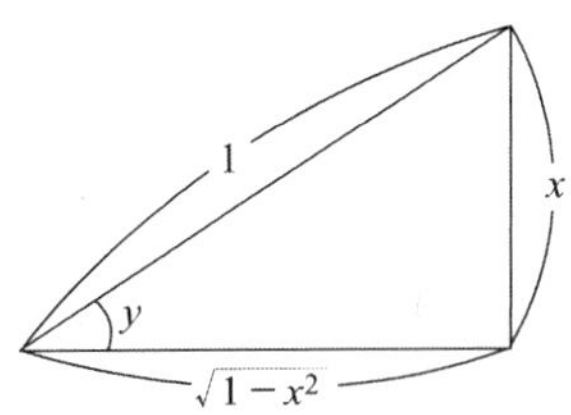


[그림 3–5]

**예제 4**

$a > 0$일 때 $y = \sin^{-1}\frac{x}{a}$의 도함수를 구하여라.

풀이 $u = \frac{x}{a}$으로 놓으면 $\frac{du}{dx} = \frac{1}{a}$이므로

$$\frac{dy}{dx} = \frac{1}{\sqrt{1-\left(\frac{x}{a}\right)^2}} \cdot \frac{1}{a} = \frac{1}{\sqrt{a^2-x^2}}.$$ ■

다음은 $y=\cos^{-1}x$ 의 도함수를 구해 보자. 이 함수는 $x=\cos y,\quad y\in[0,\ \pi]$ 이므로 역함수의 미분법에 의하여

$$\frac{dy}{dx}=\frac{1}{\frac{dx}{dy}}=-\frac{1}{\sin y}.$$

그런데 $\sin y=\pm\sqrt{1-\cos^2 y}=\pm\sqrt{1-x^2}$ 이며 $y\in[0,\ \pi]$ 이므로 $\sin y\geq 0$이다.

따라서 $\sin y=\sqrt{1-x^2}$ 이므로

$$\frac{dy}{dx}=-\frac{1}{\sqrt{1-x^2}}.$$

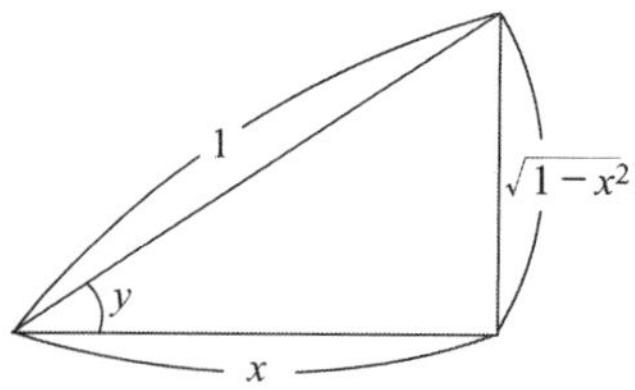


[그림 3-6]

**예제 5**

$a>0$일 때 $y=\sqrt{a^2-x^2}-a\cos^{-1}\frac{x}{a}$ 의 도함수를 구하여라.

풀이

$$\begin{aligned}\frac{dy}{dx}&=\frac{1}{2\sqrt{a^2-x^2}}(a^2-x^2)'-a\left(-\frac{1}{\sqrt{1-\left(\frac{x}{a}\right)^2}}\right)\left(\frac{x}{a}\right)'\\&=\frac{-2x}{2\sqrt{a^2-x^2}}+\frac{a}{\sqrt{a^2-x^2}}\\&=\frac{a-x}{\sqrt{a^2-x^2}}=\sqrt{\frac{a-x}{a+x}}.\end{aligned}$$

■

$y=\tan^{-1}x$의 도함수를 구해 보자. 이 함수는 $x=\tan y,\quad y\in\left[-\frac{\pi}{2},\ \frac{\pi}{2}\right]$ 이므로 역함수의 미분법에 의해

$$\frac{dy}{dx}=\frac{1}{\frac{dx}{dy}}=\frac{1}{\sec^2 y}=\frac{1}{1+\tan^2 y}=\frac{1}{1+x^2}.$$

**예제 6**

$y=\tan^{-1}(\cot x)$의 도함수를 구하여라.

[풀이] $u=\cot x$라 놓으면

$$\frac{dy}{dx}=\frac{1}{1+\cot^2 x}(-\csc^2 x)=\frac{-\csc^2 x}{\csc^2 x}=-1.$$ ■

나머지 역삼각함수의 도함수도 같은 방법으로 구하여 지금까지 구한 역삼각함수의 도함수와 같이 요약하면 다음 정리와 같다.

**정리 3.12 역삼각함수의 미분법**

$$y=\sin^{-1}x \Rightarrow y'=\frac{1}{\sqrt{1-x^2}}, \qquad y=\cos^{-1}x \Rightarrow y'=-\frac{1}{\sqrt{1-x^2}}$$

$$y=\tan^{-1}x \Rightarrow y'=\frac{1}{1+x^2}, \qquad y=\cot^{-1}x \Rightarrow y'=-\frac{1}{1+x^2}$$

$$y=\sec^{-1}x \Rightarrow y'=\frac{1}{|x|\sqrt{x^2-1}}, \qquad y=\csc^{-1}x \Rightarrow y'=-\frac{1}{|x|\sqrt{x^2-1}}$$

**예제 7**

$y=\sec^{-1}\sqrt{1+x^2}\ (x>0)$의 도함수를 구하여라.

[풀이] $u=\sqrt{1+x^2}$으로 놓으면 $\frac{du}{dx}=\frac{x}{\sqrt{1+x^2}}$이므로

$$\begin{aligned}\frac{dy}{dx}&=\frac{1}{\sqrt{1+x^2}\sqrt{(\sqrt{1+x^2})^2-1}}\cdot\frac{x}{\sqrt{1+x^2}}\\&=\frac{1}{x\sqrt{1+x^2}}\cdot\frac{x}{\sqrt{1+x^2}}=\frac{1}{1+x^2}.\end{aligned}$$ ■

쌍곡선함수는 지수함수에 의하여 정의되므로, 쌍곡선함수의 미분은 지수함수의 미분에 의하여 쉽게 유도할 수 있다.

예를 들어 $y=\cosh x$의 도함수는

$$\frac{dy}{dx}=\frac{d}{dx}\left(\frac{e^{x}+e^{-x}}{2}\right)=\frac{e^{x}-e^{-x}}{2}=\sinh x.$$

다른 쌍곡선함수의 미분공식도 쉽게 구할 수 있다.

**정리 3.13 쌍곡선함수의 미분법**

$y = \cosh x \Rightarrow y' = \sinh x,\qquad y = \sinh x \Rightarrow y' = \cosh x$

$y = \tanh x \Rightarrow y' = \mathrm{sech}^2 x,\qquad y = \coth x \Rightarrow y' = -\mathrm{csch}^2 x$

$y = \mathrm{sech}\, x \Rightarrow y' = -\mathrm{sech}\, x \tanh x,\qquad y = \mathrm{csch}\, x \Rightarrow y' = -\mathrm{csch}\, x \coth x$

**예제 8**

$y=\ln(\sinh x)$의 도함수를 구하여라.

풀이

$$y'=\frac{(\sinh x)'}{\sinh x}=\frac{\cosh x}{\sinh x}=\coth x.$$ ■

**예제 9**

$y=a\sinh kx+b\cosh kx$는 미분방정식 $y''-k^2y=0$을 만족함을 밝혀라(단, $k$는 상수).

풀이

$$\begin{aligned} y' &= Ak\cosh kx + Bk\sinh kx \\ y'' &= Ak^2\sinh kx + Bk^2\cosh kx \\ &= k^2(a\sinh kx + b\cosh kx) = k^2 y \end{aligned}$$

따라서

$$y''-k^2y=0.$$ ■

다음은 역쌍곡선함수의 미분에 대하여 알아보자. 역쌍곡선함수의 미분은 다음 두 가지 방법으로 유도할 수 있다. 예를 들어 $y=\sinh^{-1}x$의 도함수를 유도해 보자.

**방법 1**

$y=\sinh^{-1}x$는 $x=\sinh y$와 같으므로 역함수의 미분법에 의하여

$$\frac{dy}{dx}=\frac{1}{\frac{dx}{dy}}=\frac{1}{\cosh y}=\frac{1}{\sqrt{\sinh^2 y+1}}=\frac{1}{\sqrt{x^2+1}}.$$

**방법 2**

$y=\sinh^{-1}x=\ln(x+\sqrt{x^2+1})$이므로

$$\begin{aligned}\frac{dy}{dx}&=\frac{1}{\frac{dx}{dy}}=\frac{1}{x+\sqrt{x^2+1}}\cdot\frac{d}{dx}(x+\sqrt{x^2+1})\\&=\frac{1}{x+\sqrt{x^2+1}}\cdot\left(1+\frac{x}{\sqrt{x^2+1}}\right)=\frac{1}{\sqrt{x^2+1}}.\end{aligned}$$

다른 쌍곡선함수의 미분도 같은 방법으로 생각할 수 있다.

**정리 3.14 역쌍곡선함수의 미분법**

$$y=\sinh^{-1}x \Rightarrow y'=\frac{1}{\sqrt{x^2+1}}$$

$$y=\cosh^{-1}x \Rightarrow y'=\frac{1}{\sqrt{x^2-1}} \qquad (|x|>1)$$

$$y=\tanh^{-1}x \Rightarrow y'=\frac{1}{1-x^2} \qquad (|x|<1)$$

$$y=\coth^{-1}x \Rightarrow y'=\frac{-1}{x^2-1} \qquad (x^2>1)$$

$$y=\operatorname{sech}^{-1}x \Rightarrow y'=\frac{-1}{x\sqrt{1-x^2}} \qquad (0<x<1)$$

$$y=\operatorname{csch}^{-1}x \Rightarrow y'=\frac{-1}{\sqrt{x^2(1+x^2)}} \qquad (x^2>0)$$

**예제 10**

$y=\tanh^{-1}(\cos x)$의 도함수를 구하여라.

풀이 $$\frac{dy}{dx}=\frac{1}{1-\cos^2 x}\cdot(\cos x)'=\frac{-\sin x}{\sin^2 x}=-\csc x.$$

이제까지 우리가 알아본 초등함수의 도함수를 요약하면 다음과 같다.

(1) $(x^a)'=ax^{a-1}$ ($a$는 실수)

(2) $(\sin x)'=\cos x$

(3) $(\cos x)'=-\sin x$

(4) $(\tan x)'=\sec^2 x$

(5) $(\sec x)'=\sec x\tan x$

(6) $(\csc x)'=-\csc x\cot x$

(7) $(\cot x)'=-\csc^2 x$

(8) $(\sin^{-1}x)'=\dfrac{1}{\sqrt{1-x^2}}$

(9) $(\cos^{-1}x)'=\dfrac{-1}{\sqrt{1-x^2}}$

(10) $(\tan^{-1}x)'=\dfrac{1}{1+x^2}$

(11) $(e^x)'=e^x$

(12) $(\ln|x|)=\dfrac{1}{x}$

(13) $(a^x)'=a^x\ln a$

(14) $(\log_a x)'=\dfrac{1}{x\ln a}$

(15) $(\sinh x)'=\cosh x$

(16) $(\cosh x)'=\sinh x$

(17) $(\tanh x)'=\text{sech}^2 x$

(18) $(\sinh^{-1}x)'=\dfrac{1}{\sqrt{1+x^2}}$

(19) $(\cosh^{-1}x)'=\dfrac{1}{\sqrt{x^2-1}}$

(20) $(\tanh^{-1}x)'=\dfrac{1}{1-x^2}$ ■

## 연습문제 3.6 Exercises

**1.** 다음 각 함수의 도함수를 구하여라.

(1) $y=4\cot(3-2x)$

(2) $y=4\sec\sqrt{x}$

(3) $y=\sin(ax+b)\cos(ax-b)$

(4) $y=\dfrac{1+\tan x}{1-\tan x}$

**2.** 다음 각 방정식에서 $\dfrac{dx}{dy}$를 구하여라.

(1) $x=\sec y$

(2) $y\sin x+x\sin y=5$

(3) $x=\cos\theta+\theta\sin\theta, \quad y=\sin\theta-\theta\cos\theta$

**3.** 다음 각 함수의 도함수를 구하여라(단, $a$는 양의 실수).

(1) $y=\cos^{-1}(1-x)$

(2) $y=\sin^{-1}\dfrac{2}{x}$

(3) $y=\csc^{-1}\sqrt{x}$

(4) $y=\tan^{-1}\dfrac{x}{a}+\tan^{-1}\dfrac{a}{x}$

**4.** 다음 각 방정식에서 $\dfrac{dx}{dy}$를 구하여라.

(1) $\sin^{-1}xy+y=0$

(2) $\cot^{-1}(x+y)=2$

(3) $\tan^{-1}(x+y\sqrt{x-y})=2$

(4) $x=\sin^{-1}(2y\sqrt{1-y^2})$

**5.** 다음 각 함수에 대하여 주어진 점에서의 미분계수를 구하여라.

(1) $y=x\sin^{-1}x \ : x=-\dfrac{1}{2}$

(2) $y=x\tan^{-1}x : x=1$

(3) $y=x^2\sec^{-1}\sqrt{x} \ : \ x=2$

(4) $y=\dfrac{1}{x}\tan^{-1}\dfrac{1}{x} : x=-1$

**6.** 정리 3.13, 3.14의 미분공식을 증명하여라.

**7.** 다음 각 함수의 도함수를 구하여라.

(1) $y=\sinh 2x$

(2) $y=\ln\cosh 2x$

(3) $y=\coth(1-x^2)$

(4) $y=\operatorname{sech}(1-x^2)$

**8.** $y=y_1\,y_2\,\cdots\,y_n$ ($y_i$는 $x$의 함수)이면 다음 식이 성립함을 보여라.

$$\frac{y'}{y}=\frac{y_1{}'}{y_1}+\frac{y_2{}'}{y_2}+\cdots+\frac{y_n{}'}{y_n}.$$

**9.** $f(0)=f'(0)=0$인 함수 $f(x)$에 대하여 함수 $g(x)$를 다음과 같이 정의하자.

$$g(x)=\begin{cases} f(x)\cos\dfrac{1}{x^2}, & x\neq 0 \\ 0, & x=0 \end{cases}$$

그러면 함수 $g(x)$가 $x=0$에서 미분가능함을 보이고 $g'(0)$의 값을 구하여라.

## 3.7 고계도함수

$y=f(x)$의 도함수 $y'=f'(x)$가 다시 미분가능이면 그 도함수 $(y')'$을 생각할 수 있다. 이것을 $y=f(x)$의 제 2계도함수라 하고, $y''$, $f''(x)$, $\dfrac{d^2y}{dx^2}$ 등으로 나타낸다. 이 제 2계도함수가 또다시 미분가능이면 제 3계도함수를 생각할 수 있게 된다. 이와 같이 $y=f(x)$를 계속하여 $n$번 미분하면 제 $n$계도함수가 정의된다. 제 $n$계도함수는 다음 기호로 나타낸다.

$$y^{(n)},\quad f^{(n)}(x),\quad \frac{d^ny}{dx^n}$$

$f^{(n)}(x)$가 존재하는 경우 $f(x)$는 $n$번 미분가능이라고 한다.

**예제 1**

다음 함수의 제 $n$계도함수를 구하여라.

(1) $f(x)=x^a\ \ (a\in R)$

(2) $f(x)=\dfrac{1}{1-x^2}$

(3) $f(x)=\sin x$

풀이 (1) $f'(x)=ax^{a-1}$, $f''(x)=a(a-1)x^{a-2}$, $\cdots$

$f^{(n)}(x)=a(a-1)\cdot\cdots\cdot(a-n+1)x^{a-n}$.

(2) 그대로 계속 미분하기는 어려우므로 식을 다음과 같이 변형한다.

$f(x)=\dfrac{1}{1-x^2}=\dfrac{1}{2}\left(\dfrac{1}{1-x}+\dfrac{1}{1+x}\right)$라 하고 $f_1(x)=\dfrac{1}{1-x}$이라 놓으면

$$f'_1(x)=\frac{1}{(1-x)^2},\quad f''_1(x)=\frac{1\cdot 2}{(1-x)^3},\ \cdots$$
$$\therefore f_1^{(n)}(x)=\frac{n!}{(1-x)^{n+1}}.$$

$f_2(x)=\dfrac{1}{1+x}$이라 놓으면

$$f'_2(x)=\frac{-1}{(1+x)^2},\quad f''_2(x)=\frac{(-1)\cdot(-2)}{(1+x)^3},\ \cdots$$
$$\therefore\ f_2^{(n)}(x)=\frac{(-1)^n n!}{(1+x)^{n+1}}$$

$$\therefore\ f^{(n)}(x)=\frac{n!}{2}\left\{\frac{1}{(1-x)^{n+1}}+\frac{(-1)^n}{(1+x)^{n+1}}\right\}.$$

(3) $f(x)=\sin x$, $f'(x)=\cos x$, $f''(x)=-\sin x$, $f'''(x)=-\cos x$, $f^{(4)}(x)=\sin x$, $\cdots$

와 같이 되므로 $\sin x$, $\cos x$, $-\sin x$, $-\cos x$의 네 개가 반복하여 나타난다. 이것을 하나의 식으로 나타내기 위해서는 다음과 같이 하면 된다.

$$f'(x)=\cos x=\sin\left(x+\frac{\pi}{2}\right),\ f''(x)=\cos\left(x+\frac{\pi}{2}\right)=\sin\left(x+\frac{2}{2}\pi\right),\ \cdots$$

이렇게 계속하면 $f^{(n)}(x)=\sin\left(x+\frac{n\pi}{2}\right)$. ■

이제 두 함수의 곱의 고계도함수를 생각하자. $(uv)'=u'v+uv'$의 양변을 계속 미분해 가면

$$\begin{aligned}(uv)'' &= u''v+2u'v'+uv''\\(uv)''' &= u'''v+3u''v'+3u'v''+uv'''.\end{aligned}$$

이들 식의 우변을 보면 계수의 배열이 $(a+b)^2$, $(a+b)^3$ 등의 전개식에 있어서의 계수의 배열과 같게 되어 있다. 실제로 수학적 귀납법에 의하면 다음 정리를 증명할 수 있지만 여기서는 생략한다.

**정리 3.15 라이프니츠의 정리**

$x$의 함수 $u$, $v$가 $n$번 미분가능이면

$$\begin{aligned}(uv)^{(n)} &= \sum_{k=0}^{n} {}_nC_k u^{(n-k)}v^{(k)}\\ &= {}_nC_0u^{(n)}v+{}_nC_1u^{(n-1)}v'+\cdots+{}_nC_nuv^{(n)}.\end{aligned}$$

여기서

$${}_nC_0=1,\quad {}_nC_k=\frac{n(n-1)\cdots(n-k+1)}{k!}=\frac{n!}{k!(n-k)!}$$

**주의** ${}_nC_k$ 대신에 $\binom{n}{k}$라는 기호를 쓰기도 한다.

**문제 1**

다음 함수의 제 $n$계도함수를 구하여라.

(1) $y = \cos 3x$

(2) $y = \sin^3 x$

(3) $y = xe^x$

(4) $y = x^2 e^x$

(5) $y = e^x \sin x$

(6) $y = x^3 \sin x$

**문제 2**

합성함수 $h(x) = (g \circ f)(x)$에 대하여 $h''(x)$를 구하여라.

**문제 3**

$f(x) = x^3 + ax^2 + bx + c$이고 $a$, $b$, $c$ 는 상수라고 하자.
이때 $f(0) = f'(1) = f''(2) = f'''(3)$이 성립하는 $a$, $b$, $c$ 를 구하여라.

# 제 4 장

# 미분의 응용

## 4.1 평균값의 정리

미분에서 평균값의 정리는 함수의 많은 성질들이 그것으로부터 쉽게 추론될 수 있기 때문에 미적분학에서 대단히 중요한 위치를 점하고 있다. 평균값의 정리를 살펴보기 전에 우선 한 특별한 경우의 정리를 살펴보자.

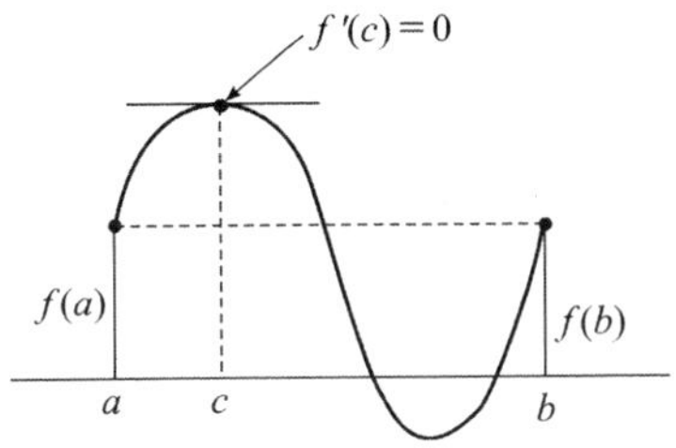


[그림 4-1]

프랑스의 수학자 미셸 롤(Michel Rolle, 1652~1719)은 기하학적 관점에서 함수 $y=f(x)$의 그래프가 [그림 4-1]에서와 같이 구간 $[a,\ b]$에서 매끄러운 연속곡선을 이루고 $f(a)=f(b)$이면 구간 $[a,\ b]$에 대한 곡선 $y=f(x)$ 위에는 그 점에서 접선이 $x$축과 나란하게 되는 점이 적어도 하나 존재한다는 사실을 발견하였다. 이와 같은 사실은 매끄러운 곡선의 특징이라고 말할 수 있는데, 그는 이와 같은 사실을 기하학적인 표현을 피하고, 그 대신 해석적으로만 표현함으로써 다음과 같은 결과를 얻게 되었다.

**정리 4.1** **Rolle의 정리**

$f(x)$가 $[a,\ b]$에서 연속이고, $(a,\ b)$에서 미분가능이며 $f(a)=f(b)$이면,

$$f'(c)=0,\quad a<c<b$$

인 $c$가 적어도 하나 존재한다.

**증명** (ⅰ) $f(x)$가 상수함수이면 위 정리는 명백히 성립한다.

(ⅱ) $f(x)$가 상수함수가 아니면 $f(x_1)>f(a)$ 또는 $f(x_1)<f(a)$인 점 $x_1\in[a,\ b]$가 존재한다.

$f(x_1)>f(a)$라고 가정하자. $f(x)$가 $[a,\ b]$에서 연속이므로 최댓값과 최솟값이 존

재한다. 이제 $f(x)$가 $[a, b]$의 어떤 점 $c$에서 최댓값을 갖는다고 하자. 이때

$$f(c) \geq f(x_1) > f(a)$$

이므로 $a < c < b$이고, $f(c)$는 최댓값이므로 $h$의 부호에 관계없이

$$f(c+h) \leq f(c), \quad \text{즉 } f(c+h) - f(c) \leq 0$$

이다. 따라서

$$h > 0\text{이면 } \frac{f(c+h) - f(c)}{h} \leq 0,$$
$$h < 0\text{이면 } \frac{f(c+h) - f(c)}{h} \geq 0.$$

한편 $f(x)$는 $x = c$에서 미분가능이므로

$$f'(c) = \lim_{h \to 0^+} \frac{f(c+h) - f(c)}{h} \leq 0$$
$$f'(c) = \lim_{h \to 0^-} \frac{f(c+h) - f(c)}{h} \geq 0$$

위의 두 식이 같아야 하므로

$$f'(c) = 0.$$

$f(x_1) < f(a)$인 경우는 $f(x)$가 최솟값을 갖는 점 $c \in [a, b]$에 대하여 같은 방법으로 보일 수 있다. □

롤의 정리에서 함수 $f(x)$가 폐구간 $[a, b]$의 양 끝점에서 동일한 함숫값을 갖는다는 가정, 곧 $f(a) = f(b)$를 제거함으로써 좀더 일반화된 정리를 얻을 수 있다.

**정리 4.2.2 평균값의 정리**

$f(x)$가 $[a, b]$에서 연속이고, $(a, b)$에서 미분가능이면

$$\frac{f(b) - f(a)}{b - a} = f'(c), \quad a < c < b$$

인 $c$가 적어도 하나 존재한다.

**증명** 다음과 같이 함수 $h$를 정의하자.

$$h(x) = f(x) - f(a) - \frac{f(b) - f(a)}{b - a}(x - a)$$

그러면 가정에 의하여 $h(x)$는 $[a, b]$에서 연속이고, $(a, b)$에서 미분가능이다. 또 $h(a) = h(b)$이므로 롤의 정리에 의하여 $h'(c) = 0$인 $c \in (a, b)$가 존재한다. 한편

$$h'(x) = f'(x) - \frac{f(b) - f(a)}{b - a}$$

이므로

$$h'(c) = f'(c) - \frac{f(b) - f(a)}{b - a} = 0$$

즉

$$f'(c) = \frac{f(b) - f(a)}{b - a}$$ □

평균값의 정리의 기하학적 의미는 곡선 $y = f(x)$상의 두 점 $A(a, f(a))$, $B(b, f(b))$ 사이의 곡선 $AB$상에 현 $AB$와 나란한 접선을 가지는 점 $(c, f(c))$가 적어도 하나 존재한다는 것이다. 또 식 (1)의 분수식을 고쳐쓰면

$$f(b) = f(a) + (b - a)f'(c)$$

로 쓸 수 있다. 여기서 $b = a + h$, $c = a + \theta h$를 대입하면 다음과 같은 평균값 정리의 다른 형태를 얻을 수 있다.

$$f(a + h) = f(a) + hf'(a + \theta h), \quad 0 < \theta < 1$$

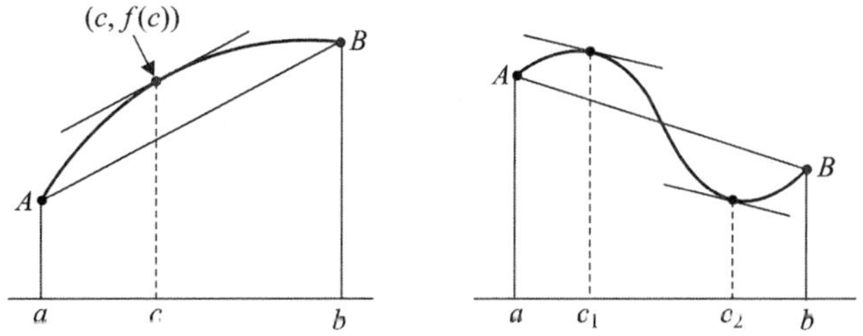


[그림 4-2]

**예제 1**

$f(x) = \sqrt{x}$ 에 대하여 구간 $[1, 4]$에서 평균값 정리를 만족하는 $c$값을 구하여라.

풀이 $f'(x) = \dfrac{1}{2\sqrt{x}}$ 에서 $f'(c) = \dfrac{1}{2\sqrt{c}}$ 이고,

$$\frac{f(4)-f(1)}{4-1} = \frac{\sqrt{4}-\sqrt{1}}{3} = \frac{1}{3}$$

이므로 $\dfrac{1}{3} = \dfrac{1}{2\sqrt{c}}$ 이다. 따라서 $c = \dfrac{9}{4}$. ■

평균값의 정리의 다음 확장이 사용하기에 편리할 때가 많다.

**정리 4.3 코시 평균값의 정리**

$f(x)$, $g(x)$가 $[a, b]$에서 연속이고, $(a, b)$에서 미분가능이며 $g'(x) \neq 0$이면

$$\frac{f(b)-f(a)}{g(b)-g(a)} = \frac{f'(c)}{g'(c)}, \quad a < c < b$$

인 $c$가 적어도 하나 존재한다.

증명 $(a, b)$ 위의 모든 점 $x$에 대하여 $g'(x) \neq 0$이므로 평균값의 정리에 의하여 $g(b) \neq g(a)$이다. 왜냐하면 만일 $g(b) = g(a)$이면 $g'(x) = 0$인 $x$가 $(a, b)$ 안에 존재하기 때문이다. 이제 함수 $F(x)$를 다음과 같이 정의하자.

$$F(x) = f(x) - f(a) - \frac{f(b)-f(a)}{g(b)-g(a)}[g(x) - g(a)]$$

그러면 가정에 의하여 $F$는 $[a, b]$에서 연속이고 $(a, b)$에서 미분가능이다. 또 $F(a) = F(b) = 0$이므로 롤의 정리에 의하여 $F'(c) = 0$, $a < c < b$인 $c$가 적어도 하나 존재한다. 따라서 $a < c < b$인 적어도 하나의 $c$에 대하여

$$F'(c) = f'(c) - \frac{f(b)-f(a)}{g(b)-g(a)} g'(c) = 0.$$

그런데 $g'(c) \neq 0$이므로

$$\frac{f(b)-f(a)}{g(b)-g(a)}=\frac{f'(c)}{g'(c)}, \quad a<c<b$$ □

**주의** $f(x)$와 $g(x)$가 $[a, b]$에서 연속이고, $(a, b)$에서 미분가능이면 $f(x)$, $g(x)$ 각각에 평균값 정리를 이용해서

$$\frac{f(b)-f(a)}{g(b)-g(a)}=\frac{\dfrac{f(b)-f(a)}{b-a}}{\dfrac{g(b)-g(a)}{b-a}}=\frac{f'(c_2)}{g'(c_1)}, \quad a<c_1, c_2<b$$

라고 할 수는 있지만 $c_1=c_2$라는 보장이 없다. $c_1=c_2$가 된다는 것이 코시의 평균값 정리이다.

**정리 4.4**

**함수 $f(x)$, $g(x)$가 구간 $I$에서 미분가능이고, 모든 점 $x\in I$에서 $f'(x)=g'(x)$이면, 모든 $x\in I$에 대하여 $f(x)=g(x)+k$ ($k$: 상수)이다.**

**증명** $F(x)=f(x)-g(x)$라고 하자. 평균값의 정리에 의하여 임의의 $a$, $x\in I\ (a\neq x)$에 대하여

$$\frac{F(x)-F(a)}{x-a}=F'(c), \quad a<c<x \text{ 또는 } x<c<a$$

인 $c$가 존재한다. 이때 $F'(c)=f'(c)-g'(c)=0$이므로

$$F(x)-F(a)=0$$

이다. □

## 연습문제 4.1 Exercises

**1.** 다음 함수에 대하여 평균값의 정리를 만족하는 $c$가 존재하면 그것을 구하고, 존재하지 않으면 그 이유를 설명하여라.

(1) $f(x)=x^2,\quad a=2,\quad b=3$

(2) $f(x)=\ln x,\quad a=1,\quad b=e$

(3) $f(x)=x^{\frac{2}{3}},\quad a=-1,\quad b=1$

(4) $f(x)=\cot \pi x,\quad a=-\frac{1}{2},\quad b=\frac{1}{2}$

(5) $f(x)=\sqrt{x},\quad a=1,\quad b=4$

(6) $f(x)=x^3,\quad a=-1,\quad b=1$

**2.** 함수 $f(x)$가 $[a,\ b]$에서 연속이고, 모든 $x \in (a,\ b)$에 대하여 $f'(x)=0$이면 $f(x)$는 상수함수임을 보여라.

**3.** 평균값의 정리를 이용하여, 모든 실수 $a,\ b$에 대하여 다음이 성립함을 보여라.

$$|\sin b-\sin a| < |b-a|$$

**4.** 주어진 함수 및 구간에서 평균값의 정리를 이용하여 다음 각 부등식이 성립함을 보여라.

(1) $\dfrac{h}{1+h} < \ln(1+h) < h$ ; $f(x)=\ln x,\ [1,\ 1+h]$

(2) $h < \sin^{-1}h < \dfrac{h}{\sqrt{1-h^2}}$ (단, $0<h<1$) ; $f(x)=\sin^{-1}x,\ [0,\ h]$

(3) $\dfrac{h}{1+h^2} < \tan^{-1}h < h$ (단, $h \neq 0$) ; $f(x)=\tan^{-1}x,\ [0,\ h]$

(4) $\dfrac{1}{b} < \dfrac{\ln b}{b-1} < 1$ (단, $b \neq 0$) ; $f(x)=\ln x,\ [1,\ b]$

(5) $\ln(x+1) < \dfrac{1}{x}+\ln x$ ; $f(x)=\ln x,\ x>0$

(6) $1-\dfrac{a}{b} < \log\dfrac{b}{a} < \dfrac{b}{a}-1$ (단, $a,\ b \neq 0$) ; $0<a<b$

(7) $\sqrt{\dfrac{1-x}{1+x}} < \dfrac{\ln(1+x)}{\sin^{-1}x} < 1$ ; $0<x<1$

**5.** 방정식 $e^x \sin x=1$의 두 실근 사이에 $e^x \cos x=-1$의 실근이 적어도 하나 들어있음을 보여라.

**6.** 평균값 정리를 이용하여 $\lim\limits_{x\to\infty}(\sqrt{x+2}-\sqrt{x})=0$ 임을 보여라.

**7.** 모든 실수 $x,\ y$에 대하여 $|f(x)-f(y)| \leq (x-y)^2$이 성립하면 $f(x)$는 상수함수임을 보여라.

**8.** 매개변수방정식 $x=4t-t^2$, $y=t^2+1(0 \le t \le 1)$로 주어진 곡선 $y=f(x)$가 있다. 이 곡선 위의 두 점 $(0,\ f(0))$, $(3,\ f(3))$을 연결하는 직선의 기울기와 곡선 위의 점 $(c,\ f(c))$에서의 접선의 기울기가 같게 되는 점 $c$를 구하시오(단, $0<c<3$).

## 4.2 부정형의 극한값

$x \to 0$일 때 두 함수 $\dfrac{\sin x}{x}$, $\dfrac{\sin 2x}{x}$의 극한을 생각해 보면, 두 함수 모두 분모, 분자가 0에 가까이 가는 $\dfrac{0}{0}$ 형태가 되지만, 실제로 극한값은 각각 1, 2가 된다.

즉 형태는 같지만 그 극한값은 일정하지 않다. 이렇게 형태는 일정하지만 극한값은 일정하지 않은 경우를 부정형이라고 한다. 극한값을 구할 때 다음과 같은 형태의 부정형

$$\frac{0}{0},\ \frac{\infty}{\infty},\quad 0\cdot\infty,\ \infty-\infty,\quad 0^0,\quad 1^\infty,\ \infty^0$$

이 자주 나타난다. 이제 이런 것을 취급하는 방법을 살펴보자. $\dfrac{0}{0}$, $\dfrac{\infty}{\infty}$ 형태의 부정형의 극한값을 구하는 방법이 로피탈(L'hospital)의 법칙인데 $\dfrac{0}{0}$, $\dfrac{\infty}{\infty}$ 형태 이외의 다른 부정형은 적당한 변형에 의하여 $\dfrac{0}{0}$ 형태나 $\dfrac{\infty}{\infty}$ 형태로 바뀔 수 있으므로 로피탈의 법칙은 매우 강력한 결과임을 알 수 있다.

**정리 4.5 로피탈의 법칙**

두 함수 $f(x)$, $g(x)$가 $x=a$를 포함하는 폐구간에서 미분가능이고, 항상 $g'(x)\neq 0$이라 하자, 만일

(1) $\lim\limits_{x\to a} f(x)=0$, $\lim\limits_{x\to a} g(x)=0$이고 $\lim\limits_{x\to a}\dfrac{f'(x)}{g'(x)}$가 존재하면

$$\lim_{x\to a}\frac{f(x)}{g(x)}=\lim_{x\to a}\frac{f'(x)}{g'(x)}.$$

(2) $\lim\limits_{x\to a} f(x)=\infty$, $\lim\limits_{x\to a} g(x)=\infty$이고 $\lim\limits_{x\to a}\dfrac{f'(x)}{g'(x)}$가 존재하면

$$\lim_{x \to a}\frac{f(x)}{g(x)} = \lim_{x \to a}\frac{f'(x)}{g'(x)}.$$

**증명** (1) 두 함수 $f(x)$, $g(x)$가 $x = a$를 포함하는 구간에서 코시의 평균값 정리를 만족하므로

$$\frac{f(x) - f(a)}{g(x) - g(a)} = \frac{f'(x_1)}{g'(x_1)}, \quad x < x_1 < a \text{ 또는 } a < x_1 < x$$

이다. 그러나 $f(x) = g(x) = 0$ 이므로 위의 관계식은

$$\frac{f(x)}{g(x)} = \frac{f'(x_1)}{g'(x_1)}$$

가 되고, $x \to a$일 때, $x_1 \to a$이므로

$$\lim_{x \to a}\frac{f(x)}{g(x)} = \lim_{x \to a}\frac{f'(x)}{g'(x)}$$

이다. (2)의 증명은 다소 복잡하므로 여기서는 생략한다. □

**주의** 이 정리는 $x = a$에서 미분가능이 아닌 경우도 성립하며, 또 극한값 $\lim_{x \to a}\frac{f(x)}{g(x)}$이 $\infty$ 또는 $-\infty$ 일때도, 그리고 $x \to a$ 대신에 $x \to \infty$, $x \to -\infty$ 일 때도 성립한다.

**예 1**

$$\lim_{x \to 0}\frac{\tan x}{x} = \lim_{x \to 0}\frac{\sec^2 x}{1} = 1.$$

**예 2**

$$\lim_{x \to 0}\frac{\sinh^{-1} x}{x} = \lim_{x \to 0}\frac{\frac{1}{\sqrt{1+x^2}}}{1} = 1.$$

**예 3**

$$\lim_{x\to\infty}\frac{\ln x}{x}=\lim_{x\to\infty}\frac{\frac{1}{x}}{1}=0.$$

**예제 1**

$$\lim_{x\to 2}\left[\ln\left(2-\frac{x}{2}\right)\right]\cot\frac{\pi}{2}x=\lim_{x\to 2}\frac{\ln\left(2-\frac{x}{2}\right)}{\tan\frac{\pi}{2}x}=\lim_{x\to 2}\frac{\frac{-\frac{1}{2}}{2-\frac{x}{2}}}{\frac{\pi}{2}\sec^2\frac{\pi}{2}x}=-\frac{1}{\pi}.$$

**예 4**

$$\lim_{x\to 1}\left(\frac{x}{x-1}-\frac{1}{\ln x}\right)]=\lim_{x\to 1}\frac{x\ln x-x+1}{(x-1)\ln x}$$

$$=\lim_{x\to 1}\left(\frac{\ln x+1-1}{\ln x+\frac{x-1}{x}}\right)=\lim_{x\to 1}\frac{x\ln x}{x\ln x+x-1}$$

$$=\lim_{x\to 1}\frac{\ln x+1}{\ln x+1+1}=\frac{1}{2}.$$

**예제 2**

$\lim_{x\to 0}(1-\sin x)^{\frac{1}{x}}$ 의 값을 구하여라.

풀이 $y=(1-\sin x)^{\frac{1}{x}}$ 로 놓으면 $\ln y=\frac{\ln(1-\sin x)}{x}$ 이 되므로,

$$\lim_{x\to 0}\ln y=\lim_{x\to 0}\frac{\ln(1-\sin x)}{x}=-1.$$

따라서 $\lim_{x\to 0}(1-\sin x)^{\frac{1}{x}}=\lim_{x\to 0}e^{\ln y}=e^{-1}=\frac{1}{e}$ 이다. ■

로피탈의 법칙의 적용이 항상 바라는 결과를 가져오지는 않는다. 다음 예제의 경우를 보자.

**예제 3**

$\lim_{x\to 0^+}\dfrac{e^{-\frac{1}{x}}}{x}$의 값을 구하여라.

풀이 로피탈의 법칙을 적용하면

$$\lim_{x\to 0^+}\frac{e^{-\frac{1}{x}}}{x}=\lim_{x\to 0^+}\frac{\left(\frac{1}{x^2}\right)e^{-\frac{1}{x}}}{1}=\lim_{x\to 0^+}\frac{e^{-\frac{1}{x}}}{x^2}$$

이 경우에는 로피탈의 법칙을 반복하여 사용해도 아무런 결과를 얻지 못한다. 그러므로 다른 방법을 사용하여야 한다. 원식을 변형시키고 변수를 바꾸어 주면

$$\lim_{x\to 0^+}\frac{\frac{1}{x}}{e^{\frac{1}{x}}}=\lim_{z\to\infty}\frac{z}{e^z}=\lim_{z\to\infty}\frac{1}{e^z}=0.$$ ■

**문제 1**

다음 극한값을 구하여라.

(1) $\lim_{x\to 0}\dfrac{x^2\sin\frac{1}{x}}{\sin x}$  (2) $\lim_{x\to\infty}\dfrac{x^2}{3x+1}\cdot\sin\dfrac{2}{x}$

## 연습문제 4.2 Exercises

**1.** 다음의 극한값을 구하여라.

(1) $\lim_{x\to 0}\dfrac{a-\sqrt{a^2-x^2}}{x}$  (2) $\lim_{x\to 0}\dfrac{e^x-e^{-x}}{\tan x}$

(3) $\lim_{x\to\infty}\dfrac{\ln x}{x^n}$  (4) $\lim_{x\to\infty}\dfrac{x}{\sqrt{1+x^2}}$

(5) $\lim_{x \to \frac{\pi}{2}} (\sec x - \tan x)$

(6) $\lim_{x \to 0} (\csc x - \csc 2x)$

(7) $\lim_{x \to \frac{\pi}{2}} \left(x - \frac{\pi}{2}\right) \tan x$

(8) $\lim_{x \to \infty} (e^x - x)$

(9) $\lim_{x \to 0} \left(\frac{1}{\sin^2 x} - \frac{1}{x^2}\right)$

(10) $\lim_{x \to \infty} x\left(\frac{\pi}{2} - \tan^{-1} x\right)$

**2.** 다음의 극한값을 구하여라.

(1) $\lim_{x \to a} \frac{x^n - a^n}{x^m - a^m} \quad (m, \quad n \in I)$

(2) $\lim_{x \to \infty} [\ln x - \ln(\ln x)]$

(3) $\lim_{x \to 0} x^x$

(4) $\lim_{x \to \frac{\pi}{2}} (\tan 5x - \tan x)$

(5) $\lim_{x \to 0} \frac{\sin^{-1} x}{x}$

(6) $\lim_{x \to a} \frac{\sin x - \sin a}{x - a}$

(7) $\lim_{x \to 0} (1 + ax)^{\frac{b}{x}}$

(8) $\lim_{x \to 0} \frac{\cosh x - 1}{x}$

(9) $\lim_{x \to 0} (\sin x)^x$

(10) $\lim_{x \to \infty} \left(\frac{x}{x - 2}\right)^x$

(11) $\lim_{x \to \infty} (x + e^x + e^{2x})^{\frac{1}{x}}$

(12) $\lim_{x \to 0} \frac{\sin x - \tan^{-1} x}{x^2 \ln(1 + x)}$

## 4.3 함수의 극값

함수의 값의 변동상태를 알기 위해서는 그 도함수를 조사하는 것이 유용한 방법이다. 이 절에서는 이에 관한 기본적인 정리를 설명한다. 먼저 주어진 함수의 증가상태와 감소상태를 조사하는 방법을 알아보자.

**정의 4.1**

구간 $I$ 안의 임의의 두 점 $a$, $b\ (a<b)$에 대하여 $f(a) \le f(b)$이면, 함수 $f(x)$는 구간 $I$에서 **증가한다**고 하고, $f(a) \ge f(b)$이면 함수 $f(x)$는 **감소한다**고 한다.

그러나 일반적으로 각 점에서 함숫값을 구하여 크기를 비교하는 것이 쉽지않으므로 한 함수 $f$가 증가하는가 혹은 감소하는가를 밝혀줄 수 있는 간단한 방법을 찾아보자.

**정리 4.6**

함수 $f(x)$가 구간 $I$에서 연속이며, 모든 점 $x \in I$ 에서

(1) $f'(x) > 0$이면 $f(x)$는 $I$에서 증가하고,

(2) $f'(x) < 0$이면 $f(x)$는 $I$에서 감소한다.

**증명** 구간 $I$의 임의의 두 점 $a$, $b$에 대해 평균값의 정리를 적용하면

$$\frac{f(b)-f(a)}{b-a} = f'(m), \quad a<m<b \text{ 또는 } b<m<a$$

(1)의 경우는 $f'(m) > 0$이므로 $\dfrac{f(b)-f(a)}{b-a} > 0$이다. 따라서

$$a<b \text{이면 } f(a)<f(b).$$

(2)의 경우는 $f'(m) < 0$이므로 $\dfrac{f(b)-f(a)}{b-a} < 0$이다. 따라서

$$a<b \text{이면 } f(a)>f(b).$$

□

**예제 1**

$f(x) = 2x^3 + 3x^2 - 12x + 5$가 감소하는 구간을 구하여라.

**풀이** $f'(x) = 6x^2 + 6x - 12 = 6(x-1)(x+2)$이므로 $f'(x) < 0$ 인 $x$의 범위는 $-2 < x < 1$이다. 따라서 함수 $f(x)$가 감소하는 구간은 $(-2,\ 1)$이다. ■

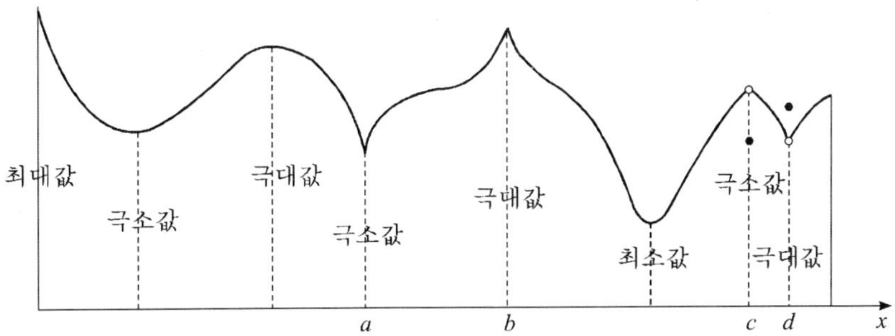


[그림 4-3]

> **정의 4.2**
>
> 함수 $f(x)$가 $x=a$를 포함하는 어떤 구간에서 정의되어 있다고 할 때 한 점 $a$에 충분히 가까운 $x$에 대하여 항상
>
> $f(x) \geq f(a)$이면 $f(x)$는 $x=a$에서 **극소**(local minimum)
>
> $f(x) \leq f(a)$이면 $f(x)$는 $x=a$에서 **극대**(local maximum)
>
> 가 된다고 하며, $f(a)$를 각각 **극솟값**, **극댓값**이라 하고 이들을 $f(x)$의 **극값**이라 한다. 또 함수 $f(x)$의 정의역 안의 점 $c$에 대하여 $f'(c)=0$이거나 $f'(c)$가 정의되지 않을 때, $x=c$를 함수 $f(x)$의 **임계점**(critical point)이라고 한다.

정의에 의하면 극값은 각 점 $x$에서 존재할 수 있다. 그러나 모든 점 $x$에서 일일이 극값을 따지는 것은 불가능하므로 정리 4.7과 정리 4.8을 이용하여 극값이 존재하는 $x$를 찾는다.

> **정리 4.7**
>
> $f(x)$가 $x=a$에서 극값을 가지면 $a$는 $f(x)$의 임계점이다.

**증명** $x=a$에서 $f(x)$가 극댓값이라고 가정하자. $a$에서 극댓값을 가졌다면 $f(x)$는 $a$에서 미분가능이거나 미분가능이 아닌 경우인데 $f'(a)$가 존재하지 않으면 정의에 의하여 $a$는 $f(x)$의 임계점이다. 이제 $f(x)$가 $a$에서 미분가능이라고 하자. 즉

$$f'(a)=\lim_{h\to 0}\frac{f(a+h)-f(a)}{h}$$

$f(a)$가 극댓값이므로 임의의 $h$에 대하여 다음이 성립한다.

$$f(a+h) \leq f(a), \quad 즉\ f(a+h)-f(a) \leq 0$$

이때 $h>0$이면

$$\lim_{h \to 0^+} \frac{f(a+h)-f(a)}{h} \leq 0 \tag{1}$$

$h<0$이면

$$\lim_{h \to 0^-} \frac{f(a+h)-f(a)}{h} \geq 0 \tag{2}$$

그런데 $f'(a)$가 존재하려면 식 (1)과 식 (2)가 같아야 하므로

$$f'(a)=0.$$

$f(a)$가 극솟값인 경우에도 같은 방법으로 보일 수 있다. □

위의 정리 4.7은 $f(x)$가 $x=a$에서 미분가능이라는 조건 아래에서 의미가 있다. 그러나 극값의 정의에 의하면 $f'(a)$가 존재하지 않아도 $x=a$에서 극값을 가질 수도 있다. [그림 4-3]에서 $x=a,\ b,\ c,\ d$에서는 $f'(x)$가 존재하지 않지만 극값을 갖는다.

정리 4.7의 역은 성립하지 않는다. 즉 임계점이 꼭 극점이 될 필요는 없다. $f(x)=x^3$은 $x=0$이 임계점이지만 $x=0$에서 극값을 갖지 않는다.

**정리 4.8** **1계도함수에 의한 극값 판정법**

$f(x)$가 점 $x=a$를 포함하는 어떤 구간에서 연속이고, $a$이외의 점에서 미분가능이며 점 $a$가 $f(x)$의 임계점이라고 하자. 이때 점 $a$를 중심으로

(1) $f'(x)$의 부호가 양에서 음으로 변하면 $f(a)$는 극댓값

(2) $f'(x)$의 부호가 음에서 양으로 변하면 $f(a)$는 극솟값이다.

**증명** (1) $a$에 충분히 가까운 곳에서 $x_1<a<x_2$인 $x_1,\ x_2$를 임의로 잡는다. 그러면 평균값 정리에 의하여 $x_1<c_1<a,\ \ a<c_2<x_2$인 $c_1,\ c_2$가 존재해서

$$\frac{f(a)-f(x_1)}{a-x_1}=f'(c_1)>0.$$

이때 $x_1 < a$이므로 $f(x_1) < f(a)$이고, 또

$$\frac{f(x_2)-f(a)}{x_2-a} = f'(c_2) < 0.$$

이때 $a < x_2$이므로 $f(x_2) < f(a)$이다. 즉 $x_1$, $x_2$가 $a$근방의 임의의 점이고 이 점에서의 함숫값이 $f(a)$보다 작으므로 $f(a)$는 극댓값이다.

(2)의 증명도 마찬가지로 할 수 있다. □

**예제 2**

곡선 $y = x^2 + \frac{16}{x}$의 극값을 구하여라.

풀이 $y = x^2 + \frac{16}{x}$을 미분하면

$$y' = 2x - \frac{16}{x^2} = \frac{2(x-2)(x^2+2x+4)}{x^2}.$$

따라서 $x=0$과 $x=2$가 임계점이 된다. 그러나 이 곡선은 $x=0$에서 정의되지 않으므로 이에 대응하는 임계점은 없다. 이제 $x=2$인 경우만을 살펴보자.

| $x$ | | 2 | |
|---|---|---|---|
| $y'$ | $-$ | 0 | $+$ |
| $y$ | ↘ | 12 | ↗ |

따라서 $x=2$에서 극솟값 12를 갖는다. ■

**예제 3**

반지름 6cm, 높이 10cm의 직원뿔에 내접하는 최대부피의 직원기둥의 반지름과 높이를 구하여라.

풀이 $r$ : 직원기둥의 반지름, $h$ : 직원기둥의 높이, $V$ : 직원기둥의 부피

라 하면 원기둥의 부피는 다음과 같다.

$$V = \pi r^2 h$$

$r$과 $h$가 둘 다 변수이므로 [그림 4-4]와 닮은 삼각형을 이용하여 두 변수 사이의 관계를 조사하면

$$\frac{10-h}{r}=\frac{10}{6} \Rightarrow h=10-\frac{5}{3}r$$

이고, 이것을 원식에 대입하면

$$V=\pi r^2\left(10-\frac{5}{3}r\right)=10\pi r^2-\frac{5}{3}\pi r^3 \quad (0\geq r\geq 6)$$

$$\frac{dV}{dr} = 20\pi r-5\pi r^2=0$$

$$\Leftrightarrow \quad 5\pi r(4-r)=0 \Leftrightarrow r=0 \text{ 또는 } r=4.$$

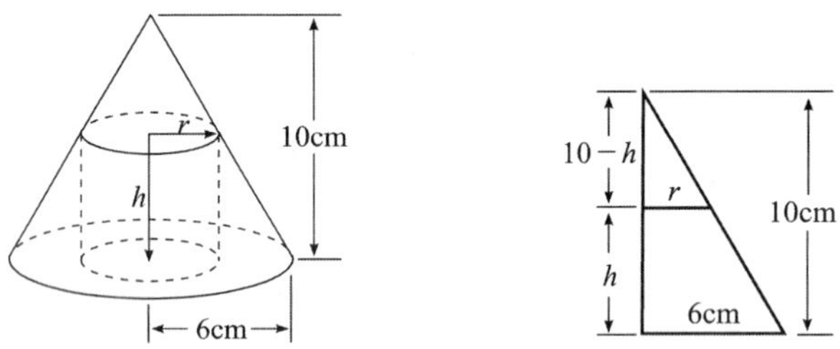


[그림 4-4]

따라서 최댓값은 $r=0, 4, 6$ 중 하나에서 생기는데 $r=0, 6$일 때는 부피가 0이므로 $r=4(\text{cm})$일 때 높이 $h=10-\frac{5}{3}(4)=\frac{10}{3}(\text{cm})$이며, 이때 직원기둥은 최대부피 $\frac{160}{3}\pi(\text{cm}^3)$가 된다. ■

**문제 1**

$f(x)=x^{\frac{2}{3}}$일 때 $f'(0)$은 존재하지 않으나 $f(0)=0$은 극솟값임을 설명하여라.

**문제 2**

함수 $f(x)$가 $[0, \infty)$에서 미분가능하다. 모든 점 $x\in[0, \infty)$에 대하여 $|f'(x)|\leq M$이고 $f(0)>0$일 때 $f(x)\leq f(0)+Mx$임을 보이고, 또 $0\leq M<1$이면 방정식 $f(x)=x$는 단 하나의 해를 가짐을 보이시오. (단, $M$은 상수)

## 연습문제 4.3

**1.** 다음 각 함수의 극값을 제 1계도함수 판정법으로 구하여라.

(1) $y = 2x^3 - 9x^2 + 12x - 3$

(2) $y = x^{\frac{2}{3}}$

(3) $y = x^3 - 9x^2 + 15x - 5$

(4) $y = x^2 + \dfrac{16}{x}$

(5) $y = x - \dfrac{108}{x^2}$

(6) $y = \dfrac{x^2}{x+1}$

(7) $y = (x-3)^2(x+1)^{\frac{2}{3}}$

(8) $y = (x^{\frac{2}{3}} + 1)(x-2)^2$

(9) $y = \dfrac{1}{2}x + \sin x \ (0 \le x \le 2\pi)$

(10) $y = \cos x(1 + \sin x) \ (0 \le x \le 2\pi)$

(11) $y = x^2 \ln x$

(12) $y = xe^{-x}$

**2.** 두 양수의 곱이 64일 때 그 합이 최소가 되는 두 수를 구하여라.

**3.** 반지름의 길이가 6cm인 원에 내접하는 이등변삼각형 중 최대의 면적을 구하여라.

**4.** 반지름의 길이가 $a$인 구에 내접하는 직원뿔 중 최대 체적을 구하여라.

**5.** 두 포물선 $y = 2b - x^2$과 $y = x^2 + 2$로 둘러싸인 도형에 내접하고 그 변이 좌표축에 평행인 직사각형의 최대 면적을 구하여라.

**6.** $a > b > 0$일 때 $\left(1 + \dfrac{1}{a}\right)^{a+1} < \left(1 + \dfrac{1}{b}\right)^{b+1}$임을 보여라.

(힌트: $x > 0$일 때 $\log(x+1) < \dfrac{1}{x} + \log x$임을 보이고, 이를 이용해서 $f(x) = \left(1 + \dfrac{1}{x}\right)^{x+1}$이 감소함수임을 보여라.)

**7.** $f : \mathbb{R} \to \mathbb{R}$가 미분가능인 함수이면 $f'(a) < k < f'(b)$인 실수 $k$에 대하여 $f'(c) = k$인 점 $c$가 $a$와 $b$ 사이에 존재함을 보여라.

(힌트: $g(x) = kx - f(x)$는 $a$와 $b$ 사이에서 최댓값을 갖는다)

## 4.4 함수의 요철

함수 $f(x)$의 2계도함수 $f''(x)$의 부호에서 함수 $f(x)$의 기하학적 의미를 찾아보자. 함수 $f(x)$가 점 $a$에서 미분가능이라 할 때 곡선 $y=f(x)$위의 점 $P(a,\ f(a))$에서의 접선을 생각하여 보자. 이 곡선과 접선과의 상호 관계를 접점 $P$의 근방에서 고찰하면 다음의 세 가지로 분류할 수 있다.

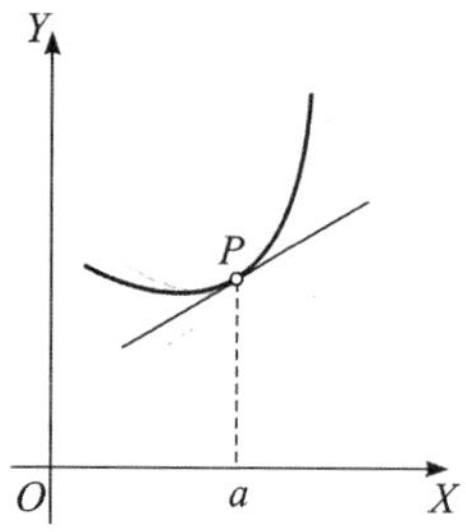

[그림 4-5]

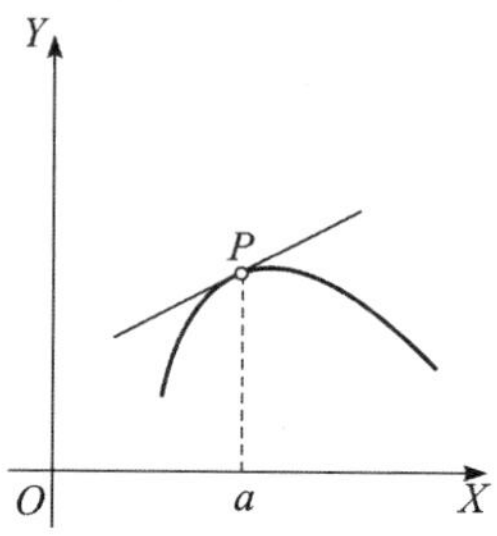

[그림 4-6]

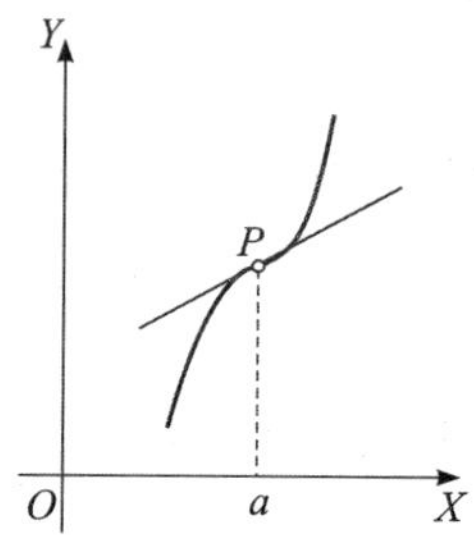

[그림 4-7]

[그림 4-5]에서와 같이 점 $P$에 극히 가까운 곡선 위의 점이 모두 접선 위쪽에 있을 때, 곡선 $y=f(x)$는 $x=a$에서 **아래로 볼록**(convex downwards) 또는 위로 오목이라 하며, [그림 4-6]과 같이 점 $P$에 극히 가까운 곡선 위의 점이 모두 접선의 아래쪽에 있을 때, 곡선 $y=f(x)$는 $x=a$에서 **위로 볼록**(convex upwards) 또는 아래로 오목이라 한다. 그리고 [그림 4-7]과 같이 점 $P$에서 곡선의 한 쪽은 접선의 위쪽에 있고, 다른 쪽은 아래쪽에 있을 때 곡선 $y=f(x)$는 $x=a$에서 변곡한다고 하며, 점 $P$를 **변곡점**이라 한다. 그리고 어떤 구간의 모든 점에서 아래로 볼록일 때 그 구간에서 아래로 볼록이라 하고 위로 볼록도 마찬가지이다.

**정리 4.9**

한 구간 $I$ 안의 임의의 $x$점에서

(1) $f''(x)>0$이면 $f(x)$의 그래프는 구간 $I$에서 아래로 볼록하고,

(2) $f''(x)<0$이면 $f(x)$의 그래프는 구간 $I$에서 위로 볼록이다.

**증명** $f''(x)>0$인 경우만 증명하자. [그림 4-8]을 참고하여라. 곡선 위의 한 점 $(a,\ f(a))$에

서 접선을 그어서 $I$의 한 점 $b$를 지나 $y$축에 평행인 직선 $x=b$와 접선의 교점을 $(b,\ c)$라 할 때

$$f(b)-c>0$$

임을 보이면 된다.
두 점 $(a,\ f(a))$와 $(b,\ c)$를 지나는 직선의 기울기는 $\dfrac{c-f(a)}{b-a}$이고, 이것은 $f'(a)$와 같다. 따라서

$$c-f(a)=f'(a)(b-a) \qquad \cdots\cdots\cdots\cdots (1)$$

이다. 평균값의 정리에 의해서 다음이 성립한다.

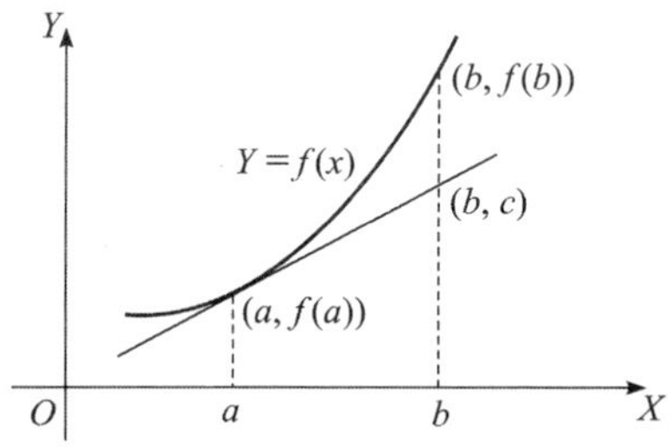


[그림 4-8]

$$\frac{f(b)-f(a)}{b-a}=f'(m), \quad a<m<b$$

$$\therefore\ f(b)-f(a)=f'(m)(b-a) \qquad \cdots\cdots\cdots\cdots (2)$$

(1)과 (2)에서

$$f(b)-c=[f'(m)-f'(a)](b-a)$$

이다. $f'(x)$에 평균값의 정리를 다시 적용하면

$$\frac{f'(m)-f'(a)}{m-a}=f''(n), \quad a<n<m$$

따라서 식 (3)은

$$f(b)-c=f''(n)(m-a)(b-a)$$

로 된다. $n$이 구간 $I$안의 점이므로 가정에서 $f''(n)>0$이고, 또 $m$이 $a$와 $b$ 사이에 있으므로 $a,\ b$의 크기에 관계없이 $(m-a)(b-a)>0$이다. 따라서 $f(b)-c>0$이다. □

**예제 1**

곡선 $y=2x^3-9x^2+12x-3$ 의 볼록을 조사하여라.

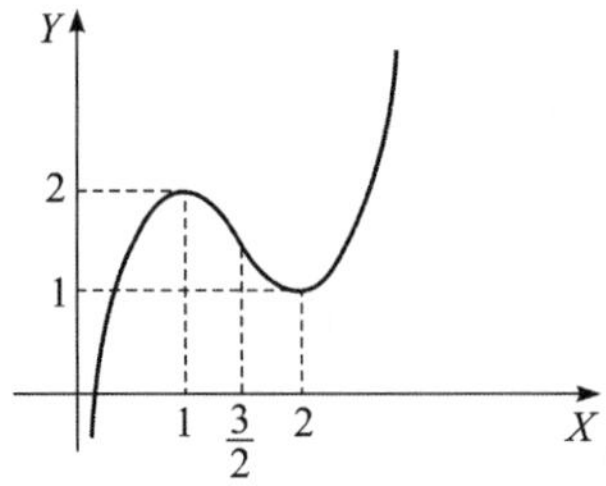

[그림 4-9]

풀이 $f'(x)=6x^2-18x+12$이고,

$$f''(x)=12x-18=6(2x-3)$$

이므로 $x>\frac{3}{2}$이면 $f''(x)>0$, $x<\frac{3}{2}$이면 $f''(x)<0$, $x=\frac{3}{2}$에서 $f''(x)=0$이다. 따라서 함수 $f(x)$의 그래프는 $x>\frac{3}{2}$에서 아래로 볼록, $x<\frac{3}{2}$에서 위로 볼록이고, 변
곡점은 $\left(\frac{3}{2}, \frac{3}{2}\right)$이다. ■

**예제 2**

$f(x)=\tan^{-1}x$의 볼록을 조사하여라.

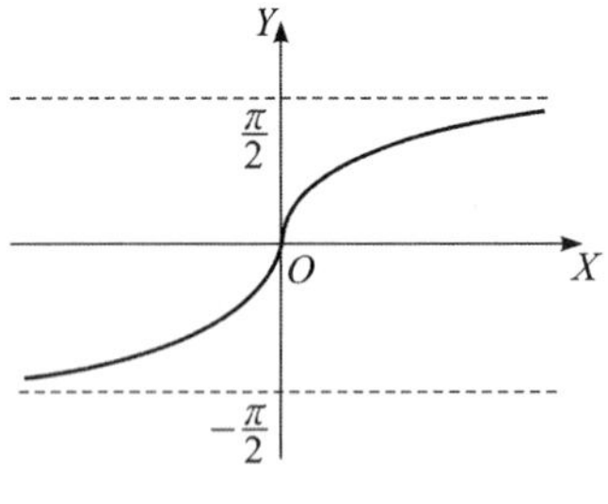

[그림 4-10]

풀이 $f'(x)=\dfrac{1}{1+x^2}$, $f''(x)=-\dfrac{2x}{(1+x^2)^2}$이므로 $f(x)$의 그래프는 $x>0$에서 위로 볼록, $x<0$에서 아래로 볼록이고 변곡점은 $(0,\ 0)$이다(그림 4-10). ■

극대점은 위로 볼록이고, 극소점은 아래로 볼록이다. 따라서 2계도함수의 부호를 조사함으로써 극대, 극소를 판정할 수 있다. 이것을 **2계도함수 판정법**(second derivative test)이라고 한다. 이 방법은 단지 1계도함수가 0인 점에서만 적용된다. 이것을 증명없이 알아보자.

**정리 4.10**

$f(x)$가 점 $a$를 포함하는 구간에서 미분가능이고, $f'(a)=0$이라 할 때

(1) $f''(a)<0$이면 $f(a)$는 극댓값이고
(2) $f''(a)>0$이면 $f(a)$는 극솟값이다.

만일 $f''(a)=0$이면 이 판정법은 적용할 수 없다.

일반적으로 다음의 정리가 성립한다.

**정리 4.11**

$f(x)$가 $a$를 포함하는 어떤 구간에서 $n-1$회까지 미분가능이고 특히 $a$에서는 $n$회까지 미분가능이며

$$f'(a)=f''(a)=\cdots=f^{(n-1)}(a)=0, \qquad f^{(n)}(a)\neq 0$$

이라 하자. 이때

(1) $n$이 홀수이면 $f(a)$는 극값이 아니다.
(2) $n$이 짝수이고 $f^{(n)}(a)>0$이면 $f(a)$는 극솟값, $f^{(n)}(a)<0$이면 $f(a)$는 극댓값이다.

**예제 3**

$f(x)=x^5-5x^3-20x-2$의 극값을 구하여라.

풀이 (ⅰ) $f'(x)=5x^4-15x^2-20=5(x^2+1)(x+2)(x-2)$이므로 $f(x)$의 임계점은 $x=-2,\ 2$이다.

(ⅱ) $f''(x)=20x^3-30x$이므로

$$f''(-2)=-100<0 \qquad \therefore \text{극댓값}: f(-2)=46$$
$$f''(2)=100>0 \qquad \therefore \text{극솟값}: f(2)=-50$$

■

**예제 4**

$f(x)=x\ln x$의 극값을 구하여라.

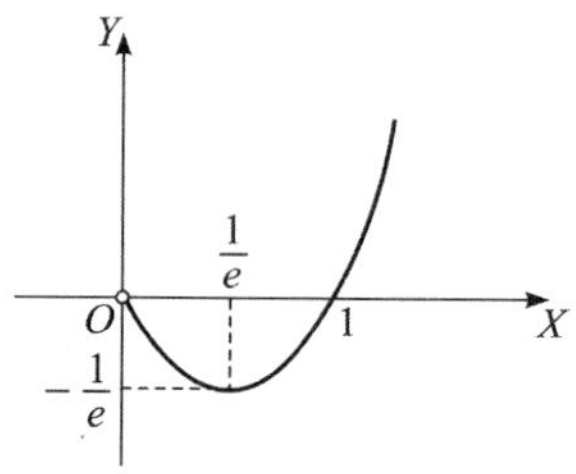


[그림 4-11]

풀이 (ⅰ) $f'(x)=\ln x+1$

$f'(x)=0$이면 $x=\dfrac{1}{e}$이다.

(ⅱ) $f''(x)=\dfrac{1}{x}$이므로 $f''\left(\dfrac{1}{e}\right)=e>0$

$\therefore$ 극솟값 : $f\left(\dfrac{1}{e}\right)=-\left(\dfrac{1}{e}\right)$.

■

**예제 5**

타원 $\dfrac{x^2}{a^2}+\dfrac{y^2}{b^2}=1$에 내접하는 직사각형의 최대면적을 구하여라.

풀이 그림과 같이 직사각형을 타원에 내접시키고 제1상한에 있는 정점을 $P(x,\ y)$라 하면 그 직사각형의 면적은 $A=4xy$와 같다. 점 $P$는 타원의 방정식을 만족하므로

$$y=\frac{b}{a}\sqrt{a^2-x^2}.$$

따라서 $A=\frac{4bx}{a}\sqrt{a^2-x^2}$를 얻는다. $A^2$이 극대일 때 $A$도 극대가 된다는 사실을 이용하면 즉,

$$A^2=\frac{16b^2x^2}{a^2}(a^2-x^2)=\frac{16b^2}{a^2}(a^2x^2-x^4)$$

따라서

$$\frac{d}{dx}[A^2]=\frac{16b^2}{a^2}(2a^2x-4x^3)=\frac{32b^2x}{a^2}(a^2-2x^2)=0.$$

그런데 $x$는 양수가 되도록 택하였으므로 $x=\frac{a}{\sqrt{2}}$, 따라서

$$y=\frac{b}{a}\sqrt{a^2-\left(\frac{a}{\sqrt{2}}\right)^2}=\frac{b}{\sqrt{2}}$$

따라서 최대면적은 $A=4\left(\frac{a}{\sqrt{2}}\right)\left(\frac{b}{\sqrt{2}}\right)=2ab$이다. ■

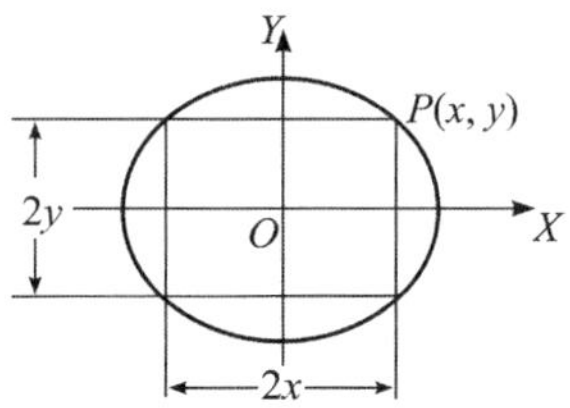


[그림 4-12]

## 연습문제 4.4 Exercises

**1.** 다음 각 함수의 볼록 및 변곡점을 조사하여라.

(1) $f(x)=3x^4-4x^3+1$

(2) $f(x)=x^3+6x^2-15x-20$

(3) $f(x)=x\ln x+1$

(4) $f(x)=e^{-x^2}$

**2.** 다음 각 함수의 극값을 2계도함수 판정법에 의하여 구하여라.

(1) $y = x^4 - 4x^2 + 4$ (2) $y = 2x^3 - 9x^2 + 12x - 2$

(3) $y = x + 2\cos x$ (4) $y = xe^{-x}$

(5) $y = x^2 + \dfrac{2}{x}$ (6) $y = \dfrac{a}{2}\left(e^{\frac{x}{2}} + e^{-\frac{x}{2}}\right)$

**3.** $f(x) = x^3 + ax^2 + bx$가 $x = 1$에서 극대, $x = 2$에서 극소가 되려면 $a$, $b$의 값이 각각 얼마이어야 하는가?

**4.** $f(x) = x + a + \dfrac{b}{x}$가 극댓값 0을 가질 필요조건을 구하여라.

**5.** $f(x) = x^2 - \dfrac{2a}{x}(a \neq 0)$가 극솟값 3을 갖도록 $a$의 값을 정하고, 그 극솟값을 판정하여라.

**6.** $f(x)$를 0이 아닌 모든 $x$에 대하여 연속이고 미분가능이라고 하자. 다음 그림은 $f'(x)$의 그래프이다. $f(x)$에 관한 다음 물음에 답하여라.

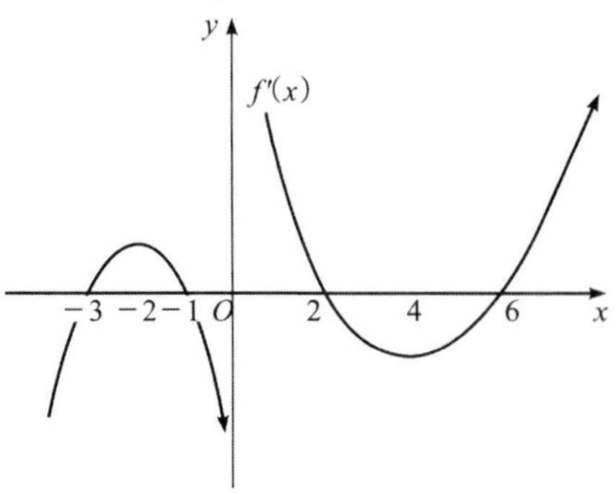


(1) $f(x)$가 어디에서 증가 혹은 감소하는가?

(2) 임계점과 변곡점을 구하여라.

(3) 극값은 어디에서 생기는가?

(4) 아래로 볼록, 위로 볼록은 어디에서 일어나는가?

(5) $f(0) = 1$일 때 $f(x)$의 그래프의 개형을 그려라.

**7.** 곡선 $f(x) = ax^3 + bx^2$이 점 $(1,\ 2)$에서 변곡점을 갖도록 $a$, $b$를 구하여라.

## 4.5 곡선의 추적

주어진 방정식으로 곡선의 개형을 그리는 데는 다음을 따져, 이것을 종합해서 그림을 그리는 것이 편리하다.

### (1) 곡선의 존재 범위

곡선의 범위를 구하는 것은 곡선 위의 점의 좌표로 허용되는 $x$, $y$의 변역을 구하는 것을 의미한다.

예를 들면 곡선 $y^2 = (x-4)\ln x$의 존재 범위는 $0 < x \le 1$과 $x \ge 4$이다. 왜냐하면 $0 \ge x$에서는 $\ln x$가 정의되지 않으며, 또 $1 < x < 4$에서는 $y^2 < 0$이기 때문이다.

### (2) 곡선의 대칭성

다음의 어느 하나의 항등식을 만족하면 곡선 $f(x, y) = 0$은 주어진 점 또는 직선에 관하여 대칭이다.

$f(-x, y) \equiv f(x, y)$ ⋯ $y$축에 관하여 대칭

$f(x, -y) \equiv f(x, y)$ ⋯ $x$축에 관하여 대칭

$f(-x, -y) \equiv f(x, y)$ ⋯ 원점에 관하여 대칭

$f(y, x) \equiv f(x, y)$ ⋯ 직선 $y = x$축에 관하여 대칭

예를 들면 곡선 $y^2 = \ln(4 - x^2)$은 원점에 관하여 대칭이고, 곡선 $y = e^{x^2}$은 $y$축에 관하여 대칭이다.

### (3) 절편

곡선 $f(x, y) = 0$이 좌표축과 만나는 점을 구하려면 다음과 같이 한다.

$f(x, 0) = 0$의 근이 $x$절편이다. $f(0, y) = 0$의 근이 $y$절편이다.

### (4) 곡선의 증감상태, 볼록, 극대 및 극소점, 변곡점

### (5) 점근선

한 점 $p$가 한 곡선을 따라 원점에서 한없이 멀어져 갈 때, $p$가 일정한 직선 $g$에 한없이

가까워지면 직선 $g$를 그 곡선의 **점근선**(asymtote)이라 한다.

예를 들면 $y=\dfrac{\ln x}{x}$에서 $\displaystyle\lim_{x\to+0}\dfrac{\ln x}{x}=-\infty$이므로 $x=0$($y$축)은 점근선이다.

이것은 **수직점근선**(vertical asymptote)이고, $\displaystyle\lim_{x\to\infty}\dfrac{\ln x}{x}=0$이므로 $y=0$ ($x$축)도 점근선이다. 이것은 **수평점근선**(horizontal asymptote)이다.

**예제 1**

곡선 $y=\ln\cos x$의 그래프를 그려라.

풀이 $\cos x$는 $2\pi$를 주기로 하므로 $-\pi\le x\le\pi$까지의 구간의 곡선을 그리고 $2\pi$만큼씩 왼쪽이나 오른쪽으로 옮겨주면 된다. 위에 설명한 방법에 따라 그래프를 그려보자.

① $\cos x\le 0$일 때는 $y$가 정의되지 않으므로 $-\dfrac{\pi}{2}<x<\dfrac{\pi}{2}$에서만 그린다.

② $\cos(-x)=\cos x$이므로 곡선은 $y$축에 관하여 대칭이다.

③ $x=0$일 때 $y=0$이고, $y=0$일 때 $x=0$이므로 곡선은 원점을 지난다.

④ $y'=\dfrac{-\sin x}{\cos x}=-\tan x$인데 $y'=0$인 $x$의 값은 $-\dfrac{\pi}{2}<x<\dfrac{\pi}{2}$에서 $x=0$밖에 없다. $y''=-\sec^2 x<0$이므로 $x=0$, 즉 원점에서 곡선은 극대이다.

⑤ $\displaystyle\lim_{x\to\frac{\pi}{2}^+}\ln\cos x=-\infty$, $\displaystyle\lim_{x\to\frac{\pi}{2}^-}\ln\cos x=-\infty$이므로 $x=\dfrac{\pi}{2}$와 $x=-\dfrac{\pi}{2}$는 점근선이 된다.

따라서 그래프의 개형은 [그림 4-13]과 같다. ■

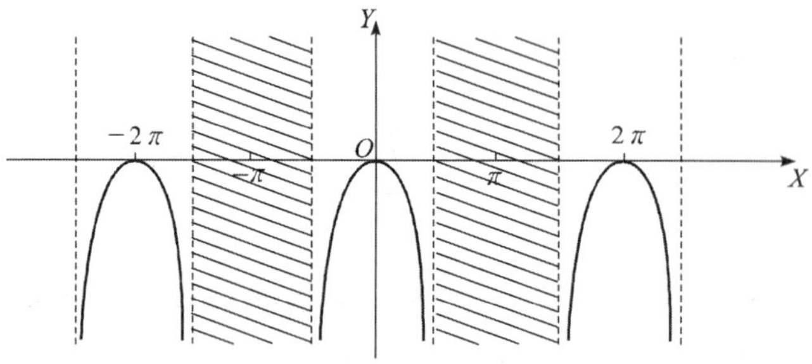


[그림 4-13]

## 예제 2

곡선 $y=\dfrac{\ln x}{x}$의 그래프를 그려라.

풀이 ① $x \leq 0$에서는 $y$가 정의되지 않는다.

② 이 곡선은 대칭인 곡선이 아니다.

③ $y=0$일 때 $x=1$이므로 점 $(1,\ 0)$을 지난다.

④ $y'=\dfrac{1-\ln x}{x^2}$에서 $y'=0$이면 $x=e$이다. $y''=\dfrac{-3x+2x\ln x}{x^4}$에 $e$를 대입하면 $[y']_{x=e}=-\dfrac{1}{e^3}<0$이므로 $x=e$에서 극대이고 극댓값은 $\dfrac{1}{e}$이다.

⑤ $\displaystyle\lim_{x\to\infty}\frac{\ln x}{x}=0$이므로 $y=0$, 즉 $x$축이 점근선이고 $\displaystyle\lim_{x\to+0}\frac{\ln x}{x}=-\infty$이므로 $x=0$, 즉 $y$축이 점근선이다.

이상을 종합하여 그래프를 그리면 [그림 4-14]와 같다. ■

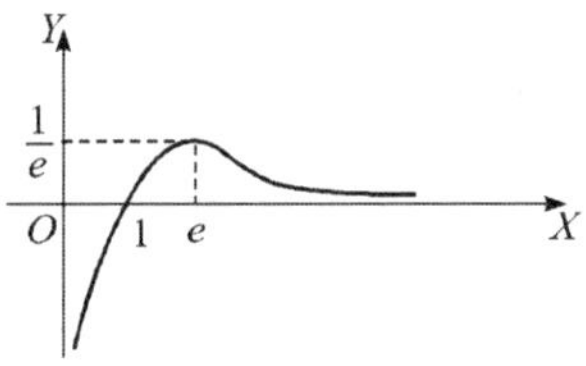


[그림 4-14]

## 예제 3

곡선 $y^2=\dfrac{x^2}{(x-1)(x-2)}$의 그래프를 그려라.

풀이 ① 구간 $1<x<2$에서는 $y^2<0$이 되는 곡선의 점이 존재하지 않는다.

② $y$대신 $-y$를 대입하여도 방정식은 변하지 않으므로 곡선은 $x$축에 관하여 대칭이다. 따라서

$$y=\frac{x}{\sqrt{(x-1)(x-2)}}$$

의 그래프를 그려 $x$축에 관해 대칭이동 시킨다.

③ $x=0$일 때 $y=0$이고, $y=0$일 때 $x=0$이므로 좌표축과의 교점은 원점뿐이다.

④ $y' = \dfrac{4-3x}{2(x-1)^{\frac{3}{2}}(x-2)^{\frac{2}{3}}}$에서 $y'=0$이면 $x=\dfrac{4}{3}$이다.

$1 < x < 2$에서는 곡선의 점이 존재하지 않으므로 극점은 없다.

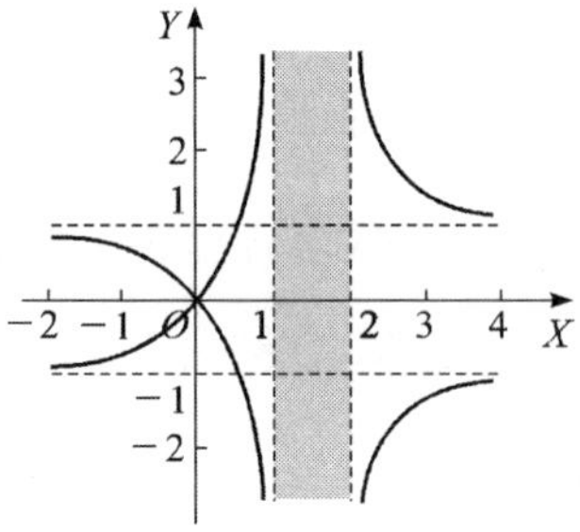

[그림 4–15]

⑤ 직선 $x=1$, $x=2$는 점근선이다. 또 $\lim_{x\to\infty}\dfrac{x^2}{(x-1)(x-2)}=1$이므로 직선 $y=\pm 1$도 점근선이다.

따라서 주어진 곡선의 그래프는 [그림 4-15]와 같다. ■

**문제 1**

다음 곡선의 개형을 그려라.

(1) $y = x\ln x$ (2) $y = x^x$ (3) $y = e^{-\frac{1}{x}}$

**참고** 곡선의 방정식을

$$y = ax + b + h(x) \ (\text{단, } a,\ b\text{는 상수})$$

형태로 쓸 수 있고, $h(x)$가

$$\lim_{x\to\infty} h(x) = 0, \quad \lim_{x\to-\infty} h(x) = 0$$

중의 하나 또는 전부를 만족하면, 직선 $y = ax + b$는 (1)의 (사)점근선이 된다.

**예 1**

(1) 방정식 $xy = (1+x)^2$을 $y = x + 2 + \dfrac{1}{x}$로 쓰면 $\lim_{x\to\pm\infty}\dfrac{1}{x}=0$이므로 직선 $y=x+2$는

이 그래프의 점근선이다.

(2) 방정식 $e^x(y-x)=1$을 $y=x+e^{-x}$ 형으로 쓰면 $\lim_{x\to\infty} e^{-x}=0$이므로 $y=x$는 이 곡선의 점근선이다.

## 4.6 미분과 근삿값

함수 $y=f(x)$가 주어졌을 때 도함수의 정의로부터

$$\lim_{\Delta x\to 0}\frac{\Delta y}{\Delta x}=f'(x) \qquad \cdots\cdots\cdots\cdots (1)$$

이다. 그러면 극한의 개념으로부터 (1)을 다음과 같이 쓸 수 있다.

$$\frac{\Delta y}{\Delta x}=f'(x)+\varepsilon \text{ (단, } \lim_{\Delta x\to 0}\varepsilon=0)$$

여기서 $\varepsilon$은 $\Delta x$를 충분히 작게 취함으로써 얼마든지 작게 만들 수 있는 양이다. 따라서 증분 $\Delta y$는 다음과 같이 표시된다.

$$\Delta y=f'(x)\Delta x+\varepsilon\Delta x$$

여기서 $\Delta x$가 작을 때에는 $\varepsilon$도 작은 수이며 $\varepsilon\Delta x$는 더욱 작은 수가 되므로 $f'(x)\Delta x$를 $\Delta y$의 근삿값으로 취할 수 있다. 이때 $f'(x)\Delta x$를 $f(x)$의 **미분** 또는 $y$의 미분이라 부르고 기호 $dy$ 또는 $df(x)$로 나타낸다. 즉

$$dy=df(x)=f'(x)\Delta x \qquad \cdots\cdots\cdots\cdots (2)$$

그런데 $f(x)=x$일 때에는 $f'(x)=1$이므로 (2)에서 $dx=\Delta x$를 얻게 된다. 이와 같은 이유 때문에 독립변수 $x$의 미분 $dx$는 그 증분 $\Delta x$라 정의하고 (2)를 다음과 같이 나타낸다.

$$dy=f'(x)dx$$

**예 1**

$y=3x^2$이면 $dy=6xdx$이다.

기하학적으로 함수의 증분과 미분 사이의 관계를 다음과 같이 설명할 수 있다. [그림 4-16]에서 $P(x,\ y)$와 $Q(x+\Delta x,\ y+\Delta y)$를 곡선 $y=f(x)$ 위의 두 점이라 하자. 점 $P$에서의 도함수의 값은 접선 $PT$의 기울기와 같으므로 다음 식을 얻는다. 즉

$$dy=f'(x)dx=\frac{RT}{PR}\cdot PR=RT$$

곧, $dy\,(=RT)$는 $dx$에 대응하는 접선의 $y$좌표의 증분인데 대하여, $\Delta y\,(=RQ)$는 곡선의 $y$좌표의 증분이다.

함수 $f(x)$가 주어졌을 때 $x$가 $a$에서 $a+h$로 변하였다면 $x$의 증분, $y$의 증분, $x$의 미분, $y$의 미분은 각각 다음과 같다.

$x$의 증분 $\Delta x=h$, $y$의 증분 $\Delta y=f(a+h)-f(a)$
$x$의 미분 $dx=h$, $y$의 미분 $dy=f'(a)\cdot h$ (단, $f'(a)$가 존재할 때)

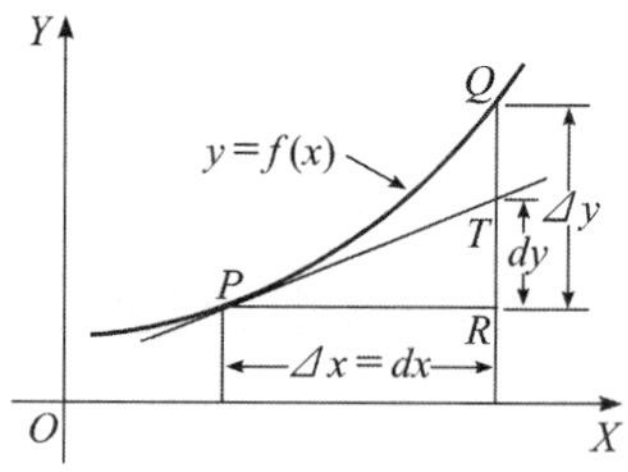


[그림 4-16]

**예제 1**

$x$가 4에서 4.1로 변하였을 때, 함수 $y=\sqrt{x}$의 (a) $x$의 증분, (b) $y$의 증분, (c) $x$의 미분, (d) $y$의 미분을 각각 구하여라.

풀이 (a) $x$의 증분 $\Delta x=0.1$

(b) $y$의 증분 $\Delta y=f(a+h)-f(a)=\sqrt{4.1}-\sqrt{4}=0.022$

(c) $x$의 미분 $dx=0.1$

(d) $y$의 미분 $dy=f'(a)\cdot h=\left[\frac{1}{2\sqrt{x}}\right]_{x=4}\cdot 0.1=0.025$ ■

**예제 2**

$x$가 4에서 9로 변했을 때, 함수 $y=\sqrt{x}$에 대하여 예제 1에서의 값을 구하여라.

풀이 (a) $\Delta x = 5$

(b) $\Delta y = \sqrt{9} - \sqrt{4} = 1$

(c) $dx = 5$

(d) $dy = \left[\frac{1}{2\sqrt{x}}\right]_{x=4} \cdot 5 = 1.25$ ■

참고 함수 $y = f(x)$에 대하여, $x = a$에서의 변화율 $\frac{dy}{dx}$를 $y$의 미분 $dy$와 $x$의 미분 $dx$의 비로 보면 안된다.

**예제 3**

$x$가 1에서 1.2로 변하였을 때, 함수 $y = x^2$의 (a) 변화율 $\frac{dy}{dx}$, (b) $x$의 미분 $dx$, (c) $y$의 미분 $dy$, (d) $y$의 미분 $dy$와 $x$의 미분 $dx$의 비를 구하여라.

풀이 (a) $\frac{dy}{dx} = y' = 2x \mid_{x=1} = 2$

(b) $dx = 0.2$

(c) $dy = 2 \cdot 0.2 = 0.4$

(d) $\frac{y\text{의 미분}}{x\text{의 미분}} = \frac{dy}{dx} = \frac{0.4}{0.2} = 2$ ■

앞에서 알 수 있는 바와 같이 미분가능한 함수 $y = f(x)$에 대하여 $|\Delta x|$가 작을 때에는 $\Delta y$와 $dy$의 차는 매우 작으므로 함수의 증분 $\Delta y$의 근삿값으로 미분 $dy$를 써도 좋을 것이다. 이때 $|\Delta x|$가 작으면 작을수록 오차 $|\Delta y - dy|$는 점점 줄어든다. 왜냐하면

$$\Delta y - dy = \Delta y - f'(x)\Delta x$$

이고, (1)의 양변을 $\Delta x$로 나누면

$$\frac{\Delta y - dy}{\Delta x} = \frac{\Delta y - f'(x)\Delta x}{\Delta x} = \frac{\Delta y}{\Delta x} - f'(x)$$

이므로, 따라서 (2)에서 $\Delta x \to 0$일 때의 극한을 구하면

$$\lim_{\Delta x \to 0} \frac{\Delta y - dy}{\Delta x} = \lim_{\Delta x \to 0} \left(\frac{\Delta y}{\Delta x} - f'(x)\right) = f'(x) - f'(x) - 0$$

이 되기 때문이다. 그러므로 함수 $f(x)$가 주어졌을 때 $f(x)$의 증분 $\Delta f(x) = f(x + \Delta x)$

$-f(x)$는 $|\Delta x|$가 작으면 근사적으로 $df(x)$와 같다. 즉

$$f(x+\Delta x) \doteq f(x) + df(x) = f(x) + f'(x)\Delta x$$

식 (3)은 점 $x$에서의 함수의 값과 그 점에서의 변화율을 알면 그 점 바로 근처에 있는 점에서의 함수의 값을 근사적으로 계산할 수 있음을 뜻한다.

**예제 4**

$y = x^4 - 2x^3 + 9x + 7$일 때 미분을 써서 $x = 1.997$일 때의 $y$의 근삿값을 구하고, 이 근삿값의 정확도를 말하여라.

풀이 1.997은 $x=2$값에 증분 $\Delta x = dx = -0.003$을 더해서 얻은 값이라고 생각할 수 있다. 따라서 미분에 의하여 다음을 얻는다.

$$dy = (4x^3 - 6x^2 + 9)dx = (32 - 24 + 9)(-0.003) = -0.051$$

$x=2$일 때 $y=25$이며, $x$가 2에서 1.997로 변할 때의 $y$의 근사적 변화가 $-0.051$이므로, $x=1.997$일 때의 $y$의 근삿값으로 다음 값을 얻는다.

$$y + dy = 25 - 0.051 = 24.949$$

이 근삿값의 정확도를 측정하기 위해서, 근삿값의 오차 $\Delta y - dy$를 계산해 보자.

$$\begin{aligned}\Delta y - dy &= 6x^2(\Delta x)^2 + 4x(\Delta x)^3 + (\Delta x)^4 - 6x(\Delta x)^2 - 2(\Delta x)^3 \\ &= (24-12)(-0.003)^2 + (8-2)(-0.003)^3 + (-0.003)^4 \\ &= 0.000107838081\end{aligned}$$

따라서 $y + \Delta y = y + dy + (\Delta y - dy) = 24.949107838081$이므로 위의 근삿값은 소수점 이하 세 자리까지 정확함을 알 수 있다. ■

**예제 5**

미분을 써서 $\sqrt{98}$의 근삿값을 구하여라.

풀이 98은 완전제곱수 100과 조금밖에 다르지 않음을 알고, $x$가 100에서 98로 변하는데 대응하는 $y = \sqrt{x}$의 변화를 구하여 이 변화에 $y = \sqrt{100} = 10$을 더함으로써 $\sqrt{98}$을 구한다. $dy = \dfrac{1}{2\sqrt{x}}dx$이므로 $x = 100$, $dx = -2$에 대한 $y$의 근사적 변화는 $dy = \dfrac{-2}{2\sqrt{100}} = -0.1$. 따라서 근사적으로 $\sqrt{98}$은 다음과 같다.

$$\sqrt{98} = \sqrt{100} - 0.1 = 9.9$$ ■

상대오차와 백분(율)오차 : $dy$를 $y$의 오차라고 할 때, $\frac{dy}{y}$를 $y$의 **상대오차**, $\left(\frac{dy}{y}\right) \times 100$을 **백분(율)오차(%)**라 한다.

**예제 6**

어떤 공의 반지름을 재어보니 5cm이었다. 여기에는 0.02cm의 오차가 있을 가능성이 있다. 이때 이 반지름을 이용하여 공의 체적을 계산함으로써 생기는 상대오차와 백분율오차(%)를 구하여라.

풀이 $V = \frac{4}{3}\pi r^3$에서 생기는 정확한 최대오차는 $r$이 5에서 $5 \pm 0.02$로 변할 때의 $V$의 값의 변화 $\Delta V$일 것이다. $\Delta V$의 근삿값은 $dV$이므로

$$dV = 4\pi r^2 dr = 4\pi(5)^2(\pm 0.02) = \pm 2\pi(cm^3).$$

$r = 5$일 때의 체적은 $V = \frac{4\pi(5)^3}{3} = \frac{500\pi}{3}$이므로, 상대오차는

$$\frac{dV}{V} = \frac{\pm 2\pi}{\frac{500\pi}{3}} = \pm 0.012$$

이고, 백분오차는 $\pm 1.2\%$이다. ■

## 4.7 속도와 가속도

한 질점이 직선 $l$상을 운동하고 있다고 하자. 직선 $l$위에 점 $O$를 잡고, $O$에서 $l$위의 한 점 $P$까지의 거리를 $x$라 하고 질점이 $O$를 떠나서 $P$까지 운동하였을 때의 시각을 $t$라 하면 $x$는 $t$의 함수이다. 즉

$$x = f(t)$$

지금 질점이 $P$의 위치에서 $\Delta t$의 시간이 지난 후 점 $Q$의 위치에 있다고 하면, $PQ$는 $t$의 증분 $\Delta t$에 대응하는 $x$의 증분이다. 따라서 $PQ = \Delta x$라고 하면

$$\frac{\Delta x}{\Delta t} = \frac{f(t+\Delta t) - f(t)}{\Delta t}$$

는 $P$에서 $Q$까지 운동한 질점의 **평균속도**(mean velocity)이다. 만일 등속운동이면 이것은 점 $P$에서의 질점의 속도를 표시하지만 등속운동이 아니면 점 $P$에서의 **속도**(velocity) $v$는 $\Delta t \to 0$일 때의 $\dfrac{\Delta x}{\Delta t}$의 극한이므로

$$v = \lim_{\Delta t \to 0} \frac{\Delta x}{\Delta t} = \frac{dx}{dt}$$

이다. 또다시 속도 $v$는 $t$의 함수가 된다. 그래서 $P$에서 $Q$까지 질점이 운동하는 사이에 속도가 $\Delta v$만큼 증가하였다면 $\dfrac{\Delta v}{\Delta t}$는 $P$에서 $Q$까지 운동한 질점의 **평균가속도**(mean acceleration)이다. 따라서 $P$에 있어서의 가속도(acceleration) $a$는 다음과 같다.

$$a = \lim_{\Delta t \to 0} \frac{\Delta v}{\Delta t} = \frac{dv}{dt} = \frac{d^2x}{dt^2}$$

즉 가속도는 운동거리 $x$의 2계도함수이다.

**예제 1**

$x$축, $y$축 위에 각각 양 끝점 $A$, $B$가 있는 길이 5cm인 선분이 제 1상한에 [그림 4-17]과 같이 있다고 하자. 지금 $B$가 매초 0.3cm의 일정한 속도로 원점을 향하여 움직인다고 하면 $A$의 속도는 어떻게 되는가? 또 $\overline{OB} = 3\text{cm}$일 때 $A$는 어떤 속도로 움직이는가?

풀이 $\overline{OA} = x$, $\overline{OB} = y$라 하면 $x^2 + y^2 = 5^2$의 관계가 있고, $x$, $y$ 모두 시간 $t$의 함수이므로, 이 식을 $t$로 미분하면

$$2x\frac{dx}{dt} + 2y\frac{dy}{dt} = 0.$$

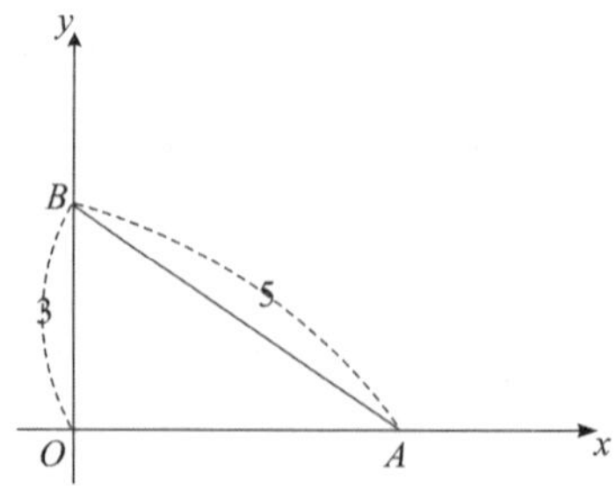


[그림 4-17]

그런데 $B$는 매초 0.3cm의 일정한 속도록 원점을 향하고 있으므로

$$\frac{dy}{dt}=-0.3$$

따라서 $\frac{dx}{dt}=\frac{0.3y}{x}=0.3\frac{\overline{OB}}{\overline{OA}}$. 그러므로 $A$는 매초 $0.3\frac{\overline{OB}}{\overline{OA}}$cm의 속도로 $x$축이 양의 방향으로 움직이고 있다. 특히 $\overline{OB}=3$이면 $\overline{OA}=4$이므로, $\overline{OB}=3$cm일 때는 $A$는 매초 $0.3\times\frac{3}{4}=0.225$cm의 속도로 움직이게 된다. ■

**예제 2**

[그림 4-18]에서 보는 바와 같이 발사된 로켓이 1200m 높이에서 초속 260m/sec로 수직으로 상승하고 있다면 카메라로부터 로켓까지의 거리는 그 순간에 어떤 속도로 멀어져 가겠는가?

풀이 지상에서 로켓까지의 거리를 $x$, 카메라로부터 로켓까지의 거리를 $y$라 하면 이들은 모두 시간의 종속변수로 다음과 같이 표시된다.

$$(500)^2+x^2=y^2$$

양변을 $t$에 관해 미분하면

$$2x\frac{dx}{dt}=2y\frac{dy}{dt}$$

$x=1200$일 때의 순간속도 $\frac{dx}{dt}=260$이므로

$$(500)^2+(1200)^2=y^2$$

에서 $y=1300$을 얻고

$$\frac{dy}{dx}=\frac{x}{y}\cdot\frac{dx}{dt}=\frac{1200}{1300}\cdot(260)=240.$$

따라서 멀어져 가는 순간속도는 240m/sec이다. ■

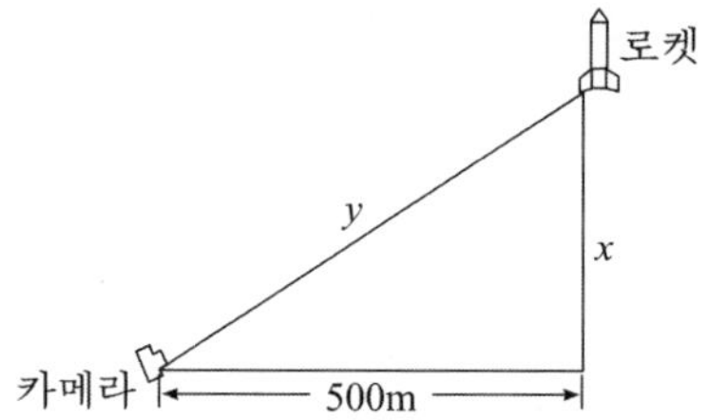


[그림 4-18]

**예제 3**

[그림 4-19]에서 보는 바와 같은 직원뿔형 필터를 통해 부정한 액체를 여과하려고 한다. 이 직원뿔의 높이는 40cm이며 밑면의 반지름이 10cm이다. 만일 여과된 액체가 밑으로 떨어지는 분속이 $25\text{cm}^3/\text{min}$이면 액체면의 높이가 20cm일 때 액체면이 내려가는 순간 속도를 구하여라.

풀이 $t$는 분을 단위로 한 시간, $V$는 시간 $t$에서 액체의 부피, $y$는 $t$분에서 액체의 깊이, $x$는 $t$분에서 액체표면의 반지름이라 하면

$$V=\frac{1}{3}\pi\times x^2y.$$

닮은 꼴인 두 삼각형을 이용하여 $x$와 $y$의 관계를 나타내면

$$\frac{10}{40}=\frac{x}{y},\quad x=\frac{1}{4}y.$$

따라서

$$V=\frac{1}{3}\pi\cdot\left(\frac{1}{4}y\right)^2\cdot y=\frac{1}{48}\pi y^3.$$

양변을 $t$에 관해 미분하면

$$\frac{dV}{dt}=\frac{3}{48}\pi y^2\frac{dy}{dt}=\frac{1}{16}\pi y^2\frac{dy}{dt}.$$

지금 $y=20\text{cm}$일 때의 순간속도 $\frac{dy}{dt}$를 구해야 하므로 $\frac{dV}{dt}=25\text{cm}^2/\text{min}$에서 $25=\frac{1}{16}\pi(20)^2\frac{dy}{dt}$. 따라서 $\frac{dy}{dt}=\frac{25}{25\pi}=\frac{1}{\pi}(\text{cm}^3/\text{min})$이다. ■

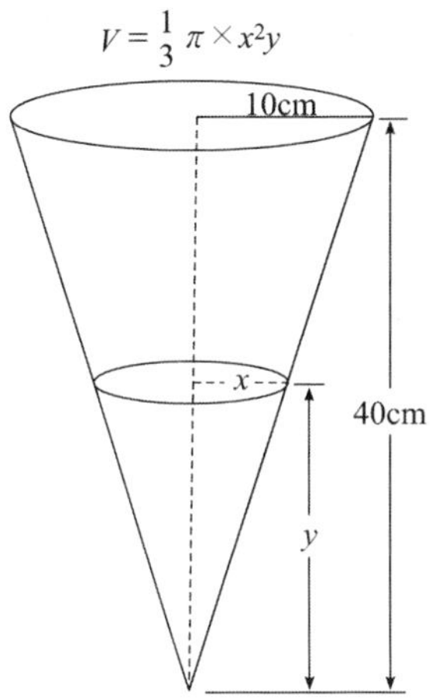


[그림 4-19]

## 연습문제 4.7

Exercises

**1.** 다음 곡선의 개형을 그려라.

(1) $y = \dfrac{x}{1+x^2}$ (2) $y = xe^{-x}$

(3) $y = \ln \tan x$ (4) $y = \dfrac{x}{(x-1)(x-2)}$

**2.** 정사각형의 한 변이 매초 2cm의 비율로 증대하고 있다. 변의 길이가 6cm일 때의 정사각형의 면적의 변화율을 구하여라.

**3.** 공기펌프가 매분 $9\text{cm}^3$의 공기를 기구에 일정하게 불어넣고 있다. 지름이 6m가 되어 둥근 구가 된 기구가 그 순간에 반지름이 커져가는 순간속도를 구하여라.

**4.** 절벽의 꼭대기에서 물체를 위로 향하여 수직으로 던졌다. 위로 향한 방향을 양의 방향으로 하고 출발점으로부터 물체까지의 거리 $S$(m)가

$$S = 19.6t - 4.9t^2$$

으로 표시될 때 다음을 구하여라. (여기서 $t$의 단위는 초)

(1) 임의 시간에서의 속도

(2) 최초의 속도

(3) 최고점에 도달하는 데 걸리는 시간

(4) 최고점의 높이

(5) $t=5$초일 때 위치와 속도

(6) 임의점에서의 가속도

**5.** 점이 $y=\dfrac{1}{x^2+4}$의 그래프를 따라서 움직이고, 그 $x$좌표는 매초 3의 비율로 변화하고 있다. $x=2$일 때의 $y$좌표이 변화율을 구하여라.

**6.** 2차 방정식 $hx^2+ax+b=0$이 실근을 가지고, 절댓값이 작은 근은 $h\to 0$일 때, $-\dfrac{b}{a}$로 접근함을 보여라.

## 4.8 곡 률

곡선 $y=f(x)$ 위의 점 $A$에서 점 $P(x,\ y)$까지의 호의 길이를 $s$라 하자. $x$가 증가하면 $s$도 증가하므로 $s$는 $x$의 함수라고 할 수 있다. 이때 $\dfrac{ds}{dx}$를 구해보자.

$$\frac{ds}{dx}=\lim_{\Delta x\to 0}\frac{\Delta s}{\Delta x}.$$

점 $Q(x+\Delta x,\ y+\Delta y)$가 곡선 위의 점일 때 호 $PQ$의 길이가 $\Delta s$이다. 그리고 선분 $PQ$의 길이를 $\Delta l$이라 놓으면 $\Delta l=\sqrt{(\Delta x)^2+(\Delta y)^2}$이다. 따라서

$$\begin{aligned}\frac{\Delta s}{\Delta x}&=\frac{\Delta s}{\Delta l}\cdot\frac{\Delta l}{\Delta x}=\frac{\Delta s}{\Delta l}\cdot\frac{\sqrt{(\Delta x)^2+(\Delta y)^2}}{\Delta x}\\&=\frac{\Delta s}{\Delta l}\cdot\sqrt{1+\left(\frac{\Delta y}{\Delta x}\right)^2}\end{aligned}$$

이다. 그런데 $\Delta x$가 0에 접근할 때 $\dfrac{\Delta s}{\Delta l}$는 1에 접근하므로

$$\lim_{\Delta x \to 0} \frac{\Delta s}{\Delta x} = \lim_{\Delta x \to 0} \frac{\Delta s}{\Delta l} \cdot \frac{\Delta l}{\Delta x}$$
$$= \lim_{\Delta x \to 0} \sqrt{1 + \left(\frac{\Delta y}{\Delta x}\right)^2} = \sqrt{1 + \left(\frac{dy}{dx}\right)^2}$$

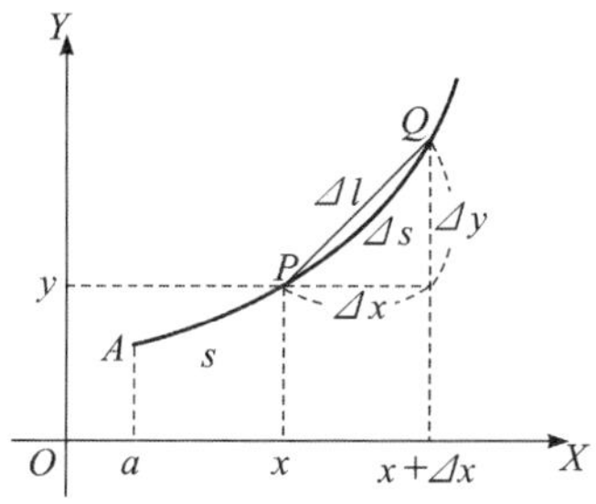


[그림 4-20]

이다. 그러므로 길이에 대한 호의 미분은 다음과 같다.

$$\frac{ds}{dx} = \sqrt{1 + \left(\frac{dy}{dx}\right)^2} = \sqrt{1 + (y')^2} \quad \text{또는} \quad ds = \sqrt{1 + (y')^2}\, dx \tag{1}$$

즉 $ds$는 $dx$, $dy$를 두 변으로 하는 직각삼각형의 빗변으로 생각할 수 있다. $P(x,\ y)$, $Q(x + \Delta x,\ y + \Delta y)$를 곡선 $y = f(x)$ 위의 두 점이라 하자.

[그림 4-21]에 표시한 바와 같이, 접선이 $P$와 $Q$사이에 있는 호 $\Delta s$를 그릴 때, 접선은 각 $\Delta \alpha$만큼 회전함을 알 수 있다. 비 $\dfrac{\Delta \alpha}{\Delta s}$를 호 $PQ$의 **평균곡률**이라 하며, 다음과 같이 정의한다.

곡선 위의 한 점 $P$에서의 **곡률**(curvature) $K$는 $Q$가 $P$에 접근할 때, 호 $PQ$의 평균곡률의 극한의 절대치이다. 즉

$$K = \left| \lim_{\Delta s \to 0} \frac{\Delta \alpha}{\Delta s} \right| = \left| \frac{d\alpha}{ds} \right| = P\text{에서의 곡률.}$$

$K$를 구하는 간편한 공식을 얻으려면 $\dfrac{d\alpha}{ds}$를 미분의 비로서 계산한다. 즉 $\alpha = \tan^{-1} y'$이므로 미분하면

$$d\alpha = \frac{y''}{1 + (y')^2} dx$$

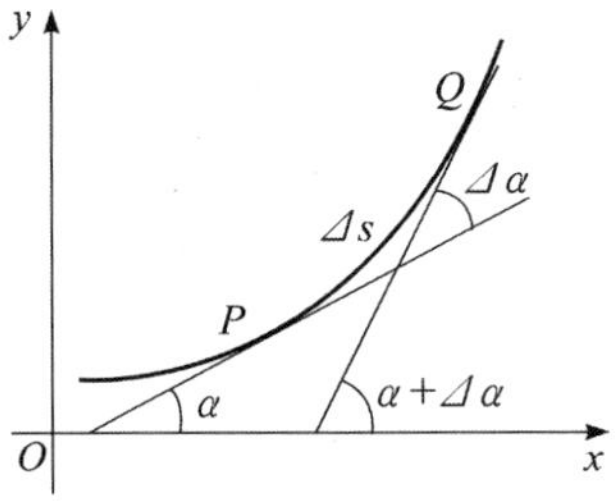


[그림 4-21]

그리고 식 (1)에서

$$ds = \sqrt{1+(y')^2}\,dx,$$

따라서 $d\alpha$를 $ds$로 나누면, 곡선 $y=f(x)$의 점 $P(x,\ y)$에서의 곡률은

$$K=\left|\frac{d\alpha}{ds}\right|=\frac{|y''|}{\left[1+(y')^2\right]^{\frac{3}{2}}} \tag{2}$$

**주의** 기울기 $y'$이 매우 작을 때는 $K$는 근사적으로 $|y''|$으로 주어진다. 공학이나 물리학에서 사용하는 많은 공식에서는 이 근사치를 사용한다.

**예제 1**

포물선 $y=x^2$ 상의 임의의 점$(x,\ y)$에서의 곡률 $K$를 구하면 $y'=2x$, $y''=2$이므로

$$K=\frac{2}{(1+4x^2)^{\frac{3}{2}}}$$

특히, 꼭지점 $(0,\ 0)$에서의 곡률은 $K=2$이다.

곡선이 $x=f(t)$, $y=g(t)$와 같이 매개방정식으로 주어지는 경우는 $f'(t)\neq 0$일 때

$$y'=\frac{dy}{dx}=\frac{g'(t)}{f'(t)} \tag{3}$$

이고, 양변을 $t$에 관하여 미분하면

$$\frac{d^2y}{dx^2}=\frac{dy'}{dt}\cdot\frac{dt}{dx}=\frac{g''(t)f'(t)-g'(t)f''(t)}{\{f'(t)\}^2}\cdot\frac{1}{f'(t)}$$

여기서 $\frac{dy'}{dx}=y''$, $\frac{dx}{dt}=f'(t)\neq 0$이므로

$$y''=\frac{f'(t)g''(t)-f''(t)g'(t)}{\{f'(t)\}^3}. \tag{4}$$

식 (3), (4)를 식 (2)에 대입하고 간단히 하면 식 (2)는 다음과 같다.

$$K=\frac{|f'(t)g''(t)-f''(t)g'(t)|}{\{f'^2(t)+g'^2(t)\}^{\frac{3}{2}}}. \tag{5}$$

**예제 2**

반지름 $r$인 원 $x=r\cos\theta$, $y=r\sin\theta$에 대해서는 $f'=-r\sin\theta$, $f''=-r\sin\theta$, $g'=r\cos\theta$, $g'=-r\sin\theta$이므로, 식 (5)에 의하여

$$K=\frac{r^2\sin^2\theta+r^2\cos^2\theta}{(r^2\sin^2\theta+r^2\cos^2\theta)^{\frac{3}{2}}}=\frac{1}{r}$$

이다. 즉 원 위의 임의의 점에서의 곡률은 일정하며, 그 값은 원의 반지름의 역수와 같다.

곡선 $y=f(x)$ 위의 점 $P$에서의 접선을 $L$, 곡률을 $K$라 하자. [그림 4-22]에서 보는 바와 같이, $P$에서 $L$에 접하고, $L$에 의하여 곡선과 같은 쪽에 있으며, 반지름이 $\frac{1}{K}$인 원을 그리면 이 원의 곡률은 점 $P$에서의 곡선의 곡률 $K$와 일치한다.

이때 이 원을 주어진 곡선의 **곡률원**(circle of curvature), 이 원의 중심을 **곡률중심**(center of curvature), 이 원의 반지름을 **곡률반경**(radius of curvature)이라 한다. 곡률반경을 $R$이라 하면 $R=\frac{1}{K}$이므로 다음과 같이 된다.

$$R=\frac{\{1+(y')^2\}^{\frac{3}{2}}}{|y''|}.$$

특히, 곡선이 $x=f(t)$, $y=g(t)$와 같이 매개방정식으로 주어지는 경우 $t=t_1$에 대응하는 곡선상의 점에서의 곡률반경 $R$은 $f'(t_1)\neq 0$일 때 식 (5)에 의하여 다음과 같다.

$$R=\frac{\{f'^2(t)+g'^2(t)\}^{\frac{3}{2}}}{|f'(t)g''(t)-f''(t)g'(t)|}$$

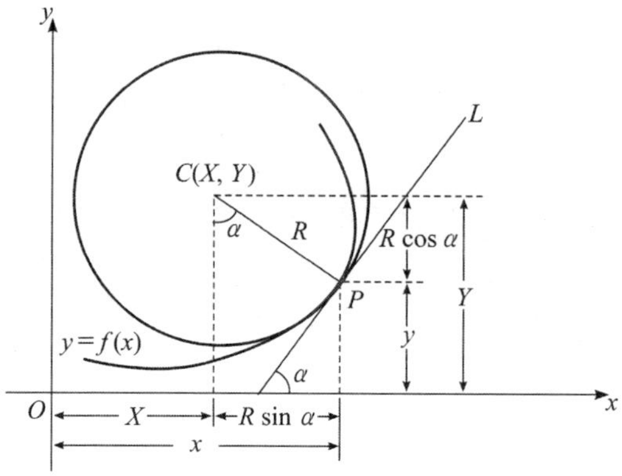


[그림 4-22]

**예제 3**

곡선 $x=a\cos^3 t$, $y=a\sin^3 t$ 상의 임의의 점 $t$에서의 곡률반경을 구하여라 $(a>0)$.

**풀이** $x=f(t)$, $y=g(t)$로 놓으면

$$f'(t)=-3a\cos^2 t\sin t$$

$$\begin{aligned}f''(t)&=-3a(-2\cos t\sin^2 t+\cos^3 t)\\&=-3a\cos t(\cos^2 t-2\sin^2 t)\end{aligned}$$

$$g'(t)=3a\sin^2 t\cos t$$

$$\begin{aligned}g''(t)&=3a(2\sin t\cos^2 t-\sin^3 t)\\&=3a\sin t(2\cos^2 t-\sin^2 t)\end{aligned}$$

$$\begin{aligned}f'^2(t)+g'^2(t)&=3^2a^2\cos^4 t\sin^2 t+3^2a^2\sin^4 t\cos^2 t\\&=3^2a^2\sin^2 t\cos^2 t\end{aligned}$$

$$\begin{aligned}f'(t)g''(t)-f''(t)g'(t)&=-3^2a^2\sin^2 t\cos^2 t(3\cos^2 t-1)\\&\quad+3^2a^2\sin^2 t\cos^2 t(3\cos^2 t-2)\\&=-3^2a^2\sin^2 t\cos^2 t\end{aligned}$$

$\therefore\ R=3a|\sin t\cos t|$. ■

곡선 $y=f(x)$ 상의 임의의 점 $P(x,\ y)$에서 곡선의 기울기가 양이고 $(y'>0)$, 아래로 볼록 $(y''>0)$이라고 하자. 곡률중심을 $C(X,\ Y)$라고 하면 [그림 4-22]에서

$$X=x-R\sin\alpha,\quad Y=y+R\cos\alpha \tag{6}$$

또 $\tan\alpha=y'$인 관계식에서

$$\sin\alpha=\frac{y'}{\sqrt{1+y'^2}},\qquad \cos\alpha=\frac{1}{\sqrt{1+y'^2}}$$

임을 알 수 있다. 이 식들을 식 (6)에 대입하고 정리하면

$$X=x-\frac{y'(1+y'^2)}{y''},\qquad Y=y+\frac{1+y'^2}{y''} \tag{7}$$

을 얻는다. 여기서 $y=f(x)$, $y'=f'(x)$, $y''=f''(x)$임을 감안할 때 점 $P$의 좌표를 매개변수로 하여 곡률중심을 나타낼 수 있다.

식 (7)은 $y'>0$, $y''>0$라는 조건이 없어도 성립한다. 곡선이 매개방정식

$$x=f(t),\qquad y=g(t)$$

로 주어진 경우, 앞의 식 (3)과 (4)를 위 식 (7)에 대입하면 다음과 같다.

$$X=f(t)-g'(t)\frac{\{f'(t)\}^2+\{g'(t)\}^2}{f'(t)g''(t)-g'(t)f''(t)}$$
$$Y=g(t)+f'(t)\frac{\{f'(t)\}^2+\{g'(t)\}^2}{f'(t)g''(t)-g'(t)f''(t)}$$

**예제 4**

포물선 $y^2=4px$ 상의 임의의 점에서 곡률중심의 좌표를 구하여라.

풀이 $y'=\dfrac{2p}{y}$, $y''=\left(\dfrac{-2p}{y^2}\right)y'=\dfrac{-4p^2}{y^3}$이므로

$$X=x-\frac{y'(1+y'^2)}{y''}=x+\frac{y^2+4p^2}{2p}=3x+2p$$
$$Y=y+\frac{1+y'^2}{y''}=y+\frac{y(y^2+4p^2)}{4p^2}=\frac{-y^3}{4p^2}$$

따라서 구하는 곡률중심은 $\left(3x+2p,\quad \dfrac{-y^3}{4p^2}\right)$이다. ■

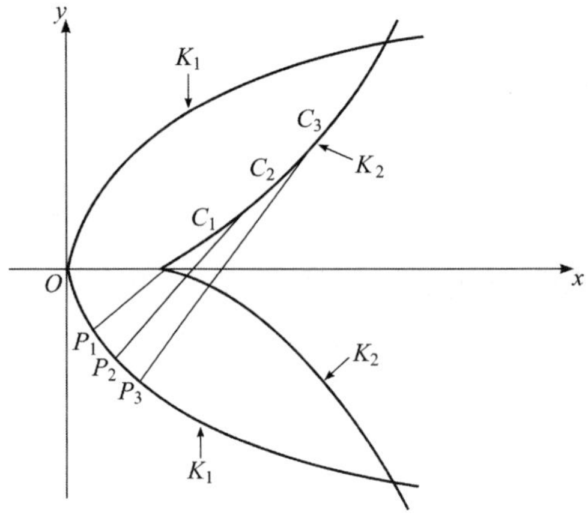


[그림 4-23]

점 $P$가 곡선 $K_1$을 따라 움직이면, $P$에 대응하는 곡률중심은 다른 곡선 $K_2$를 그린다. 이 곡선 $K_2$를 곡선 $K_1$의 **축폐선**(evolute)이라 하고, $K_1$을 $K_2$의 **신개선**(involute)이라고 한다.

곡선 $y=f(x)$의 축폐선의 방정식은 곡률중심의 매개방정식 (7)에 의하여 나타낼 수 있다.

**예제 5**

포물선 $y^2=4px$의 축폐선의 방정식을 구하여라.

풀이 예제 4에서 곡률중심이 $\left(3x+2p,\quad \dfrac{-y^3}{4p^2}\right)$이므로

$$X=3x+2p, \quad Y=\frac{-y^3}{4p^2}$$

$$\therefore\ x=\frac{X-2p}{3}, \quad y=-(4p^2Y)^{\frac{1}{3}}$$

이것을 포물선의 방정식에 대입하여 $x$, $y$를 소거하면 구하는 축폐선의 방정식은

$$(4p^2Y)^{\frac{2}{3}}=4p\left(\frac{X-2p}{3}\right), \quad \text{즉 } pY^2=\frac{4}{27}(X-2p)^3.$$ ■

## 연습문제 4.8 Exercises

**1.** 다음 곡선의 지정한 점에서의 곡률, 곡률반경을 구하여라.

(1) $y=\sin x$ ; $\left(\frac{\pi}{2},\ 1\right)$

(2) $x=\sin\theta,\ y=\sin 2\theta$ ; $\theta=\frac{\pi}{2}$

(3) $x=\frac{1}{1+u},\ y=\frac{1}{1-u}$ ; $u=0$

(4) $x=e^{t}+e^{-t},\ y=e^{t}-e^{-t}$ ; $t=0$

**2.** 다음 각 곡선의 최대곡률을 가지는 점을 구하여라.

(1) $y=4x-x^2$

(2) $x=2t-3,\ y=t^2-1$

**3.** 다음 곡선이 주어진 점에서의 곡률중심을 구하여라.

(1) $y=x^4-x^2$ ; $(0,\ 0)$

(2) $x^3+y^3=4xy$ ; $(2,\ 2)$

**4.** 다음 곡선의 축폐선에 대한 매개방정식을 구하여라.

(1) $y=x^3$

(2) $x=\frac{t^4}{4},\quad y=\frac{t^5}{5}$

**5.** 다음 곡선이 축폐선에 대한 직교방정식을 구하여라.

(1) $y^2=2ax$

(2) $x=a\cos\theta,\ y=b\sin\theta$

# 제 5 장

# 적 분

## 5.1 부정적분

어떤 구간에서 정의된 함수 $f(x)$에 대하여 이 구간의 모든 $x$에 관하여

$$F'(x) = f(x)$$

를 만족하는 함수 $F(x)$가 존재할 때 $F(x)$를 $f(x)$의 **원시함수** 또는 **부정적분**이라고 한다. $F(x)$가 주어졌을 때에 그 부정적분 $f(x)$를 구하는 것을 $f(x)$를 적분한다고 한다.

$f(x)$의 부정적분을 $\int f(x)dx$로 나타내고 $\int$를 적분기호, $f(x)$를 **피적분함수**, $x$를 **적분변수**라고 한다. $F(x)$가 $f(x)$의 한 부정적분이라면

$$\int f(x)dx = F(x) + C \ (C\text{는 임의의 상수})$$

이다. 식 (1)에서 우변의 $C$를 적분상수라고 하는데 앞으로 부정적분의 계산을 할 때에는 적분상수 $C$를 생략하고

$$\int f(x)dx = F(x)$$

와 같이 간단히 쓸 때가 많다. 식 (2)와 같이 쓸 때에는 $f(x)$의 무수한 부정적분 가운데에서 그 대표적인 것 하나를 지시하는 것으로 본다. 부정적분과 미분의 관계를 간단히 다음과 같이 나타낼 수 있다.

$$F(x) \underset{\int}{\overset{\frac{d}{dx}}{\rightleftarrows}} f(x)$$

부정적분에서 다음과 같은 기초적인 관계가 성립함을 쉽게 알 수 있다.

$\alpha$, $\beta$를 임의의 상수라 할 때

$$\int \{\alpha f(x) + \beta g(x)\}dx = \alpha \int f(x)dx + \beta \int g(x)dx.$$

다음에 부정적분의 계산에 기초가 되는 공식을 열거한다(단, $k \neq 0$.)

(1) $\int x^n dx = \frac{x^{n+1}}{n+1} \quad (n \neq -1)$

(2) $\int \frac{1}{x} dx = \ln|x|$

(3) $\int \cos x dx = \sin x$

(4) $\int \sin x dx = -\cos x$

(5) $\int \sec^2 x dx = \tan x$

(6) $\int \csc^2 x dx = -\cot x$

(7) $\int \sec x \tan x dx = \sec x$

(8) $\int \csc x \cot x dx = -\csc x$

(9) $\int e^x dx = e^x$

(10) $\int a^x dx = \frac{a^x}{\ln a}$ $(a > 0,\ a \neq 1)$

(11) $\int \frac{dx}{x^2 + k^2} = \frac{1}{k}\tan^{-1}\frac{x}{k}$

(12) $\int \frac{dx}{x^2 - k^2} = \frac{1}{2k}\ln\left|\frac{x-k}{x+k}\right|$

(13) $\int \frac{dx}{\sqrt{k^2 - x^2}} = \sin^{-1}\frac{x}{k}$

(14) $\int \frac{dx}{\sqrt{x^2 + k}} = \ln|x + \sqrt{x^2 + k}|$ $(k \neq 0)$

(15) $\int \sec x dx = \ln|\sec x + \tan x|$

(16) $\int \csc x dx = \ln|\csc x - \cot x|$

이들 공식은 모두 우변을 미분하면 좌변의 피적분함수가 유도된다. 한편 $\int f(t)dt = F(t)$ 일 때 $ax + b = t$로 놓으면 $adx = dt$이므로

$$\int f(ax+b)dx = \frac{1}{a}\int f(t)dt = \frac{1}{a}F(t)$$

이다. 따라서

$$\int f(ax+b)dx = \frac{1}{a}F(ax+b) \quad (a \neq 0)$$

인 관계를 얻는다. 따라서 위의 공식 (1)~(16)에서 $x$ 대신 $ax + b$를 대입시키면 우변의 결과의 함수 앞에 $\frac{1}{a}$이 곱해지면 된다. 예컨대

$$\int \cos(ax+b)dx = \frac{1}{a}\sin(ax+b).$$

다음에 이들 사실로부터 직접 계산할 수 있는 부정적분의 예를 들어보자.

(1) $\int \frac{dx}{ax+b} = \frac{1}{a}\ln|ax+b|$ $(a \neq 0)$

$$\int \tan x dx = \int \frac{\sin x}{\cos x}dx = -\int \frac{(\cos x)'}{\cos x}dx = -\ln|\cos x|$$

(2) $\int \cos^2 x dx = \int \frac{1+\cos 2x}{2}dx = \frac{1}{2}\left(x + \frac{\sin 2x}{2}\right)$

$$\int \sin^2 x dx = \int \frac{1-\cos 2x}{2}dx = \frac{1}{2}\left(x - \frac{\sin 2x}{2}\right)$$

(3) $\int \frac{dx}{a^2x^2+b^2} = \int \frac{dx}{(ax)^2+b^2} = \frac{1}{ab}\tan^{-1}\frac{ax}{b} \quad (a>0,\quad b>0)$

(4) $\int \frac{dx}{x^2+2x-3} = \int \frac{dx}{(x+1)^2-2^2} = \frac{1}{4}\ln\left|\frac{x+1-2}{x+1+2}\right| = \frac{1}{4}\ln\left|\frac{x-1}{x+3}\right|$

(5) $\int \frac{dx}{\sqrt{1-a^2x^2}} = \frac{1}{a}\int \frac{dx}{\sqrt{\left(\frac{1}{a}\right)^2-x^2}} = \frac{1}{a}\sin^{-1}ax \ (a>0)$

## 5.2 정적분

정적분의 개념은 평면도형의 면적, 곡선의 길이, 곡면의 표면적, 입체의 체적 등을 구하는 구적문제의 연구에서 시작되어 17세기 뉴턴, 라이프니츠 때에 이르러 그 형식을 갖추게 되었다.

정적분을 정의하기 위하여 함수 $f$가 구간 $[a,\ b]$에서 정의된 연속함수라고 하자. 구간 $[a,\ b]$를

$$a = x_0 < x_1 < x_2 < \cdots < x_{n-1} < x_n = b$$

와 같은 점 $x_0,\ x_1,\ \cdots,\ x_n$ 의하여 $n$개의 구간으로 분할할 때, 이 분할법을 기호 $P = \{x_0,\ x_1,\ x_2,\ \cdots,\ x_{n-1},\ x_n\}$로 나타내고, 분할 $P$라 부르기로 한다.

분할 $P$에 대하여 $i$번째 소구간의 길이를 $\Delta x_i = x_i - x_{i-1}$, $(i = 1,\ 2,\ \cdots,\ n)$이라고 할 때, $\Delta x_1,\ \Delta x_2,\ \cdots\ \Delta x_n$ 중에서 가장 큰 것을 분할 $P$의 크기(norm)라 하고, 기호 $\|P\|$로 나타낸다. 즉

$$\|P\| = \max\{\Delta x_i \mid i = 1,\ 2,\ \cdots,\ n\}.$$

소구간 $I_i = [x_{i-1},\ x_i]$에 속하는 임의의 점 $x_i^*$ $(i = 1,\ 2,\ \cdots,\ n)$에 대하여 다음과 같이 만든 합

$$\sum_{i=1}^{n} f(x_i^*)(x_i - x_{i-1}) = \sum_{i=1}^{n} f(x_i^*)\Delta x_i$$

를 함수 $f$의 분할 $P$에 대한 리만 합(Riemann sum)이라고 한다.

일반적으로 함수 $f$가 구간 $[a, b]$에서 정의되고, $[a, b]$의 분할 $P$와 각 소구간 $I_i$ 내의 점 $x_i^*$를 택하는 방법에 관계없이 $\|P\| \to 0$일 때 리만 합 $\sum_{i=1}^{n} f(x_i^*)\Delta x_i$가 일정한 값으로 수렴하면, 즉 극한값

$$\lim_{\|P\|\to 0} \sum_{i=1}^{n} f(x_i^*)\Delta x_i$$

이 존재하면, 함수 $f$는 구간 $[a, b]$에서 **적분가능**(integrable)하다 또는 리만 적분가능하다고 하고, 이 극한값을

$$\int_a^b f(x)dx = \lim_{\|P\|\to 0} \sum_{i=1}^{n} f(x_i^*)\Delta x_i$$

로 나타낸다. 이것을 구간 $[a, b]$에서의 **정적분**(definite integral) 또는 리만 적분이라고 부른다. 이때 $f(x)$를 피적분함수, $x$를 적분변수, $a$를 적분의 하한, $b$를 적분의 상한, $a$와 $b$를 함께 가리켜 적분구간 또는 적분한계라고 한다.

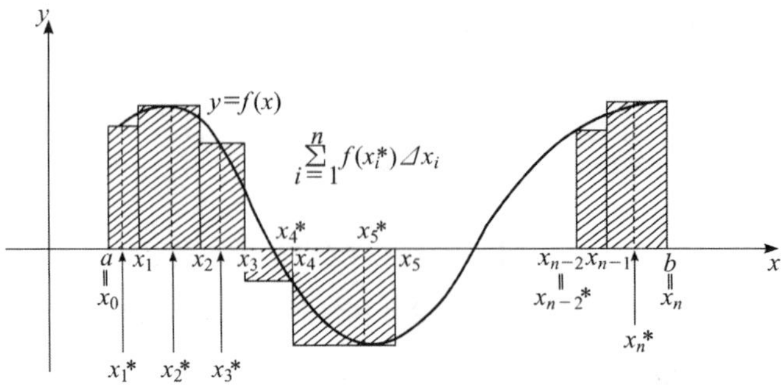


[그림 5-1] 리만 합

**주의** 정적분의 정의에서 알 수 있는 바와 같이, 정적분 $\int_a^b f(x)dx$의 값은 오로지 함수 $f$와 적분한계 $a$, $b$에만 좌우되고, 적분변수를 가리키는 문자와는 상관이 없다.

$$\int_a^b f(x)dx = \int_a^b f(t)dt = \int_a^b f(y)dy.$$

**예제 1**

구간 $[0, 1]$에서 함수 $f(x) = x^2$이 적분가능함을 보여라.

풀이 편의상 구간 $[0, 1]$의 분할을 다음과 같이 하자.

$$0 = a_0 < \frac{1}{n} < \frac{2}{n} < \frac{3}{n} < \cdots < \frac{n-1}{n} < \frac{n}{n} = 1 = a_n$$

임의의 소구간 $I_i = \left[\frac{i-1}{n}, \frac{i}{n}\right]$ 내의 임의의 점을 $x_i^* = \frac{i}{n}$라고 하면

$$\int_0^1 x^2 dx = \lim_{\|P\| \to 0} \sum_{i=1}^{n} f(x) \Delta x_i = \lim_{n \to \infty} \sum_{i=1}^{n} f\left(\frac{i}{n}\right) \frac{1}{n}$$

$$= \lim_{n \to \infty} \sum_{i=1}^{n} \frac{i^2}{n^2} \cdot \frac{1}{n} = \lim_{n \to \infty} \frac{1}{n^3} \sum_{i=1}^{n} i^2$$

$$= \lim_{n \to \infty} \frac{n(n+1)(2n+1)}{6n^3}$$

$$= \frac{1}{3}.$$

■

**예제 2**

다음 함수 $f(x)$가 $[a, b]$에서 정적분가능하지 않음을 정의에 의하여 보여라.

$$f(x) = \begin{cases} 1, & x\text{는 유리수} \\ 0, & x\text{는 무리수} \end{cases} \quad (\text{단, } a \le x \le b)$$

풀이 구간 $[a, b]$의 임의의 한 분할 $P = \{x_0, x_1, \cdots, x_n\}$에 대하여 소구간 $[x_{i-1}, x_i]$에는 반드시 유리수와 무리수가 존재하므로, 점 $x_i^*$를 유리수로 택하면

$$\sum_{i=1}^{n} f(x_i^*) \Delta x_i = \sum_{i=1}^{n} 1 \cdot \Delta x_i = b - a$$

$$\therefore \lim_{\|P\| \to 0} \sum_{i=1}^{n} f(x_i^*) \Delta x_i = b - a.$$

또, $x_i^* \in [x_{i-1}, x_i]$를 무리수로 택하면

$$\sum_{i=1}^{n} f(x_i^*) \Delta x_i = \sum_{i=1}^{n} 0 \cdot \Delta x_i = 0$$

$$\therefore \lim_{\|P\| \to 0} \sum_{i=1}^{n} f(x_i^*) \Delta x_i = 0.$$

즉, $x_i^*$를 택하는 방법에 따라서 $\lim_{\|P\|\to 0}\sum_{i=1}^{n} f(x_i^*)\Delta x_i$의 값이 다르다. 그러므로 주어진 함수 $f(x)$는 적분가능하지 않다. ■

**예제 3**

구간 $[a, b]$(단, $a$, $b$는 유한한 값)에서 함수 $f(x)=k$ ($k$는 상수)는 적분가능하고 다음이 성립함을 보여라.

$$\int_a^b k\,dx = k\,(b-a)$$

(풀이) $[a, b]$의 분할 $P=\{x_0, x_1, x_2, \cdots, x_n\}$과 소구간 $[x_{i-1}, x_i]$ 내의 점 $x_i^*$를 택하는 방법에 관계없이

$$\sum_{i=1}^{n} f(x_i^*)\Delta x_i = \sum_{i=1}^{n} k\cdot\Delta x_i = k\sum_{i=1}^{n}\Delta x_i = k(b-a)$$

$$\therefore \lim_{\|P\|\to 0}\sum_{i=1}^{n} f(x_i^*)\Delta x_i = k(b-a).$$

따라서 $f$는 $[a, b]$에서 적분가능하고

$$\int_a^b k\,dx = k\,(b-a).$$

■

**예제 4**

다음 극한값을 정적분으로 나타내어라.

$$\lim_{n\to\infty}\frac{1}{n}\left(1+\sqrt{1+\frac{1}{n}}+\sqrt{1+\frac{2}{n}}+\cdots+\sqrt{1+\frac{n-1}{n}}\right)$$

(풀이)

$$\begin{aligned}&\frac{1}{n}\left(1+\sqrt{1+\frac{1}{n}}+\sqrt{1+\frac{2}{n}}+\cdots+\sqrt{1+\frac{n-1}{n}}\right)\\ &=\frac{1}{n}\sum_{i=1}^{n}\sqrt{1+\frac{i-1}{n}}=\sum_{i=1}^{n}\sqrt{1+\frac{i-1}{n}}\,\frac{1}{n}\end{aligned}$$

이것을 적분의 정의에서 $\sum_{i=1}^{n} f(x_i^*)\Delta x_i$와 비교하면 $\Delta x_i=\dfrac{1}{n}$, $f(x)=\sqrt{1+x}$, $a=0$, $b=1$로 볼 수 있고, 구간 $[0, 1]$을 $n$등분했을 경우이며, $f(x)$는 이 구간에서 연속함수

이므로 적분가능하여

$$\lim_{n\to\infty}\frac{1}{n}\left(1+\sqrt{1+\frac{1}{n}}+\sqrt{1+\frac{2}{n}}+\cdots+\sqrt{1+\frac{n-1}{n}}\right)=\int_0^1\sqrt{1+x}\,dx$$

이다. ■

**예제 5**

$\int_a^b x\,dx$의 값을 정적분의 정의에 의하여 구하여라.

**풀이** $[a, b]$를 등간격으로 $n$등분하여

$$a<a+h<a+2h<\cdots<a+(n-1)h<a+nh=b,\quad \left(\text{단},\quad h=\frac{1}{n}(b-a)\right)$$

되게 하고, 임의의 소구간 $[a+(i-1)h,\quad a+ih]$에서 $x_i^*=a+(i-1)h$라고 하면 리만 합은

$$\begin{aligned}\sum_{i=1}^{n}f(x_i^*)\Delta x_i&=h\,[a+(a+h)+(a+2h)+\cdots+\{a+(n-1)h\}]\\&=h\,[na+\{1+2+\cdots+(n-1)\}h]\\&=h\left[na+\frac{(n-1)n}{2}h\right].\end{aligned}$$

그런데 $n\to\infty$이면 $h\to 0$이므로

$$\begin{aligned}\int_a^b x\,dx&=\lim_{n\to\infty}h\left[na+\frac{(n-1)n}{2}h\right]=\lim_{n\to\infty}nh\left[a+\frac{(n-1)}{2}h\right]\\&=\lim_{n\to\infty}(b-a)\left(a+\frac{b-a}{2}\cdot\frac{n-1}{n}\right)\\&=a(b-a)+\frac{1}{2}(b-a)^2\\&=\frac{1}{2}(b^2-a^2).\end{aligned}$$

■

이제 정적분의 기하학적 의미를 살펴보자. $f(x)$가 $[a, b]$에서 연속이고 $f(x)\ge 0$이면 리만 합은 [그림 5-1]에서와 같이 빗금을 그은 직사각형의 면적의 합을 뜻하고, 만일 $\|P\|\to 0$일 때 리만 합이 어떤 값 $A$에 수렴한다면 이 $A$는 $y=f(x)$와 두 직선 $x=a$, $x=b$ 및 $x$

축으로 둘러싸인 부분의 면적을 나타내는 것으로 볼 수 있을 것이다. 그러나 이와 같은 $A$가 확정되느냐 하는 것은 일단 검토해야 한다.

다음의 정리들은 적분가능성에 관한 것으로서 여기서는 증명을 생략하고 그 결과만을 받아들이도록 하자.

**정리 5.1**

함수 $f(x)$가 $[a, b]$에서 연속이면 $f(x)$는 $[a, b]$에서 적분가능이다.

**정리 5.2**

함수 $f(x)$가 $[a, b]$에서 단조증가함수(또는 단조감소함수)이면 $f(x)$는 $[a, b]$에서 적분가능이다.

**주의** 위 정리 5.1의 역은 성립하지 않는다. 실제로 불연속인 함수도 적분가능인 경우가 있다. 이런 함수의 예와 계산방법은 6.5절의 특이적분에서 다룬다.

## 연습문제 5.2

**1.** 정적분의 정의에 의하여 다음 적분값을 구하여라.

(1) $\displaystyle\int_1^2 x^2 dx$ (2) $\displaystyle\int_1^3 (x^2-1)dx$

**2.** 다음 극한들을 정적분 모양으로 나타내어라.

(1) $\displaystyle\lim_{n\to\infty}\left(\frac{1}{n+1}+\frac{1}{n+2}+\cdots+\frac{1}{2n}\right)$

(2) $\displaystyle\lim_{n\to\infty}\frac{1}{n\sqrt{n}}(\sqrt{1}+\sqrt{2}+\cdots+\sqrt{n})$

(3) $\displaystyle\lim_{n\to\infty}\left\{\frac{1}{\sqrt{n^2+n}}+\frac{1}{\sqrt{n^2+2n}}+\cdots+\frac{1}{\sqrt{n^2+n^2}}\right\}$

(4) $\lim_{n\to\infty}\left\{\frac{1}{n}+\frac{1}{\sqrt{n^2+1}}+\frac{1}{\sqrt{n^2+2^2}}+\cdots+\frac{1}{\sqrt{n^2+(n-1)^2}}\right\}$

(5) $\lim_{n\to\infty}\frac{\sqrt{n+1}+\sqrt{n+2}+\cdots+\sqrt{2n}}{\sqrt{1}+\sqrt{2}+\cdots+\sqrt{n}}$

(6) $\lim_{n\to\infty}\frac{1}{n}\left(e^{\frac{1}{n}}+e^{\frac{2}{n}}+\cdots+e^{\frac{n}{n}}\right)$

**3.** 다음 각 함수가 주어진 구간에서 적분가능인지 아닌지를 밝히고 그 이유를 설명하여라.

(1) $f(x)=x^2-3x+1$ ; $[-2,\ 3]$

(2) $g(x)=\dfrac{1}{x}$ ; $[-1,\ 1]$

(3) $h(x)=\begin{cases}1-x, & x\text{는 유리수}\\ 1+x, & x\text{는 무리수}\end{cases}$ ; $[0,\ 2]$

## 5.3 정적분의 성질

**정리 5.3**

함수 $f(x)$가 $[a,\ b]$에서 적분가능이면

$$\int_a^b f(x)dx=-\int_b^a f(x)dx.$$

특히 $a=b$이면 $\int_a^a f(x)dx=0$이다.

**증명** 정적분의 정의에 의하여

$$\begin{aligned}\int_a^b f(x)dx &= \lim_{\|P\|\to 0}\sum_{i=1}^{n} f(x_i^*)(x_i-x_{i-1})\\ &= -\lim_{\|P\|\to 0}\sum_{i=1}^{n} f(x_i^*)(x_{i-1}-x_i)\end{aligned}$$

그런데

$$\int_b^a f(x)dx = \lim_{\|P\|\to 0} \sum_{i=1}^n f(x_i^*)(x_{i-1} - x_i)$$

$$\therefore \int_a^b f(x)dx = -\int_b^a f(x)dx.$$

특히 $a = b$이면

$$\int_a^a f(x)dx = -\int_a^a f(x)dx$$

$$\therefore \int_a^a f(x)dx = 0.$$

□

**정리 5.4**

함수 $f(x)$, $g(x)$가 $[a, b]$에서 적분가능이면

(1) $\displaystyle\int_a^b \{f(x) \pm g(x)\}dx = \int_a^b f(x)dx \pm \int_a^b g(x)dx$,

(2) $k$가 임의의 상수이면 $\displaystyle\int_a^b kf(x)dx = k\int_a^b f(x)dx$.

**증명** (1) $P = \{x_0, x_1, \cdots, x_n\}$을 $[a, b]$의 임의의 분할, $x_i^*$를 구간 $[x_{i-1}, x_i]$ 안의 임의의 점, $\Delta x_i = x_i - x_{i-1}$이라 하면

$$\begin{aligned}\int_a^b \{f(x) \pm g(x)\}dx &= \lim_{\|P\|\to 0} \sum_{i=1}^n \{f(x_i^*) \pm g(x_i^*)\}\Delta x_i \\ &= \lim_{\|P\|\to 0} \sum_{i=1}^n f(x_i^*)\Delta x_i \pm \lim_{\|P\|\to 0} \sum_{i=1}^n g(x_i^*)\Delta x_i \\ &= \int_a^b f(x)dx \pm \int_a^b g(x)dx.\end{aligned}$$

(2)의 증명은 (1)과 유사하다. □

**정리 5.5**

함수 $f(x)$, $g(x)$가 구간 $[a, b]$에서 적분가능이고

(1) $f(x) \geq 0$이면 $\int_a^b f(x)dx \geq 0$,

(2) $f(x) \geq g(x)$이면 $\int_a^b f(x)dx \geq \int_a^b g(x)dx$,

(3) $\int_a^b f(x)dx = \int_a^c f(x)dx + \int_c^b f(x)dx \ (a < c < b)$.

**증명** (1) $f(x) \geq 0$이면 분할 $P$와 $x_i^*$를 택하는 방법에 관계없이 모든 $i = 1, 2, 3, \cdots, n$에 대하여 $f(x_i^*)\Delta x_i \geq 0$이므로

$$\int_a^b f(x)dx = \lim_{\|P\| \to 0} \sum_{i=1}^{n} f(x_i^*)\Delta x_i \geq 0$$

(2) $[a, b]$에서 $f(x) \geq g(x)$이면 $h(x) = f(x) - g(x) \geq 0$이므로 (1)에 의하여

$$\int_a^b \{f(x) - g(x)\}dx = \int_a^b h(x)dx \geq 0 \tag{1}$$

따라서

$$\int_a^b f(x)dx - \int_a^b g(x)dx \geq 0, \text{ 즉} \int_a^b f(x)dx \geq \int_a^b g(x)dx. \tag{2}$$

(3) 증명 생략. □

**정리 5.6** **적분에 관한 평균값 정리**

함수 $f(x)$가 $[a, b]$에서 연속이면

$$\int_a^b f(x)dx = (b-a)f(\xi), \quad a \leq \xi \leq b$$

인 점 $\xi$가 적어도 하나 존재한다.

**증명** 함수 $f(x)$는 $[a, b]$에서 연속이므로 최댓값 $M = f(x_M)$, $x_M \in [a, b]$, 최솟값 $m = f(x_m)$, $x_m \in [a, b]$를 갖는다. 즉 $m \leq f(x) \leq M$.

정리 5.5의 (2)에 의하여

$$\int_a^b m dx \le \int_a^b f(x)dx \le \int_a^b M dx.$$

또 5.2절 예제 3에 의하여

$$m(b-a) \le \int_a^b f(x)dx \le M(b-a).$$

각 변을 $b-a$로 나누면

$$m = f(x_m) \le \frac{1}{b-a}\int_a^b f(x)dx \le f(x_M) = M.$$

이때 함수 $f(x)$가 $[a,\ b]$에서 연속이므로 연속함수의 중간값 정리에 의하여

$$f(\xi) = \frac{1}{b-a}\int_a^b f(x)dx \tag{3}$$

와 같이 되는 $\xi$가 $x_m$과 $x_M$ 사이에 적어도 하나 존재하며, $x_m \in [a,\ b]$, $x_M \in [a,\ b]$이므로 $a < \xi < b$이다. 따라서 식 (3)에 의하여

$$\int_a^b f(x)dx = (b-a)f(\xi), \qquad a \le \xi \le b$$

인 $\xi$가 적어도 하나 존재한다. □

$f(x)$가 $[a,\ b]$에서 연속이고 $f(x) \ge 0$일 때 적분에 관한 평균값 정리의 기하학적인 의미는 [그림 5-2]에서 직사각형의 면적 $(b-a)f(\xi)$가 $f(x)$의 그래프, $x$축, 직선 $x=a$, 직선 $x=b$로 둘러싸인 도형의 면적과 같아지게 하는 점 $\xi$가 $a$와 $b$ 사이에 적어도 하나 존재함을 의미한다.

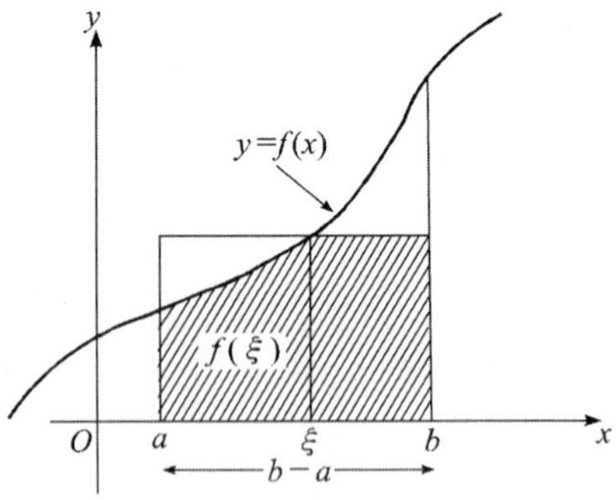


[그림 5–2]

**정리 5.7** **미분적분학의 제 1기본정리**

함수 $f(x)$가 $[a, b]$에서 연속이면 $(a, b)$에 속한 임의의 점 $x$에 대하여, 함수

$$F(x) = \int_a^x f(t)dt$$

는 $(a, b)$에서 미분가능하고

$$F'(x) = \frac{d}{dx}\int_a^x f(t)dt = f(x)$$

가 된다. 즉 $f$는 원시함수 $F$를 갖는다.

**증명** 정리 5.5의 (3)에 의하여

$$\begin{aligned}\frac{F(x+\Delta x)-F(x)}{\Delta x} &= \frac{1}{\Delta x}\left\{\int_a^{x+\Delta x} f(t)dt - \int_a^x f(t)dt\right\} \\ &= \frac{1}{\Delta x}\int_x^{x+\Delta x} f(t)dt\end{aligned}$$

또 적분에 관한 평균값 정리에 의하여, 다음과 같은 $\xi$가 존재한다.

$$\frac{1}{\Delta x}\int_x^{x+\Delta x} f(t)dt = f(\xi), \quad x \le \xi \le x+\Delta x$$

따라서

$$\frac{F(x+\Delta x)-F(x)}{\Delta x} = f(\xi), \qquad x \le \xi \le x+\Delta x.$$

그런데 $\Delta x \to 0$일 때 $\xi \to x$이고, $f$는 연속이므로

$$\frac{d}{dx}F(x) = \lim_{\Delta x \to 0}\frac{F(x+\Delta x)-F(x)}{\Delta x} = \lim_{\Delta x \to 0} f(\xi) = f(x).$$ □

**예 1**

(1) $\displaystyle \frac{d}{dx}\int_2^{x^2} \sin t dt = \frac{dx^2}{dx}\sin x^2 = 2x\sin x^2,$

(2) $\displaystyle \frac{d}{dx}\int_{x^3}^1 e^t dt = \frac{d}{dx}\left(-\int_1^{x^3} e^t dt\right) = -3x^2 e^{x^3}.$

**정리 5.8** **미분적분학의 제 2기본정리**

함수 $f(x)$가 $[a, b]$에서 연속일때 $f(x)$의 원시함수 중의 하나를 $F(x)$라 하면

$$\int_a^b f(x)dx = F(b) - F(a).$$

**증명** 가정에 의하여 $F(x)$는 $f(x)$의 원시함수 중의 하나이고, 정리 5.7에 의하여 $\int_a^x f(t)dt$ 도 $f(x)$의 원시함수 중의 하나이므로, 두 원시함수 사이에는 어떤 상수 $C$만큼 차이가 있다. 즉

$$F(x) = \int_a^x f(t)dt + C \tag{1}$$

또 정의에 의하여 $\int_a^a f(t)dt = 0$이므로 $F(a) = C$이다. 따라서 (1)에서

$$\int_a^x f(t)dt = F(x) - C = F(x) - F(a)$$

$$\therefore \int_a^b f(x)dx = F(b) - F(a).$$

$F(b) - F(a)$를 기호 $[F(x)]_a^b$로 나타낸다. 즉

$$\int_a^b f(x)dx = [F(x)]_a^b = F(b) - F(a).$$ □

**참고** 위의 정리를 적분의 기본정리라 하지 않고, 굳이 미적분의 기본정리라 하는 것은 이 정리에 의하여 미분학과 적분학이 불가분의 연관을 갖게 되었으며 미적분학이라고 함께 묶어서 취급하게 되었기 때문이다.

미분적분학의 기본정리에 의하여 연속함수에 대해서는 원시함수를 이용함으로써 정적분의 계산을 용이하게 할 수 있다. 이를테면

$$\int_0^{\frac{\pi}{2}} \cos x dx = [\sin x]_0^{\frac{\pi}{2}} = \sin\left(\frac{\pi}{2}\right) - \sin(0) = 1$$

과 같이 된다.

**예 2**

(1) $\displaystyle\int_{-1}^{1}\frac{dx}{1+x^2}=[\tan^{-1}x]_{-1}^{1}=\frac{\pi}{4}-\left(-\frac{\pi}{4}\right)=\frac{\pi}{2}$

(2) $\displaystyle\int_{0}^{\frac{\pi}{4}}\tan^2 x\,dx=\int_{0}^{\frac{\pi}{4}}(\sec^2 x-1)dx=[\tan x-x]_{0}^{\frac{\pi}{4}}=1-\frac{\pi}{4}$

(3) $\displaystyle\int_{1}^{2}\frac{x}{1+x^2}dx=\left[\frac{1}{2}\ln(1+x^2)\right]_{1}^{2}=\frac{1}{2}\ln\frac{5}{2}$

(4) $\displaystyle\int_{0}^{\frac{\pi}{2}}\sin^2 x\,dx=\left[\frac{1}{2}\left(x-\frac{1}{2}\sin 2x\right)\right]_{0}^{\frac{\pi}{2}}=\frac{\pi}{4}$

(5) $\displaystyle\int_{0}^{1}\frac{dx}{x^2-x+1}=\left[\frac{2}{\sqrt{3}}\tan^{-1}\frac{2x-1}{\sqrt{3}}\right]_{0}^{1}=\frac{2}{\sqrt{3}}\left\{\tan^{-1}\left(\frac{1}{\sqrt{3}}\right)-\tan^{-1}\left(\frac{-1}{\sqrt{3}}\right)\right\}$

$\displaystyle=\frac{2}{\sqrt{3}}\left\{\frac{\pi}{6}-\left(-\frac{\pi}{6}\right)\right\}=\frac{2\pi}{3\sqrt{3}}.$

## 연습문제 5.3 Exercises

**1.** 다음 정적분을 계산하여라.

(1) $\displaystyle\int_{0}^{1}\frac{1}{1+x^2}dx$

(2) $\displaystyle\int_{-3}^{4}(15x+21)dx$

(3) $\displaystyle\int_{-1}^{1}\frac{1}{x^2-x+1}dx$

(4) $\displaystyle\int_{0}^{\frac{\pi}{2}}\cos^3 x\sin x\,dx$

**2.** 다음 계산하여라.

(1) $\displaystyle\frac{d}{dt}\int_{t}^{b}s^2 ds$

(2) $\displaystyle\frac{d}{dx}\int_{0}^{x^2}e^{t^2}dt$

(3) $\displaystyle\frac{d}{dx}\int_{0}^{\sqrt{x}}(t+1)^{\frac{1}{2}}dt$

(4) $\displaystyle\lim_{x_2\to x_1}\frac{1}{x_2-x_1}\left(\int_{0}^{x_2}e^{t^2}dt-\int_{0}^{x_1}e^{t^2}dt\right)$

(5) $\displaystyle\frac{d}{dx}\int_{x}^{b}f(t)dt$

(6) $\displaystyle\frac{d}{dx}\int_{a}^{x}(x-t)f'(t)dt$

**3.** 다음 정적분이 틀리는 이유를 말하여라.

$$\int_{-1}^{1}\frac{1}{x^2}dx=\left[-\frac{1}{x}\right]_{-1}^{1}=+\frac{1}{1}-\left(-\frac{1}{1}\right)=-2$$

**4.** $f(x)$가 $[a,\ b]$에서 연속이고, $\int_a^b \{f(x)\}^2dx=0$이면 $f(x)$는 $[a,\ b]$에서 항등적으로 0임을 보여라.

**5.** 다음 부등식을 증명하여라.

(1) $\dfrac{\pi}{2}\le\displaystyle\int_0^{\frac{\pi}{2}}\frac{dx}{\sqrt{1-\frac{1}{2}\sin^2 x}}\le\frac{\pi}{\sqrt{2}}$ (2) $\dfrac{1}{2}<\displaystyle\int_0^{\frac{1}{2}}\frac{dx}{\sqrt{1-x^n}}<\frac{\pi}{6}\quad(n>2)$

**6.** $f(x)$가 $[a,\ b]$에서 연속일 때 다음을 증명하여라.

$$\left|\int_a^b f(x)dx\right|\le\int_a^b|f(x)|dx$$

**7.** 함수 $f(x)$, $g(x)$가 $[a,\ b]$에서 연속이고, $g(x)$가 $[a,\ b]$에서 부호가 변하지 않으면 $\int_a^b f(x)g(x)dx=f(k)\int_a^b g(x)dx$인 $k\in(a,\ b)$가 존재함을 보여라.

**8.** 함수 $f(x)=\int_{1+2x}^{1-2x}(1-t^3\sqrt{1+3t^2})dt$에 대하여 $f'(0)$의 값을 구하여라.

**9.** 다음 관계식

$$\int_1^{x^2}(x^2-t)f(t)dt=\frac{1}{2}x^6+ax^4+x^2+a+1$$

을 만족하는 상수 $a$와 $f(x)$를 구하여라.

제 6 장

# 적분법

## 6.1 치환적분과 부분적분

연속인 함수의 정적분 값은 피적분함수의 부정적분을 구함으로써 얻을 수 있다. 따라서 부정적분을 구하기 위한 몇 가지 기본적인 방법에 대하여 알아보자. 합성함수의 미분법은 적분에 대하여 유용한 방법을 제공하여 준다. 그 방법에 대하여 알아보자.

**정리 6.1** **치환적분법**

$\int f(x)dx = F(x)$이고, $x = g(t)$가 미분가능이면

$$\int f(x)dx = \int f(g(t))g'(t)dt.$$

**증명** $\int f(x)dx = F(x)$이므로 $F'(x) = f(x)$이다. 합성함수의 미분법에 의하여

$$\frac{d}{dt}F(x) = \frac{d}{dx}F(x) \cdot \frac{dx}{dt} = f(x)g'(t) = f(g(t))g'(t)$$

따라서

$$\int f(g(t))g'(t)dt = F(x)$$

즉,

$$\int f(x)dx = \int f(g(t))g'(t)dt. \qquad \square$$

위 정리에서 $f(x)$를 $x$에 대하여 적분하는 것은 새로운 변수 $t$를 $x=g(t)$에 의하여 도입하여 $f(g(t))g'(t)$를 $t$에 대하여 적분하는 것과 같다. 이와 같은 적분법을 **치환적분법**이라 한다. 적분변수 $x$를 $t$로 치환하여 적분했을 때는 적분한 결과에서 $t$를 다시 $x$로 환원시켜야 한다.

**예제 1**

다음을 계산하여라.

(1) $\int x^2(2x^3-1)^2dx$ (2) $\int \frac{e^{2x}-e^{-2x}}{e^{2x}+e^{-2x}}dx$

(3) $\int \frac{\sin\sqrt{x}}{\sqrt{x}}dx$ (4) $\int \frac{\sec^2(\sin x)}{\sec x}dx$

(5) $\int \frac{\tan^{-1}x}{1+x^2}dx$ (6) $\int \frac{a^{\tan\theta}}{\cos^2\theta}d\theta$

풀이 (1) $u=2x^3-1$로 놓으면 $du=6x^2dx$ 이므로

$$\int x^2(2x^3-1)^2dx=\frac{1}{6}\int(2x^3-1)^2 6x^2dx=\frac{1}{6}\int u^2du$$
$$=\frac{1}{6}\cdot\frac{u^3}{3}=\frac{1}{18}(2x^3-1)^3.$$

(2) $u=e^{2x}+e^{-2x}$로 놓으면 $du=2(e^{2x}-e^{-2x})dx$ 이므로

$$\int\frac{e^{2x}-e^{-2x}}{e^{2x}+e^{-2x}}dx=\frac{1}{2}\int\frac{2(e^{2x}-e^{-2x})}{e^{2x}+e^{-2x}}dx$$
$$=\frac{1}{2}\int\frac{du}{u}=\frac{1}{2}\ln(e^{2x}+e^{-2x}).$$

(3) $u=\sqrt{x}$ 로 놓으면 $du=\frac{dx}{2\sqrt{x}}$ 이므로

$$\int\frac{\sin\sqrt{x}}{\sqrt{x}}dx=2\int\sin\sqrt{x}\frac{dx}{2\sqrt{x}}=2\int\sin u du=-2\cos\sqrt{x}$$

(4) $u=\sin x$ 로 놓으면 $du=\cos xdx=\frac{1}{\sec x}dx$ 이므로

$$\int\frac{\sec^2(\sin x)}{\sec x}dx=\int\sec^2u\,du=\tan(\sin x).$$

(5) $u=\tan^{-1}x$ 로 놓으면 $du=\frac{1}{1+x^2}dx$ 이므로

$$\int\frac{\tan^{-1}x}{1+x^2}dx=\int u\,du=\frac{1}{2}(\tan^{-1}x)^2.$$

(6) $u=\tan\theta$로 놓으면 $du=\sec^2\theta\,d\theta=\frac{1}{\cos^2\theta}d\theta$이므로

$$\int\frac{a^{\tan\theta}}{\cos^2\theta}d\theta=\int a^u du=\frac{1}{\ln a}a^{\tan\theta}.$$

■

다음은 적분변수를 다른 변수의 역수로 치환하는 경우를 생각해 보자. 이러한 치환을 **역치환**(reciprocal substitution)이라 하며

$$x=\frac{1}{t} \text{ 또는 } \frac{1}{x}=t \text{ 라면 } dx=-\frac{1}{t^2}dt.$$

**예제 2**

$I=\int \frac{dx}{x\sqrt{3x^2-2x-1}}$를 구하여라.

풀이 $x=\frac{1}{t}$로 치환하면 $dx=-\frac{1}{t^2}dt$이므로

$$\begin{aligned} I &= \int \frac{-\frac{1}{t^2}}{\frac{1}{t}\sqrt{\frac{3}{t^2}-\frac{2}{t}-1}}dt = -\int \frac{dt}{\sqrt{3-2t-t^2}} \\ &= -\int \frac{dt}{\sqrt{4-(t+1)^2}} = -\sin^{-1}\frac{t+1}{2} \\ &= -\sin^{-1}\frac{x+1}{2x}. \end{aligned}$$

■

**정리 6.2**

함수 $x=g(t)$가 구간 $[\alpha, \beta]$에서 단조증가(또는 단조감소)하고, $g'(t)$가 연속이라고 하자. 또 $a=g(\alpha)$, $b=g(\beta)$이고, $f(x)$가 $[a, b]$에서 연속이면

$$\int_a^b f(x)dx = \int_\alpha^\beta f(g(t))g'(t)dt.$$

증명 $f(x)$가 $[a, b]$에서 연속이므로 $F'(x)=f(x)$와 같이 되는 $F(x)$가 존재하고, 또 $g'(t)$가 존재하고 연속이므로

$$\int f(g(t))g'(t)dt = F(g(t))+C.$$

또, $x=g(t)$가 구간 $[\alpha, \beta]$에서 단조증가(또는 단조감소)하므로 역함수 $g^{-1}$가 존재하여

$$\alpha = g^{-1}(a), \quad \beta = g^{-1}(b) \Leftrightarrow a = g(\alpha), \quad b = g(\beta)$$

따라서

$$\int_{\alpha}^{\beta} f(g(t))g'(t)dt = [F(g(t))]_{\alpha}^{\beta} = F(g(\beta)) - F(g(\alpha))$$

$$= F(b) - F(a) = \int_{a}^{b} f(x)dx. \qquad \square$$

**예제 3**

다음을 계산하여라.

(1) $\displaystyle\int_1^2 \frac{x+1}{x\sqrt{x-1}}dx$ (2) $\displaystyle\int_0^1 e^{3-2x}dx$ (3) $\displaystyle\int_0^{\frac{\pi}{2}} \sin\theta\cos^2\theta d\theta$

풀이 (1) $\sqrt{x-1} = t$로 놓으면 $x = t^2+1$, $dx = 2t\,dt$이고 $x=1$일 때 $t=0$, $x=2$일 때 $t=1$이므로

$$\int_1^2 \frac{x+1}{x\sqrt{x-1}}dx = \int_0^1 \frac{t^2+2}{(t^2+1)t} \cdot 2t\,dt = 2\int_0^1 \frac{t^2+2}{t^2+1}dt$$

$$= 2\int_0^1 \left(1 + \frac{1}{t^2+1}\right)dt$$

$$= 2[t + \tan^{-1}t]_0^1 = 2\left(1 + \frac{\pi}{4}\right).$$

(2) $3-2x = t$로 놓으면 $dx = -\frac{1}{2}dt$이고 $x=0$일 때 $t=3$, $x=1$일 때 $t=1$이므로

$$\int_0^1 e^{3-2x}dx = \int_3^1 e^t\left(-\frac{1}{2}dt\right) = -\frac{1}{2}[e^t]_3^1 = -\frac{1}{2}(e - e^3).$$

(3) $\cos\theta = t$로 놓으면 $\sin\theta d\theta = -dt$이고 $\theta = 0$일 때 $t=1$, $\theta = \frac{\pi}{2}$일 때 $t=0$이므로

$$\int_0^{\frac{\pi}{2}} \sin\theta\cos^2\theta d\theta = \int_1^0 t^2(-dt) = -\left[\frac{t^3}{3}\right]_1^0 = \frac{1}{3}. \qquad \blacksquare$$

정리 6.3 **부분적분법**

$$\int f(x)g'(x)dx = f(x)g(x) - \int f'(x)g(x)dx.$$

풀이

$$\frac{d}{dx}\{f(x)g(x)\} = f'(x)g(x) + f(x)g'(x)$$

이므로 부정적분의 정의에 의하여

$$f(x)g(x) = \int f'(x)g(x)dx + \int f(x)g'(x)dx.$$

이다. 따라서

$$\int f(x)g'(x)dx = f(x)g(x) - \int f'(x)g(x)dx.$$

■

위의 정리 6.3에 의한 적분법을 **부분적분법**이라 한다. 부분적분법은 형식적으로 적분 $\int f(x)g'(x)dx$ 를 다른 적분 $\int f'(x)g(x)dx$ 로 바꾸어 적분하는 것이다. 따라서 $f(x)$, $g'(x)$를 적당히 선택하여 후자가 전자보다 간단히 적분이 되도록 하여 적분을 구하는 방법이 곧 부분적분법이다. 정리 6.3을 간단히 다음과 같이 쓰기도 한다.

$$\int u'v = uv - \int uv'$$

예 1

$$\int \ln x dx = x\ln x - \int x(\ln x)'dx = x\ln x - \int dx = x(\ln x - 1)$$

예 2

$$\int \tan^{-1}x dx = x\tan^{-1}x - \int x(\tan^{-1}x)'dx$$
$$= x\tan^{-1}x - \int \frac{x}{1+x^2}dx = x\tan^{-1}x - \frac{1}{2}\ln(1+x^2)$$

예제 4

$\int \sin^{-1}x dx$ 를 구하여라.

풀이 $u' = 1$, $v = \sin^{-1}x$ 라 놓으면 $u = x$, $v = \dfrac{1}{\sqrt{1-x^2}}$ 이므로

$$\int \sin^{-1}x dx = x \sin^{-1}x - \int \frac{x dx}{\sqrt{1-x^2}} = x \sin^{-1}x + \sqrt{1-x^2}.$$ ■

**예제 5**

$I = \int \sqrt{x^2 + A}\, dx$ $(A \neq 0)$를 구하여라.

풀이 $u' = 1$, $v = \sqrt{x^2+A}$ 라 놓으면 $u = x$, $v' = \dfrac{x}{\sqrt{x^2+A}}$ 이므로

$$I = x\sqrt{x^2+A} - \int \frac{x^2}{\sqrt{x^2+A}} dx$$

여기서

$$\begin{aligned}\int \frac{x^2}{\sqrt{x^2+A}} dx &= \int \frac{x^2+A-A}{\sqrt{x^2+A}} dx \\ &= \int \sqrt{x^2+A}\, dx - A\int \frac{dx}{\sqrt{x^2+A}} \\ &= I - A\ln|x + \sqrt{x^2+A}|\end{aligned}$$

그러므로

$$I = x\sqrt{x^2+A} - (I - A\ln|x+\sqrt{x^2+A}|)$$

$$\therefore I = \int \sqrt{x^2+A}\, dx = \frac{1}{2}(x\sqrt{x^2+A} + A\ln|x+\sqrt{x^2+A}|) \tag{1}$$

마찬가지 방법으로

$$\int \sqrt{a^2-x^2}\, dx = \frac{1}{2}\left(x\sqrt{a^2-x^2} + a^2\sin^{-1}\frac{x}{a}\right) \quad (a > 0) \tag{2}$$

을 얻는다. 식 (1)과 (2)는 공식으로 기억하는 것이 좋다. ■

**예제 6**

$\displaystyle\int \frac{x^3}{\sqrt{1-x^2}}dx$를 구하여라.

풀이 $u' = \dfrac{x}{\sqrt{1-x^2}}$, $v = x^2$이라 놓으면 $u = -\sqrt{1-x^2}$, $v' = 2x$이므로

$$\begin{aligned}\int \frac{x^3}{\sqrt{1-x^2}}dx &= \int x^2 \cdot \frac{x}{\sqrt{1-x^2}}dx \\ &= x^2(-\sqrt{1-x^2}) - \int 2x(-\sqrt{1-x^2})dx \\ &= -x^2\sqrt{1-x^2} + \int 2x\sqrt{1-x^2}\,dx.\end{aligned}$$

그런데 $1-x^2 = t$라 놓으면 $-2xdx = dt$이므로

$$\int 2x\sqrt{1-x^2}\,dx = -\int \sqrt{t}\,dt = -\frac{2}{3}t^{\frac{3}{2}} = -\frac{2}{3}\sqrt{(1-x^2)^3}$$

$$\therefore \int \frac{x^3}{\sqrt{1-x^2}}dx = -x^2\sqrt{1-x^2} - \frac{2}{3}\sqrt{(1-x^2)^3}.$$ ■

**예제 7**

$C = \displaystyle\int e^{ax}\cos bx\,dx$, $S = \displaystyle\int e^{ax}\sin bx\,dx$를 구하여라.

풀이 먼저 $u' = e^{ax}$, $v = \cos bx$라 놓으면 $u = \dfrac{e^{ax}}{a}$, $v' = -b\sin bx$이므로

$$C = \frac{e^{ax}\cos bx}{a} + \frac{b}{a}\int e^{ax}\sin bx dx = \frac{e^{ax}\cos bx}{a} + \frac{b}{a}S. \tag{1}$$

또 $u' = \cos bx$, $v = e^{ax}$라 놓으면 $u = \dfrac{\sin bx}{b}$, $v' = ae^{ax}$이므로

$$C = \frac{e^{ax}\sin bx}{b} - \frac{a}{b}S. \tag{2}$$

식 (1)과 (2)를 연립하여 $C$와 $S$를 구하면 다음과 같다.

$$C=\int e^{ax}\cos bx\,dx=\frac{e^{ax}}{a^2+b^2}(a\cos bx+b\sin bx),$$

$$S=\int e^{ax}\sin bx\,dx=\frac{e^{ax}}{a^2+b^2}(a\sin bx-b\cos bx).$$ ■

**예제 8**

$I=\int \sec^3\theta d\theta$를 구하여라.

풀이 $u'=\sec^2\theta,\quad v=\sec\theta$ 라 놓으면 $u=\tan\theta,\quad v'=\sec\theta\tan\theta$ 이므로

$$\begin{aligned}I&=\int \sec^2\theta\sec\theta d\theta=\sec\theta\tan\theta-\int\sec\theta\tan^2\theta d\theta\\&=\sec\theta\tan\theta-\int\sec\theta(\sec^2\theta-1)d\theta\\&=\sec\theta\tan\theta-\int\sec^3\theta d\theta+\int\sec\theta d\theta\\&=\sec\theta\tan\theta-I+\ln|\sec\theta+\tan\theta|\end{aligned}$$

$$\therefore\ 2I=\sec\theta\tan\theta+\ln|\sec\theta+\tan\theta|$$

$$\therefore\ I=\frac{1}{2}\sec\theta\tan\theta+\frac{1}{2}\ln|\sec\theta+\tan\theta|$$ ■

**예제 9**

$I_n=\int \sin^n x dx\ (n=1,\ 2,\ \cdots)$를 구하여라.

풀이 $u'=\sin x,\quad v=\sin^{n-1}x$라 놓으면

$$u=-\cos x,\ v'=(n-1)\sin^{n-2}x\cos x$$

이므로

$$\begin{aligned}I_n&=\sin^{n-1}x(-\cos x)-\int(-\cos x)(n-1)\sin^{n-2}x\cos x dx\\&=-\sin^{n-1}x\cos x+(n-1)\int\sin^{n-2}x\cos^2 x dx\\&=-\sin^{n-1}x\cos x+(n-1)\int\sin^{n-2}x dx-(n-1)I_n\end{aligned}$$

우변의 맨 끝항을 좌변에 옮기고 $n$으로 나누면

$$I_n = \int \sin^n x dx = -\frac{1}{n}\sin^{n-1}x\cos x + \frac{n-1}{n}\int \sin^{n-2}x dx \tag{1}$$

$$\therefore \ I_n = -\frac{1}{n}\sin^{n-1}x\cos x + \frac{n-1}{n}I_{n-2}$$

이것은 하나의 점화식이다. ■

**주의** 앞의 점화식에서 $x = \frac{\pi}{2} - y$ 라 놓으면 $dx = -dy$ 이므로

$$\begin{aligned} &-\int \sin^n\left(\frac{\pi}{2}-y\right)dy \\ &= -\frac{1}{n}\sin^{n-1}\left(\frac{\pi}{2}-y\right)\cos\left(\frac{\pi}{2}-y\right) - \frac{n-1}{n}\int \sin^{n-2}\left(\frac{\pi}{2}-y\right)dy \end{aligned}$$

즉

$$\int \cos^n y\, dy = \frac{1}{n}\cos^{n-1}y\sin y + \frac{n-1}{n}\int \cos^{n-2}y\, dy \tag{2}$$

이것은 또 하나의 점화식이다.

**정리 6.4**

$$\int_a^b f(x)g'(x)dx = [f(x)g(x)]_a^b - \int_a^b f'(x)g(x)dx$$

이것을 정적분의 부분적분법이라 한다.

**증명** 부정적분의 부분적분법에 의하면

$$\int f(x)g'(x)dx = [f(x)g(x)] - \int f'(x)g(x)dx$$

이므로

$$\int [f(x)g'(x) + f'(x)g(x)]dx = f(x)g(x).$$

따라서

$$\int_a^b [f(x)g'(x) + f'(x)g(x)]dx = [f(x)g(x)]_a^b$$

$$\int_a^b f(x)g'(x)+\int_a^b f'(x)g(x)dx=[f(x)g(x)]_a^b$$

그러므로

$$\int_a^b f(x)g'(x)dx=[f(x)g(x)]_a^b-\int_a^b f'(x)g(x)dx. \qquad \square$$

다음의 예제는 정적분을 응용하여 면적, 체적 등을 계산할 때 자주 이용되는 중요한 공식이다.

**예제 10**

$$\int_0^{\frac{\pi}{2}}\cos^n x dx=\begin{cases}\dfrac{n-1}{n}\cdot\dfrac{n-3}{n-2}\cdot\cdot\cdot\dfrac{1}{2}\cdot\dfrac{\pi}{2} & (n\text{은 짝수})\\ \dfrac{n-1}{n}\cdot\dfrac{n-3}{n-2}\cdot\cdot\cdot\dfrac{2}{3}\cdot 1 & (n\text{은 홀수})\end{cases}$$

임을 증명하여라.

풀이 $I_n=\int_0^{\frac{\pi}{2}}\cos^n x dx$ 라 놓으면 예제 9의 식 (2)에서

$$I_n=[\frac{1}{n}\cos^{n-1}x\sin x]_0^{\frac{\pi}{2}}+\frac{n-1}{n}I_{n-2}=\frac{n-1}{n}I_{n-2}$$

이다. 따라서 $n$이 짝수이면

$$I_n=\frac{n-1}{n}\cdot\frac{n-3}{n-2}\cdot\cdots\cdot\frac{1}{2}I_0 \text{ 이고 } I_0=\int_0^{\frac{\pi}{2}}\cos^0 x dx=[x]_0^{\frac{\pi}{2}}=\frac{\pi}{2},$$

$n$이 홀수이면

$$I_n=\frac{n-1}{n}\cdot\frac{n-3}{n-2}\cdot\cdots\cdot\frac{2}{3}I_1 \text{ 이고 } I_1=\int_0^{\frac{\pi}{2}}\cos x dx=[\sin x]_0^{\frac{\pi}{2}}=1$$

이므로 주어진 공식을 얻는다. $\sin^n x$ 의 경우도 동일하다. ■

**예 3**

$$\int_0^{\frac{\pi}{2}} \cos^6 x\, dx = \frac{5}{6} \cdot \frac{3}{4} \cdot \frac{1}{2} \cdot \frac{\pi}{2} = \frac{5}{32}\pi$$

**예 4**

$$\int_0^{\frac{\pi}{2}} \sin^5 x\, dx = \frac{4}{5} \cdot \frac{2}{3} \cdot 1 = \frac{8}{15}$$

**예제 11**

$I = \int_0^1 x(\tan^{-1}x)^2 dx$ 를 구하여라.

풀이

$$\begin{aligned} I &= \int_0^1 x(\tan^{-1}x)^2 dx = \left[\frac{x^2}{2}(\tan^{-1}x)^2\right]_0^1 - \int_0^1 x^2 \frac{\tan^{-1}x}{1+x^2} dx\Big\} \\ &= \frac{1}{2}\left(\frac{\pi}{4}\right)^2 - \int_0^1 \left(1 - \frac{1}{1+x^2}\right)\tan^{-1}x dx \\ &= \frac{1}{2}\left(\frac{\pi}{4}\right)^2 - \int_0^1 \tan^{-1}x dx + \int_0^1 \frac{\tan^{-1}x}{1+x^2} dx \\ &= \frac{1}{2}\left(\frac{\pi}{4}\right)^2 - \left\{[x\tan^{-1}x]_0^1 - \int_0^1 \frac{x}{1+x^2} dx\right\} + \frac{1}{2}[(\tan^{-1}x)^2]_0^1 \\ &= \frac{1}{2}\left(\frac{\pi}{4}\right)^2 - \frac{\pi}{4} + \frac{1}{2}[\ln(1+x^2)]_0^1 + \frac{1}{2}\left(\frac{\pi}{4}\right)^2 \\ &= \frac{\pi}{4}\left(\frac{\pi}{4} - 1\right) + \frac{1}{2}\ln 2 \end{aligned}$$

■

**예제 12**

$I_{(m,\ n)} = \int_0^{\frac{\pi}{2}} \sin^m x \cos^n x dx$ (단, $m$, $n$은 자연수)라 할 때 다음을 증명하여라(이때 $m=0$인 경우가 예제 10이다).

(1) $I_{(m,\ n)} = I_{(n,\ m)}$

(2) $I_{(m,\ n)} = \frac{m-1}{m+n} I_{(m-2,\ n)}\ (m \geq 2) - \frac{n-1}{m+n} I_{(m,\ n-2)}\ (n \geq 2)$

(3) $I_{(2m,\ 0)} = \frac{2m-1}{2m} \cdot \frac{2m-3}{2m-2} \cdots \frac{1}{2} \cdot \frac{\pi}{2}$

$I_{(2m+1,\ 0)} = \frac{2m}{2m+1} \cdot \frac{2m-2}{2m-1} \cdots \frac{2}{3} \cdot 1$

풀이 (1) $x = \frac{\pi}{2} - t$라 하면 $\sin x = \cos t$, $\cos x = \sin t$, $dx = -dt$이고, $x = 0$이면 $t = \frac{\pi}{2}$, $x = \frac{\pi}{2}$이면 $t = 0$이므로

$$I_{(m,\ n)} = \int_0^{\frac{\pi}{2}} \sin^m x \cos^n x dx = -\int_{\frac{\pi}{2}}^0 \cos^m t \sin^n t dt$$

$$= \int_0^{\frac{\pi}{2}} \sin^n t \cos^m t dt = I_{(n,\ m)}.$$

(2) $I_{(m,\ n)} = \int_0^{\frac{\pi}{2}} \sin^m x \cos^n x dx = \int_0^{\frac{\pi}{2}} \sin^{m-1} x \cos^n x \sin x dx$

$$= \left[-\frac{1}{n+1} \sin^{m-1} x \cos^{n+1} x\right]_0^{\frac{\pi}{2}} + \frac{m-1}{n+1} \int_0^{\frac{\pi}{2}} \sin^{m-2} x \cos^{n+2} x dx.$$

$m \geq 2$이면 첫째 항은 0이 되므로

$$I_{(m,\ n)} = \frac{m-1}{n+1} \int_0^{\frac{\pi}{2}} \sin^{m-2} x (1 - \sin^2 x) \cos^n x dx$$

$$= \frac{m-1}{n+1} \{I_{(m-2,\ n)} - I_{(m,\ n)}\}$$

그러므로

$$I_{(m,\ n)} = \frac{m-1}{m+n} I_{(m-2,\ n)}$$

$n \geq 2$일 때 (1)로부터

$$I_{(m,\ n)} = I_{(n,\ m)} = \frac{n-1}{n+m} I_{(n-2,\ m)} = \frac{n-1}{m+n} I_{(m,\ n-2)}$$

(3) $I_{(0,\ 0)} = \int_0^{\frac{\pi}{2}} dx = \frac{\pi}{2}$, $I_{(1,\ 0)} = \int_0^{\frac{\pi}{2}} \sin x dx = 1$이므로, (2)에서

$$I_{(2m,\ 0)} = \frac{2m-1}{2m} I_{(2m-2,\ 0)} = \frac{2m-1}{2m} \cdot \frac{2m-3}{2m-2} I_{(2m-4,\ 0)}$$
$$\vdots$$
$$= \frac{2m-1}{2m} \cdot \frac{2m-3}{2m-2} \cdot \cdots \cdot \frac{1}{2} I_{(0,\ 0)}$$
$$= \frac{2m-1}{2m} \cdot \frac{2m-3}{2m-2} \cdot \cdots \cdot \frac{1}{2} \cdot \frac{\pi}{2}$$

마찬가지로

$$I_{(2m+1,\ 0)} = \frac{2m}{2m+1} \cdot \frac{2m-2}{2m-1} \cdot \cdots \cdot \frac{2}{3} I_{(1,\ 0)}$$
$$= \frac{2m}{2m+1} \cdot \frac{2m-2}{2m-1} \cdot \cdots \cdot \frac{2}{3} \cdot 1$$
■

## 연습문제 6.1 Exercises

**1.** 다음의 부정적분을 구하여라.

(1) $\displaystyle\int \frac{e^x}{1+e^{2x}} dx$  (2) $\displaystyle\int \frac{x^3}{x^8+1} dx$

(3) $\displaystyle\int \frac{e^x}{1+e^x} dx$  (4) $\displaystyle\int \frac{1}{x \ln x} dx$

(5) $\displaystyle\int \frac{(\ln x)^4}{x} dx$  (6) $\displaystyle\int \frac{\sin x}{2-\cos^2 x} dx$

(7) $\displaystyle\int x \sin^{-1} x dx$  (8) $\displaystyle\int (\ln x)^2 dx$

(9) $\displaystyle\int x^2 \tan^{-1} x dx$  (10) $\displaystyle\int \frac{\ln x}{(1+x)^2} dx$

**2.** 역치환을 사용하여 다음 부정적분을 구하여라.

(1) $\displaystyle\int \frac{dx}{x\sqrt{x^2+2x-1}}$  (2) $\displaystyle\int \frac{dx}{x^2\sqrt{2x-x^2}}$

(3) $\displaystyle\int \frac{dx}{x\sqrt{5x^2+4x-1}}$

**3.** 다음 적분의 값을 구하여라.

(1) $\displaystyle\int_3^6 \frac{dx}{x^3\sqrt{x^2-9}}$

(2) $\displaystyle\int_0^1 (2+x)\sqrt{1-x^2}\,dx$

(3) $\displaystyle\int_0^{\frac{\pi}{2}} \frac{dx}{1+\cos x}$

(4) $\displaystyle\int_0^{\frac{\pi}{2}} \frac{\cos x}{1+\sin^2 x}dx$

(5) $\displaystyle\int_0^1 \frac{x^5}{\sqrt{1+x^3}}dx$

(6) $\displaystyle\int_0^{\frac{\pi}{2}} \frac{8(\sin x)^{2n-1}\cos x}{1+(\sin x)^{2n}}dx$

(7) $\displaystyle\int_0^1 x\tan^{-1}x\,dx$

(8) $\displaystyle\int_0^{\frac{\pi}{2}} x^3\sin x\,dx$

(9) $\displaystyle\int_0^1 \ln(1+\sqrt{x})dx$

(10) $\displaystyle\int_0^{\frac{\pi}{2}} \cos^4 x\,dx$

**4.** 다음을 증명하여라.

(1) $f(-x)=f(x)$이면 $\displaystyle\int_{-a}^a f(x)dx = 2\int_0^a f(x)dx$이고, $f(-x)=-f(x)$이면 $\displaystyle\int_{-a}^a f(x)dx = 0$이다.

(2) $\displaystyle\int_0^a f(x)dx = \int_0^a f(a-x)dx$

(3) $\displaystyle\int_0^a f(x)dx = \int_0^{\frac{a}{2}} \{f(x)+f(a-x)\}dx$

(4) $\displaystyle\int_a^b f(x)dx = \int_a^b f(a+b-x)dx$

**5.** 4번을 이용하여 다음을 증명하여라.

(1) $\displaystyle\int_0^\pi \frac{x\sin x}{1+\cos^2 x}dx = \frac{\pi^2}{4}$

(2) $\displaystyle\int_0^{\frac{\pi}{2}} \frac{\sqrt{\sin x}}{\sqrt{\sin x}+\sqrt{\cos x}}dx = \frac{\pi}{4}$

(3) $\displaystyle\int_0^{\frac{\pi}{2}} \ln\sin x\,dx = -\frac{\pi}{2}\ln 2$

(4) $\displaystyle\int_0^1 \frac{1}{\sqrt{1-x^2}}dx = \frac{\pi}{2}$

(5) $\displaystyle\int_0^{\frac{\pi}{4}} \ln(1+\tan x)dx = \frac{\pi}{8}\ln 2$

**6.** $f(x)=\int_0^{x^3} e^{t^2}dt$일 때 $6\int_0^1 x^2 f(x)dx - 2\int_0^1 e^{x^2}dx$의 값을 구하여라.

## 6.2 유리함수의 적분

피적분함수가 유리함수 $\dfrac{f(x)}{g(x)}$일 때 분자인 다항식 $f(x)$가 분모인 다항식 $g(x)$보다 차수가 같거나 높을 때에는 $f(x)$를 $g(x)$로 나눈 몫 $q(x)$와 나머지 $r(x)$를 구하여

$$\frac{f(x)}{g(x)}=q(x)+\frac{r(x)}{g(x)}$$

와 같이 고쳐서 적분한다. $\dfrac{r(x)}{g(x)}$와 같이 분자가 분모보다 차수가 낮은 유리함수를 **진유리함수**(proper rational function)라고 한다. 진유리함수를 적분하려면, 이 식을 분자와 분모 사이에 공통인수가 없는 분수식, 즉 **기약분수식**(irreduced fraction)으로 고친 다음에

$$\frac{c}{(ax+b)^m} \text{와 } \frac{dx+e}{(ax^2+bx+c)^n}$$

(단, $a$, $b$, $c$, $d$는 상수, $m$, $n$은 양의 정수)

와 같은 **부분분수**(partial fraction)의 합으로 분해한다. 이 부분분수로 분해하는 과정은 아래의 정리에 의거한다. 이 정리의 증명은 대수학적인 지식이 필요하므로 여기서는 생략한다.

**정리 6.5**

임의의 기약분수식은 다음과 같은 부분분수로 분해할 수 있다.

(1) 분모의 인수 중에 $(ax+b)^n$[단, $n$(최고차수)$\geq 1$, $a$, $b$는 상수]이 포함되면 이 인수에 $n$개의 부분분수의 합

$$\frac{A_1}{ax+b}+\frac{A_2}{(ax+b)^2}+\cdots+\frac{A_n}{(ax+b)^n}$$

이 대응한다. 여기서 $A_1$, $A_2$, $\cdots$, $A_n$은 적당한 상수이다.

(2) 분모의 인수 중에 $(ax^2+bx+c)^n$[단, $n$(최고차수)$\geq 1$, $a$, $b$, $c$는 정수]이 포

함되면, 이 인수에 $n$개의 부분분수의 합

$$\frac{A_1x+B_1}{ax^2+bx+c}+\frac{A_2x+B_2}{(ax^2+bx+c)^2}+\cdots+\frac{A_nx+B_n}{(ax^2+bx+c)^n}$$

이 대응한다. 여기서 $A_1$, $A_2$, $\cdots$, $A_n$과 $B_1$. $B_2$, $\cdots$, $B_n$은 적당한 상수이고, $ax^2+bx+c$는 더 이상 인수분해되지 않는다고 한다.

앞의 정리에 의하여 유리함수를 부분분수의 합으로 분해하면 유리함수는 다음 형식의 함수의 몇 개의 합으로 나타낼 수 있다. 즉

(1) 다항식

(2) $\dfrac{c}{(x-a)^n}$

(3) $\dfrac{px+q}{(x^2+ax+b)^n}$ (단, $a^2-4b<0$)

이러한 모양의 함수들의 부정적분을 구하는 경우를 설명하기로 한다.

(1) 다항식은 쉽게 적분된다.

(2) $\displaystyle\int\frac{dx}{(x-a)^n}=\begin{cases}\dfrac{-1}{(n-1)(x-a)^{n-1}} & (n\neq 1)\\ \ln|x-a| & (n=1)\end{cases}$

(3) $x^2+ax+b=\left(x+\dfrac{a}{2}\right)^2+\dfrac{4b-a^2}{4}$이므로

$$x+\frac{a}{2}=t,\quad \frac{4b-a^2}{4}=A^2\ (\text{단, } 4b-a^2>0)$$

이라고 놓으면

$$\int\frac{px+q}{(x^2+ax+b)^n}dx=p\int\frac{tdt}{(t^2+A^2)^n}+\left(q-\frac{a}{2}p\right)\int\frac{dt}{(t^2+A^2)^n}$$

그러므로 아래 (4), (5)의 꼴의 부정적분을 계산할 수 있으면 (3)의 꼴의 함수의 부정적분도 구할 수 있게 된다. 즉

(4) $\int \frac{x dx}{(x^2+a^2)^n}$

(5) $\int \frac{dx}{(x^2+a^2)^n}$

그런데

(4) $$\int \frac{x dx}{(x^2+a^2)^n} = \begin{cases} \dfrac{-1}{2(n-1)(x^2+a^2)^{n-1}} & (n \neq 1) \\ \dfrac{1}{2}\ln(x^2+a^2) & (n=1) \end{cases}$$

(5) $I_n = \int \frac{dx}{(x^2+a^2)^n}$ 라고 하면 다음 점화식이 성립한다.

$$I_n = \frac{1}{2(n-1)a^2}\left\{\frac{x}{(x^2+a^2)^{n-1}} + (2n-3)I_{n-1}\right\} \quad (n \geq 2) \tag{1}$$

앞의 점화식 (1)을 증명하려면 먼저 다음 식에서부터 시작해야 한다.

$$\begin{aligned} I_{n-1} &= \int \frac{dx}{(x^2+a^2)^{n-1}} = \int \frac{x^2+a^2}{(x^2+a^2)^n}dx \\ &= \int \frac{x^2}{(x^2+a^2)^n}dx + a^2 I_n \end{aligned} \tag{2}$$

그런데 식 (2)에서 $u' = \frac{x}{(x^2+a^2)^n}$, $v = x$ 라 놓으면

$$u = \frac{-1}{2(n-1)(x^2+a^2)^{n-1}}, \quad v' = 1$$

이므로

$$\int \frac{x^2}{(x^2+a^2)^n}dx = \frac{-x}{2(n-1)(x^2+a^2)^{n-1}} + \frac{1}{2(n-1)}I_{n-1}$$

이것을 식 (2)에 대입하면

$$I_{n-1} = \frac{-x}{2(n-1)(x^2+a^2)^{n-1}} + \frac{1}{2(n-1)}I_{n-1} + a^2 I_n$$

$$\therefore\ I_n = \frac{1}{2(n-1)a^2}\left\{\frac{x}{(x^2+a^2)^{n-1}} + (2n-3)I_{n-1}\right\}.$$

특히

$$I_1 = \int \frac{dx}{x^2+a^2} = \frac{1}{a}\tan^{-1}\frac{x}{a}$$

이다. 그러므로 식 (1)에 의하여 $I_n$을 반복적으로 계산할 수 있다. 예컨대

$$I_2 = \frac{1}{2a^2}\left(\frac{x}{x^2+a^2} + I_1\right) = \frac{1}{2a^2}\left(\frac{x}{x^2+a^2} + \frac{1}{a}\tan^{-1}\frac{x}{a}\right)$$

$$\begin{aligned} I_3 &= \frac{1}{4a^2}\left\{\frac{x}{(x^2+a^2)^2} + 3I_2\right\} \\ &= \frac{1}{4a^2}\left\{\frac{x}{(x^2+a^2)^2} + \frac{3}{2a^2}\left(\frac{x}{x^2+a^2} + \frac{1}{a}\tan^{-1}\frac{x}{a}\right)\right\}. \end{aligned}$$

**예제 1**

$\displaystyle\int \frac{x^3+2x^2}{x^2-1}dx$ 를 구하여라.

풀이 $\displaystyle\frac{x^3+2x^2}{x^2-1} = x+2+\frac{x+2}{x^2-1}$ 이므로 우변의 끝항을

$$\frac{x+2}{x^2-1} = \frac{A}{x-1} + \frac{B}{x+1} \quad (A,\ B : \text{상수})$$

라고 놓고 $A$, $B$를 정한다. 우변을 통분하고 분자를 비교하면

$$x+2 = A(x+1) + B(x-1)$$

이것은 $x$에 관한 항등식이므로 $x=-1$일 때 $1=-2B$, 즉 $B=-\frac{1}{2}$이고 $x=1$일 때 $3=2A$, 즉 $A=\frac{3}{2}$이다.

$$\begin{aligned} \therefore\ \int \frac{x^3+2x^2}{x^2-1}dx &= \int (x+2)dx + \frac{3}{2}\int \frac{dx}{x-1} - \frac{1}{2}\int \frac{dx}{x+1} \\ &= \frac{x^2}{2} + 2x + \frac{3}{2}\ln|x-1| - \frac{1}{2}\ln|x+1|. \end{aligned}$$

■

**예제 2**

$\displaystyle\int \frac{1}{x^3+1}dx$ 를 구하여라.

**풀이**

$$\frac{1}{x^3+1}=\frac{1}{(x+1)(x^2-x+1)}=\frac{A}{x+1}+\frac{Bx+C}{x^2-x+1}$$

라 놓는다. 우변을 통분하고 분자를 비교하면

$$\begin{aligned}1&=A(x^2-x+1)+(Bx+C)(x+1)\\&=(A+B)x^2+(-A+B+C)x+A+C\\ \therefore\ & A+B=0,\quad -A+B+C=0,\quad A+C=1\\ \therefore\ & A=\frac{1}{3},\quad B=-\frac{1}{3},\quad C=\frac{2}{3}.\end{aligned}$$

$$\begin{aligned}\int\frac{dx}{x^3+1}dx&=\frac{1}{3}\int\frac{1}{x+1}dx+\frac{1}{3}\int\frac{-x+2}{x^2-x+1}dx\\&=\frac{1}{3}\int\frac{1}{x+1}dx-\frac{1}{6}\int\frac{(2x-1)-3}{x^2-x+1}dx\\&=\frac{1}{3}\ln|x+1|-\frac{1}{6}\ln(x^2-x+1)+\frac{1}{2}\int\frac{1}{\left(x-\frac{1}{2}\right)^2+\frac{3}{4}}dx\\&=\frac{1}{3}\ln|x+1|-\frac{1}{6}\ln(x^2-x+1)+\frac{1}{\sqrt{3}}\tan^{-1}\frac{2x-1}{\sqrt{3}}.\end{aligned}$$

■

**예제 3**

$\displaystyle\int \frac{1}{x^4-1}dx$ 를 구하여라.

**풀이**

$$\frac{1}{x^4-1}=\frac{A}{x-1}+\frac{B}{x+1}+\frac{Cx+D}{x^2+1}$$

라 놓고 우변을 통분하여 양변의 분자를 비교하면

$$1=A(x+1)(x^2+1)+B(x-1)(x^2+1)+(Cx+D)(x-1)(x+1)$$

$x=-1$과 $x=1$로 놓으면 $B=-\frac{1}{4}$, $A=\frac{1}{4}$을 얻는다. 또 $x=0$일 때 $1=A-B-D$이므로 $D=-\frac{1}{2}$이다.

양변의 $x^2$의 계수를 비교하면 $0 = A + B + C$ 이므로 $C = 0$이다.

$$\therefore \int \frac{1}{x^4 - 1} dx = \frac{1}{4} \int \left( \frac{1}{x-1} - \frac{1}{x+1} - \frac{2}{x^2+1} \right) dx$$
$$= \frac{1}{4} \ln \left| \frac{x-1}{x+1} \right| - \frac{1}{2} \tan^{-1} x. \quad ■$$

**예제 4**

$\displaystyle\int \frac{2x^2 - x + 1}{(x-1)^3 (x-2)^2} dx$ 를 구하여라.

**풀이** 피적분함수를 부분분수로 분해하기 위하여 다음과 같이 놓고 분모를 없앤다. 즉

$$\frac{2x^2 - x + 1}{(x-1)^3(x-2)^2} = \frac{A}{(x-1)^3} + \frac{B}{(x-1)^2} + \frac{C}{x-1} + \frac{D}{(x-2)^2} + \frac{E}{x-2}$$

따라서

$$2x^2 - x + 1 = A(x-2)^2 + B(x-1)(x-2)^2 + C(x-1)^2(x-2)^2$$
$$+ D(c-1)^3 + E(x-1)^3(x-2).$$

$x = 1$이라 놓으면 $A = 2$를 얻는다. 이 $A$의 값을 우변에 대입하고 이항한 다음 $(x-1)$로 나누면

$$7 = B(x-2)^2 + C(x-1)(x-2)^2 + D(x-1)^2 + E(x-1)^2(x-2).$$

여기서 $x = 1$이라고 놓으면 $B = 7$ 이고, 이 $B$의 값을 대입하고 이항한 다음 $x - 1$로 나누면

$$-14x + 35 = D + E(x-2)$$

$x = 2$라 놓으면 $D = 7$, 따라서 $E = -14$를 얻는다. 그러므로 구하는 적분은

$$\int \frac{2x^2 - x + 1}{(x-1)^3(x-2)^2} dx$$
$$= 2\int \frac{dx}{(x-1)^3} + 7\int \frac{dx}{(x-1)^2} + 14\int \frac{dx}{x-1} + 7\int \frac{dx}{(x-2)^2} - 14\int \frac{dx}{x-2}$$
$$= -\frac{1}{(x-1)^2} - \frac{7}{x-1} + 14\ln|x-1| - \frac{7}{x-2} - 14\ln|x-2|$$

$$= \frac{1}{(x-1)^2} - \frac{7}{x-1} - \frac{7}{x-2} + 14\ln\left|\frac{x-1}{x-2}\right|. \qquad \blacksquare$$

## 연습문제 6.2 Exercises

**1.** 다음 적분을 계산하여라.

(1) $\displaystyle\int \frac{1}{x^3-1}dx$

(2) $\displaystyle\int \frac{4}{x^4-1}dx$

(3) $\displaystyle\int \frac{1}{x^2-4x-5}dx$

(4) $\displaystyle\int \frac{x^2}{(x^2+4)(x^2+9)}dx$

(5) $\displaystyle\int \frac{1}{(x-1)(x^2+1)^2}dx$

(6) $\displaystyle\int \frac{5x+1}{2x^2+5x+3}dx$

(7) $\displaystyle\int \frac{x^3+1}{x(x-1)^3}dx$

(8) $\displaystyle\int \frac{1}{x^4(x^2+1)^2}dx$

(9) $\displaystyle\int_0^1 \frac{2x^2+x+3}{(x+1)(x^2+1)}dx$

(10) $\displaystyle\int_3^4 \frac{5x^3-4x}{x^4-16}dx$

(11) $\displaystyle\int \frac{x^2+2}{x^4+x^2-2}dx$

(12) $\displaystyle\int \frac{1}{x^6-1}dx$

(13) $\displaystyle\int \frac{x-1}{x(x+1)(x^2+1)}dx$

(14) $\displaystyle\int \frac{x(x^2+3)}{(x^2-1)(x^2+1)^2}dx$

(15) $\displaystyle\int_0^1 \frac{8x^3+4x^2}{(x^2+1)(x+1)^2}dx$

(16) $\displaystyle\int_1^2 \frac{1}{x^2(x+1)}dx$

## 6.3 삼각함수의 적분

삼각함수의 부정적분은 그 자신은 물론이거니와 기타의 부정적분을 계산하는 수단으로 사용되는 경우가 많기 때문에 이 절에서는 그것을 종합적으로 정리해 보기로 한다.

[ I ] 삼각항등식과 치환적분법을 결합할 때 여러 가지 삼각함수 형태의 적분을 할 수 있다. 다섯 가지 형태를 고찰하여 본다.

① $\int \sin^n x dx$와 $\int \cos^n x dx$

② $\int \sin^m x \cos^n x dx$

③ $\int \tan^n x dx$와 $\int \cot^n x dx$

④ $\int \tan^m x \sec^n x dx$ 와 $\int \cot^m x \csc^n x dx$

⑤ $\int \sin mx \cos nx dx$, $\int \sin mx \sin nx dx$, $\int \cos mx \cos nx dx$

형태 ① $\left(\int \sin^n x dx,\ \int \cos^n x dx\right)$

$n$이 홀수일 때를 고찰한다. 인수 $\sin x$ 또는 $\cos x$를 분리한 후 항등식

$$\sin^2 x + \cos^2 x = 1$$

을 사용한다.

**예제 1**

($n$이 홀수) $\int \sin^5 x dx$를 구하여라.

풀이

$$\begin{aligned}\int \sin^5 x dx &= \int \sin^4 x \sin x dx \\ &= \int (1-\cos^2 x)^2 \sin x dx \\ &= \int (1-2\cos^2 x+\cos^4 x)\sin x dx \\ &= -\int (1-2\cos^2 x+\cos^4 x) d(\cos x) \\ &= -\cos x+\frac{2}{3}\cos^3 x-\frac{1}{5}\cos^5 x.\end{aligned}$$

$n$이 짝수일 때는 다음의 반각의 공식을 사용한다.

$$\sin^2 x = \frac{1-\cos 2x}{2},\quad \cos^2 x = \frac{1+\cos 2x}{2}.$$

■

**예제 2**

($n$이 짝수) $\int \sin^2 x dx$, $\int \cos^4 x dx$ 를 구하여라.

[풀이]

$$\begin{aligned}\int \sin^2 x dx &= \int \frac{1-\cos 2x}{2} dx \\ &= \frac{1}{2}\int dx - \frac{1}{4}\int (\cos 2x)(2) dx \\ &= \frac{1}{2}\int dx - \frac{1}{4}\int \cos 2x \, d(2x) \\ &= \frac{1}{2}x - \frac{1}{4}\sin 2x.\end{aligned}$$

$$\begin{aligned}\int \cos^4 x dx &= \int \left(\frac{1+\cos 2x}{2}\right)^2 dx \\ &= \frac{1}{4}\int (1 + 2\cos 2x + \cos^2 2x) dx \\ &= \frac{1}{4}\int dx + \frac{1}{4}\int (\cos 2x)(2) dx + \frac{1}{8}\int (1+\cos 4x) dx \\ &= \frac{3}{8}\int dx + \frac{1}{4}\int \cos 2x d(2x) + \frac{1}{32}\int \cos 4x d(4x) \\ &= \frac{3}{8}x + \frac{1}{4}\sin 2x + \frac{1}{32}\sin 4x.\end{aligned}$$

■

형태 ② $\left(\int \sin^m x \cos^n x dx\right)$

$m$ 또는 $n$이 홀수이면 인수 $\sin x$ 또는 $\cos x$를 분리한 후 항등식 $\sin^2 x + \cos^2 x = 1$을 사용한다.

**예제 3**

($m$ 또는 $n$이 홀수) $\int \sin^3 x \cos^{-4} x dx$를 구하여라.

[풀이]

$$\begin{aligned}\int \sin^3 x \cos^{-4} x dx &= \int (1-\cos^2 x)(\cos^{-4} x)(\sin x) dx \\ &= -\int (\cos^{-4} x - \cos^{-2} x) d(\cos x) \\ &= -\left[\frac{(\cos x)^{-3}}{-3} - \frac{(\cos x)^{-1}}{-1}\right]\end{aligned}$$

$$= \frac{1}{3}\sec^3 x - \sec x.$$

$m$과 $n$이 양수이고 짝수이면 피적분함수의 차수를 줄이기 위하여 반각의 공식을 사용한다. ■

**예제 4**

($m$과 $n$이 짝수) $\int \sin^2 x \cos^4 x dx$를 구하여라.

풀이
$$\int \sin^2 x \cos^4 x dx = \int \left(\frac{1-\cos 2x}{2}\right)\left(\frac{1+\cos 2x}{2}\right)^2 dx$$
$$= \frac{1}{8}\int (1+\cos 2x - \cos^2 2x - \cos^3 2x)dx$$
$$= \frac{1}{8}\int \left[1+\cos 2x - \frac{1}{2}(1+\cos 4x) - (1-\sin^2 2x)\cos 2x\right]dx$$
$$= \frac{1}{8}\int \left(\frac{1}{2} - \frac{1}{2}\cos 4x + \sin^2 2x \cos 2x\right)dx$$
$$= \frac{1}{8}\left[\int \frac{1}{2}dx - \frac{1}{8}\int \cos 4x\, d(4x) + \frac{1}{2}\int \sin^2 2x\, d(\sin 2x)\right]$$
$$= \frac{1}{8}\left(\frac{1}{2}x - \frac{1}{8}\sin 4x + \frac{1}{6}\sin^3 2x\right)$$ ■

형태 ③ $\left(\int \tan^n x dx,\ \int \cot^n x dx\right)$

$\tan^n x$ 일 경우는 인수 $\tan^2 x = \sec^2 x - 1$을 분리하고 $\cot^n x$ 일 경우는 인수

$$\cot^2 x = \csc^2 x - 1$$

을 분리한다.

**예제 5**

$\int \cot^4 x dx$ 를 구하여라.

풀이
$$\int \cot^4 x dx = \int \cot^2 x(\csc^2 x - 1)dx$$
$$= \int \cot^2 x \csc^2 x dx - \int \cot^2 x dx$$

$$=-\int \cot^2 x d(\cot x)-\int (\csc^2 x-1)dx$$
$$=-\frac{1}{3}\cot^3 x+\cot x+x.$$ ■

**예제 6**

$\int \tan^5 x dx$ 를 구하여라.

풀이

$$\int \tan^5 x dx=\int \tan^3 x(\sec^2 x-1)dx$$
$$=\int \tan^3 x d(\tan x)-\int \tan x(\sec^2 x-1)dx$$
$$=\int \tan^3 x d(\tan x)-\int \tan x d(\sec^2 x)+\int \tan x dx$$
$$=\frac{1}{4}\tan^4 x-\frac{1}{2}\tan^2 x-\ln|\cos x|.$$ ■

형태 ④ $\left(\int \tan^m x \sec^n x dx,\ \int \cot^m x \csc^n x dx\right)$

**예제 7**

($n$은 짝수, $m$은 임의의 수) $\int \tan^{-\frac{3}{2}} x \sec^4 x dx$ 를 구하여라.

풀이

$$\int \tan^{-\frac{3}{2}} x \sec^4 x dx=\int (\tan^{-\frac{3}{2}} x)(1+\tan^2 x)\sec^2 x dx$$
$$=\int (\tan^{-\frac{3}{2}} x)\sec^2 x dx+\int (\tan^{\frac{1}{2}} x)\sec^2 x dx$$
$$=-2\tan^{-\frac{1}{2}} x+\frac{2}{3}\tan^{\frac{3}{2}} x.$$ ■

**예제 8**

($m$은 홀수, $n$은 임의의 수) $\int \tan^3 x \sec^{-\frac{1}{2}} x dx$ 를 구하여라.

풀이

$$\int \tan^3 x \sec^{-\frac{1}{2}} x dx=\int (\tan^2 x)(\sec^{-\frac{3}{2}} x)(\sec x \tan x)dx$$

$$= \int (\sec^2 x - 1)\sec^{-\frac{3}{2}} x\, d(\sec x)$$

$$= \int \sec^{\frac{1}{2}} x\, d(\sec x) - \int \sec^{-\frac{3}{2}} x\, d(\sec x)$$

$$= \frac{2}{3}\sec^{\frac{3}{2}} x + 2\sec^{-\frac{1}{2}} x. \quad ■$$

**형태 ⑤** $\left(\int \sin mx \cos nx\, dx,\ \int \sin mx \sin nx\, dx,\ \int \cos mx \cos nx\, dx\right)$

이런 형태의 적분은 교류이론, 열전달문제, 푸리에(Fourier)급수가 사용되는 문제에서 나타난다. 이런 적분을 구하기 위하여 삼각함수의 곱의 항등식을 사용한다.

$$\sin mx \cos nx = \frac{1}{2}[\sin(m+n)x + \sin(m-n)x],$$

$$\sin mx \sin nx = -\frac{1}{2}[\cos(m+n)x - \cos(m-n)x],$$

$$\cos mx \cos nx = \frac{1}{2}[\cos(m+n)x + \cos(m-n)x].$$

**예제 9**

$\int \sin 2x \cos 3x dx$ 를 구하여라.

풀이

$$\int \sin 2x \cos 3x dx = \frac{1}{2}\int [\sin 5x + \sin(-x)]dx$$

$$= \frac{1}{10}\int \sin 5x d(5x) - \frac{1}{2}\int \sin x\, dx$$

$$= -\frac{1}{10}\cos 5x + \frac{1}{2}\cos x. \quad ■$$

**예제 10**

$\int \sin x \sin 2x \sin 3x dx$를 구하여라.

풀이

$$\int \sin x \sin 2x \sin 3x dx = \int \left(\frac{1}{2}\cos x - \frac{1}{2}\cos 3x\right)\sin 3x dx$$

$$= \frac{1}{2}\int (\cos x \sin 3x - \cos 3x \sin 3x)dx$$

$$= \frac{1}{2}\int \left\{ \frac{1}{2}(\sin 2x + \sin 4x) - \frac{1}{2}\sin 6x \right\} dx$$

$$= \frac{1}{4}\int (\sin 2x + \sin 4x - \sin 6x)dx$$

$$= -\frac{1}{8}\cos 2x - \frac{1}{16}\cos 4x + \frac{1}{24}\cos 6x. \quad ■$$

**문제 1**

다음 부정적분을 구하여라.

(1) $\int \cos^2 x dx$

(2) $\int \cos^3 x dx$

(3) $\int \sin^5 t dt$

(4) $\int \tan^3 y dy$

(5) $\int \sin^7 3x \cos^2 3x dx$

(6) $\int \cos^3\theta \sin^{-2}\theta \, d\theta$

(7) $\int \sin^4 2t \cos^4 2t dt$

(8) $\int \tan^3 3y \sec^3 3y dy$

(9) $\int \cot x \csc^3 x dx$

(10) $\int \tan^{-3} t \sec^2 t dt$

(11) $\int \sin 4y \cos 5y dy$

(12) $\int \cot^4 2x dx$

[Ⅱ] $f(\cos^2 x,\ \sin^2 x,\ \tan x)$인 꼴의 부정적분에는 다음 치환이 유효하다.
$\tan x = t$라 놓으면

$$\cos^2 x = \frac{1}{1+t^2}, \quad \sin^2 x = \frac{t^2}{1+t^2}, \quad dx = \frac{dt}{1+t^2}.$$

**예제 11**

(a) $\int \frac{dx}{a^2\cos^2 x + b^2 \sin^2 x}$, (b) $\int \frac{dx}{\cos^{2n} x}$를 구하여라.

풀이 (a) $\tan x = t$라고 치환하면

$$\int \frac{dx}{a^2\cos^2 x + b^2\sin^2 x} = \int \frac{dt}{a^2 + b^2 t^2} = \frac{1}{ab}\tan^{-1}\left(\frac{b}{a}\tan x\right)$$

(b) $\int \frac{dx}{\cos^{2n} x} = \int (1+t^2)^{n-1} dt$ ($n$: 정수)

또 다음이 성립함도 알 수 있다.

$$\int \frac{dx}{\sin^{2n} x} = \int \frac{(1+t^2)^{n-1}}{t^{2n}} dt \quad (n : \text{정수})$$ ■

**예제 12**

$I = \int \frac{dx}{a + b \tan x}$를 구하여라.

풀이 $\tan x = t$라 놓으면 $\sec^2 x dx = dt$이므로 $dx = \frac{dt}{1+t^2}$이다.

$$\begin{aligned}
I &= \int \frac{1}{a+bt} \cdot \frac{dt}{1+t^2} \\
&= \int \left\{ \frac{b^2}{a^2+b^2} \cdot \frac{1}{a+bt} + \frac{1}{a^2+b^2} \cdot \frac{a-bt}{1+t^2} \right\} dt \\
&= \frac{b^2}{a^2+b^2} \int \frac{dt}{a+bt} + \frac{a}{a^2+b^2} \int \frac{dt}{1+t^2} - \frac{b}{a^2+b^2} \int \frac{tdt}{1+t^2} \\
&= \frac{b}{a^2+b^2} \ln|a+bt| + \frac{a}{a^2+b^2} \tan^{-1} t - \frac{b}{a^2+b^2} \cdot \frac{1}{2} \ln(1+t^2) \\
&= \frac{b}{a^2+b^2} \ln\left| \frac{a+bt}{\sqrt{1+t^2}} \right| + \frac{a}{a^2+b^2} \tan^{-1} t \\
&= \frac{b}{a^2+b^2} \ln\left| \frac{a+b\tan t}{\sec x} \right| + \frac{a}{a^2+b^2} x \\
&= \frac{b}{a^2+b^2} \ln|a\cos x + b\sin x| + \frac{a}{a^2+b^2} x.
\end{aligned}$$ ■

[Ⅲ] $f(\sin x, \cos x)$인 꼴의 부정적분에는 다음 치환이 유효하다.

$\tan\frac{x}{2} = t$ 라 놓으면

$$\sin x = \frac{2t}{1+t^2}, \quad \cos x = \frac{1-t^2}{1+t^2}, \quad dx = \frac{2}{1+t^2} dt.$$

**예 1**

치환 Ⅲ에 의하여

(a) $\int \frac{dx}{\sin x} = \int \frac{2dt}{2t} = \ln|t| = \ln\left|\tan\frac{x}{2}\right|$,

또 $\int \frac{dx}{\cos x} = \int \frac{2dt}{1-t^2} = \ln\left|\frac{1+t}{1-t}\right| = \ln\left|\tan\left(\frac{x}{2}+\frac{\pi}{4}\right)\right|$.

(b) $$\begin{aligned}\int \frac{dx}{5+3\sin x} &= \int \frac{2dt}{5t^2+6t+5} \\ &= \frac{2}{5}\int \frac{dt}{\left(t+\frac{3}{5}\right)^2+\left(\frac{4}{5}\right)^2} \\ &= \frac{1}{2}\tan^{-1}\left(\frac{5\tan\frac{x}{2}+3}{4}\right).\end{aligned}$$

**예제 13**

$I=\int \frac{1}{\sin x+\cos x}dx$ 를 구하여라.

풀이 $\tan\frac{x}{2}=t$라 놓으면 $\sin x = \frac{2t}{1+t^2}$, $\cos x = \frac{1-t^2}{1+t^2}$이고 $dx = \frac{2}{1+t^2}dt$이므로

$$\begin{aligned} I &= \int \frac{1}{\frac{2t}{1+t^2}+\frac{1-t^2}{1+t^2}} \cdot \frac{2}{1+t^2}dt \\ &= 2\int \frac{1}{1+2t-t^2}dt \\ &= 2\int \frac{1}{2-(t-1)^2}dt \\ &= \frac{1}{\sqrt{2}}\ln\left(\frac{\sqrt{2}+(t-1)}{\sqrt{2}-(t-1)}\right) \\ &= \frac{1}{\sqrt{2}}\ln\left(\frac{\sqrt{2}-1+\tan\frac{x}{2}}{\sqrt{2}+1-\tan\frac{x}{2}}\right). \end{aligned}$$

■

**예제 14**

$I=\int \frac{1}{a+b\cos x}dx$ 를 구하여라. $(a,\ b>0,\ a\neq b)$

풀이 $\tan\frac{x}{2}=t$라 놓으면 $\cos x=\frac{1-t^2}{1+t^2}$, $dx=\frac{2}{1+t^2}dt$ 이므로

$$I=\int\frac{dx}{a+b\cos x}=\int\frac{1}{a+b\frac{1-t^2}{1+t^2}}\cdot\frac{2}{1+t^2}dt$$

$$=\int\frac{1}{a+b+(a-b)t^2}dt$$

만일 $a>b$이면

$$I=\frac{2}{a-b}\int\frac{1}{t^2+\frac{a+b}{a-b}}dt$$

$$=\frac{2}{a-b}\sqrt{\frac{a-b}{a+b}}\tan^{-1}\left(\sqrt{\frac{a-b}{a+b}}\cdot t\right)$$

$$=\frac{2}{\sqrt{a^2-b^2}}\tan^{-1}\left(\sqrt{\frac{a-b}{a+b}}\tan\frac{x}{2}\right)$$

$a<b$이면

$$I=\frac{2}{b-a}\int\frac{1}{\frac{b+a}{b-a}-t^2}dt$$

$$=\frac{1}{b-a}\sqrt{\frac{b-a}{b+a}}\ln\left(\frac{\sqrt{\frac{b+a}{b-a}}+t}{\sqrt{\frac{b+a}{b-a}}-t}\right)$$

$$=\frac{1}{\sqrt{b^2-a^2}}\ln\left(\frac{\sqrt{b+a}+\sqrt{b-a}\tan\frac{x}{2}}{\sqrt{b+a}-\sqrt{b-a}\tan\frac{x}{2}}\right).$$ ■

**문제 2**

다음 부정적분을 구하여라.

(1) $\int\frac{2dx}{1+\tan x}$

(2) $\int\frac{dx}{5+4\sin 2x}$

(3) $\int\frac{dx}{5\sec x+4}$

(4) $\int\frac{\sin x}{1+\sin x}dx$

(5) $\int \frac{dx}{\sin x - \cos x}$ (6) $\int \frac{dx}{3+5\sin x}$

(7) $\int \frac{2-\sin x}{2+\cos x}dx$ (8) $\int \frac{dx}{\sin x + \tan x}$

적분변수를 바꿀 때 치환하는 식이 삼각함수를 포함하고 있어서 피적분함수가 $x$와 다음 근호 중 어느 하나를 품는 함수일 때 다음과 같은 치환적분법이 자주 이용된다.

$$\sqrt{a^2-x^2} \text{ 이면 } x = a\sin\theta \text{ 또는 } x = a\cos\theta$$

$$\sqrt{a^2+x^2} \text{ 이면 } x = a\tan\theta$$

$$\sqrt{x^2-a^2} \text{ 이면 } x = a\sec\theta.$$

위와 같이 치환을 하면 $a>0$일 때 각 근호는 다음과 같이 삼각함수의 유리식으로 고쳐진다.

$$\sqrt{a^2-x^2} = \sqrt{a^2-a^2\sin^2\theta} = a\sqrt{1-\sin^2\theta} = a|\cos\theta|$$

$$\sqrt{a^2+x^2} = \sqrt{a^2+a^2\tan^2\theta} = a\sqrt{1+\tan^2\theta} = a|\sec\theta|$$

$$\sqrt{x^2-a^2} = \sqrt{a^2\sec^2\theta-a^2} = a\sqrt{\sec^2\theta-1} = a|\tan\theta|.$$

**예제 15**

다음 적분공식을 삼각함수로 치환하여 증명하여라.

(1) $\int \frac{dx}{\sqrt{a^2-x^2}} = \sin^{-1}\frac{x}{a} + C$

(2) $\int \frac{dx}{a^2+x^2} = \frac{1}{a}\tan^{-1}\frac{x}{a} + C$

(3) $\int \frac{dx}{x\sqrt{x^2-a^2}} = \frac{1}{a}\sec^{-1}\frac{x}{a} + C$

풀이 (1) $x = a\sin\theta\left(\theta = \sin^{-1}\frac{x}{a}\right)$로 치환하고 $\theta$를 예각이라 하면

$\sqrt{a^2-x^2} = a\cos\theta,\ dx = a\cos\theta d\theta$ 이므로

$$\therefore \int \frac{dx}{\sqrt{a^2-x^2}} = \int \frac{a\cos\theta}{a\cos\theta}d\theta = \int d\theta = \theta = \sin^{-1}\frac{x}{a} + C.$$

(2) $x = a\tan\theta$ $\left(\theta = \tan^{-1}\dfrac{x}{a}\right)$로 치환하고 $\theta$를 예각이라 하면

$a^2 + x^2 = a^2\sec^2\theta$, $dx = a\sec^2\theta d\theta$ 이므로

$$\therefore \int \frac{dx}{a^2+x^2} = \int \frac{a\sec^2\theta}{a^2\sec^2\theta}d\theta = \frac{1}{a}\int d\theta = \frac{1}{a}\theta = \frac{1}{a}\tan^{-1}\frac{x}{a} + C.$$

(3) $x = a\sec\theta$ $\left(\theta = \sec^{-1}\dfrac{x}{a}\right)$로 치환하고 $\theta$를 예각이라 하면

$\sqrt{x^2 - a^2} = a\tan\theta$, $dx = a\sec\theta\tan\theta d\theta$이므로

$$\therefore \int \frac{dx}{x\sqrt{x^2-a^2}} = \int \frac{a\sec\theta\tan\theta}{a\sec\theta\, a\tan\theta}d\theta = \frac{1}{a}\int d\theta = \frac{1}{a}\theta$$

$$= \frac{1}{a}\sec^{-1}\frac{x}{a} + C.$$ ■

**예제 16**

$I = \displaystyle\int \frac{\sqrt{9-x^2}}{x}dx$ 를 구하여라.

풀이 $x = 3\sin\theta$로 놓고 $\theta$를 예각이라 하면

$$\sqrt{9-x^2} = 3\cos\theta, \qquad dx = 3\cos\theta d\theta \text{이므로}$$

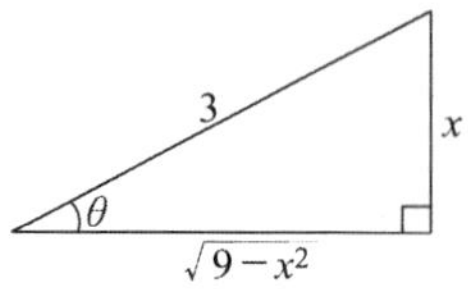


[그림 6-1]

$$\therefore \quad I = \int \frac{3\cos\theta}{3\sin\theta}\cdot 3\cos\theta d\theta$$

$$= 3\int \frac{\cos^2\theta}{\sin\theta}d\theta = 3\int \frac{1-\sin^2\theta}{\sin\theta}d\theta$$

$$= 3\int (\csc\theta - \sin\theta)d\theta$$

$$= 3(\ln|\csc\theta - \cot\theta| + \cos\theta)$$

이때 [그림 6-1]에서

$$\cos\theta = \frac{\sqrt{9-x^2}}{3},\ \csc\theta = \frac{3}{x},\ \cot\theta = \frac{\sqrt{9-x^2}}{x}$$

이므로

$$\therefore\ I = \int \frac{\sqrt{9-x^2}}{x}dx = 3\ln\left|\frac{3-\sqrt{9-x^2}}{x}\right| + \sqrt{9-x^2}.$$ ■

**예제 17**

다음 적분공식을 삼각함수로 치환하여 증명하여라.

$$\int \frac{dx}{\sqrt{a^2+x^2}} = \ln|x+\sqrt{a^2+x^2}|$$

풀이 [그림 6-2]에 표시한 바와 같이 $x = a\tan\theta$로 치환하면

$$\sqrt{a^2+x^2} = a\sec\theta, \qquad dx = a\sec^2\theta\, d\theta \text{이므로}$$

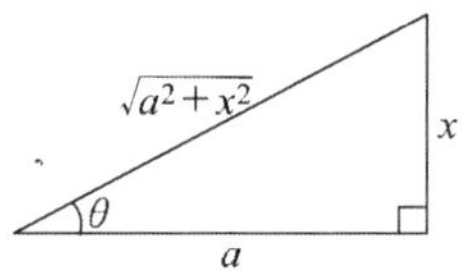


[그림 6–2]

$$\begin{aligned}\therefore\ \int \frac{dx}{\sqrt{a^2+x^2}} &= \int \frac{a\sec^2\theta}{a\sec\theta}d\theta = \int \sec\theta d\theta \\ &= \ln|\sec\theta + \tan\theta| + C' \\ &= \ln\left|\frac{\sqrt{a^2+x^2}}{a} + \frac{x}{a}\right| + C \\ &= \ln|x+\sqrt{a^2+x^2}| + C.\ (\text{단},\ \ C = C' - \ln a)\end{aligned}$$ ■

**예제 18**

$I = \int \frac{xdx}{\sqrt{x^2+6x}}$를 구하여라.

풀이 $x+3=3\sec\theta$로 치환하면

$$\sqrt{x^2+6x}=\sqrt{(x+3)^2-9}=3\tan\theta, \qquad dx=3\sec\theta\tan\theta d\theta \text{이므로}$$

$$\begin{aligned}\therefore\ I &= \int \frac{(3\sec\theta-3)\cdot 3\sec\theta\tan\theta}{3\tan\theta}d\theta \\ &= 3\int(\sec^2\theta-\sec\theta)d\theta \\ &= 3[\tan\theta-\ln|\sec\theta+\tan\theta|]+C' \\ &= 3\left(\frac{\sqrt{x^2+6x}}{3}-\ln\left|\frac{x+3}{3}+\frac{\sqrt{x^2+6x}}{3}\right|\right)+C' \\ &= \sqrt{x^2+6x}-3\ln|x+3+\sqrt{x^2+6x}|+C \\ &\quad (\text{단, } C=C'+3\ln 3).\end{aligned}$$

■

## 연습문제 6.3 Exercises

**1.** 다음 각 부정적분을 구하여라.

(1) $\int \cos\frac{3}{2}x dx$

(2) $\int \frac{1}{x^2}\sin\frac{\pi}{x}dx$

(3) $\int \cot\frac{1}{2}x dx$

(4) $\int \sin^3 x\cos^3 x dx$

(5) $\int \cos^2\frac{1}{2}y dy$

(6) $\int \tan^2\frac{3}{4}x dx$

(7) $\int \sin 3x\cos 5x dx$

(8) $\int \sin 2z\sin 3z dz$

(9) $\int \sec^4 x dx$

(10) $\int \tan^3 x\sec^3 x dx$

(11) $\int \sqrt{\sin x}\cos x dx$

(12) $\int \sin^6 x dx$

(13) $\int \csc^4\frac{3}{2}\theta d\theta$

(14) $\int \cot^3 2\theta d\theta$

**2.** (1) $n$이 1보다 큰 정수일 때 다음 식이 성립함을 증명하여라.

$$I_n = \int \tan^n x dx = \frac{\tan^{n-1} x}{n-1} - I_{n-2}$$

(2) (1)에서 $I_2$, $I_3$, $I_4$를 구하여라.

**3.** 다음 적분을 계산하여라.

(1) $\int \frac{dx}{25+9x^2}$ (2) $\int \frac{dx}{\sqrt{9-4x^2}}$

(3) $\int \frac{dx}{x\sqrt{x^2-4}}$ (4) $\int \frac{dx}{x^2\sqrt{4-x^2}}$

(5) $\int \frac{dx}{(x^2+4)^{\frac{3}{2}}}$ (6) $\int \frac{\sqrt{9-x^2}}{x^2} dx$

(7) $\int \sqrt{2x-x^2}\, dx$ (8) $\int x^2\sqrt{4-x^2}\, dx$

(9) $\int \frac{dx}{\sqrt{x^2+2x+2}}$ (10) $\int \frac{x dx}{\sqrt{3-2x-x^2}}$

(11) $\int \sqrt{x^2-a^2}\, dx$ (12) $\int \frac{\sqrt{a^2+x^2}}{x} dx$

**4.** 삼각함수의 치환을 이용하여 다음 적분공식을 증명하여라.

$$\int \sqrt{a^2-x^2}\, dx = \frac{x}{2}\sqrt{a^2-x^2} + \frac{a^2}{2}\sin^{-1}\frac{x}{a} + C.$$

**5.** 다음 적분공식이 성립함을 삼각함수의 치환으로 증명하여라.

$$\int \sqrt{x^2 \pm a^2}\, dx = \frac{x}{2}\sqrt{x^2 \pm a^2} \pm \frac{a^2}{2}\ln|x + \sqrt{x^2 \pm a^2}| + C.$$

## 6.4 무리함수의 적분

무리식의 적분은 유리식과 같이 항상 적분이 가능하지는 않다. 이 절에서는 간단한 치환을 이용하여 무리함수를 유리함수로 변환하여 적분하는 무리함수 적분법에 관하여 몇 가지 알아보자.

[ I ] $f(x, \sqrt[n]{ax+b})$ $(a \neq 0)$인 형의 적분

$\sqrt[n]{ax+b} = t$로 치환하면 주어진 식은 $t$에 관한 유리식으로 되어 적분이 가능하다.

**예제 1**

$I = \int \frac{x^2}{\sqrt{1+2x}} dx$ 를 구하여라.

풀이 $\sqrt{1+2x} = t$로 치환하면 $x = \frac{t^2-1}{2}$, $dx = t\,dt$.

$$\begin{aligned} \therefore\ I &= \int \left(\frac{t^2-1}{2}\right)^2 dt = \frac{1}{4}\int (t^4 - 2t^2 + 1)dt \\ &= \frac{1}{4}\left(\frac{t^5}{5} - \frac{2}{3}t^3 + t\right) \\ &= \frac{1}{60} t(3t^4 - 10t^2 + 15) \\ &= \frac{1}{60}\sqrt{1+2x}\{3(1+2x)^2 - 10(1+2x)^2 + 15\} \\ &= \frac{1}{15}\sqrt{1+2x}(3x^2 - 2x + 2). \end{aligned}$$

■

[ II ] $f(x, \sqrt[m]{ax+b}, \sqrt[n]{ax+b})$ $(a \neq 0)$인 형의 적분

$m$, $n$의 최소공배수 $l$ 에 대하여 $\sqrt[l]{ax+b} = t$로 치환하면 유리식의 적분으로 변환된다.

**예제 2**

$I = \int \frac{dx}{\sqrt{x}(1 + \sqrt[3]{x})}$를 구하여라.

풀이 $\sqrt[6]{x} = t$로 치환하면 $x = t^6$, $dx = 6t^5 dt$.

$$\begin{aligned} \therefore\ I &= \int \frac{6t^5 dt}{t^3(1+t^2)} = 6\int \frac{t^2}{1+t^2} dt = 6\int \left(1 - \frac{1}{1+t^2}\right) dt \\ &= 6(t - \tan^{-1} t) = 6(x^{\frac{1}{6}} - \tan^{-1} x^{\frac{1}{6}}). \end{aligned}$$

■

[Ⅲ] $f\left(x,\ \sqrt[n]{\dfrac{ax+b}{cx+d}}\right)$ $(ad \neq bc)$인 형의 적분

$\sqrt[n]{\dfrac{ax+b}{cx+d}}=t$ 로 치환하면 유리식의 적분으로 변환된다.

**예제 3**

$I=\displaystyle\int \sqrt{\frac{x-1}{2-x}}\,dx$ 를 구하여라.

풀이 $\sqrt{\dfrac{x-1}{2-x}}=t$로 치환하면 $x=\dfrac{2t^2+1}{t^2+1},\quad dx=\dfrac{2t}{(t^2+1)^2}dt.$

$$\begin{aligned}\therefore\ I&=\int t\frac{2t}{(t^2+1)^2}dt=2\int\frac{t^2+1-1}{(t^2+1)^2}dt\\&=2\int\frac{dt}{(t^2+1)}-2\int\frac{dt}{(t^2+1)^2}\\&=2\tan^{-1}t-2\int\frac{dt}{(t^2+1)^2}.\end{aligned}$$

여기서 우변의 제 2항을 계산하기 위하여 $t=\tan\theta$ 로 치환하면 $dt=\sec^2\theta d\theta$이므로

$$\begin{aligned}2\int\frac{dt}{(t^2+1)^2}&=2\int\frac{\sec^2\theta d\theta}{\sec^4\theta}=2\int\cos^2\theta d\theta\\&=\int(1+\cos 2\theta)d\theta=\theta+\frac{1}{2}\sin 2\theta=\theta+\sin\theta\cos\theta\\&=\tan^{-1}t+\frac{t}{\sqrt{1+t^2}}\cdot\frac{1}{\sqrt{1+t^2}}\\&=\tan^{-1}t+\frac{t}{1+t^2}\end{aligned}$$

$$\begin{aligned}\therefore\ I&=2\tan^{-1}t-\left(\tan^{-1}t+\frac{t}{1+t^2}\right)=\tan^{-1}t-\frac{t}{1+t^2}\\&=\tan^{-1}\sqrt{\frac{x-1}{2-x}}-\sqrt{(x-1)(2-x)}.\end{aligned}$$ ■

[Ⅳ] $f(x,\ \sqrt{ax^2+bx+c})$ (단, $a>0$)인 형의 적분

$\sqrt{ax^2+bx+c}=t-\sqrt{ax}$ 로 치환하면 [Ⅲ]의 형으로 되고 따라서 유리식의 적분으로 변

환시킬 수 있다. 근호 안이 $ax^2+bx+c=a(x-\alpha)(x-\beta)$ (단, $\alpha\neq\beta$)로 인수분해가 될 때에는 $\sqrt{ax^2+bx+c}=\sqrt{a(x-\beta)}\sqrt{\dfrac{x-\alpha}{x-\beta}}$ 로 되어 [Ⅲ]의 경우로 변환된다. 따라서 이때에는 다음과 같이 치환한다.

$$\sqrt{\frac{x-\alpha}{x-\beta}}=t$$

**예제 4**

$I=\displaystyle\int\frac{dx}{\sqrt{x^2+A}}$를 구하여라.

풀이 $\sqrt{x^2+A}=t-x$ 로 치환하면 $x=\dfrac{t^2-A}{2t}$.

$$\sqrt{x^2+A}=t-\frac{t^2-A}{2t}=\frac{1}{2}\left(t+\frac{A}{t}\right),\quad dx=\frac{1}{2}\left(1+\frac{A}{t^2}\right)dt$$

$$\therefore\ I=\int\frac{1+\dfrac{A}{t^2}}{1+\dfrac{A}{t}}dt=\int\frac{dt}{t}=\ln|t|$$

$$=\ln|x+\sqrt{x^2+A}|.$$

■

[Ⅴ] $f(x,\ \sqrt{ax^2+bx+c})$ (단, $a<0$)인 형의 적분

이 경우에는 근호 안이 양이어야 하므로

$$ax^2+bx+c=a(x-\alpha)(x-\beta)>0$$

이다. 그런데 $a<0$이므로 $\alpha<x<\beta$ ($\alpha<\beta$일 때)이어야 한다. 따라서

$$\sqrt{ax^2+bx+c}=\sqrt{-a}(\beta-x)\sqrt{\frac{x-\alpha}{\beta-x}}$$

로 되어 마찬가지로 [3]의 경우에 변환한다. 그러므로

$$\sqrt{\frac{x-\alpha}{\beta-x}}=t$$

로 치환하면 된다.

**예제 5**

$I=\displaystyle\int\frac{dx}{x\sqrt{(x-1)(3-x)}}$ 를 구하여라.

풀이 $x^2$의 계수가 음이므로 $\sqrt{\dfrac{x-1}{3-x}}=t$로 치환하면

$x=\dfrac{3t^2+1}{1+t^2}$, $3-x=\dfrac{2}{1+t^2}$, $dx=\dfrac{4t}{(1+t^2)^2}dt$이고,

$$\sqrt{(x-1)(3-x)}=\frac{2t}{1+t^2}.$$

$$\begin{aligned}\therefore\ I&=\int\frac{1+t^2}{3t^2+1}\cdot\frac{1+t^2}{2t}\cdot\frac{4t}{(1+t^2)^2}dt\\&=\int\frac{2}{3t^2+1}dt=\frac{2}{3}\int\frac{dt}{t^2+\frac{1}{3}}\\&=\frac{2}{\sqrt{3}}\tan^{-1}\sqrt{3}t=\frac{2}{\sqrt{3}}\tan^{-1}\sqrt{\frac{3(x-1)}{3-x}}.\end{aligned}$$ ■

**문제 1**

다음 각 부정적분을 구하여라.

(1) $\displaystyle\int\frac{dx}{x\sqrt{x+1}}$

(2) $\displaystyle\int\frac{dx}{x-\sqrt[3]{x}}$

(3) $\displaystyle\int\frac{dx}{x\sqrt{x^2+2x+2}}$

(4) $\displaystyle\int\frac{dx}{x\sqrt{3x-2-x^2}}$

## 6.5 특이적분

정적분

$$\int_a^b f(x)dx$$

를 정의할 때 적분구간이 유한이고, 피적분함수 $f(x)$는 구간 $a\le x\le b$의 모든 $x$값에 대

하여 연속이라고 가정하였다. 이 조건 중의 어느 하나도 만족되지 않을 때의 적분을 **특이(이상)적분**(improper integral)이라고 한다.

[ I ] 적분구간이 무한인 경우: 적분구간의 양 끝점 중의 하나 또는 둘이 모두 무한인 정적분은 극한값이 존재할 때 한하여, 관계식

$$\int_a^{\infty} f(x)dx = \lim_{b\to\infty}\int_a^b f(x)dx,$$

$$\int_{-\infty}^{b} f(x)dx = \lim_{a\to-\infty}\int_a^b f(x)dx,$$

$$\int_{-\infty}^{\infty} f(x)dx = \lim_{\substack{b\to\infty \\ a\to-\infty}}\int_a^b f(x)dx$$

로 정의한다. 극한값이 존재할 때 적분은 **수렴한다**(converge)고 하고, 극한값이 존재하지 않으면 적분은 **발산한다**(diverge)고 한다.

**예제 1**

$\int_0^{\infty} \sin x dx$ 의 적분값이 존재하면 구하여라.

풀이
$$\int_0^{\infty} \sin x dx = \lim_{b\to\infty}\int_0^b \sin x dx = \lim_{b\to\infty}[-\cos x]_0^b = \lim_{b\to\infty}(1-\cos b).$$

마지막 항의 극한이 존재하지 않으므로 이 적분은 발산한다. 이 결과를 확인하기 위하여 $\int_0^{\infty} \sin x dx$ 의 기하학적 의미를 생각하여 보아라. ■

**예제 2**

$\int_{-\infty}^{-1} xe^{-x^2}dx$ 의 적분값이 존재하면 그 값을 구하여라.

풀이
$$\int_a^{-1} xe^{-x^2}dx = -\frac{1}{2}\int_a^{-1} e^{-x^2}(-2xdx)$$

$$= \left[-\frac{1}{2}e^{-x^2}\right]_a^{-1} = -\frac{1}{2}e^{-1} + \frac{1}{2}e^{-a^2}$$

$$\therefore \int_{-\infty}^{-1} xe^{-x^2}dx = \lim_{a\to-\infty}\left[-\frac{1}{2}e^{-1}+\frac{1}{2}e^{-a^2}\right]=-\frac{1}{2e}.$$ ■

**예제 3**

$\Gamma(n) = \int_0^{\infty} e^{-x}x^{n-1}dx$ 를 구하여라 ($n$은 양의 정수).

풀이 $n \geq 2$일 때 부분적분법에 의하면

$$\int_0^b e^{-x}x^{n-1}dx =-[e^{-x}x^{n-1}]_0^b+(n-1)\int_0^b e^{-x}x^{n-2}dx$$

이고 $\lim_{b\to\infty}[e^{-x}x^{n-1}]_0^b=0$. 그러므로 $\Gamma(n)$, $\Gamma(n-1)$의 적어도 한쪽이 수렴하면 다른 한쪽도 수렴하여 $\Gamma(n)=(n-1)\Gamma(n-1)$이 성립한다. 그런데

$$\Gamma(1)=\int_0^{\infty} e^{-x}dx=\lim_{b\to\infty}[-e^{-x}]_0^b=1$$

이므로

$$\Gamma(2)=1\cdot\Gamma(1)=1,\quad \Gamma(3)=2\cdot\Gamma(2)=2!,\quad \Gamma(4)=3\cdot\Gamma(3)=3!,\ \cdots$$

일반적으로 $\Gamma(n)=(n-1)!\ (n=1,\ 2,\ \cdots)$. ■

위의 예제에서처럼 일반적으로 $\Gamma(x)=\int_0^{\infty} e^{-t}t^{x-1}dt$로 정의된 함수를 감마함수(Gamma function)라고 한다.

**예제 4**

함수 $f(x)=\dfrac{k}{1+x^2}$는 확률론에서 나타나는데 이것을 코시밀도함수라 한다. $k$는 구간 $(-\infty,\ \infty)$ 상에서 전체의 면적이 1이 되도록 선정한다(그림 6-3). $k$를 결정하라.

풀이 $\int_{-\infty}^{\infty}\dfrac{k}{1+x^2}dx=1$이다. 그런데

$$\int_0^{\infty}\frac{k}{1+x^2}dx=\lim_{b\to\infty}\int_0^b\frac{k}{1+x^2}dx-\lim_{b\to\infty}[k\tan^{-1}x]_0^b$$

$$= \lim_{b \to \infty} k \tan^{-1} b = k\frac{\pi}{2}$$

대칭성에 의하여

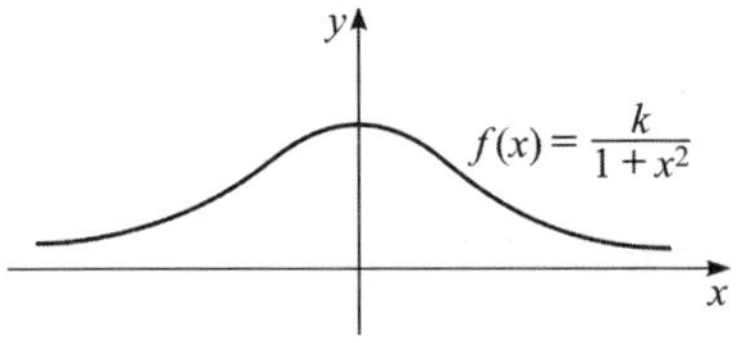


[그림 6-3]

$$\int_{-\infty}^{0} \frac{k}{1+x^2} dx = k\frac{\pi}{2}$$

그러므로 다음이 성립한다.

$$\int_{-\infty}^{\infty} \frac{k}{1+x^2} dx = \int_{-\infty}^{0} \frac{k}{1+x^2} dx + \int_{0}^{\infty} \frac{k}{1+x^2} dx = k\pi$$

따라서 $k = \frac{1}{\pi}$ 이다. ■

[Ⅱ] $f(x)$가 $[a, \ b]$에서 유한개의 불연속점을 가질 경우

( i ) $f(x)$가 $(a, \ b]$에서 연속일 경우:

$\lim_{t \to a^+} \int_{t}^{b} f(x)dx$가 존재하면 이 극한값을 $\int_{a}^{b} f(x)dx$ 라 정의한다.

( ii ) $f(x)$가 $[a, \ b)$에서 연속일 경우:

( i )과 마찬가지로 다음과 같이 정의한다.

$$\lim_{t \to b^-} \int_{a}^{t} f(x)dx (\text{존재하면}) = \int_{a}^{b} f(x)dx.$$

(iii) $f(x)$가 $(a, \ b)$에서 연속일 경우:

$$\lim_{\substack{s \to a^+ \\ t \to b^-}} \int_{s}^{t} f(x)dx (\text{존재하면}) = \int_{a}^{b} f(x)dx.$$

(iv) $f(x)$가 $[a, \ b]$안의 $n$개의 점 $c_i$ ($i = 1, \ 2, \ \cdots \ n, a \le c_1 < c_2 < \cdots < c_{n-1} <$

$c_n \le b$)에서 불연속인 경우:

$$\int_a^{c_1} f(x)dx,\quad \int_{c_1}^{c_2} f(x)dx,\quad \cdots,\quad \int_{c_{n-1}}^{c_n} f(x)dx,\quad \int_{c_n}^{b} f(x)dx$$

의 각각이 (i), (ii), (iii) 중 어느 하나로 확정될 때 이들 $(n+1)$개의 정적분의 합을 $\int_a^b f(x)dx$로 정의한다. 이상 말한 바와 같이 $\int_a^b f(x)dx$가 정해질 때 $f(x)$는 $[a,\ b]$에서 적분가능이라고 하며 특이적분 $\int_a^b f(x)dx$는 수렴한다고 한다.

**예제 5**

$\displaystyle\int_0^2 \frac{dx}{\sqrt{4-x^2}}$를 구하여라.

풀이

$$\int_0^2 \frac{dx}{\sqrt{4-x^2}} = \lim_{t\to 2^-}\int_0^t \frac{dx}{\sqrt{4-x^2}} = \lim_{t\to 2^-}\left[\sin^{-1}\left(\frac{x}{2}\right)\right]_0^t = \frac{\pi}{2}.$$ ■

**예제 6**

$\displaystyle\int_0^1 \frac{1}{x^p}dx$는 $p<1$이면 수렴, $p\ge 1$이면 발산하는 것을 밝혀라.

풀이 $p=1$인 경우

$$\int_0^1 \frac{1}{x}dx = \lim_{t\to 0^+}\int_t^1 \frac{1}{x}dx = \lim_{t\to 0^+}[\ln x]_t^1 = \lim_{t\to 0^+}[-\ln t] = \infty.$$

따라서 적분은 발산한다. $p\ne 1$이면

$$\begin{aligned}\int_0^1 \frac{1}{x^p}dx &= \lim_{t\to 0^+}\int_t^1 x^{-p}dx = \lim_{t\to 0^+}\left[\frac{x^{-p+1}}{-p+1}\right]_t^1\\ &= \lim_{t\to 0^+}\left[\frac{1}{1-p} - \frac{1}{1-p}\cdot\frac{1}{t^{p-1}}\right]\\ &= \begin{cases}\dfrac{1}{1-p}, & p<1\\ \infty\ , & p>1\end{cases}\end{aligned}$$ ■

**예제 7**

$\displaystyle\int_0^3 \frac{1}{(x-1)^{\frac{2}{3}}}dx$를 구하여라.

**풀이** 피적분함수는 $x=1$에서 불연속이다. 그러므로

$$\begin{aligned}
\int_0^3 \frac{dx}{(x-1)^{\frac{2}{3}}} &= \int_0^1 \frac{dx}{(x-1)^{\frac{2}{3}}} + \int_1^3 \frac{dx}{(x-1)^{\frac{2}{3}}} \\
&= \lim_{t\to 1^-}\int_0^t \frac{dx}{(x-1)^{\frac{2}{3}}} + \lim_{s\to 1^+}\int_s^3 \frac{dx}{(x-1)^{\frac{2}{3}}} \\
&= \lim_{t\to 1^-}\left[3(x-1)^{\frac{1}{3}}\right]_0^t + \lim_{s\to 1^+}\left[3(x-1)^{\frac{1}{3}}\right]_s^3 \\
&= 3\lim_{t\to 1^-}\left[(t-1)^{\frac{1}{3}}+1\right] + 3\lim_{s\to 1^+}\left[2^{\frac{1}{3}}-(s-1)^{\frac{1}{3}}\right] \\
&= 3+3\left(2^{\frac{1}{3}}\right).
\end{aligned}$$

■

**정리 6.6**

$f(x)$의 원시함수 $F(x)$가 $[a, b]$에서 연속이면 항상

$$\int_a^b f(x)dx = F(b)-F(a) \tag{1}$$

이다.

**증명** $f(x)$가 $a<c<b$인 점 $x=c$에서만 불연속일 경우를 생각하자.

$$\begin{aligned}
\int_a^c f(x)dx &= \lim_{\varepsilon\to +0}\{F(c-\varepsilon)-F(a)\} = F(c)-F(a) \\
\int_c^b f(x)dx &= \lim_{\gamma\to +0}\{F(b)-F(c+\gamma)\} = F(b)-F(c).
\end{aligned}$$

두 식을 더하면 식 (1)을 얻는다. 다른 경우도 마찬가지로 증명할 수 있다. □

**예제 8**

$I=\int_{-1}^{1}\frac{dx}{\sqrt[3]{x^2}}$를 구하여라.

풀이 $f(x)=\frac{dx}{\sqrt[3]{x^2}}$는 $x=0$에서 불연속이지만 그 원시함수 $F(x)=3x^{\frac{1}{3}}$은 $[-1,\ 1]$에서 연속이다. 그러므로 정리 6.6에 의하여 다음과 같다.

$$\int_{-1}^{1}\frac{dx}{\sqrt[3]{x^2}}=\left[3x^{\frac{1}{3}}\right]_{-1}^{1}=6.$$

■

**예제 9**

$\int_{-1}^{1}\frac{dx}{x^2}$를 구하여라.

풀이 $f(x)=\frac{1}{x^2}$의 원시함수는 $-\frac{1}{x}$이고, 이것은 $[-1,\ 1]$ 안에 불연속인 점이 존재하므로

$$\int_{-1}^{1}\frac{dx}{x^2}=\left[-\frac{1}{x}\right]_{-1}^{1}=-2$$

로 계산해서는 안된다. 실제로

$$\begin{aligned}\int_{-1}^{1}\frac{dx}{x^2}=\int_{-1}^{0}\frac{1}{x^2}dx+\int_{0}^{1}\frac{1}{x^2}dx&=\lim_{t\to 0^-}\int_{-1}^{t}\frac{1}{x^2}dx+\lim_{s\to 0^+}\int_{s}^{1}\frac{dx}{x^2}\\&=\lim_{t\to 0^-}\left[-\frac{1}{x}\right]_{-1}^{t}+\lim_{s\to 0^+}\left[-\frac{1}{x}\right]_{s}^{1}\\&=\lim_{t\to 0^-}\left(-\frac{1}{t}-1\right)+\lim_{s\to 0^+}\left(-1+\frac{1}{s}\right)=\infty.\end{aligned}$$

따라서 적분은 발산한다. ■

**문제 1**

다음 특이적분을 구하여라.

(1) $\int_{0}^{\infty}\frac{dx}{x(\ln x)^2}$

(2) $\int_{-\infty}^{0}\frac{dx}{(2x-1)^3}$

(3) $\frac{1}{\sqrt{2\pi}}\int_{-\infty}^{\infty} xe^{-\frac{x^2}{2}}dx$

(4) $\int_{-1}^{1}\frac{dx}{\sqrt{1-x^2}}$

(5) $\int_0^1 \ln x dx$

(6) $\int_0^1 \sqrt{\frac{x}{1-x}}dx$

**문제 2**

다음의 감마함수를 계산하시오. (단, $\Gamma\left(\frac{1}{2}\right)=\sqrt{\pi}$ )

(1) $\int_0^{\infty} x^6 e^{-2x}dx$

(2) $\int_0^{\infty} \sqrt{y}\, e^{-y^3}dy$

(3) $\int_0^{\infty} 3^{-4x^2}dx$

(4) $\int_0^1 \frac{1}{\sqrt{-\ln x}}dx$

**문제 3**

다음 적분값을 계산하시오.

(1) $\int_1^{\infty}\frac{1+x}{x^3}dx$

(2) $\int_{-\infty}^{\infty}\frac{1}{1+x^2}dx$

(3) $\int_0^{\frac{\pi}{2}}\cos\frac{x}{3\sqrt{\sin x}}dx$

(4) $\int_0^{\infty}\sqrt{x}\, e^{-\sqrt{x}}dx$

**문제 4**

등식 $\int_0^b \log x\, dx = 0$이 성립하는 $b$의 값을 구하시오.

**예제 10**

적분 $\int_1^{\infty}\frac{1}{\sqrt{1+2\sin^2 x+x^2}}dx$의 수렴성을 판정하시오.

풀이 $[1,\ \infty)$에 속하는 모든 $x$에 대하여 $\sin x \le x$이므로

$$1+2\sin^2 x+x^2 \le 1+2x+x^2$$

$$\therefore \frac{1}{\sqrt{1+2\sin^2 x+x^2}} \ge \frac{1}{\sqrt{1+2x+x^2}}=\frac{1}{1+x}$$

이때

$$\int_1^\infty \frac{1}{1+x}dx = \lim_{t\to\infty}\int_1^t \frac{1}{1+x}\,dx = \lim_{t\to\infty}\,[\log(1+x)]_1^t = \infty$$

따라서

$$\int_1^\infty \frac{1}{\sqrt{1+2\sin^2 x + x^2}}dx$$

도 발산한다.

**예제 11**

다음의 값을 구하시오. (단, $n$은 자연수)

$$\lim_{n\to\infty}\left(\frac{n!}{n^n}\right)^{\frac{1}{n}}$$

풀이 $y=\left(\frac{n!}{n^n}\right)^{\frac{1}{n}}$라 하고, 양변에 log를 취하면

$$\log y = \frac{1}{n}\log\left(\frac{n!}{n^n}\right) = \frac{1}{n}\sum_{k=1}^{n}\log\frac{k}{n}.$$

이때 $\lim_{n\to\infty}\log y = \lim_{n\to\infty}\sum_{k=1}^{n}\left(\log\frac{k}{n}\right)\cdot\frac{1}{n} = \int_0^1 \log x\,dx$이고,

$$\int_0^1 \log x\,dx = \lim_{t\to 0^+}\int_t^1 \log x\,dx = \lim_{t\to 0^+}\left\{[x\log x]_t^1 - \int_t^1 dx\right\} = -1$$

$$\therefore \lim_{n\to\infty}\left(\frac{n!}{n^n}\right)^{\frac{1}{n}} = \lim_{n\to\infty} e^{\log y} = e^{-1} = \frac{1}{e}.$$

# 제 7 장

# 적분의 응용

## 7.1 | 극좌표

평면상의 점 또는 곡선에 관한 연구에서 지금까지 사용한 직교좌표계보다 다른 좌표계들을 사용하는 것이 편리한 경우가 많다. 그 중에서 **극좌표계**(polar coordinate system)에 대하여 알아본다.

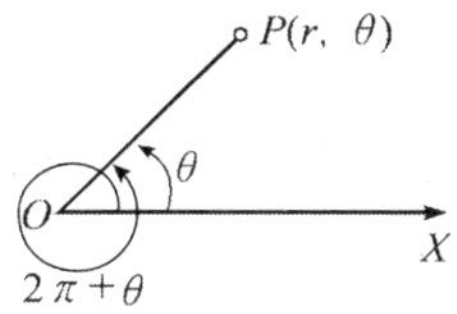


[그림 7-1]

[그림 7-1]처럼 평면상에 한 사선(반직선) $\overrightarrow{OX}$를 고정시키고, 평면상의 임의의 점 $P$의 위치를 원점부터의 거리 $r$과 각도 $\theta$, 즉

$$|\overline{OP}| = r, \qquad \angle XOP = \theta$$

인 순서쌍 $(r,\ \theta)$에 의하여 표시할 수 있다. 이때 $(r,\ \theta)$를 점 $P$의 **극좌표**(polar coordinate)라 하고, 정점 $O$를 **극**(pole), $\overrightarrow{OX}$를 **극축**(polar axis)이라고 한다. 그리고 $r = \overrightarrow{OP}$을 **동경** 또는 동경벡터(radius vector), $\theta$를 **편각**(polar angle)이라고 한다. 편각은 극축으로부터 시계바늘의 반대방향으로 잴 때 양, 같은 방향으로 잴 때 음이라고 한다.
$r$에 음수를 사용하는 것이 때때로 편리할 때가 있다. $r$이 양수일 때 $(-r,\ \theta)$의 위치는 [그림 7-2]처럼 $(r,\ \theta)$를 극(원점)에 대하여 대칭 이동한 점이다. 따라서 $(-r,\ \theta)$와 $(r,\ \theta+\pi)$는 같은 점이 된다.

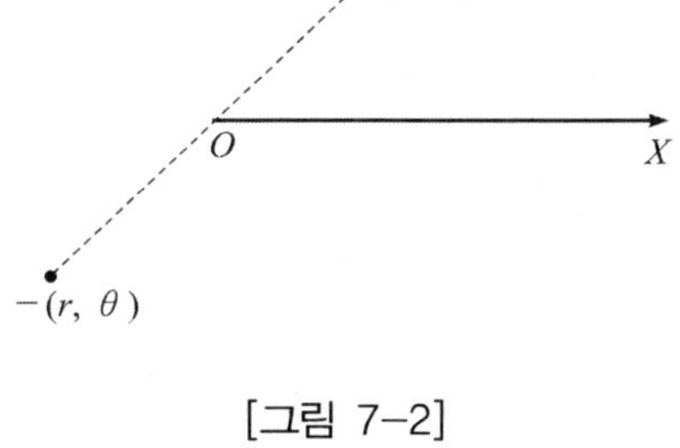


[그림 7-2]

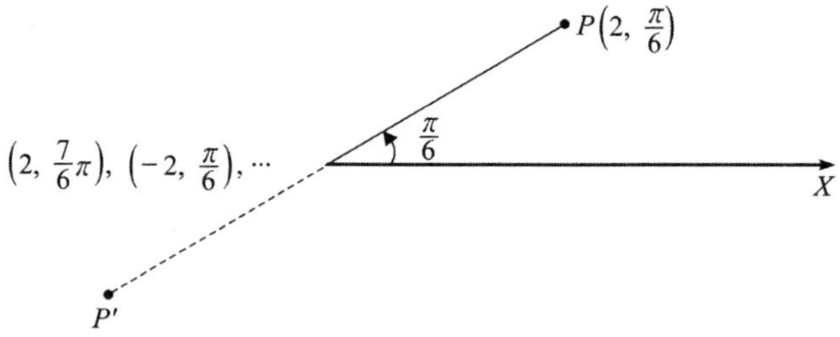


[그림 7-3]

직교좌표계에 있어서는 점의 좌표와 점의 위치가 1대1로 대응하지만, 극좌표계에 있어서는 한 점의 위치를 여러 가지 극좌표로 나타낼 수 있어서 1대1로 대응하지 않는다.

[그림 7-3]은 극좌표 $\left(2, \frac{\pi}{6}\right)$를 갖는 점 $P$가 여러 가지 방법으로 나타남을 보이는 것이다. 가령, $\left(2, \frac{\pi}{6}\right)$, $\left(-2, \frac{7}{6}\pi\right)$, $\left(2, \frac{13}{6}\pi\right)$, $\left(-2, \frac{19}{6}\pi\right)$, $\left(-2, -\frac{11}{6}\pi\right)$, $\left(-2, -\frac{5}{6}\pi\right)$ 등은 모두 같은 점을 표시한다. 그러므로 이 점의 모든 극좌표는 다음 식으로 표시할 수 있다.

$$\left((-1)^n 2, \ \frac{\pi}{6}+n\pi\right), \quad n \in Z$$

직교좌표계의 $x$축의 양의 부분을 극축으로 하는 극좌표계를 생각하면 임의의 점 $P$의 직교좌표 $(x, y)$와 극좌표 $(r, \theta)$ 사이에는 [그림 7-4]에서 보는 바와 같이 다음과 같은 관계가 있다.

$$\begin{cases} x = r\cos\theta \\ y = r\sin\theta \end{cases} \qquad \begin{cases} r = \pm\sqrt{x^2+y^2} \\ \theta = \tan^{-1}\left(\dfrac{y}{x}\right) \end{cases}$$

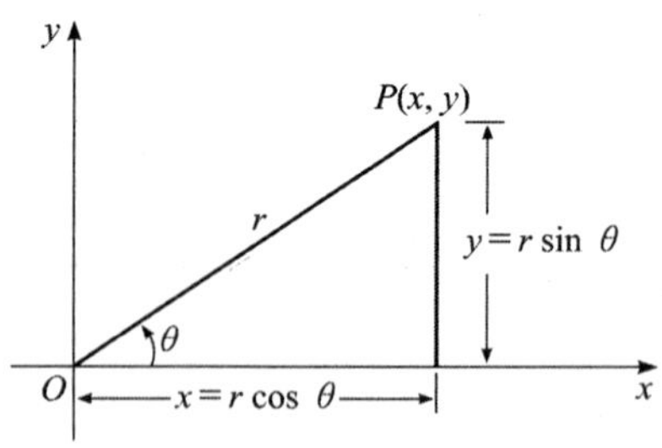


[그림 7-4]

여기서 ±부호는 점 $(x,\ y)$의 위치에 따라 결정된다.
위의 관계식은 직교좌표를 극좌표로 또는 극좌표를 직교좌표로 바꿀 때 이용한다.

**예 1**

극방정식 $r = a\cos\theta$ 또는 $r^2 = ar\cos\theta$는 직교좌표로 $x^2 + y^2 = ax$가 된다.

**예 2**

직교방정식 $y^2 = 4ax$는 극좌표로 $(r\sin\theta)^2 = 4a(r\cos\theta)$ 또는 $r = 4a(\cot\theta\csc\theta)$가 된다.

극방정식의 자취는 주어진 방정식을 만족하는 모든 점 $(r,\ \theta)$로 이루어진 곡선이다. 극방정식을 만족하는 점들은 $\theta$에다 임의의 값을 주고 이에 관련된 $r$의 값을 구하여 얻는다. 곡선의 그래프를 그릴 때 혼란을 피하기 위해 $\theta$가 증가하는 순서대로 규칙적으로 점을 그리고 그와 같은 순서대로 점들을 연결하는 것이 좋다.

**예제 1**

심장형(cardioid) $r = 4(1 - \cos\theta)$의 자취를 구하여라.

풀이 $\cos(-\theta) = \cos\theta$이므로, $\theta$의 임의의 양값과 음값을 택하고, 이 값에 대응하는 $r$의 값을 구한다. 그러면 다음 표에 주어진 것과 같은 대응하는 값들을 얻는다.

| $\theta$ | 0 | ±30° | ±60° | ±90° | ±120° | ±150° | ±180° |
|---|---|---|---|---|---|---|---|
| $r$ | 0 | 0.5 | 2 | 4 | 6 | 7.5 | 8 |

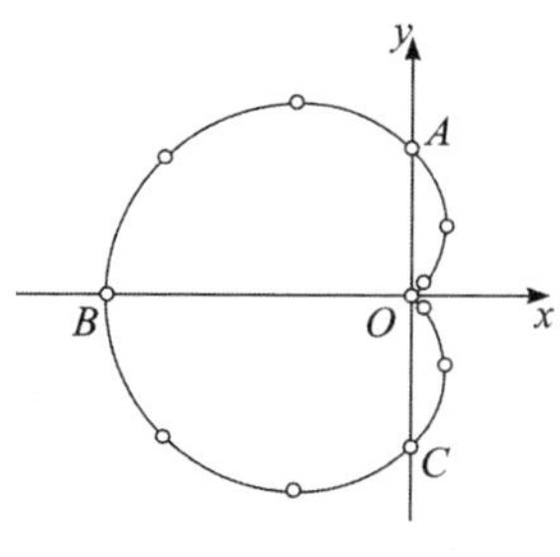


[그림 7-5]

양의 각을 가진 점들을 표시하고 연결하면 [그림 7-5]에 보이는 호 $OAB$를 얻고, 음의 각을 가진 점들을 호 $OCB$를 표시한다.
또 직교방정식과 마찬가지로 극방정식의 자취를 구할 때에도 대칭성을 조사하는 것이 좋다. 극방정식

$$F(r,\ \theta)=0$$

의 대칭성은 다음과 같이 조사한다.

$F(-r,\ \theta)=F(r,\ \theta)$이면 곡선은 극(원점)에 관하여 대칭,
$F(r,\ -\theta)=F(r,\ \theta)$이면 곡선은 동경($x$축)에 관하여 대칭,
$F(r,\ \pi-\theta)=F(r,\ \theta)$이면 곡선은 $y$축에 관하여 대칭. ■

**예제 2**

극방정식 $r=4\cos 2\theta$의 그래프를 그려라.

풀이 $\cos 2(-\theta)=\cos 2\theta$이고, $\cos 2(\pi-\theta)=\cos 2\theta$이므로 곡선은 $x$축, $y$축에 관하여 대칭이다. 따라서 $\theta$가 $0°$에서 $90°$ 사이에 있을 때의 그래프를 그리고 그것을 $x$축에 대칭 이동시키고 다시 그 전체를 $y$축에 대칭 이동시키면 된다. 곡선을 그리기 위하여 좌표를 계산하면 다음과 같고, 이 곡선을 **4엽장미선**(four-leaf rose)이라 부른다.

| $\theta$ | $r$ |
|---|---|
| $0°$ | $4$ |
| $15°$ | $2\sqrt{3}$ |
| $30°$ | $2$ |
| $45°$ | $0$ |
| $60°$ | $-2$ |
| $75°$ | $-2\sqrt{3}$ |
| $90°$ | $-4$ |

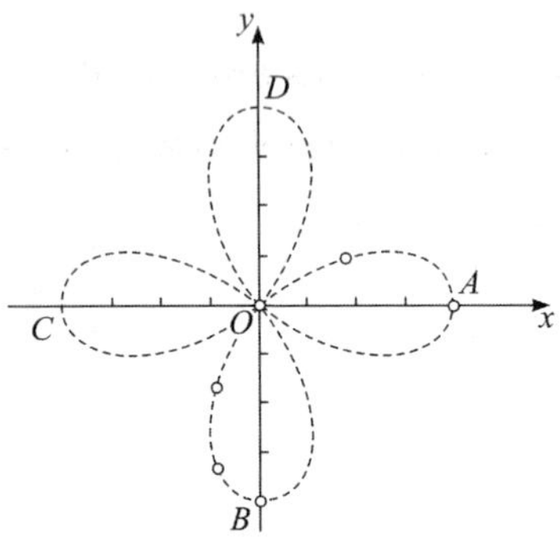

[그림 7-6]

앞에서 설명했듯이 점 $P$의 극좌표가 $(r,\ \theta)$일 때

$$((-1)^n r,\ \theta+n\pi)\ \text{(단, } n\text{은 정수)}$$

는 모두 점 $P$의 극좌표이다. 따라서 한 곡선의 극방정식도 여러 가지 형태로 쓸 수 있을 것이다. 실제로 어떤 곡선의 극방정식이 $F(r,\ \theta)=0$을 주어졌을 때

$$F((-1)^n r,\ \theta+n\pi)=0 \text{ (단, } n\text{은 정수)} \tag{1}$$

도 모두 같은 곡선의 극방정식이다. ■

**예제 3**

극방정식 $r=\sin\dfrac{\theta}{2}$를 세 가지 다른 형태로 표시하여라.

풀이 $r$ 대신 $(-1)^n r$, $\theta$대신 $\theta+n\pi$를 대입하면

$$(-1)^n r=\sin\left(\frac{\theta}{2}+\frac{n\pi}{2}\right)$$

를 얻는다. 여기서 $n=1,\ 2,\ 3$을 대입하면

$$(-1)r=\sin\left(\frac{\theta}{2}+\frac{\pi}{2}\right) \qquad \therefore\ r=-\cos\frac{\theta}{2}$$

$$(-1)^2 r=\sin\left(\frac{\theta}{2}+\pi\right) \qquad \therefore\ r=-\sin\frac{\theta}{2}$$

$$(-1)^3 r=\sin\left(\frac{\theta}{2}+\frac{3\pi}{2}\right) \qquad \therefore\ r=\cos\frac{\theta}{2}.$$

그 이외의 정수를 대입하면 주어진 방정식과 위의 셋 중의 어느 하나와 같게 된다. ■

극좌표로 표시된 한 점의 좌표가 $r$, $\theta$로 표현되는 극방정식을 만족하면 그 점은 이 방정식이 나타내는 곡선 위에 있다. 그러나 한 점은 무수히 많은 극좌표를 가지는데 곡선 위의 한 점에 대한 많은 극좌표들이 모두 곡선의 방정식을 만족하지는 않고 그중 몇 개만이 방정식을 만족할 따름이다.

가령, 극좌표 $(1,\ 0)$는 방정식 $r=e^{2\theta}$를 만족하므로 점 $(1,\ 0)$은 방정식의 곡선 위에 있지만, 같은 점 $(-1,\ \pi)$ 및 $(1,\ 2\pi)$는 어느 것도 방정식을 만족시키지 못한다. 이와 비슷하게 방정식 $r=-6\cos\theta$의 그래프는 좌표 $\left(0,\ \dfrac{\pi}{2}\right)$가 방정식을 만족하므로 극을 포함하지만 극을 나타내는 다른 좌표 즉 $\left(0,\ \dfrac{\pi}{7}\right)$ 등은 방정식을 만족하지 않는다. 따라서 극좌표를 사용할 때는 많은 주의가 필요함을 알 수 있다.

직교방정식으로 주어진 두 개의 곡선의 교점을 구할 때는 주어진 방정식을 연립하여 풀면 되지만 극방정식으로 주어졌을 때는 다음 과정을 거쳐야 한다. 두 곡선

$$F(r,\ \theta)=0,\quad G(r,\ \theta)=0 \tag{2}$$

의 교점은 다음 방법으로 구한다.

1. 곡선 (2)를 표시하는 서로 다른 방정식

$$F_1 = 0,\quad F_2 = 0,\quad F_3 = 0,\ \cdots \tag{3}$$

$$G_1 = 0,\quad G_2 = 0,\quad G_3 = 0,\ \cdots \tag{4}$$

   을 식 (1)에 의하여 구한다.
2. (3)의 각 방정식과 (4)의 각 방정식을 연립하여 푼다.
3. $f(0,\ \theta_1) = 0$, $G(0,\ \theta_2) = 0$을 만족하는 $\theta_1$과 $\theta_2$의 값이 있으면 극(원점) $O$는 한 교점이 된다.

**예제 4**

곡선 $r = 4\cos 2\theta$와 $r = 2$와의 교점을 구하여라.

풀이 위의 과정을 적용하자.

① $(-1)^n r = 4\cos 2(\theta + n\pi)$로 쓰면 $r = \pm 4\cos 2\theta$가 되고 $(-1)^n r = 2$로 쓰면 $r = \pm 2$이 된다.

② $r = 4\cos 2\theta$와 $r = 2$를 풀면 $\theta = 30°,\ 150°,\ 210°,\ 330°$를 얻고, $r = 4\cos 2\theta$와 $r = -2$를 풀면 $\theta = 60°,\ 120°,\ 240°,\ 300°$를 얻는다. 또 ①의 방정식을 다른 방법으로 짝지어도 역시 같은 해를 얻는다.

③ 원 $r = 2$에서 $r$의 값이 0이 될 수 없으므로 극은 교점이 아니다.
따라서 구하는 교점은 $\left(2,\ \pm\frac{\pi}{6}\right)$, $\left(2,\ \pm\frac{\pi}{3}\right)$, $\left(2,\ \pm\frac{2}{3}\pi\right)$, $\left(2,\ \pm\frac{5}{6}\pi\right)$이다. ■

경우에 따라서는 두 곡선의 교점의 좌표를 직접 그 곡선의 그래프에서 구할 수 있는 경우가 있다. 이때는 위의 과정을 적용할 필요가 없다.

**예제 5**

$r = 2(1 - \cos\theta)$와 $r = -6\cos\theta$의 그래프를 그리고 교점을 구하여라.

풀이 $r = 2(1 - \cos\theta)$의 그래프는 예제 1의 그래프에서 $r$의 길이를 반으로 줄인 심장형(cardioid)이다.

$r = -6\cos\theta$는 양변에 $r$을 곱하면 $r^2 = -6r\cos\theta$인데 이것은 $x^2 + y^2 = -6x$이고

정리하면 $(x+3)^2+y^2=9$이므로 원이다. 따라서 그래프는 [그림 7-7]과 같다. 교점을 구하기 위해서는 두 방정식을 연립하여 풀면

$$2(1-\cos\theta)=-6\cos\theta, \quad \text{즉 } \cos\theta=-\frac{1}{2}$$

에서 $\theta=\frac{2}{3}\pi$ 및 $\theta=\frac{4}{3}\pi$이다. 이 중 어떤 $\theta$를 잡든지 $r=3$이 되므로 구하는 교점은 $\left(3,\ \frac{2}{3}\pi\right)$ 및 $\left(3,\ \frac{4}{3}\pi\right)$이다. 그런데 그래프를 검토해 보면 극도 교점

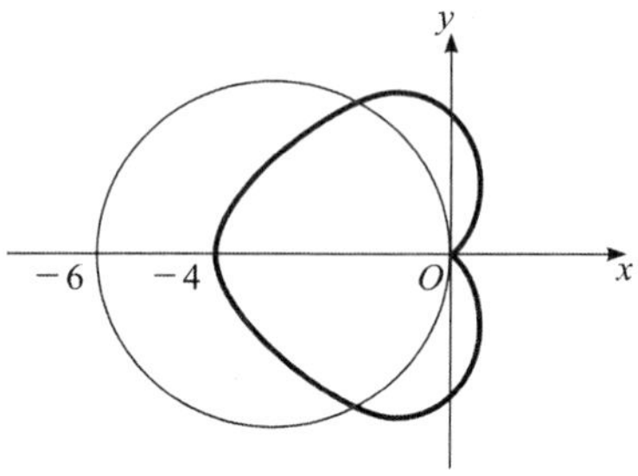


[그림 7–7]

이 됨을 알 수 있다. 좌표 $\left(0,\ \frac{\pi}{2}\right)$는 원의 방정식은 만족하나 심장형의 방정식은 만족시키지 못하고, 좌표 $(0,\ 0)$은 심장형의 방정식은 만족하나 원의 방정식은 만족시키지 못한다. 그럼에도 불구하고 극은 두 곡선의 공유점이고 따라서 하나의 교점이다. ■

점 $P(r,\ \theta)$를 극방정식 $r=f(\theta)$인 곡선 $C$ 위의 점이라고 하자(그림 7-8). 점 $P$에서의 곡선 $C$의 접선의 기울기(그림에서 $\tan\alpha$)를 구하기 위하여 다음과 같이 한다. 점 $P$의 직교좌표

$$x=r\cos\theta, \quad y=r\sin\theta$$

를 생각하면, $r=f(\theta)$이므로 이는 $\theta$를 매개변수로 하는 곡선 $C$의 매개변수방정식으로 볼 수 있다. 따라서

$$\frac{dx}{d\theta}=r'\cos\theta-r\sin\theta, \quad \frac{dy}{d\theta}=r'\sin\theta+r\cos\theta$$

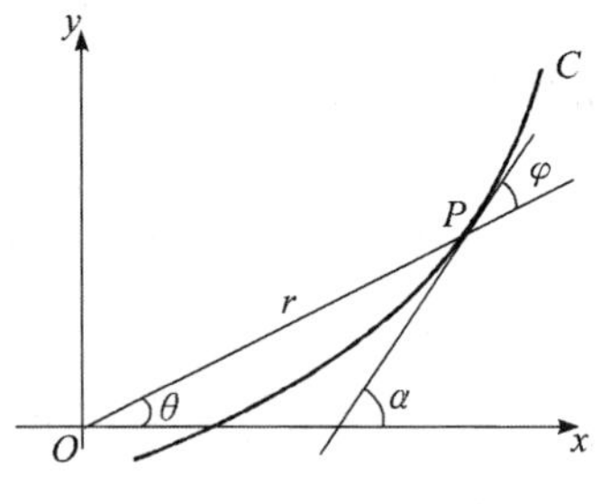


[그림 7–8]

가 존재하면 구하는 접선의 기울기는 다음과 같다.

$$\text{접선의 기울기: } \frac{dy}{dx}=\frac{\dfrac{dy}{d\theta}}{\dfrac{dx}{d\theta}}=\frac{r'\sin\theta+r\cos\theta}{r'\cos\theta-r\sin\theta}\quad \left(\text{단, } \frac{dx}{d\theta}\neq 0\right) \tag{5}$$

**예제 6**

곡선 $r=2\sin\theta$ 위의 점 $\left(1,\ \frac{\pi}{6}\right)$에서 접선의 기울기를 구하여라.

**풀이** 점 $\left(1,\ \frac{\pi}{6}\right)$에서 $r=1$, $r'=2\cos\frac{\pi}{6}=\sqrt{3}$, $\sin\frac{\pi}{6}=\frac{1}{2}$이므로 구하는 기울기는

$$\frac{\sqrt{3}(1/2)+1\,(\sqrt{3}/2)}{\sqrt{3}(\sqrt{3}/2)-1\,(1/2)}=\sqrt{3}.$$ ■

동경과 접선 사이에 다음 정리가 성립한다.

**정리 7.1**

곡선 $r=f(\theta)$ 위의 점 $P$의 동경 $OP$와 점 $P$에서의 접선이 이루는 각을 $\varphi$라 하면

$$\tan\varphi=\frac{r}{r'},\quad \text{단 } r'=\frac{dr}{d\theta}\neq 0 \quad (\text{그림 7-8 참고}) \tag{6}$$

**증명** [그림 7-8]에서 $\varphi=\alpha-\theta$이므로

$$\tan\varphi = \frac{\tan\alpha - \tan\theta}{1+\tan\alpha\tan\theta} \tag{7}$$

그런데 (5)에서

$$\tan\alpha = \frac{r'\sin\theta + r\cos\theta}{r'\cos\theta - r\sin\theta} \tag{8}$$

(8)을 식 (7)에 대입하면

$$\begin{aligned}\text{분자} &= \frac{r'\sin\theta + r\cos\theta}{r'\cos\theta - r\sin\theta} - \frac{\sin\theta}{\cos\theta} \\ &= \frac{r'\sin\theta\cos\theta + r\cos^2\theta - r'\sin\theta\cos\theta + r\sin^2\theta}{(r'\cos\theta - r\sin\theta)\cos\theta} \\ &= \frac{r}{(r'\cos\theta - r\sin\theta)\cos\theta}\end{aligned}$$

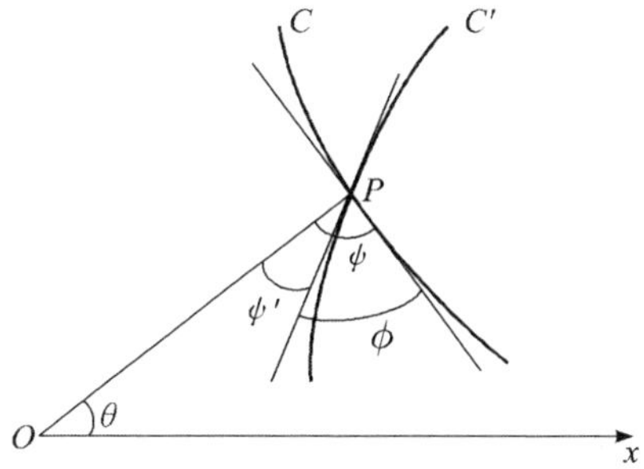


[그림 7–9]

$$\begin{aligned}\text{분모} &= 1 + \frac{r'\sin\theta + r\cos\theta}{r'\cos\theta - r\sin\theta}\frac{\sin\theta}{\cos\theta} \\ &= \frac{r'}{(r'\cos\theta - r\sin\theta)\cos\theta}\end{aligned}$$

그러므로 $r' \neq 0$일 때 $\tan\varphi = \dfrac{r}{r'}$. □

만일 두 곡선 $C$와 $C'$가 점 $P$에서 만나면 [그림 7-9]에서 그 두 곡선의 교각 $\phi = |\psi - \psi'|$임을 알 수 있다. 따라서

$$\tan\phi = \left|\frac{\tan\psi - \tan\psi'}{1+\tan\psi\tan\psi'}\right|.$$

여기서 $\psi$, $\psi'$는 $P$의 동경 $OP$와 각 곡선 $C$, $C'$의 접선이 이루는 각이다. 이때 $\tan\psi$, $\tan\psi'$는 식 (6)에 의하여 구한다.

**예제 7**

곡선 $r=2\cos\theta$와 $r=3\tan\theta$가 점 $\left(\sqrt{3},\ \frac{\pi}{6}\right)$를 지남을 밝히고, 두 곡선의 교각을 구하여라.

풀이 점 $\left(\sqrt{3},\ \frac{\pi}{6}\right)$는 $\theta=\frac{\pi}{6}$일 때,

$$2\cos\theta=2\cdot\left(\frac{\sqrt{3}}{2}\right)=\sqrt{3},\qquad 3\tan\theta=3\left(\frac{\sqrt{3}}{3}\right)=\sqrt{3}$$

이므로 주어진 두 방정식을 만족한다. 교각을 구하기 위하여 식 (6)을 이용하면

$$\tan\psi=\frac{r}{r'}=\frac{2\cos\theta}{-2\sin\theta}=-\sqrt{3},\qquad \tan\psi'=\frac{r}{r'}=\frac{3\tan\theta}{3\sec^2\theta}=\frac{\sqrt{3}}{4}$$

$$\therefore \tan\phi=\frac{\sqrt{3}/4-(-\sqrt{3})}{1+(\sqrt{3}/4)(-\sqrt{3})}=5\sqrt{3}.$$

■

## 연습문제 7.1 Exercises

**1.** 다음 방정식을 극방정식으로 고쳐라.

(1) $x^2+y^2=a^2$

(2) $y=x$

(3) $x^2+y^2=x+y$

(4) $y^3=ax^2$

(5) $2xy=a^2$

(6) $x\sqrt{x^2+y^2}=ay$

(7) $x\sin\alpha+y\cos\alpha=a$

(8) $(x^2+y^2)^2=a^2(x^2-y^2)$

**2.** 다음 극방정식을 직교방정식으로 고쳐라.

(1) $r=a\sec\theta$

(2) $r^2=a^2\cot\theta$

(3) $r=\tan\theta\sec\theta$

(4) $r^3=a^3\csc\theta$

(5) $r^2 = a^2 \sin 2\theta$ (6) $r = a\tan^2\theta$

(7) $r^2 = \theta$ (8) $\theta = \frac{1}{2}\pi$

**3.** 다음 방정식의 그래프를 그려라.

(1) $r = 1 + 2\sin\theta$ (2) $r^2 = a^2\sin 2\theta$ (연주형)

(3) $r = \sin 2\theta$ (4) $r = a(2 + \cos\theta)$ $(a > 0)$

**4.** 다음 각 곡선의 교점을 구하여라.

(1) $r = 4\cos\theta, \quad r = 4(1 - \cos\theta)$ (2) $r = \cos\theta, \quad r^2 = 2 + \cos\theta$

**5.** 주어진 점에서 다음 곡선의 기울기를 구하여라.

(1) $r = \tan\theta, \quad \theta = \frac{\pi}{4}$ (2) $r = \cos 2\theta$, 원점

**6.** 다음 주어진 두 곡선의 교각을 구하여라.

(1) $\begin{cases} r = 6\cos\theta \\ r = 2(1 + \cos\theta) \end{cases}$ (2) $\begin{cases} r = 2\csc\theta \\ r = \sec^2\frac{1}{2}\theta \end{cases}$

## 7.2 면 적

**정리 7.2**

함수 $f(x)$가 구간 $[a, b]$에서 연속이고 $f(x) \geq 0$일 때, 곡선 $y = f(x)$와 직선 $x = a$, $x = b$ 및 $x$축으로 둘러싸인 도형의 면적 $S$는 다음과 같다.

$$S = \int_a^b f(x)dx$$

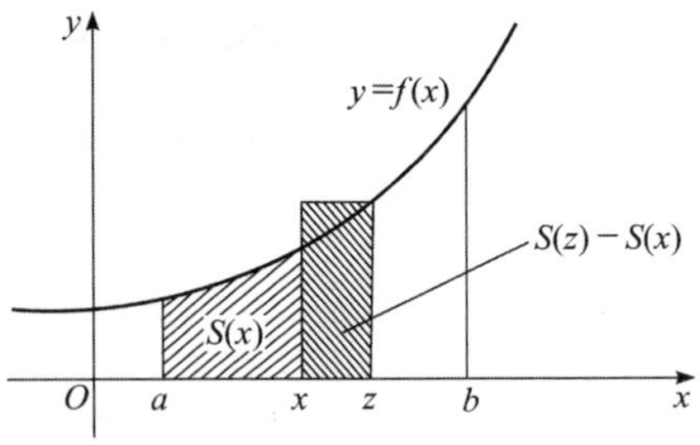


[그림 7–10]

**증명** $x \in [a,\ b]$인 임의의 $x$에 대하여 점 $a$부터 $x$까지의 면적을 $x$의 함수로 보고 $S(x)$로 표시하자. 그리고 구간 $[x,\ z]$에서의 $f$의 최솟값, 최댓값을 각각 $m$, $M$이라 할 때

$$m(z-x) \le S(z)-S(x) \le M(z-x)$$
$$\therefore\ m \le \frac{S(z)-S(x)}{z-x} \le M.$$

$z \to x$ 일 때 $m \to f(x)$, $M \to f(x)$이므로

$$\lim_{z\to x}\frac{S(z)-S(x)}{z-x} = f(x).$$

즉 $S'(x)=f(x)$이다. $f(x)$의 부정적분 중 하나를 $F(x)$라 하면 $S(x)$도 $f(x)$의 한 부정적분이므로

$$S(x)=F(x)+c$$

이다. 그런데 $S(a)=0$이므로 $F(a)+c=0$에서 $c=-F(a)$이다. 따라서

$$S(x)=F(x)-F(a)$$

이고, 구하는 면적 $S$는 $S(b)$이므로

$$S=S(b)=F(b)-F(a)=\int_a^b f(x)dx.$$ □

만일 $f(x)<0$인 경우에는 $\int_a^b f(x)dx$는 음이고 면적은 양이므로

$$S=-\int_a^b f(x)dx$$

이어야 하며, $f(x)$의 부호가 일정하지 않아서 곡선 $y=f(x)$가 [그림 7-11]과 같이 두 개의 영역 $S_1$과 $S_2$로 나누어질 때 다음 식이 성립한다.

$$\int_a^b f(x)dx = \int_a^c f(x)dx - \int_c^b (-f(x))dx$$
$$= (S_1\text{의 면적}) - (S_2\text{의 면적})$$

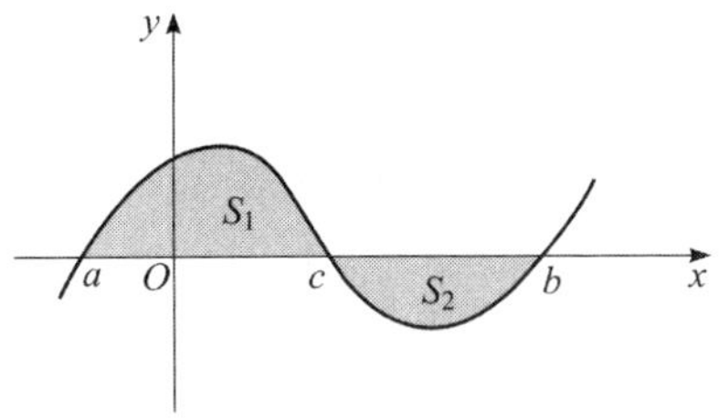


[그림 7–11]

다음은 구간 $[a, b]$에서 연속인 두 함수 $f$, $g$에 대해 임의의 $x \in [a, b]$에 대하여 $f(x) \geq g(x)$이면 두 곡선 $y=f(x)$, $y=g(x)$와 두 직선 $x=a$, $x=b$로 둘러싸인 부분의 면적 $S$는 다음과 같다.

$$S = \int_a^b \{f(x) - g(x)\}dx.$$

**예제 1**

타원 $\dfrac{x^2}{a^2} + \dfrac{y^2}{b^2} = 1 \ (a>0,\ b>0)$로 둘러싸인 부분의 면적을 구하여라.

풀이 타원의 방정식을 $y$에 관해서 풀면 $y = \pm \dfrac{b}{a}\sqrt{a^2 - x^2}$ 이므로

$$f(x) = \frac{b}{a}\sqrt{a^2 - x^2}, \qquad g(x) = -\frac{b}{a}\sqrt{a^2 - x^2}$$

라고 하면 구하는 면적 $S$는

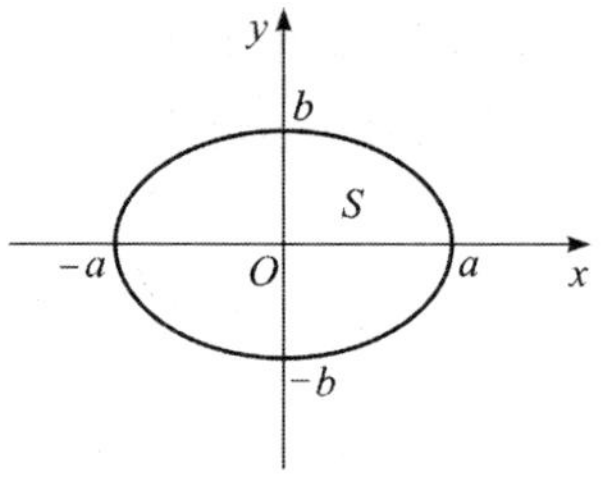


[그림 7-12]

$$S=\int_{-a}^{a}\{f(x)-g(x)\}dx=\frac{2b}{a}\int_{-a}^{a}\sqrt{a^2-x^2}\,dx=\frac{4b}{a}\int_{0}^{a}\sqrt{a^2-x^2}\,dx$$
$$=\frac{4b}{a}\left[\frac{x}{2}\sqrt{a^2-x^2}+\frac{a^2}{2}\sin^{-1}\frac{x}{a}\right]_0^a$$
$$=\pi ab.$$ ■

다음은 곡선의 식이 매개방정식

$$x=f(t),\qquad y=g(t),\qquad t\in[a,\ b]$$

로 표시되어 있을 때 $t=a$에서 $t=b$까지의 곡선이 한 개의 연속인 분지를 이룰 때, $g(t)\geq 0$이고 $\alpha=f(a)$, $\beta=f(b)$이면 그 곡선과 $x$축 사이의 면적 $S$는 $S=\int_{\alpha}^{\beta}ydx$이다. 여기에 치환적분법을 이용하면 $dx=f'(t)dt$이고, $y=g(t)$이므로 $S=\int_{a}^{b}g(t)f'(t)dt$.

**예제 2**

사이클로이드(cycloid)

$$x=a(\theta-\sin\theta),\quad y=a(1-\cos\theta)\quad (0\leq\theta\leq 2\pi,\ \ a>0)$$

와 $x$축 사이에 있는 부분의 면적을 구하여라.

풀이 이 그래프는 [그림 7-13]과 같고 $x$를 $\theta$로 치환하면 $dx=a(1-\cos\theta)d\theta$이고 $x=0$일 때 $\theta=0$, $x=2a\pi$일 때$\theta=2\pi$이므로 구하는 면적 $S$는

$$S=\int_0^{2a\pi}ydx=2\int_0^{a\pi}ydx$$
$$=2\int_0^{\pi}a(1-\cos\theta)\cdot a(1-\cos\theta)d\theta$$

$$= 2a^2\int_0^{\pi} 4\sin^4\frac{\theta}{2}d\theta = 16a^2\int_0^{\frac{\pi}{2}}\sin^4 t dt$$

$$= 16a^2 \cdot \frac{3}{4} \cdot \frac{1}{2} \cdot \frac{\pi}{2} = 3a^2\pi.$$ ■

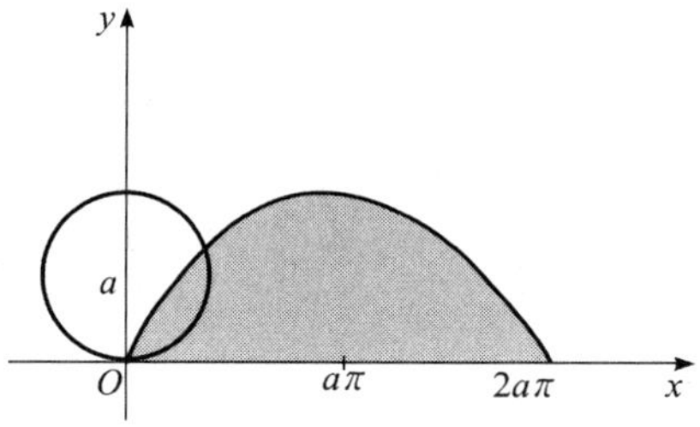


[그림 7-13]

**정리 7.3**

극방정식 $r = f(\theta)$로 표시되는 곡선과 두 개의 반직선 $\theta = \alpha$, $\theta = \beta$로 둘러싸인 부분의 면적 $S$는 다음과 같은 식으로 주어진다.

$$S = \frac{1}{2}\int_{\alpha}^{\beta} r^2 d\theta = \frac{1}{2}\int_{\alpha}^{\beta}\{f(\theta)\}^2 d\theta \ (\alpha < \beta)$$

**증명** 이 곡선과 두 개의 반직선 $\theta = \alpha$, $\theta = \xi\,(\alpha < \xi < \beta)$로 둘러싸인 부분의 면적을 $S(\xi)$라 하자. $h > 0$라 하고 $[\xi,\ \xi + h]$에서의 $f(\theta)$의 최댓값을 $M$, 최솟값을 $m$이라고 하면 이 곡선과 $\theta = \xi$, $\theta = \xi + h$로 둘러싸인 부분의 면적 $S(\xi + h) - S(\xi)$는 중심각이 $h$이고 반지름이 $M$, $m$인 부채꼴의 면적 사이에 있다. 그러므로

$$\frac{1}{2}m^2 \le \frac{S(\xi + h) - S(\xi)}{h} \le \frac{1}{2}M^2.$$

$h < 0$일 때도 마찬가지로 생각하여 식 (1)을 얻는다. $h \to 0$라 하면 $M \to f(\xi), m \to f(\xi)$이므로 식 (1)에서부터 $S'(\xi) = \frac{\{f(\xi)\}^2}{2}$을 얻는다. 따라서 $S(\xi)$는 $\frac{\{f(\xi)\}^2}{2}$의 원시함수이고 $S(\alpha) = 0$이므로

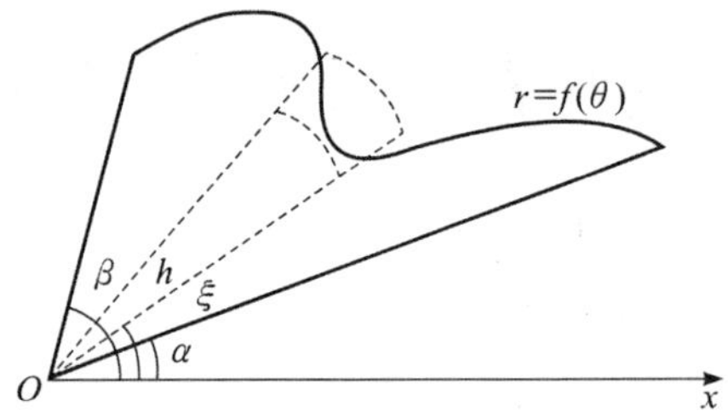

[그림 7-14]

$$S = S(\beta) = \frac{1}{2}\int_{\alpha}^{\beta}\{f(\xi)\}^2 d\xi = \frac{1}{2}\int_{\alpha}^{\beta}\{f(\theta)\}^2 d\theta. \qquad \square$$

**예제 3**

심장형(cardioid) $r = a(1+\cos\theta)$, $a>0$의 내부의 면적을 구하여라.

풀이 이 곡선은 [그림 7-15]와 같다.

$\theta$가 0에서 $\pi$까지 변화하면 $A$를 출발하여 0에 이르는 상반부의 곡선이 된다. 그러므로

$$\begin{aligned} S &= 2\cdot\frac{1}{2}\int_0^{\pi} a^2(1+\cos\theta)^2 d\theta \\ &= 4a^2\int_0^{\pi}\cos^4\frac{\theta}{2}d\theta \\ &= 8a^2\int_0^{\frac{\pi}{2}}\cos^4\theta d\theta = 8a^2\cdot\frac{3}{4}\cdot\frac{1}{2}\cdot\frac{\pi}{2} \\ &= \frac{3}{2}\pi a^2. \end{aligned} \qquad \blacksquare$$

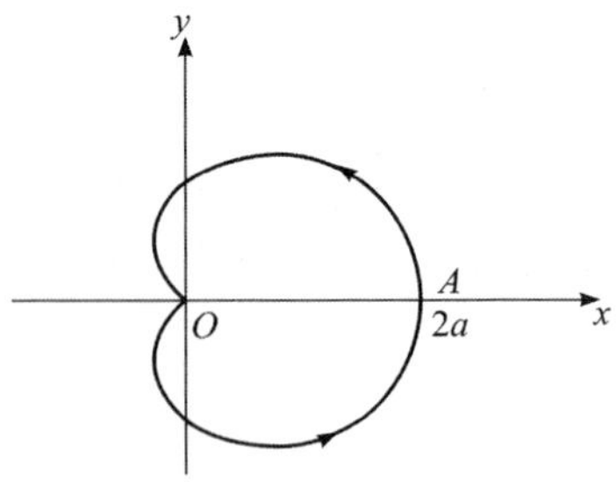

[그림 7-15]

**예제 4**

4엽장미선 $r = a\sin 2\theta,\quad a > 0$로 둘러싸인 영역의 면적을 구하여라.

풀이 $\theta$가 0에서 $\frac{\pi}{2}$까지 변할 때 생기는 영역의 면적은 전체 면적의 $\frac{1}{4}$이 되므로 구하는 면적 $S$는

$$S = 4\int_0^{\frac{\pi}{2}} \frac{1}{2}a^2\sin^2 2\theta\, d\theta = 2a^2\int_0^{\frac{\pi}{2}} \frac{1-\cos 4\theta}{2}d\theta$$

$$= 2a^2\left[\frac{\theta}{2} - \frac{\sin 4\theta}{8}\right]_0^{\frac{\pi}{2}} = \frac{\pi}{2}a^2.$$ ■

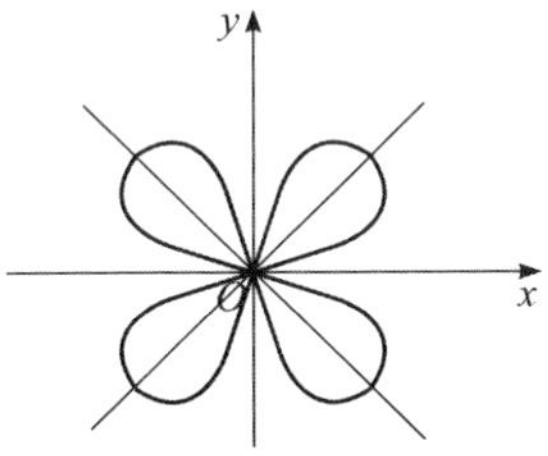


[그림 7–16]

**예제 5**

심장형(Cardioid) $r = 1 + \cos\theta$의 외부와 원 $r = \sqrt{3}\sin\theta$의 내부와의 공통부분의 면적을 구하여라.

풀이 이 두 곡선은 원점과 점 $\left(\frac{3}{2},\ \frac{\pi}{3}\right)$에서 만난다(그림 7-17). 따라서 구하는 면적을 $S$라고 하면

$$S = \frac{1}{2}\int_{\frac{\pi}{3}}^{\pi} [3\sin^2\theta - 1 - 2\cos\theta - \cos^2\theta]d\theta$$

$$= \frac{1}{2}\int_{\frac{\pi}{3}}^{\pi} \left[\frac{3}{2}(1-\cos 2\theta) - 1 - 2\cos\theta - \frac{1}{2}(1+\cos 2\theta)\right]d\theta$$

$$= \frac{1}{2}\int_{\frac{\pi}{3}}^{\pi} [-2\cos\theta - 2\cos 2\theta]d\theta$$

$$= \frac{1}{2}[-2\sin\theta - \sin 2\theta]_{\frac{\pi}{3}}^{\pi}$$

$$= \frac{1}{2}\left[2\frac{\sqrt{3}}{2} + \frac{\sqrt{3}}{2}\right]$$

$$= \frac{3\sqrt{3}}{4}. \qquad \blacksquare$$

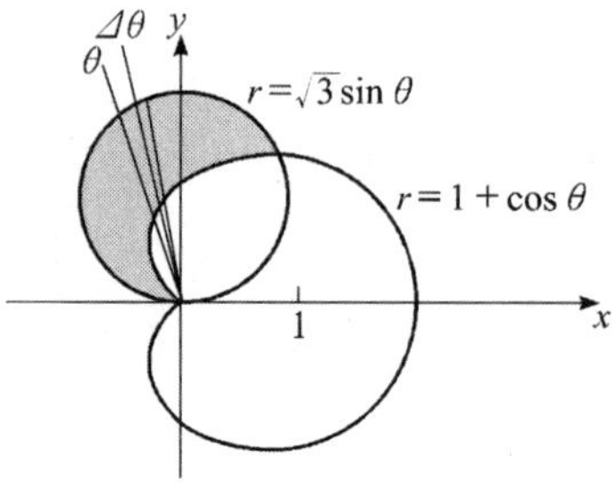


[그림 7-17]

## 연습문제 7.2 Exercises

**1.** 다음 곡선이나 직선으로 둘러싸인 영역의 면적을 구하여라.

(1) $y = x(x-1)(x-2), \quad y = 0$

(2) $y = 3 - |x^2 - 1|, \quad y = 0$

(3) $\sqrt{x} + \sqrt{y} = \sqrt{a}, \quad x = 0, \quad y = 0$

(4) $x^2 + y^2 = 4, \quad x^2 + y^2 = 4x$

(5) $y = (x-1)^3, \quad y = x^2 - x - 1$

(6) $x^2 y = 4, \quad y = 7 - 3x$

(7) $x = 3 + \cos t, \quad y = 4\sin t$

(8) $y^2 = x(x-2)^2$

(9) $y^2 = 4x, \quad 4x - 3y = 4$

(10) $y = \sqrt{x-4}, \quad y = 0, \quad x = 8$

(11) $\begin{cases} x = t^2 + e^t \\ y = t + e^t, \quad (0 \le t \le 1) \end{cases}$

(12) $\begin{cases} x = a\cos\theta \\ y = b\sin\theta \end{cases}$

**2.** 다음 극방정식으로 표시된 곡선으로 둘러싸인 영역의 면적을 구하여라.

(1) $r = 3 + 2\cos\theta$

(2) $r = \sin\theta\cos^2\theta$

(3) $r = 2\cos 3\theta$ (제 1사분면)

(4) $r = 2(1 + \cos\theta)$

(5) $r = 6\sin\theta, \quad r = 12\sin\theta$

(6) $r = 2(1 - \cos\theta)$의 외부, $r = -6\cos\theta$의 내부

(7) $r^2 = 2a^2\cos 2\theta \ (a > 0)$

(8) $(x^2+y^2)^3 = 4a^2x^2y^2$ (극좌표로 고쳐라)

(9) $r = a\sin n\theta\ (n \in N)$

(10) $r = a(1+2\cos 2\theta)$

(11) $r = 3\cos\theta,\qquad r = 1+\cos\theta$

**3.** 성망형(Asteroid)곡선 $x^{\frac{2}{3}} + y^{\frac{2}{3}} = a^{\frac{2}{3}}$에 의해 나타나는 곡선으로 둘러싸인 도형의 면적을 구하여라 ($x = a\cos^3\theta,\ y = a\sin^3\theta$로 치환).

**4.** 구간 $[a, b]$에서 곡선 $y = f(x)$(단, $f(x)$는 이 구간에서 연속함수)와 $x$축 사이의 도형의 면적 $S$는 다음과 같음을 설명하여라.

$$S = \int_a^b |f(x)|dx.$$

## 7.3 체 적

어떤 입체를 평면 $x = t$로 잘라서 그 단면적을 $S(t)$라 하고 $S(t)$는 구간 $[a, b]$에서 연속이라 하자. 두 평면 $x = a,\ x = t$ 사이에 있는 입체의 체적을 $V(t)$라 하고 $S(t)$의 $[t, t+h]$에서의 최솟값, 최댓값을 각각 $m,\ M$이라 하면 $m \le \dfrac{V(t+h)-V(t)}{h} \le M$이고, $S(t)$가 연속이므로 $h \to 0$이면 $m \to S(t),\ M \to S(t)$이다. 따라서

$$\frac{dV(t)}{dt} = \lim_{h\to 0}\frac{V(t+h)-V(t)}{h} = S(t)$$

이며, $V(a) = 0$이고, $V(b)$는 $t = a$에서 $t = b$ 사이에 있는 입체의 체적이므로 구하는 입체의 체적 $V$는 다음과 같다.

$$V = V(b) - V(a) = \int_a^b S(t)dt$$

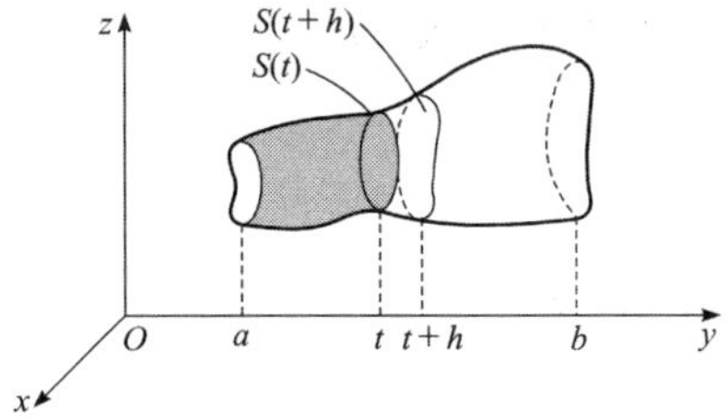


[그림 7-18]

**예제 1**

밑면의 반지름의 길이가 $a$인 직원기둥을 밑면의 지름을 지나고 밑면과 45°를 이루는 평면으로 자를 때 생기는 입체의 체적을 구하여라.

풀이 [그림 7-19]과 같이 밑변의 중심 $O$에서 $x$만큼 떨어진 곳에서의 단면적 $S(x)$를 구하면 $S(x)=\frac{1}{2}\sqrt{a^2-x^2}\sqrt{a^2-x^2}\tan\frac{\pi}{4}=\frac{1}{2}(a^2-x^2)$이다. 따라서 체적 $V$는

$$V=2\int_0^a \frac{1}{2}(a^2-x^2)dx=\left[a^2x-\frac{1}{3}x^3\right]_0^a=\frac{2}{3}a^3.$$

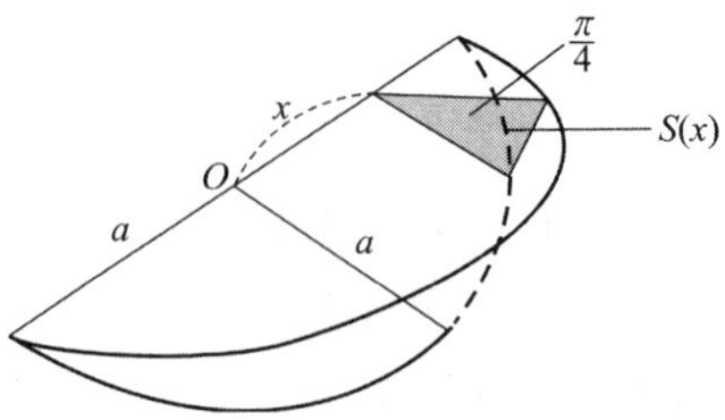


[그림 7-19] ■

**예제 2**

타원체 $\frac{x^2}{a^2}+\frac{y^2}{b^2}+\frac{z^2}{c^2}\le 1$ $(a>0,\ b>0,\ c>0)$의 체적을 구하여라.

풀이 $x$축에 수직인 평면으로 절단하였을 때의 단면은

$$\frac{y^2}{b^2\left(1-\frac{x^2}{a^2}\right)}+\frac{z^2}{c^2\left(1-\frac{x^2}{a^2}\right)}\le 1$$

이고 이것은 하나의 타원으로 둘러싸인 부분이다. 이때 단면적 $S(x)$는 7.2의 예제 2에 의하여 다음과 같다.

$$S(x) = \pi b\sqrt{1-\frac{x^2}{a^2}} \cdot c\sqrt{1-\frac{x^2}{a^2}} = \frac{\pi bc}{a^2}(a^2 - x^2)$$

따라서 구하는 체적 $V$는

$$V = \int_{-a}^{a} S(x)dx = \frac{\pi bc}{a^2}\int_{-a}^{a}(a^2 - x^2)dx = \frac{4}{3}\pi abc. \qquad ■$$

**정리 7.4**

함수 $f$가 구간 $[a, b]$에서 정의된 연속함수이면, $f(x) \geq 0$일 때 $f(x)$가 $x$축을 중심으로 회전할 때 생기는 회전체의 체적 $V$는 다음과 같다.

$$V = \pi\int_{a}^{b}\{f(x)\}^2 dx$$

**증명** 구간 $[a, b]$를 $n$개의 소구간으로 분할하여

$$a = x_0 < x_1 < x_2 < \ldots < x_n = b$$

라 하자. 소구간 $[x_{i-1}, x_i]$에서 곡선 $f(x)$가 회전해서 생기는 체적을 $V_i$라 하면 $V = \sum_{i=1}^{n} V_i$ 이다. 그런데

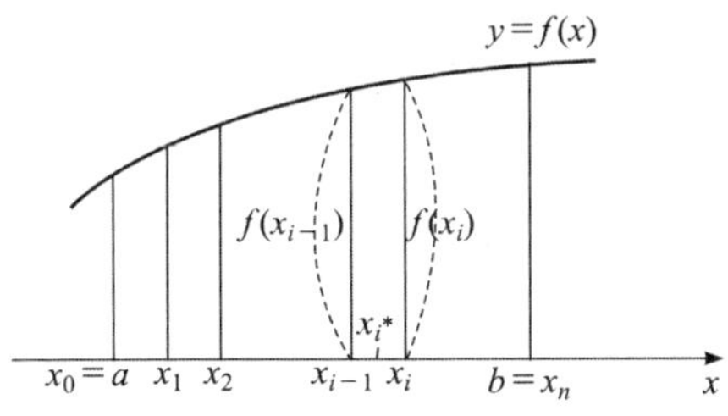

[그림 7-20]

$$V_i \fallingdotseq \pi f(x_i^*)^2(x_i - x_{i-1}), \qquad 단\ x_i^* \in [x_{i-1}, x_i]$$

이며 $f$는 적분가능하므로

$$V = \lim_{\|p\| \to 0} \sum_{i=1}^{n} \pi \left\{ f(x_i^*) \right\}^2 (x_i - x_{i-1}) = \pi \int_a^b \{f(x)\}^2 dx$$

$$= \pi \int_a^b y^2 dx. \qquad \square$$

**예제 3**

두 곡선 $y^3 = x^2$과 $y = 2 - x^2$으로 둘러싸인 부분을 $x$축 둘레로 회전시킨 회전체의 체적을 구하여라.

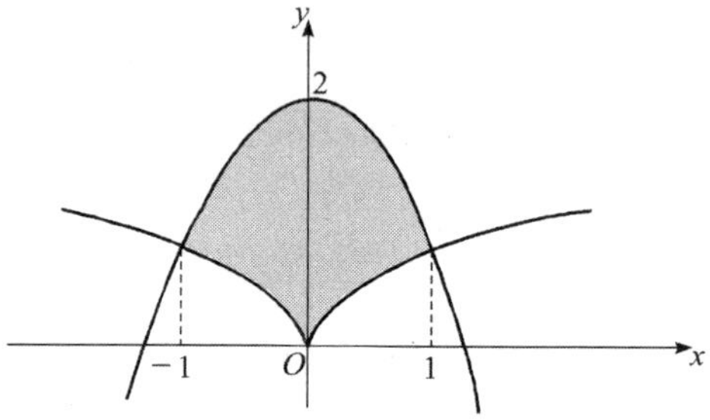


[그림 7-21]

풀이 두 방정식을 연립하여 풀면 두 곡선의 교점은 $x = -1,\ 1$이다. 또 두 곡선이 모두 $y$축에 관하여 대칭되므로 구간 $[0,\ 1]$ 사이의 체적을 구하여 2배하면 된다(그림 7-21). 그런데 구간 $[0,\ 1]$에서 $2 - x^2 \geq x^{\frac{2}{3}}$이므로 구하는 체적 $V$는

$$V = 2\pi \int_0^1 \left\{ (2 - x^2)^2 - (x^{\frac{2}{3}})^2 \right\} dx$$

$$= 2\pi \int_0^1 \left( 4 - 4x^2 + x^4 - x^{\frac{4}{3}} \right) dx$$

$$= \frac{512}{105} \pi. \qquad \blacksquare$$

**예제 4**

원 $(x-a)^2 + (y-b)^2 = r^2\ (b > r)$을 $x$축의 둘레로 회전할 때 생기는 원환체(torus)의 체적을 구하여라.

풀이 주어진 방정식을 $y$에 관하여 풀면

$$y_1 = b + \sqrt{r^2 - (x-a)^2}, \quad y_2 = b - \sqrt{r^2 - (x-a)^2}$$

이고, 이 원환체를 $x$축에 수직인 평면으로 자르면 그 단면은 $y_1$, $y_2$를 반지름으로 하는 동심원 사이의 원형의 도형이며 그 면적은 $(\pi y_1^2 - \pi y_2^2)$이다. 따라서 구하는 체적을 $V$라 하면

$$V = \int_{a-r}^{a+r} \pi(y_1^2 - y_2^2)dx = 4\pi b \int_{a-r}^{a+r} \sqrt{r^2 - (x-a)^2}\,dx.$$

여기서 $x - a = t$라 놓으면

$$V = 4\pi b \int_{-r}^{r} \sqrt{r^2 - t^2}\,dt = 4\pi b\left[t\sqrt{r^2 - t^2} + r^2 \sin^{-1}\frac{t}{r}\right]_{-r}^{r} = 2\pi^2 b r^2. \quad ■$$

**예제 5**

사이클로이드 $x = a(\theta - \sin\theta)$, $y = a(1 - \cos\theta)$, $(a > 0,\ 0 \le \theta \le 2\pi)$를 $x$축의 둘레로 회전할 때 생기는 회전체의 체적을 구하여라.

**풀이** 이 경우 $y = f(x)$, $x = x(\theta)$라고 생각하면

$$V = \pi\int_0^{2a\pi} y^2 dx = \pi\int_0^{2\pi} y^2 \frac{dx}{d\theta}\,d\theta$$

와 같이 변수변환하여 적분의 상한과 하한을 $\theta$의 값으로 치환하여야 한다. 따라서 구하는 체적 $V$는

$$\begin{aligned}
V &= \pi\int_0^{2\pi} a^2(1-\cos\theta)^2 \cdot a(1-\cos\theta)d\theta \\
&= 2a^3\pi\int_0^{\pi}(1-\cos\theta)^3 d\theta \\
&= 2a^3\pi\int_0^{\pi}\left(2\sin^2\frac{\theta}{2}\right)^3 d\theta \\
&= 32a^3\pi\int_0^{\frac{\pi}{2}} \sin^6 t\,dt \quad \left(t = \frac{\theta}{2}\right) \\
&= 32\pi a^3 \cdot \frac{5}{6}\cdot\frac{3}{4}\cdot\frac{1}{2}\cdot\frac{\pi}{2} \\
&= 5\pi^2 a^3.
\end{aligned}$$

■

## 연습문제 7.3 Exercises

**1.** $x$축에 수직인 정사각형이 다음과 같이 움직인다. 두 개의 이웃하는 꼭지점이 포물선 $y^2 = 4ax$ 상에 있다. 그 정사각형이 $x=0$에서 $x=a$까지 움직일 때 만들어지는 입체의 부피를 구하여라.

**2.** $y = 1-|x|$와 $x$축으로 둘러싸인 부분을 $x$축 둘레로 회전할 때 생기는 입체의 부피를 구하여라.

**3.** 성망형 $x^{\frac{2}{3}} + y^{\frac{2}{3}} = a^{\frac{2}{3}}$을 $x$축 둘레로 회전할 때 생기는 회전체의 체적을 구하여라.

**4.** 타원 $\dfrac{x^2}{a^2} + \dfrac{y^2}{b^2} = 1$을 $x$축 둘레로 회전할 때 생기는 회전체의 체적을 구하여라.

**5.** $y = 4x$와 $y = 4x^2$으로 둘러싸인 도형을 $y$축으로 회전시킬 때 생기는 회전체의 체적을 구하여라.

**6.** 곡선 $y(a-x)^{\frac{1}{2}} = x^{\frac{3}{2}}$이 그 점근선을 축으로 하여 회전할 때 생기는 회전체의 체적을 구하여라.

## 7.4 곡선의 길이

함수 $y = f(x)$를 구간 $[a, b]$에서 미분가능한 함수라 하고 그 도함수 $f'$가 연속이라 하자. 이때 함수 $f$의 그래프가 나타내는 곡선의 길이를 구하고자 한다.

**정리 7.5**

함수 $y = f(x)$가 $[a, b]$에서 미분가능이고, $f'$가 연속이면 이 구간에서 곡선의 길이

$L$은 다음과 같다.

$$L = \int_a^b \sqrt{1 + \{f'(x)\}^2}\, dx$$

**증명** 구간 $[a, b]$의 분할 $P = \{x_0, x_1, \cdots, x_n\}$에서 $x_0(=a), x_1, x_2, \cdots, x_{n-1}, x_n(=b)$에 대응하는 곡선상의 점을 각각 $P_0, P_1, P_2, \cdots, P_{n-1}, P_n$이라고 하면 구하는 길이 $L$은 [그림 7-22]에서

$$\lim_{\|p\| \to 0} \sum_{i=1}^{n} |P_{i-1}P_i| = \lim_{\|p\| \to 0} \sum_{i=0}^{n} \sqrt{(\Delta x_i)^2 + (\Delta y_i)^2}$$

$$= \lim_{\|p\| \to 0} \sum_{i=0}^{n} \sqrt{1 + \left(\frac{\Delta y_i}{\Delta x_i}\right)^2}\, \Delta x_i$$

가 된다. 또 $f'$는 $[x_{i-1}, x_i]$에서 연속이므로, 평균값 정리에 의하여

$$\frac{\Delta y_i}{\Delta x_i} = \frac{f(x_i) - f(x_{i-1})}{x_i - x_{i-1}} = f'(\xi_i), \qquad (x_{i-1} < \xi_i < x_i,\ i = 1, 2, \cdots, n)$$

인 $\xi_i$가 존재한다. 그러므로 정적분의 정의에 의하여

$$L = \lim_{\|p\| \to 0} \sum_{i=0}^{n} \sqrt{1 + \{f'(\xi_i)\}^2}\, \Delta x_i = \int_a^b \sqrt{1 + \{f'(x)\}^2}\, dx. \qquad \square$$

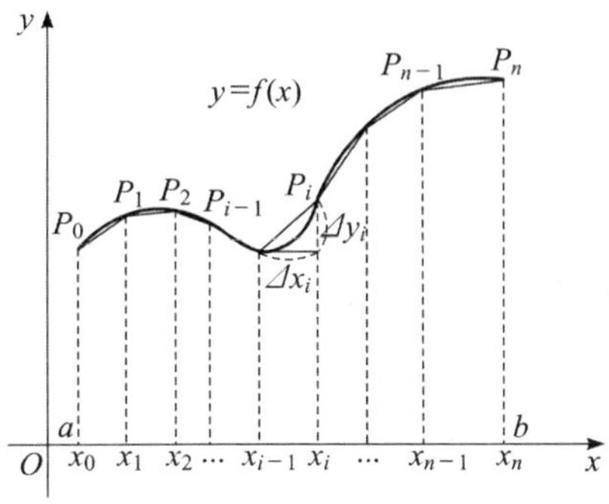


[그림 7–22]

**참고** 이 경우도 [그림 7-23]에서처럼 길이의 미분 $dL$을 생각하여

$$dL = \sqrt{dx^2 + dy^2} = \sqrt{1 + \left(\frac{dy}{dx}\right)^2}\, dx, \qquad L = \int_a^b dL$$

와 같이 생각하면 편리하다.

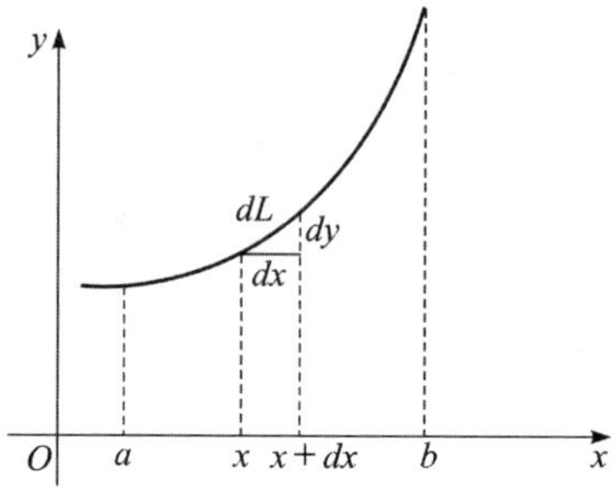


[그림 7–23]

**예제 1**

$x = 1$에서 $x = 4$까지 곡선 $y = \frac{2}{3}(x-1)^{\frac{3}{2}}$의 길이를 구하여라.

풀이 $y = \frac{2}{3}(x-1)^{\frac{3}{2}}$, $y' = \frac{2}{3} \cdot \frac{3}{2}(x-1)^{\frac{1}{2}} = (x-1)^{\frac{1}{2}}$은 모두 $[1,\ 4]$에서 연속이다.

$$\begin{aligned} dL &= \sqrt{(dx)^2 + (dy)^2} = \sqrt{1 + \left(\frac{dy}{dx}\right)^2}\, dx \\ &= \sqrt{1 + (x-1)}\, dx = \sqrt{x}\, dx. \end{aligned}$$

따라서

$$L = \int_1^4 \sqrt{x}\, dx = \int_1^4 x^{\frac{1}{2}} dx = \left[\frac{2}{3} x^{\frac{3}{2}}\right]_1^4 = \frac{14}{3}.$$ ■

다음은 곡선의 방정식이 매개변수에 의하여 주어지는 경우의 곡선의 길이를 구하여 보자.

**정리 7.6**

곡선의 매개방정식 $x = f(t)$, $y = g(t)$, $\alpha \le t \le \beta$로 주어지면 그 곡선의 길이 $L$은 다음과 같다.

$$L=\int_{\alpha}^{\beta}\sqrt{\{f'(t)\}^2+\{g'(t)\}^2}\,dt$$

증명 $f(\alpha)=a$, $f(\beta)=b$라 하면 구하는 길이 $L$은 정리 7.5에 의하여

$$L=\int_{a}^{b}\sqrt{1+\{f'(x)\}^2}\,dx$$

이었다. 이것을 $x=f(t)$로 치환하면 $dx=f'(t)dt$이고

$$\frac{dy}{dx}=\frac{\frac{dy}{dt}}{\frac{dx}{dt}}=\frac{g'(t)}{f'(t)}$$

이며 $x=a$일 때 $t=\alpha$, $x=b$일 때 $t=\beta$이므로

$$\begin{aligned}L&=\int_{\alpha}^{\beta}\sqrt{1+\left(\frac{g'(t)}{f'(t)}\right)^2}\,f'(t)dt\\&=\int_{\alpha}^{\beta}\sqrt{\{f'(t)\}^2+\{g'(t)\}^2}\,dt.\end{aligned}$$

□

**예제 2**

$0\le t\le 2\pi$일 때 곡선 $x=\cos t$, $y=\sin t$의 길이를 구하여라.

풀이 구하는 곡선의 길이 $L$은

$$\begin{aligned}L&=\int_{0}^{2\pi}\sqrt{(-\sin t)^2+(\cos t)^2}\,dt\\&=\int_{0}^{2\pi}dt=2\pi.\end{aligned}$$

■

**예제 3**

곡선 $x^{\frac{2}{3}}+y^{\frac{2}{3}}=a^{\frac{2}{3}}$ $(a>0)$의 길이 $L$를 구하여라.

풀이 이 곡선의 길이는 제 1상한의 부분의 4배이다. 제 1상한에서는

$$x=a\cos^3\theta,\qquad y=a\sin^3\theta\quad\left(0\le\theta\le\frac{\pi}{2}\right)$$

이므로

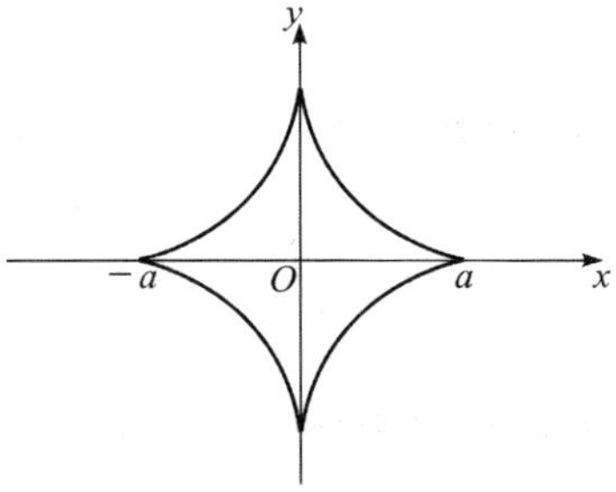


[그림 7-24]

$$\left(\frac{dx}{d\theta}\right)^2+\left(\frac{dy}{d\theta}\right)^2=(-3a\cos^2\theta\sin\theta)^2+(3a\sin^2\theta\cos\theta)^2$$
$$=9a^2\sin^2\theta\cos^2\theta$$
$$L=4\int_0^{\frac{\pi}{2}}3a\sin\theta\cos\theta d\theta=6a.$$ ■

다음은 극좌표로 표시된 곡선의 길이를 구해 보자.

**정리 7.7**

곡선의 극방정식 $r=f(\theta)$, $\alpha\le\theta\le\beta$로 주어졌을 때 이 곡선의 길이 $L$은 다음과 같다.

$$L=\int_\alpha^\beta\sqrt{\{f(\theta)\}^2+\{f'(\theta)\}^2}\,d\theta=\int_\alpha^\beta\sqrt{r^2+\left(\frac{dr}{d\theta}\right)^2}\,d\theta$$

**증명** $x=r\cos\theta=f(\theta)\cos\theta$, $y=r\sin\theta=f(\theta)\sin\theta$ 이므로 이것은 $\theta$를 매개 변수로 하는 곡선의 방정식이 된다. 따라서 정리 7.6에 의하여

$$L=\int_\alpha^\beta\sqrt{\{x'(\theta)\}^2+\{y'(\theta)\}^2}\,d\theta$$
$$=\int_\alpha^\beta\sqrt{\{f'(\theta)\cos\theta-f(\theta)\sin\theta\}^2+\{f'(\theta)\sin\theta+f(\theta)\cos\theta\}^2}\,d\theta$$
$$=\int_\alpha^\beta\sqrt{\{f(\theta)\}^2+\{f'(\theta)\}^2}\,d\theta.$$ □

**예제 4**

극방정식 $r=1-\cos\theta\ (0\le\theta\le 2\pi)$로 주어진 곡선의 길이를 구하여라.

풀이

$$\begin{aligned}L&=\int_0^{2\pi}\sqrt{\{f(\theta)\}^2+\{f'(\theta)\}^2}\,d\theta\\&=\int_0^{2\pi}\sqrt{(1-\cos\theta)^2+(\sin\theta)^2}\,d\theta\\&=\int_0^{2\pi}\sqrt{4\sin^2\frac{1}{2}\theta}\,d\theta\\&=\int_0^{2\pi}2\sin\frac{1}{2}\theta\,d\theta\\&=4\left[-\cos\frac{1}{2}\theta\right]_0^{2\pi}\\&=8.\end{aligned}$$

■

**문제 1**

다음 곡선의 호의 길이를 구하여라(단, $a>0$).

(1) $y=x\sqrt{x}\ \left(0\le x\le\frac{4}{3}\right)$

(2) $x=t^3-3t,\quad y=3t^2\ (0\le t\le 1)$

(3) $r=a\sin^3\frac{1}{3}\theta$ 의 전체 길이

(4) $\begin{cases}x=a(\theta-\sin\theta)\\y=a(1-\cos\theta)\end{cases}\ (a>0,\ 0\le\theta\le 2\pi)$

(5) $\sqrt{x}+\sqrt{y}=1$ 의 전체 길이

(6) $r=a\sin\theta+b\cos\theta\ (0\le\theta\le 2\pi)$

(7) $\begin{cases}x=a\sin^3t\\y=a\cos^3t\end{cases}\ (0\le t\le 2\pi)$

(8) $r=a\sin\theta$

(9) $r=a\cos^2\frac{\theta}{2}$

(10) $x=\frac{y^4}{10}+\frac{1}{2y^2}\ (-2\le y\le -1)$

## 7.5 회전체의 표면적

**정리 7.8**

함수 $f$가 구간 $[a, b]$에서 미분가능이고 $f(x) \geq 0$이며 $f'(x)$가 연속이면, 곡선 $y = f(x)$ (단, $x \in [a, b]$)를 $x$축 둘레로 회전해서 생기는 회전체의 표면적은 다음과 같다.

$$S = 2\pi \int_a^b f(x)\sqrt{1 + \{f'(x)\}^2}\, dx$$

**증명** $[a, b]$에서 $f'(x)$가 연속이고 $f(x) \geq 0$이라 하자. $[a, b]$를 $n+1$개의 분할점 $a = x_0 < x_1 < \cdots < x_{n-1} < x_n = b$에 의해서 $n$개의 소구간으로 분할하고 $x = x_i$

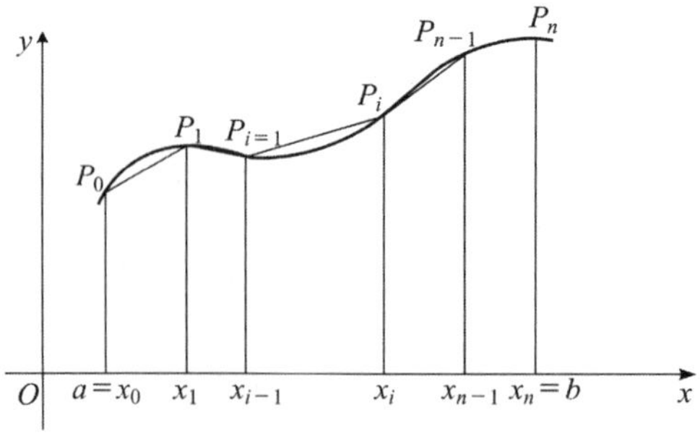


[그림 7-25]

$(i = 0, 1, \cdots, n)$에 대응되는 곡선 $y = f(x)$ 위의 점을 $P_i$라고 하면 선분 $P_{i-1}P_i$가 $x$축의 둘레로 회전하였을 때 생기는 직원뿔대의 옆면적은

$$\Delta x_i = x_i - x_{i-1}, \quad \Delta y_i = f(x_i) - f(x_{i-1})$$

라고 할 때

$$\pi[f(x_i) + f(x_{i-1})][(\Delta x_i)^2 + (\Delta y_i)^2]^{\frac{1}{2}} \tag{1}$$

이다. 그런데 평균값 정리에 의해서

$$\Delta y_i = f(x_i) - f(x_{i-1}) = f'(\xi_i)\Delta x_i \ (\text{단, } x_{i-1} \le \xi_i \le x_i)$$

이므로 식 (1)을 고쳐 쓰면

$$\pi[f(x_i) + f(x_{i-1})]\left\{1 + [f'(\xi_i)]^2\right\}^{\frac{1}{2}}\Delta x_i. \tag{2}$$

식 (2)의 $i = 1, 2, \cdots, n$에 대한 합을 $S_n$라 하면

$$S_n = \sum_{i=1}^{n}\pi f(x_{i-1})\left\{1 + [f'(\xi_i)]^2\right\}^{\frac{1}{2}}\Delta x_i + \sum_{i=1}^{n}\pi f(x_i)\left\{1 + [f'(\xi_i)]^2\right\}^{\frac{1}{2}}\Delta x_i$$

이고 $f(x)\{1 + [f'(x)]^2\}$이 연속이므로 적분가능이고 정적분의 정의에서 위의 두 합은

$$\text{Max}\,\{\Delta x_i | i = 1, 2, \cdots, n\} = \| P \| \to 0 \text{일 때의 극한이 모두}$$

$$\pi\int_a^b f(x)\left\{1 + [f'(x)]^2\right\}^{\frac{1}{2}}dx$$

와 같다. 따라서

$$S = \lim_{\|P\| \to 0} S_n = 2\pi\int_a^b f(x)\sqrt{1 + \{f'(x)\}^2}\,dx. \qquad \square$$

**예제 1**

곡선 $y = \sin x\,(0 \le x \le \pi)$를 $x$축의 둘레로 회전할 때 생기는 입체의 표면적을 구하여라.

[풀이] $y = \sin x$에서 $y' = \cos x$이므로

$$\begin{aligned} S &= 2\pi\int_0^{\pi}\sin x\sqrt{1 + \cos^2 x}\,dx \\ &= -2\pi\int_1^{-1}\sqrt{1 + t^2}\,dt \ (\cos x = t) \\ &= 4\pi\int_0^1\sqrt{1 + t^2}\,dt \\ &= 4\pi\left[\frac{t}{2}\sqrt{1 + t^2} + \frac{1}{2}\ln\left(t + \sqrt{1 + t^2}\right)\right]_0^1 \\ &= 2\pi\left[\sqrt{2} + \ln(1 + \sqrt{2})\right]. \end{aligned}$$

■

곡선의 방정식이 $x=f(t),\quad y=g(t)\,(a\le t\le b)$로 주어졌을 때 $x$축의 둘레로 회전하여 생기는 회전체의 표면적 $S$는

$$S=2\pi\int_a^b y\sqrt{\left(\frac{dx}{dt}\right)^2+\left(\frac{dy}{dt}\right)^2}\,dt \tag{3}$$

로 주어진다. 또한 곡선이 극방정식 $r=f(\theta)$로 주어졌을 때 $r=f(\theta)\ (\theta_1\ge\theta\ge\theta_2)$가 나타내는 곡선을 극축을 둘레로 회전해서 생긴 회전체의 표면적은 식 (3)에 변환공식 $x=r\cos\theta,\quad y=r\sin\theta$를 대입한 것으로 다음과 같다.

$$S=2\pi\int_{\theta_1}^{\theta_2} r\sin\theta\sqrt{r^2+\left(\frac{dr}{d\theta}\right)^2}\,d\theta$$

**예제 2**

원 $(x-a)^2+(y-b)^2=r^2\ (b>r)$을 $x$축 둘레로 회전하여 생기는 원환체의 표면적을 구하여라.

**풀이** 주어진 방정식을 $y$에 대해서 풀어 상반원, 하반원의 방정식을 구하면 각각 다음과 같다.

$$y_1=b+\sqrt{r^2-(x-a)^2},\qquad y_2=b-\sqrt{r^2-(x-a)^2}$$

따라서 구하는 표면적 $S$는

$$S=2\pi\int_{a-r}^{a+r} y_1\sqrt{1+\left(\frac{dy_1}{dx}\right)^2}\,dx+2\pi\int_{a-r}^{a+r} y_2\sqrt{1+\left(\frac{dy_2}{dx}\right)^2}\,dx$$

이고, 이때

$$\frac{dy_1}{dx}=\frac{-(x-a)}{\sqrt{r^2-(x-a)^2}},\qquad \frac{dy_2}{dx}=\frac{x-a}{\sqrt{r^2-(x-a)^2}}$$

이므로

$$\begin{aligned}S&=2\pi\int_{a-r}^{a+r}(y_1+y_2)\frac{r}{\sqrt{r^2-(x-a)^2}}dx\\&=2\pi\int_{a-r}^{a+r}\frac{2br}{\sqrt{r^2-(x-a)^2}}dx\end{aligned}$$

$x-a=t$라고 하면 $dx=dt$이고

$$\therefore \ S = 4\pi br\int_{-r}^{r}\frac{dt}{\sqrt{r^2-t^2}} = 4\pi br\left[\sin^{-1}\frac{t}{r}\right]_{-r}^{r} = 4\pi^2 br.$$ ■

**예제 3**

곡선 $x = a(t-\sin t)$, $y = a(1-\cos t)$, $0 \le t \le 2\pi$을 $x$축을 회전축으로 하여 회전시킬 때 생기는 회전체의 표면적을 구하여라.

풀이 $\dfrac{dx}{dt} = a(1-\cos t)$, $\dfrac{dy}{dt} = a\sin t$이므로

$$\begin{aligned} S &= 2\pi\int_0^{2\pi} a(1-\cos t)\sqrt{a^2(1-\cos t)^2 + a^2\sin^2 t}\, dt \\ &= 2\pi a^2\int_0^{2\pi}(1-\cos t)\sqrt{2-2\cos t}\, dt \\ &= 2\sqrt{2}\pi a^2\int_0^{2\pi}(1-\cos t)^{\frac{3}{2}}\, dt. \end{aligned}$$

그런데 $1-\cos t = 2\sin^2\left(\dfrac{t}{2}\right)$이므로

$$\begin{aligned} S &= 2\sqrt{2}\pi a^2\int_0^{2\pi}\left\{2\sin^2\left(\frac{t}{2}\right)\right\}^{\frac{3}{2}} dt \\ &= 8\pi a^2\int_0^{2\pi}\sin^3\left(\frac{t}{2}\right)dt \\ &= 8\pi a^2\int_0^{2\pi}\left\{1-\cos^2\left(\frac{t}{2}\right)\right\}\sin\left(\frac{t}{2}\right)dt. \end{aligned}$$

여기서 $u = \cos\left(\dfrac{t}{2}\right)$로 치환하면 $du = -\dfrac{1}{2}\sin\left(\dfrac{t}{2}\right)dt$이고 $t=0$일 때 $u=1$이고, $t=2\pi$일 때 $u=-1$이다. 따라서

$$\begin{aligned} S &= -16\pi a^2\int_1^{-1}(1-u^2)du \\ &= -16\pi a^2\left[u-\frac{u^3}{3}\right]_1^{-1} \\ &= \frac{64\pi a^2}{3}. \end{aligned}$$ ■

## 연습문제 7.5 Exercises

**1.** 다음 곡선을 $x$축의 둘레로 회전해서 생기는 회전체의 표면적을 구하여라.

(1) $x^2+y^2=a^2$ (2) $y=\sin x \ (0 \le x \le \pi)$

(3) $x=e^t\cos t,\ y=e^t\sin t \ \left(\theta \le t \le \dfrac{\pi}{2}\right)$ (4) $r^2=2a^2\cos 2\theta \ (a>0)$

(5) $r=e^\theta \ (0 \le \theta \le \pi)$

**2.** 곡선 $r=a(1+\cos\theta)\,(a>0)$를 $x$축의 둘레로 회전하였을 때 생기는 회전체의 표면적을 구하여라.

**3.** (가브리엘의 경적기의 역설) 곡선 $y=\dfrac{1}{x}$을 $[1,\infty)$ 상에서 $x$축에 관하여 회전할 때 가브리엘의 경적기라고 하는 곡면이 생긴다. 이때 이 경적기의 체적 $v$는 유한이고 표면적은 무한함을 보이고 이 결과로서 유한량의 페인트로서 이 경적기를 채울 수 있으나, 이 경적기의 내부면을 페인트하기에는 이 양으로는 충분치 않다고 말할 수 있다. 이 역설에 대하여 논평하여라.

**4.** 곡선 $x=\sqrt{a^2-y^2},\ -a \le y \le a$를 $y$축 둘레로 회전하였을 때 생기는 회전체의 표면적을 구하여라.

**5.** 다음 곡선들을 지정된 직선의 둘레로 회전시킬 때 생기는 회전체의 표면적을 구하기 위한 식을 세우시오.

(1) $y=\sin x,\ 0 \le x \le \pi$, 직선 $y=-1$

(2) $y=\sin x,\ 0 \le x \le \pi$, 직선 $x=0$

(3) $y=\sqrt{x^2+x},\ 2 \le x \le 4$, 직선 $x=2$

(4) $y=\sin t,\ x=t^2,\ 0 \le t \le \pi$, 직선 $y=-1$

제 8 장

# 무한급수

# 수능항목

## 8.1 무한급수

주어진 수열 $\{a_n\}$의 각 항 $a_n$을 모두 모두 더한 식

$$a_1 + a_2 + \cdots + a_n + \cdots = \sum_{n=1}^{\infty} a_n$$

을 **무한급수**(infinite series) 또는 간단한 **급수**(series)라 하고 $a_n$을 그 급수의 **항**(term)이라고 한다. 각 $n \in N$에 대하여 $\sum_{n=1}^{\infty} a_n$의 처음 $n$항까지의 합

$$S_n = \sum_{i=1}^{n} a_i = a_1 + a_2 + \cdots + a_n$$

을 그 급수의 **부분합**(partial sum)이라 하고 수열 $\{S_n\}$을 그 급수의 부분합의 수열이라고 부른다. 수열 $\{S_n\}$이 일정한 실수 $S$에 수렴할 때 급수 $\sum_{n=1}^{\infty} a_n$은 **수렴한다**(converge)고 하고, 이때 극한값 $S$를 그 급수의 **합**(sum)이라고 한다. 이것을 다음의 등식으로 요약할 수 있다.

$$\sum_{n=1}^{\infty} a_n = \lim_{n \to \infty} \sum_{k=1}^{n} a_k = \lim_{n \to \infty} S_n = S$$

급수의 부분합의 수열 $\{S_n\}$이 어떤 일정한 실수에 수렴하지 않으면 그 급수는 **발산한다**(diverge)고 말한다. 즉 급수 $\sum_{n=1}^{\infty} a_n$의 수렴성을 조사하는 것은 곧 부분합의 수열 $\{S_n\}$의 수렴성을 조사하는 것과 같다. 따라서 급수의 성질은 수열의 성질로부터 직접적으로 유도된다.

**예제 1**

수열 $\{ar^{n-1}\}$에서 얻어진 무한급수

$$a + ar + ar^2 + \cdots + ar^{n-1} + \cdots = \sum_{n=1}^{\infty} ar^{n-1} \tag{1}$$

을 무한등비급수라고 한다. 이 급수의 수렴성을 조사하여라.

풀이 $a = 0$인 경우는 명백하므로, $a \neq 0$인 경우만 생각한다.

$S_n = a + ar + ar^2 + \cdots + ar^{n-1}$에서

(i) $|r| < 1$일 때는 $\lim_{n \to \infty} r^n = 0$이고

$$S_n = \frac{a(1-r^n)}{1-r} = a\left(\frac{1}{1-r} - \frac{r^n}{1-r}\right)$$

$$\therefore \lim_{n\to\infty} S_n = \frac{a}{1-r}$$

따라서 급수 (1)은 수렴한다.

(ii) $r > 1$일 때는 $\lim_{n\to\infty} r^n = \infty$이고

$$S_n = \frac{a(r^n-1)}{r-1} = a\left(\frac{r^n}{r-1} - \frac{1}{r-1}\right)$$

$$\therefore \lim_{n\to\infty} S_n = \infty$$

또, $r=1$일 때는 $S_n = a+a+a+\cdots+a = na$

$$\therefore \lim_{n\to\infty} S_n = \infty$$

따라서 $r \geq 1$일 때 급수 (1)은 양의 무한대로 발산한다.

(iii) $r < -1$일 때는 $\lim_{n\to\infty} r^n = \pm\infty$이고

$$S_n = a\left(\frac{1}{1-r} - \frac{r^n}{1-r}\right)$$

$$\therefore \lim_{n\to\infty} S_n = \pm\infty$$

또, $r=-1$일 때는 $S_n = a(1-1+1-\cdots+(-1)^{n-1})$

$$\therefore \lim_{n\to\infty} S_{2n} = 0, \quad \lim_{n\to\infty} S_{2n+1} = a$$

따라서 $r \leq -1$일 때 급수 (1)은 발산한다. ■

**참고** 예제 1 (iii)의 경우와 같을 때 급수 (1)은 **진동한다**(oscillate)고도 한다.

**정리 8.1.1**

급수 $\sum_{n=1}^{\infty} a_n$이 수렴하면 $\lim_{n\to\infty} a_n = 0$이다.

**증명** $\lim_{n\to\infty} S_n = S$라 하자. $a_n = S_n - S_{n-1}$이므로

$$\lim_{n\to\infty} a_n = \lim_{n\to\infty}(S_n - S_{n-1}) = \lim_{n\to\infty} S_n - \lim_{n\to\infty} S_{n-1} = S - S = 0. \qquad \square$$

일반적으로 정리 8.1의 역은 성립하지 않는다. 즉, $n \to \infty$일 때 급수의 $n$번째 항 $a_n$이 0에 수렴한다고 해서 이 급수가 수렴한다고 말할 수는 없다.

**참고** 정리 8.1의 대우는 급수가 발산하는 것을 판정하는 데 유용하다. 즉, $\lim_{n\to\infty} a_n \neq 0$이면 $\sum_{n=1}^{\infty} a_n$은 발산한다.

**예제 2**

급수 $\sum_{n=1}^{\infty} \frac{1}{n}$이 발산함을 보여라.

**풀이**

$$\begin{aligned}\sum_{n=1}^{\infty} \frac{1}{n} &= 1 + \frac{1}{2} + \frac{1}{3} + \frac{1}{4} + \frac{1}{5} + \frac{1}{6} + \frac{1}{7} + \frac{1}{8} + \cdots \\ &= 1 + \frac{1}{2} + \left(\frac{1}{3} + \frac{1}{4}\right) + \left(\frac{1}{5} + \frac{1}{6} + \frac{1}{7} + \frac{1}{8}\right) + \cdots \\ &> 1 + \frac{1}{2} + \left(\frac{1}{4} + \frac{1}{4}\right) + \left(\frac{1}{8} + \frac{1}{8} + \frac{1}{8} + \frac{1}{8}\right) + \cdots \\ &= 1 + \frac{1}{2} + \frac{1}{2} + \frac{1}{2} + \cdots .\end{aligned} \qquad \blacksquare$$

이때 급수 $1 + \frac{1}{2} + \frac{1}{2} + \frac{1}{2} + \cdots$은 $\infty$로 발산하므로 급수 $\sum_{n=1}^{\infty} \frac{1}{n}$은 발산한다.

위 예제 2의 급수 $\sum_{n=1}^{\infty} \frac{1}{n} = 1 + \frac{1}{2} + \frac{1}{3} + \frac{1}{4} + \cdots$을 **조화급수**라고 한다. 조화급수는 $\lim_{n\to\infty} a_n = 0$이지만 발산한다.

**예제 3**

급수 $\sum_{n=1}^{\infty} \frac{n}{2n-1}$은 $\lim_{n\to\infty} \frac{n}{2n-1} = \frac{1}{2} \neq 0$이므로 발산한다.

**정리 8.2**

수렴하는 두 급수 $\sum_{n=1}^{\infty} a_n$, $\sum_{n=1}^{\infty} b_n$과 실수 $c$가 주어져 있을 때 급수 $\sum_{n=1}^{\infty}(a_n+b_n)$과 $\sum_{n=1}^{\infty} ca_n$은 수렴하고, 그 합은 각각 다음과 같다.

$$\sum_{n=1}^{\infty}(a_n+b_n)=\sum_{n=1}^{\infty} a_n+\sum_{n=1}^{\infty} b_n$$

$$\sum_{n=1}^{\infty} ca_n = c\sum_{n=1}^{\infty} a_n.$$

**증명** $S_n=\sum_{i=1}^{n} a_i$, $T_n=\sum_{i=1}^{n} b_i$, $U_n=\sum_{i=1}^{n}(a_i+b_i)$라 놓고, $n\to\infty$일 때 각각 $S_n\to S$, $T_n\to T$라고 하자. 그러면 $U_n=S_n+T_n$이고

$$\lim_{n\to\infty} U_n=\lim_{n\to\infty} S_n+\lim_{n\to\infty} T_n=S+T$$

이므로 급수 $\sum_{n=1}^{\infty}(a_n+b_n)$은 수렴하고 그 합은 $S+T$, 즉 $\sum_{n=1}^{\infty} a_n+\sum_{n=1}^{\infty} b_n$이다. $\sum_{i=1}^{n} ca_i=c\sum_{i=1}^{n} a_i$이므로 $\sum_{n=1}^{\infty} ca_n=c\sum_{n=1}^{\infty} a_n$임도 분명하다. □

**문제 1**

수열에서는 수렴하는 수열끼리 곱하거나 나누어도 수렴한다. 급수에 서도 수렴하는 급수끼리 곱하거나 나누어도 수렴하는지 알아보고 그렇지 않을 경우 예를 들어보아라.

**문제 2**

함수 $f(x)=\frac{1}{2}(x-10)^2$과 양의 정수 $n$에 대하여 $a_n$을 특이적분 $\int_1^{\infty}(f(n))^t\,dt$의 수렴성에 따라 다음과 같이 정의할 때 $\sum_{n=1}^{\infty} a_n$을 구하여라.

$$a_n=\begin{cases}\int_1^{\infty}(f(n))^t\,dt, & \int_1^{\infty}(f(n))^t\,dt\text{가 수렴}\\ 0, & \int_1^{\infty}(f(n))^t\,dt\text{가 발산}\end{cases}$$

## 8.2 양항급수

앞에서 보았듯이 급수의 수렴성은 곧 수열의 수렴성과 같으므로 수열의 수렴성을 조사하는 2장의 정리 2.4가 급수의 수렴성을 조사하는 경우에도 적용된다.

각 항이 양수인 급수를 **양항급수**라 한다. 양항급수 $\sum_{n=1}^{\infty} a_n$의 부분합으로 이루어진 수열 $\{S_n\}$은 분명히 단조증가 수열이다. 따라서 $\{S_n\}$은 위로 유계이면 수렴하고, 위로 유계가 아니면 $\infty$로 발산한다. 따라서 양항급수 $\sum_{n=1}^{\infty} a_n$의 수렴·발산을 판정하는 다음 정리를 만들 수 있다.

**정리 8.3**

양항급수 $\sum_{n=1}^{\infty} a_n$이 수렴하기 위한 필요충분조건은 그 부분합으로 이루어진 수열 $\{S_n\}$이 위로 유계, 즉 모든 자연수 $n$에 대해서 $S_n \le M$을 만족하는 실수 $M$이 존재하는 것이다.

**예제 1**

급수 $\sum_{n=1}^{\infty} \frac{1}{(2n-1)\cdot 2n}$의 수렴·발산을 판정하여라.

풀이 주어진 급수의 부분합을 $S_n$이라 하자.

$$
\begin{aligned}
S_n &= \sum_{k=1}^{n} \frac{1}{(2k-1)\cdot 2k} \\
&= \sum_{k=1}^{n} \left(\frac{1}{2k-1} - \frac{1}{2k}\right) \\
&= \left(1-\frac{1}{2}\right) + \left(\frac{1}{3}-\frac{1}{4}\right) + \cdots + \left(\frac{1}{2n-1}-\frac{1}{2n}\right) \\
&= 1 - \left(\frac{1}{2}-\frac{1}{3}\right) - \left(\frac{1}{4}-\frac{1}{5}\right) - \cdots - \left(\frac{1}{2n-2}-\frac{1}{2n-1}\right) - \frac{1}{2n} < 1
\end{aligned}
$$

이므로 $S_n$은 위로 유계이다. 따라서 주어진 급수는 수렴한다. ■

**정리 8.4** **적분판정법(integral test)**

$f(x)$가 구간 $[m, \infty)$상에서 양이고 연속인 감소함수라고 하자(단, $m > 0$). 그리고 모든 자연수 $n$에 대하여 $a_n = f(n)$이라고 하자. 이때 $\int_m^\infty f(x)dx$가 존재하면 $\sum_{n=1}^\infty a_n$은 수렴하고 $\int_m^\infty f(x)dx$가 존재하지 않으면 $\sum_{n=1}^\infty a_n$은 발산한다.

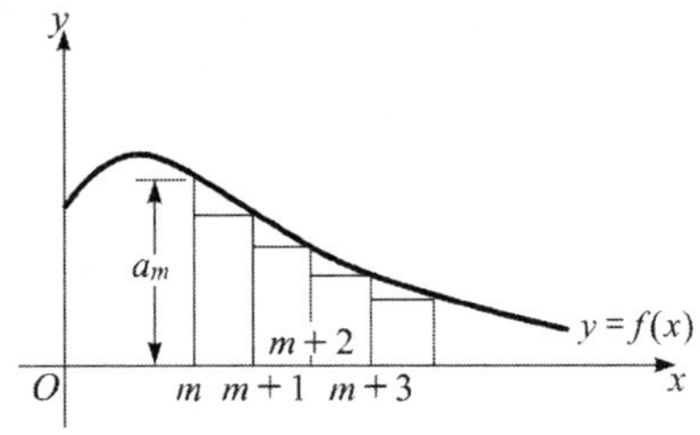


[그림 8-1]

**증명** $\int_m^\infty f(x)dx$가 존재하여 그 값이 $U$와 같으면 $\sum_{n=1}^\infty a_n$의 수렴성을 다음과 같이 증명할 수 있다. 즉 [그림 8-1]에 표시된 바와 같이 $y = f(x)$의 그래프를 그리면 그것에 내접하는 세로의 길이가 1인 직사각형들의 면적은 각각 $a_{m+1}$, $a_{m+2}$, $a_{m+3}$, $\cdots$이며 $A_k$를 처음 $k$개의 직사각형의 합이라고 하면

$$A_k \le \int_m^{m+k} f(x)dx \le \int_m^\infty f(x)dx = U$$

$A_k$는 $U$보다 크지 않으므로 정리 8.3에 의하여 $\lim_{k\to\infty} A_k = A \le U$. 따라서 $\sum a_n$은 수렴하며 그 합은 $S = a_1 + a_2 + \cdots + a_m + A$이다. □

**예제 2**

급수 $\sum_{n=2}^\infty \frac{1}{n\ln n}$의 수렴성을 조사하여라.

**풀이** 구간 $[2, \infty)$에서 $f(x) = \frac{1}{x\ln x}$은 적분판정법의 조건을 만족하고,

$$\int_2^\infty \frac{1}{x\ln x}dx = \lim_{t\to\infty}\int_2^t \frac{1}{x\ln x}d(\ln x) = \lim_{t\to\infty}[\ln(\ln x)]_2^t = \infty.$$

따라서 적분판정법에 의하여 $\sum_{n=2}^{\infty} \frac{1}{n(\ln n)}$ 은 발산한다. ■

**예제 3**

($p$급수 판정법) 다음과 같은 급수를 $p$**-급수**라 한다.

$$\sum_{n=1}^{\infty} \frac{1}{n^p} = 1 + \frac{1}{2^p} + \frac{1}{3^p} + \frac{1}{4^p} + \cdots$$

여기서 $p$는 상수이다. 이때 다음을 증명하여라.

(1) $p > 1$이면 $p$급수는 수렴한다.

(2) $p \leq 1$이면 $p$급수는 발산한다.

풀이 $p \geq 0$이면 구간 $[1, \ \infty)$상에서 함수 $f(x) = \frac{1}{x^p}$은 양이고, 연속인 감소함수이며 $f(n) = \frac{1}{n^p}$이다. 이때

$$p \neq 1\text{이면 } \int_1^t x^{-1} dx = \left[\frac{x^{1-p}}{1-p}\right]_1^t = \frac{t^{1-p}-1}{1-p},$$

$$p = 1\text{이면 } \int_1^t x^{-1} dx = [\ln x]_1^t = \ln t \, ,$$

$$p > 1\text{이면 } \lim_{t \to \infty} t^{1-p} = 0\text{이고,}$$

$$p < 1\text{이면 } \lim_{t \to \infty} t^{1-p} = \infty\text{ 이며 } \lim_{t \to \infty} \ln t = \infty$$

그러므로 적분판정법에 의하여 $p > 1$이면 $p$급수는 수렴하고 $0 \leq p \leq 1$이면 $p$급수는 발산한다. $p < 0$인 경우를 생각하여 보자. $\sum\left(\frac{1}{n^p}\right)$의 제 $n$항은 $\frac{1}{n^p}$이다. 이때 $n \to \infty$ 일때 $\frac{1}{n^p}$은 0에 수렴하지 않으므로 정리 8.1의 대우에 의하여 이 급수는 발산한다. ■

**예 1**

위의 급수판정법에 의하여 $\sum_{n=1}^{\infty} \frac{1}{n}$은 발산하고 $\sum_{n=1}^{\infty} \frac{1}{n^2}$은 수렴한다.

**정리 8.5** 비교판정법(comparison test)

각 $n \in N$에 대하여 $0 \le a_n \le b_n$이라고 하자.

(1) $\sum b_n$이 수렴하면 $\sum a_n$도 수렴한다.

(2) $\sum a_n$이 발산하면 $\sum b_n$도 발산한다.

**증명** (1) $S_n = a_1 + a_2 + \cdots + a_n$, $W_n = b_1 + b_2 + \cdots + b_n$이고 $W_n \to W$라고 하자. $n = 1, 2, 3, \cdots$에 대하여 $a_n \le b_n$이므로 $n$의 모든 값에 대하여 $S_n \le W_n$이다. 따라서

$$\lim_{n\to\infty} S_n \le \lim_{n\to\infty} W_n = W$$

이므로, 정리 8.3에 의하여 $\sum a_n$도 수렴한다.

(2) $\sum b_n$이 수렴한다고 가정하면 (1)에 의하여 $\sum a_n$도 수렴해야하고 이는 모순이므로, $\sum a_n$이 발산하면 $\sum b_n$도 발산한다. □

**참고** (i) 수렴 또는 발산이 알려진 급수가 비교급수로서 사용되지만 특히 다음 것들이 많이 쓰인다.

① 수렴을 위한 비교급수

$$a + ar + ar^2 + \cdots \quad (a > 0,\ |r| < 1)$$

$$1 + \frac{1}{2^p} + \frac{1}{3^p} + \cdots + \frac{1}{n^p} + \cdots \quad (p > 1)$$

② 발산을 위한 비교급수

$$a + ar + ar^2 + \cdots \quad (a > 0,\ r \ge 1)$$

$$1 + \frac{1}{2} + \frac{1}{3} + \frac{1}{4} \cdots \quad (\text{조화급수})$$

(ii) 유한개의 항을 더하거나 빼더라도 급수의 수렴이나 발산에 영향을 미치지 못한다. 이러한 합이나 차는 다만 극한값에 일정한 양만큼의 변화만을 가져오기 때문이다.

**예제 4**

다음 급수의 수렴성을 조사하여라.

$$5+\frac{2}{3}+1+\frac{2}{7}+\frac{1}{2}+\frac{1}{3!}+\frac{1}{4!}+\cdots+\frac{1}{k!}+\cdots \tag{1}$$

풀이 처음 네 개의 항을 제외한 급수를 생각하면

$$\frac{1}{2}+\frac{1}{3!}+\frac{1}{4!}+\cdots+\frac{1}{k!}+\cdots \tag{2}$$

이때

$$\frac{1}{2}+\frac{1}{3!}+\frac{1}{4!}+\cdots+\frac{1}{k!}+\cdots \quad < \frac{1}{2}+\frac{1}{2^2}+\frac{1}{2^3}+\cdots+\frac{1}{2^k}+\cdots$$

이고 우변의 급수가 수렴하므로 비교판정법에 의하여 급수 (1)은 수렴한다. ■

**예제 5**

급수 $\sum_{n=1}^{\infty}\frac{n}{2^n(n+1)}$의 수렴성을 조사하여라.

풀이 $\frac{n}{2^n(n+1)}=\left(\frac{1}{2}\right)^n\frac{n}{n+1}<\left(\frac{1}{2}\right)^n$이고, 이때 $\sum\left(\frac{1}{2}\right)^n$이 수렴하므로 (예제 1 참고)이 급수도 수렴한다. ■

**예제 6**

다음 급수의 수렴성을 조사하여라.

$$\frac{2}{1\cdot 3}+\frac{3}{2\cdot 4}+\frac{4}{3\cdot 5}+\cdots\ \frac{n+1}{n(n+2)}+\cdots \tag{3}$$

풀이 주어진 급수의 $n$번째 항을 보면 모든 양의 정수 $n$에 대하여

$$\frac{n+1}{n(n+2)}=\frac{n+1}{n}\cdot\frac{1}{n+2}>\frac{1}{n+2}.$$

이때 $\sum\frac{1}{n+2}$은 $p$급수 판정법에 의하여 발산하므로 비교판정법에 의하여 급수 (3)은 발산한다. ■

**정리 8.6** **비판정법(ratio test)**

양항급수 $\sum_{n=1}^{\infty} a_n$에서 $\lim_{n\to\infty} \frac{a_{n+1}}{a_n} = R$이라고 하면 이 급수는 다음의 성질을 갖는다.

(1) $R < 1$일 때 수렴한다.

(2) $R > 1$일 때 발산한다.

(3) $R = 1$일 때는 이 방법을 쓸 수 없다.

**증명** (1) $R < 1$이므로 $R < r < 1$인 실수 $r$이 존재한다. 또 $n$이 한없이 증가할 때 비 $\frac{a_{n+1}}{a_n}$은 $R$에 수렴하므로, $n \geq k$인 모든 $n$에 대해서 $\frac{a_{n+1}}{a_n}$이 $r$보다 작게 되는 양의 정수 $k$가 존재한다. 그러므로

$$\frac{a_{k+1}}{a_k} < r \text{ 또는 } a_{k+1} < ra_k ,$$

$$\frac{a_{k+2}}{a_{k+1}} < r \text{ 또는 } a_{k+2} < ra_{k+1} < r^2 a_k ,$$

$$\frac{a_{k+3}}{a_{k+2}} < r \text{ 또는 } a_{k+3} < ra_{k+2} < r^3 a_k .$$

$$\cdots$$

따라서 다음의 부등식이 성립한다.

$$a_{k+1} + a_{k+2} + a_{k+3} + \cdots + a_{k+m} + \cdots < a_k r + a_k r^2 + a_k r^3 + \cdots + a_k r^m + \cdots$$

그런데 우변은 $r < 1$인 등비급수의 합이므로 수렴한다. 그러므로 비교판정법에 의해서 좌변도 수렴한다. 따라서 유한합을 더한 급수 $\sum a_n$도 수렴한다.

(2) $R > 1$일 때 극한의 정의에서 $n \geq k$인 모든 $n$에 대해서는 비 $\frac{a_{n+1}}{a_n}$이 1보다 크게 되는 양의 정수 $k$가 존재한다. 이것은 항이 점점 커짐을 의미하므로 $\lim_{n\to\infty} a_n \neq 0$이다. 따라서 급수는 발산한다.

(3) $p$급수를 예로 들면

$$\frac{a_{n+1}}{a_n} = \left(\frac{n}{n+1}\right)^p = \left(1 - \frac{1}{n+1}\right)^p$$

이고, $n \to \infty$일 때의 극한값은 $p$에 관계없이 항상 $R = 1$이다. 그러나 $p$급수는 $p > 1$일 때 수렴하고 $p \leq 1$일 때 발산함을 알고 있다. 즉 $R = 1$일 때는 비에 의한

판정법은 급수가 수렴하는가 발산하는가를 결정하는 데 쓸 수 없으며 다른 방법을 써야 한다. □

**예제 7**

$\sum_{n=0}^{\infty}\frac{(2^n+5)}{3^n}$의 수렴성을 조사하여라.

풀이

$$\lim_{n\to\infty}\frac{a_{n+1}}{a_n}=\lim_{n\to\infty}\frac{\frac{(2^{n+1}+5)}{3^{n+1}}}{\frac{(2^n+5)}{3^n}}=\lim_{n\to\infty}\frac{2^{n+1}+5}{3(2^n+5)}$$

$$=\lim_{n\to\infty}\frac{1}{3}\left(\frac{2+5\cdot 2^{-n}}{1+5\cdot 2^{-n}}\right)=\frac{2}{3}.$$

$R=\frac{2}{3}<1$이므로 따라서 비판정법에 의하여 주어진 급수는 수렴한다. ■

**예제 8**

급수 $\frac{1!}{10}+\frac{2!}{10^3}+\frac{3!}{10^5}+\cdots+\frac{n!}{10^{2n-1}}+\cdots$의 수렴성을 조사하여라.

풀이 $a_n=\frac{n!}{10^{2n-1}}$, $a_{n+1}=\frac{(n+1)!}{10^{2n+1}}$이고 $\lim_{n\to\infty}\frac{a_{n+1}}{a_n}=\lim_{n\to\infty}\frac{n+1}{100}=\infty$이므로, 비판정법에 의하여 주어진 급수는 발산한다.

이 외에도 자주 쓰이는 양항급수의 판정법을 증명없이 소개하기로 한다. ■

**정리 8.7 극한 비교 판정법(limit comparison test)**

$a_n\geq 0$, $b_n>0$이고 $\lim_{n\to\infty}\frac{a_n}{b_n}=L$이라고 하자. $0<L<\infty$이면 $\sum a_n$과 $\sum b_n$은 함께 수렴하거나 함께 발산한다. $L=0$이고 $\sum b_n$이 수렴하면 $\sum a_n$은 수렴한다.

**예제 9**

다음 급수의 수렴성을 조사하여라.

(1) $\displaystyle\sum_{n=1}^{\infty} \frac{3n-2}{n^3-2n^2+11}$　　　　(2) $\displaystyle\sum_{n=1}^{\infty} \frac{1}{\sqrt{n^2+19n}}$

풀이 극한 비교 판정법을 적용하자. 첫째 급수의 $n$번째 항은 $n$이 대단히 클때 $\frac{3}{n^2}$과 유사하다. 둘째 급수의 $n$번째 항은 $n$이 대단히 클 때 $\frac{1}{n}$과 유사하다.

$$(1)\ \lim_{n\to\infty}\frac{b_n}{a_n} = \lim_{n\to\infty}\frac{\dfrac{(3n-2)}{(n^3-2n^2+11)}}{\dfrac{3}{n^2}} = \lim_{n\to\infty}\frac{3n^3-3n^2}{3n^3-6n^2+33} = 1$$

$$(2)\ \lim_{n\to\infty}\frac{b_n}{a_n} = \lim_{n\to\infty}\frac{\dfrac{1}{\sqrt{n^2+19n}}}{\dfrac{1}{n}} = \lim_{n\to\infty}\sqrt{\frac{n^2}{n^2+19n}} = 1$$

이때 $\sum\frac{3}{n^2}$은 수렴하고 $\sum\frac{1}{n}$은 발산하므로 정리 8.7에 의하여 (1)의 급수는 수렴하고 (2)의 급수는 발산한다. ■

**정리 8.8　근판정법(root test)**

$\sum a_n$을 양항급수라 하고 $\lim_{n\to\infty}\sqrt[n]{a_n} = \rho$라 하자.

(1) $\rho < 1$이면 $\sum a_n$은 수렴한다.

(2) $\rho > 1$이면 $\sum a_n$은 발산한다.

(3) $\rho = 1$이면 판정불능이다.

**예제 10**

$\displaystyle\sum_{n=1}^{\infty}\frac{3^n}{n^n}$의 수렴성을 조사하여라.

풀이

$$\lim_{n\to\infty}\sqrt[n]{\frac{3^n}{n^n}} = \lim_{n\to\infty}\frac{3}{n} = 0.$$

따라서 근판정법에 의하여 이 급수는 수렴한다. ■

## 연습문제 8.2 Exercises

**1.** 급수의 판정법을 이용하여 다음 급수의 수렴, 발산을 판정하여라.

(1) $\sum_{n=1}^{\infty}\frac{1}{n\sqrt{n+1}}$

(2) $\sum_{n=1}^{\infty}\frac{1}{n\sqrt{n^2+7}}$

(3) $\sum_{n=1}^{\infty}\frac{e^{-\sqrt{n}}}{\sqrt{n}}$

(4) $\sum_{n=1}^{\infty}\frac{n}{(n+1)2^n}$

(5) $\sum_{n=1}^{\infty}\frac{\left(1+\frac{1}{n}\right)^n\left(1+\left(-\frac{1}{2}\right)^n\right)}{2^n}$

(6) $\sum_{n=1}^{\infty}\frac{2^n}{(n+1)^n}$

(7) $\sum_{n=1}^{\infty}\frac{\sqrt{n+1}-\sqrt{n}}{n+1}$

(8) $\sum_{n=1}^{\infty}\frac{2^n}{n!}$

(9) $\sum_{n=1}^{\infty}\left[\left(\frac{1}{2}\right)^n+\frac{n-1}{2n+1}\right]$

(10) $\sum_{n=1}^{\infty}\frac{n!}{(n+1)^n}$

(11) $\sum_{n=1}^{\infty}\frac{1+\cos n}{n^2}$

(12) $\sum_{n=1}^{\infty}\frac{\tan^{-1}n}{1+n^2}$

(13) $\frac{1}{1\cdot 2}+\frac{1}{2\cdot 2^2}+\frac{1}{3\cdot 2^3}+\cdots+\frac{1}{n\cdot 2^n}+\cdots$

(14) $1+\frac{1}{\ln 2}+\frac{1}{\ln 3}+\cdots+\frac{1}{\ln n}+\cdots$

(15) $\frac{1}{1+1^2}+\frac{1}{1+2^2}+\frac{1}{1+3^2}+\cdots+\frac{1}{1+n^2}+\cdots$

(16) $\frac{1}{1+e}+\frac{1}{1+\sqrt{e}}+\frac{1}{1+\sqrt[3]{e}}+\cdots+\frac{1}{1+\sqrt[n]{e}}+\cdots$

**2.** 다음 부등식을 증명하여라.

(1) $\ln(n+1)<1+\frac{1}{2}+\frac{1}{3}+\cdots+\frac{1}{n}<1+\ln n$

(2) $\frac{1}{n+1}+\frac{1}{(n+1)(n+2)}+\cdots<\frac{1}{n}$

**3.** $\frac{1}{m(m+1)}=\frac{1}{m}-\frac{1}{m+1}$을 이용하여 $S_n=\frac{1}{1\cdot 2}+\frac{1}{2\cdot 3}+\cdots+\frac{1}{n(n+1)}$에 관한 간단한 식을 구하고 $\lim_{n\to\infty}S_n$을 구하여라.

**4.** 급수 $\sum_{n=2}^{\infty}\frac{1}{n(\ln n)^p}$은 $p>1$일 때 수렴하고, $0\le p\le 1$일 때 발산함을 보여라.

**5.** 양항급수 $\sum_{n=1}^{\infty}a_n$이 수렴하면 급수 $\sum_{n=1}^{\infty}\sqrt{a_n a_{n+1}}$도 수렴함을 증명하여라.

**6.** 임의의 $n\in N$에 대하여 $a_n\ge a_{n+1}>0$이고 $a_2+a_4+a_8+a_{16}+\cdots$가 발산하면 $\sum_{n=1}^{\infty}\frac{a_n}{n}$도 발산함을 보여라.

## 8.3 교대급수와 절대수렴

앞에서 양항급수의 수렴성을 조사하였다. 여기서는 급수의 항이 양이라는 제한을 두지 않는 조금 더 일반화된 경우에 대하여 알아보자. 모든 자연수 $n$에 대하여 $a_n>0$일 때 급수

$$\sum_{n=1}^{\infty}(-1)^{n-1}a_n=a_1-a_2+a_3-a_4+\cdots+(-1)^{n-1}a_n+\cdots$$

와 같이 양인 항, 음인 항이 교대로 나타나는 급수를 **교대급수**(alternating series)라 한다. 교대급수의 수렴판정법에 대하여 알아보자.

**정리 8.9** **교대급수 판정법**

$\sum_{n=1}^{\infty}(-1)^{n-1}a_n$ $(a_n>0)$이 다음을 만족하면 이 급수는 수렴한다.

(i) 모든 자연수 $n$에 대하여 $a_n\ge a_{n+1}$,

(ii) $\lim_{n\to\infty}a_n=0$

**증명** 급수 $\sum_{n=1}^{\infty}(-1)^{n-1}a_n$의 부분합을 $S_n$이라 하자.

$$S_{2n}=a_1-a_2+a_3-a_4+\cdots+a_{2n-3}-a_{2n-2}+a_{2n-1}-a_{2n}$$

$$= S_{2n-2} + (a_{2n-1} - a_{2n}).$$

모든 자연수 $n$에 대하여 $a_n > a_{n+1}$이므로 $a_{2n-1} - a_{2n} > 0$. 따라서 $S_{2n} \geq S_{2n-2}$, 즉 $\{S_{2n}\}$은 단조증가수열이다. 또

$$S_{2n} = a_1 - (a_2 - a_3) - (a_4 - a_5) - \cdots - (a_{2n-2} - a_{2n-1}) - a_{2n} < a_1$$

이므로 수열 $\{S_{2n}\}$은 유계이다.

그러므로 수열 $\{S_{2n}\}$은 일정한 값 $S$에 수렴한다. 즉

$$\lim_{n\to\infty} S_{2n} = S.$$

한편 $S_{2n+1} = S_{2n} + a_{2n+1}$이고 $\lim_{n\to\infty} a_n = 0$이므로

$$\lim_{n\to\infty} S_{2n+1} = \lim_{n\to\infty} S_{2n}.$$

수열 $\{S_{2n}\}$, $\{S_{2n-1}\}$이 같은 값에 수렴하므로 $\{S_n\}$도 수렴하고, 따라서 급수 $\sum_{n=1}^{\infty} (-1)^{n-1} a_n$도 수렴한다. □

**예 1**

교대 조화급수 $1 - \frac{1}{2} + \frac{1}{3} - \frac{1}{4} + \frac{1}{5} + \cdots$은 $\frac{1}{n} > \frac{1}{n+1}$이고 $\lim_{n\to\infty} \frac{1}{n} = 0$이므로 수렴한다.

**예제 1**

교대급수 $\sum_{n=1}^{\infty} (-1)^{n+1} \frac{n}{1+n^2}$이 수렴함을 보여라.

**풀이** $a_n = \frac{n}{1+n^2}$이라 하면 $\lim_{n\to\infty} a_n = \lim_{n\to\infty} \frac{n}{1+n^2} = 0$이므로 모든 자연수 $n$에 대하여 $a_n \geq a_{n+1}$임을 보이면 충분하다.

$f(x) = \frac{x}{1+x^2}$라 하자.

$$f'(x) = \frac{(1+x^2) - x \cdot 2x}{(1+x^2)^2} = \frac{1-x^2}{(1+x^2)^2}$$

이므로 $x > 1$이면 $f'(x) < 0$, 즉 $f(x)$는 $[1, \infty)$에서 감소함수이다. 따라서 모든 자연수 $n$에 대해서 $f(n) > f(n+1)$, 즉 $a_n \geq a_{n+1}$. 그러므로 교대급수 $\sum_{n=1}^{\infty}(-1)^{n+1}\frac{n}{1+n^2}$은 수렴한다. ■

급수 $\sum_{n=1}^{\infty} a_n$의 각 항 $a_n$이 서로 다른 부호를 가질 때 그 절댓값 $|a_n|$으로 이루어진 급수 $\sum_{n=1}^{\infty}|a_n|$을 급수 $\sum_{n=1}^{\infty} a_n$의 **절댓값 급수**라 한다. 절댓값 급수 $\sum_{n=1}^{\infty}|a_n|$이 수렴하면 급수 $\sum_{n=1}^{\infty} a_n$은 **절대수렴**(absolutely convertge)한다고 하고, 급수 $\sum_{n=1}^{\infty} a_n$은 수렴하나 그 절댓값 급수 $\sum_{n=1}^{\infty}|a_n|$이 수렴하지 않으면 급수 $\sum_{n=1}^{\infty} a_n$은 **조건수렴**(conditionally converge)한다고 한다. 절댓값 급수는 양항급수에 포함되므로 급수의 절대수렴의 판정은 양항급수의 수렴판정법에 의하여 판정 가능하다.

**예제 2**

급수 $\sum_{n=1}^{\infty}\frac{\sin n}{n^2}$이 절대수렴함을 보여라.

풀이 $\left|\frac{\sin n}{n^2}\right| \leq \frac{1}{n^2}$이고, 급수 $\sum_{n=1}^{\infty}\frac{1}{n^2}$은 $p$급수이고 $p = 2 > 1$이므로 $p$급수 판정법에 의하여 수렴한다. 따라서 비교판정법에 의하여 급수 $\sum_{n=1}^{\infty}\left|\frac{\sin n}{n^2}\right|$은 수렴한다. 즉 급수 $\sum_{n=1}^{\infty}\frac{\sin n}{n^2}$은 절대수렴한다. ■

**예제 3**

급수 $\sum_{n=1}^{\infty}(-1)^{n+1}\frac{1}{\sqrt{n}}$이 조건수렴함을 보여라.

풀이 $a_n = \frac{1}{\sqrt{n}}$이라 하자. 모든 자연수 $n$에 대하여

$$\frac{1}{\sqrt{n}} > \frac{1}{\sqrt{n+1}}, \text{ 즉 } a_n \geq a_{n+1}\text{이고 } \lim_{n\to\infty} a_n = \lim_{n\to\infty}\frac{1}{\sqrt{n}} = 0.$$

따라서 급수 $\sum_{n=1}^{\infty}(-1)^{n+1}\frac{1}{\sqrt{n}}$은 수렴한다. 한편 급수

$$\sum_{n=1}^{\infty}\left|(-1)^{n+1}\frac{1}{\sqrt{n}}\right| = \sum_{n=1}^{\infty}\frac{1}{\sqrt{n}}$$

은 $p$급수이고, $p < 1$이므로 발산한다. 따라서 급수 $\sum_{n=1}^{\infty}(-1)^{n+1}\frac{1}{\sqrt{n}}$은 조건수렴한다. ■

**정리 8.10**

$\sum_{n=1}^{\infty}|a_n|$이 수렴하면 급수 $\sum_{n=1}^{\infty}a_n$은 수렴한다. 즉 절대수렴하는 급수는 수렴한다.

**증명** $a_n \le |a_n|$이므로 다음 부등식이 성립한다.

$$0 \le a_n + |a_n| \le 2|a_n|$$

이때 $\sum_{n=1}^{\infty}|a_n|$가 수렴하므로 비교판정법에 의해 $\sum_{n=1}^{\infty}(a_n + |a_n|)$는 수렴한다. 수렴하는 두 급수의 합도 수렴하므로 다음 급수는 수렴한다.

$$\sum_{n=1}^{\infty}a_n = \sum_{n=1}^{\infty}\{(a_n + |a_n|) - |a_n|\}.$$ □

**정리 8.11 절대 비판정법(absolute ratio test)**

$\sum a_n$에서 $a_n \ne 0$라 하고 $\lim_{n\to\infty}\frac{|a_{n+1}|}{|a_n|} = \rho$라 할 때

(1) $\rho < 1$이면 급수는 절대수렴한다(그러므로 수렴한다).

(2) $\rho > 1$이면 발산한다.

(3) $\rho = 1$이면 판정불능이다.

**증명** $|a_n|$은 양항급수이므로 양항급수의 비판정법과 같다. □

**예제 4**

$\sum_{n=1}^{\infty}(-1)^{n+1}\frac{3^n}{n!}$이 절대수렴함을 밝혀라.

풀이

$$\rho=\lim_{n\to\infty}\frac{|a_{n+1}|}{|a_n|}=\lim_{n\to\infty}\left\{\frac{3^{n+1}}{(n+1)!}\div\frac{3^n}{n!}\right\}=\lim_{n\to\infty}\frac{3}{n+1}=0.$$

따라서 절대 비판정법에 의하여 이 급수는 절대수렴한다. ■

다음으로 정리 8.12를 증명없이 소개하면서 이 절을 마친다.

**정리 8.12**

$\sum_{n=1}^{\infty}a_n$, $\sum_{n=1}^{\infty}b_n$에 대하여 $c_n=a_1b_n+a_2b_{n-1}+a_3b_{n-2}+\cdots+a_nb_1=\sum_{i+j=n+1}a_ib_j$를 $n$번째 항으로 하는 급수를 $\sum_{n=1}^{\infty}c_n$이라 하자. $\sum_{n=1}^{\infty}a_n$, $\sum_{n=1}^{\infty}b_n$이 모두 수렴하고 그 중 하나가 절대수렴하면 $\sum_{n=1}^{\infty}c_n$도 수렴하고

$$\sum_{n=1}^{\infty}c_n=\left(\sum_{n=1}^{\infty}a_n\right)\cdot\left(\sum_{n=1}^{\infty}b_n\right)$$

이다.

## 연습문제 8.3

**1.** 다음 각 교대급수의 수렴, 발산을 판정하여라.

(1) $\frac{1}{2}-\frac{1}{5}+\frac{1}{10}-\frac{1}{17}+\cdots$

(2) $1-\frac{1}{2^2}+\frac{1}{3^2}-\frac{1}{4^2}+\cdots$

(3) $\frac{1}{\ln^2}-\frac{1}{\ln^3}+\frac{1}{\ln^4}-\frac{1}{\ln^5}+\cdots$

(4) $\sin^{-1}1-\sin^{-1}\frac{1}{2}+\sin^{-1}\frac{1}{3}-\cdots$

(5) $1-\frac{2}{3}+\frac{3}{3^2}-\frac{4}{3^3}+\cdots$

(6) $2-\frac{2^3}{3!}+\frac{2^5}{5!}-\frac{2^7}{7!}+\cdots$

(7) $\sin\pi-\sin\frac{\pi}{\sqrt{2}}+\sin\frac{\pi}{\sqrt{3}}-\sin\frac{\pi}{\sqrt{4}}+\cdots$

(8) $\sum_{n=1}^{\infty}(-1)^n\frac{(2n-1)!}{(2^2\cdot n!)^2}$ (단, $\frac{(2n-1)!}{(2^n\cdot n!)^2}=\frac{1}{2}\times\frac{3}{4}\times\cdots\times\frac{2n-1}{2n}\times\frac{1}{2n}$)

**2.** 다음 각 급수의 수렴성을 판정하고, 수렴급수는 절대수렴인가 또는 조건수렴인가를 밝혀라.

(1) $\sum_{k=2}^{\infty}\frac{(-1)^k}{k\ln k}$

(2) $\sum_{k=1}^{\infty}\frac{(-1)^{k+1}}{5k-4}$

(3) $\sum_{k=1}^{\infty}\frac{k!}{(-3)^k}$

(4) $\sum_{k=1}^{\infty}\frac{k^2}{(-2)^k}$

(5) $\sum_{k=2}^{\infty}\frac{(-1)^k k^2}{k^3+1}$

(6) $\sum_{k=1}^{\infty}\frac{(-1)^k k^k}{k!}$

**3.** 다음 각 급수의 수렴, 발산의 조건을 구하여라.

(1) $\sum_{n=1}^{\infty}\frac{1}{1+x^n}$ $(x\neq-1)$

(2) $\sum_{n=1}^{\infty}\frac{x}{1+x^n}$ $(x\neq-1)$

(3) $\sum_{n=1}^{\infty}\frac{x^n}{n!}$

(4) $\sum_{n=1}^{\infty}\rho^n\sin n\alpha$

## 8.4 멱급수

수열 $\{a_n\}$과 상수 $c\in R$에 대하여 변수 $x$로 이루어진 급수

$$\sum_{n=0}^{\infty}a_n(x-c)^n=a_0+a_1(x-c)+a_2(x-c)^2+\cdots$$

를 $(x-c)$에 관한 **멱급수(power series)**라고 한다. 멱급수 $\sum_{n=0}^{\infty}a_n(x-c)^n$에서 $x-c$를 $x'$로

변환하면 $\sum_{n=0}^{\infty} a_n x_n{}'$와 같은 모양이 되므로 앞으로 $\sum_{n=0}^{\infty} a_n x^n$과 같은 모양의 멱급수만을 주로 생각하기로 한다.

**정리 8.13** **아벨의 정리**

$\sum_{n=0}^{\infty} a_n x^n$이 $x = x_0 (\neq 0)$에서 수렴하면 $|x| < |x_0|$인 모든 $x$에 대하여 절대수렴한다.

**증명** $\sum_{n=0}^{\infty} a_n x^n$이 $x_0 (\neq 0)$에서 수렴한다고 하자. 그러면 $\lim_{n\to\infty} a_n x_0^n = 0$이므로 임의로 주어진 $\varepsilon > 0$에 대하여, $n > N$인 모든 $n$에 대해서는 $|a_n x_0^n| < \varepsilon$인 자연수 $N$이 존재한다. 따라서

$$|a_0|,\ |a_1 x_0|,\ |a_2 x_0^2|,\ \cdots,\ |a_N x_0^N|,\ \varepsilon$$

중에서 최대인 것을 $M$이라 하면

$$|a_n x_0^n| \le M, \quad n = 0,\ 1,\ 2,\ \cdots$$

$$\therefore\ |a_n| \le \frac{M}{|x_0^n|}, \quad n = 0,\ 1,\ 2 \cdots$$

$|x| < |x_0|$인 임의의 $x$를 취하면

$$|a_n x^n| \le M \left| \frac{x}{x_0} \right|^n = M\rho^n \left( \text{단, } \rho = \left| \frac{x}{x_0} \right| < 1 \right)$$

이고, 무한등비급수 $\sum_{n=0}^{\infty} M\rho^n$이 수렴하므로 비교판정법에 의하여 $\sum_{n=0}^{\infty} |a_n x^n|$도 수렴한다. 즉 급수 $\sum_{n=0}^{\infty} a_n x^n$은 $|x| < |x_0|$에 대하여 절대수렴한다. □

**정리 8.14**

멱급수 $\sum_{n=0}^{\infty} a_n x^n$이 $x = x_1$에서 발산하면, $|x| > |x_1|$인 모든 $x$에 대하여 발산한다.

**증명** 만일 $|x| > |x_1|$인 어떤 $x$에 대하여 $\sum_{n=0}^{\infty} a_n x^n$이 수렴한다면 정리 8.1에 의하여 $x_1$에서 이 급수는 수렴하여야 하는데, 이것은 모순이다. □

$x$의 멱급수가 $|x| < r$일 때 수렴하고, $|x| > r$일 때 발산하면 $r$을 멱급수의 **수렴반경**(radius of convergence)이라 하고, 멱급수를 수렴하게 하는 $x$의 범위를 **수렴역**(domain of convergence) 또는 **수렴구간**(interval of convergence)이라고 한다.

**참고** 멱급수 $\sum_{n=0}^{\infty} a_n x^n$의 수렴반경을 $r$이라 하면, 그 멱급수는 $|x| < r$에서 사실은 절대수렴한다. 왜냐하면 $|x| < |x_1| < r$인 $x_1$을 취하면, $x_1$에 대하여 주어진 멱급수가 수렴하고 정리 8.13으로부터 $x$에 대하여 절대수렴하기 때문이다.

**정리 8.15**

멱급수 $\sum_{n=0}^{\infty} a_n x^n$ $(a_n \neq 0)$에 있어서 $\lim_{n\to\infty} \left| \frac{a_{n+1}}{a_n} \right| = s$ 또는 $\lim_{n\to\infty} \sqrt[n]{|a_n|} = s$라 가정하자. 이때 이 멱급수의 수렴반경 $r$은

(1) $s \neq 0$이면 $r = \frac{1}{s}$이다.

(2) $s = 0$이면 모든 $x$에 대하여 수렴하고, 편의상 $r = \infty$로 표시한다.

(3) $s = \infty$이면 $x = 0$일 때만 수렴하며 $r = 0$이라 한다.

**증명** (1) 급수 $|a_0| + |a_1 x| + \cdots + |a_n x^n| + \cdots$에서

$$\lim_{n\to\infty} \left| \frac{a_{n+1} x^{n+1}}{a_n x^n} \right| = |x| \lim_{n\to\infty} \left| \frac{a_{n+1}}{a_n} \right| = |x| s$$

이므로 비판정법에 의하여 $|x|s < 1$이면 주어진 멱급수는 수렴하고 $|x|s > 1$이면 발산한다. 그러므로 $s \neq 0$이면 $\frac{1}{s}$이 수렴반경이다.

(2), (3)의 결과는 자명하다. □

**예제 1**

멱급수 $\sum_{n=0}^{\infty}\frac{x^n}{n+1}$의 수렴반경과 수렴구간을 구하여라.

풀이 $\lim_{n\to\infty}\left|\frac{a_{n+1}}{a_n}\right|=\lim_{n\to\infty}\left|\frac{n+1}{n+2}\right|=1$이므로 수렴반경은 $r=1$이다. $x=1$ 또는 $x=-1$일 때는 비판정법으로 판정할 수 없으므로 이에 대응하는 급수를 생각하면 $x=1$일 때 $1+\frac{1}{2}+\frac{1}{3}+\cdots$은 $p$급수 판정법에 의해 발산하고, $x=-1$일 때 $1-\frac{1}{2}+\frac{1}{3}-\cdots$은 교대급수 판정법에 의하여 수렴하므로, 수렴구간은 $[-1,\ 1)$이다. ■

**예제 2**

다음 멱급수의 수렴역을 구하여라.

$$1+x+\frac{x^2}{2!}+\cdots+\frac{x^n}{n!}+\cdots$$

풀이

$$\lim_{n\to\infty}\left|\frac{a_{n+1}}{a_n}\right|=\lim_{n\to\infty}\left|\frac{n!}{(n+1)!}\right|=\lim_{n\to\infty}\frac{1}{n+1}=0.$$

따라서 수렴역은 실수 전체의 집합이다. ■

**예제 3**

멱급수 $\sum_{n=1}^{\infty}\frac{x^n}{n^2\cdot 2^n}$의 수렴반경과 수렴구간을 구하여라.

풀이 $a_n=\frac{1}{n^2\cdot 2^n}$이라 하면

$$\lim_{n\to\infty}\left|\frac{a_n}{a_{n+1}}\right|=\lim_{n\to\infty}\left|\frac{\frac{1}{n^2\cdot 2^n}}{\frac{1}{(n+1)^2\cdot 2^{n+1}}}\right|=\lim_{n\to\infty}\frac{2(n+1)^2}{n^2}=2.$$

따라서 주어진 멱급수의 수렴반경은 2이다. 그런데 $r=2$일 때, 즉 $x=2$이면 멱급수 $\sum_{n=1}^{\infty}\frac{1}{n^2}$은 수렴하고, $r=-2$일 때, 즉 $x=-2$이면 멱급수 $\sum_{n=1}^{\infty}(-1)^n\frac{1}{n^2}$은 절대수렴한다. 따라서 구하는 수렴구간은 $-2\le x\le 2$이다. ■

다음의 정리는 증명없이 사용하기로 한다.

**정리 8.15**

멱급수 $\sum_{n=0}^{\infty} a_n x^n$이 $|x|<r,\ r>0$에서 절대수렴하면 항 별로 미분해서 얻은 멱급수 $\sum_{n=1}^{\infty} n a_n x^{n-1}$도 $|x|<r$에서 절대수렴하고, 항 별로 적분해서 얻은 멱급수 $\sum_{n=0}^{\infty}\int_0^x a_n t^n dt$도 $|x|<r$에서 절대수렴한다.

**예제 4**

다음 멱급수를 이용하여 $\cos x$의 멱급수를 구하여라.

$$\sin x = x - \frac{1}{3!}x^3 + \frac{1}{5!}x^5 + \cdots, \quad |x| < \infty$$

**풀이** $\sin x = x - \frac{1}{3!}x^3 + \frac{1}{5!}x^5 + \cdots,\quad |x|<\infty$의 양변을 미분하면

$$\cos x = 1 - \frac{1}{2!}x^2 + \frac{1}{4!}x^4 - \cdots, \quad |x| < \infty$$ ■

**예제 5**

멱급수 $\frac{1}{1+x} = 1 - x + x^2 - x^3 + x^4 - \cdots,\quad |x|<1$을 이용하여 $\ln(1+x)$에 대한 멱급수를 구하여라.

**풀이** $\frac{1}{1+x} = 1 - x + x^2 - x^3 + x^4 - \cdots,\ |x|<1$의 양변을 0에서 $x$까지 적분하면

$$\ln(1+x) = x - \frac{1}{2}x^2 + \frac{1}{3}x^3 - \frac{1}{4}x^4 + \cdots, \quad |x| < 1.$$ ■

## 연습문제 8.4 Exercises

**1.** 다음 각 급수의 수렴반경을 구하여라.

(1) $1+x+\dfrac{1}{2!}x^2+\cdots+\dfrac{x^n}{n!}+\cdots$

(2) $1+x+2^2x^2+\cdots+n^nx^n+\cdots$

(3) $1+2x+3x^2+\cdots+nx^{n-1}+\cdots$

(4) $\displaystyle\sum_{n=0}^{\infty}\sqrt{n}\,x^n$

(5) $\displaystyle\sum_{n=0}^{\infty}(-1)^{n+1}\frac{x^{2n+1}}{(2n+1)!}$

(6) $\displaystyle\sum_{n=0}^{\infty}n(n-1)x^{n-1}$

(7) $\displaystyle\sum_{n=0}^{\infty}n!x^n$

(8) $\displaystyle\sum_{n=1}^{\infty}\frac{n!}{n^n}(x-3)^n$

(9) $\displaystyle\sum_{n=1}^{\infty}\frac{2^n+3^n}{4^n+12^n}x^{2n}$

**2.** 다음 각 급수의 수렴구간을 구하여라.

(1) $1+x+x^2+\cdots+x^{n-1}+\cdots$

(2) $x+2!x^2+3!x^3+\cdots+n!x^n+\cdots$

(3) $x-\dfrac{x^3}{3!}+\dfrac{x^5}{5!}-\cdots+(-1)^{n-1}\dfrac{x^{2n-1}}{(2n-1)!}+\cdots$

(4) $1+\dfrac{x}{\sqrt{2}}+\dfrac{x^2}{\sqrt{3}}+\cdots+\dfrac{x^n}{\sqrt{n+1}}+\cdots$

(5) $\dfrac{x}{1\cdot 2}+\dfrac{x^2}{2^2\cdot 2^2}+\dfrac{x^3}{3^2\cdot 2^3}+\cdots+\dfrac{x^n}{n^2\cdot 2^n}+\cdots$

(6) $\displaystyle\sum_{n=1}^{\infty}\frac{1}{n^2}\cdot\frac{(x+1)^n}{(x-3)^n}$

(7) $\displaystyle\sum_{n=1}^{\infty}\frac{(x+2)^n}{3^n(2n+1)}$

(8) $\displaystyle\sum_{n=1}^{\infty}\frac{(-1)^nx^n}{5^n\sqrt{n}}$

**3.** $\langle a_n\rangle$이 $\displaystyle\lim_{n\to\infty}a_n=0$인 단조감소수열일 때 $\sum a_nx^n$의 수렴구간이 $[-1,\ 1)$임을 보여라.

## 8.5 함수의 전개

멱급수 $1+x+x^2+\cdots+x^{n-1}+\cdots$은 $|x|<1$인 모든 $x$에 대하여 수렴하고, 그 합이 $\dfrac{1}{1-x}$임을 알 수 있다. 즉

$$\frac{1}{1-x}=1+x+x^2+\cdots+x^{n-1}+\cdots,\quad |x|<1.$$

이때 우변의 멱급수를 좌변의 함수 $\dfrac{1}{1-x}$의 **멱급수 전개**(expansion to power series)라 한다. 앞 절에서 수렴하는 멱급수는 그 수렴구간 안에서 항별 미분, 항별 적분이 가능하고 그 수렴구간은 불변임이 증명되었다. 이를 이용하면 특별한 함수의 멱급수 전개가 가능하다.

**예제 1**

$f(x)=\dfrac{1}{(1-x)^2}$를 멱급수로 전개하여라.

풀이 $\dfrac{1}{1-x}=1+x+x^2+\cdots+x^{n-1}+\cdots,\quad |x|<1$이므로, 위 식의 양변을 수렴구간 안의 $x$에 관하여 미분하면

$$\therefore\ \frac{1}{(1-x)^2}=1+2x+3x^2+\cdots+nx^{n-1}+\cdots,\quad |x|<1.$$ ■

**예제 2**

$f(x)=\tan^{-1}x$를 멱급수로 전개하여라.

풀이 $\dfrac{1}{1+x^2}=1-x^2+x^4-x^6+\cdots+(-1)^n x^{2n}+\cdots,\quad |x|<1$임을 알고 있다. 위 식의 양변을 수렴구간 안에 포함되는 적분구간 $[0,\ x]$에 대해서 적분하면

$$\begin{aligned}\tan^{-1}x&=\int_0^x\frac{dt}{1+t^2}\\&=c+x-\frac{x^3}{3}+\frac{x^5}{5}-\cdots+(-1)^n\frac{x^{2n+1}}{2n+1}+\cdots,\quad |x|<1\end{aligned}$$

여기서 $c$는 상수이다. 그런데 $\tan^{-1}0=0$이므로 $c=0$이다. 따라서

$$\tan^{-1}x = x - \frac{x^3}{3} + \frac{x^5}{5} - \cdots + (-1)^n \frac{x^{2n+1}}{2n+1} + \cdots, \quad |x| < 1.$$ ■

함수 $f(x)$를 $x$에 관한 멱급수로 전개하는 일반적인 방법에 관하여 알아보기로 한다. 함수 $f(x)$가 수렴구간에서

$$f(x) = c_0 + c_1 x + c_2 x^2 + \cdots + c_n x^n + \cdots$$

으로 멱급수 전개되었다고 하자. 여기서 $c_0$, $c_1$, $c_2$, $\cdots$, $c_n$, $\cdots$은 상수이다. 이제 상수 $c_0$, $c_1$, $c_2$, $\cdots$, $c_n$, $\cdots$을 결정하기로 한다. 식 (1)에서 $x=0$이면 $f(0)=c_0$ 즉 $c_0=f(0)$이다. 식 (1)의 양변을 수렴구간 안의 $x$에 관해서 미분하면

$$\begin{aligned}
f'(x) &= c_1 + 2c_2 x + 3c_3 x^2 + \cdots \\
f''(x) &= 2!c_2 + 3 \cdot 2c_3 x + 4 \cdot 3c_4 x^2 + \cdots \\
&\vdots \\
f^{(n)}(x) &= n!c_n + (n+1) \cdot n \cdots 2c_{n+1} x + \cdots \\
&\vdots
\end{aligned}$$

여기에서 $x=0$이라 하면

$$\begin{aligned}
f'(0) &= c_1, \quad 즉\ c_1 = f'(0) \\
f''(0) &= 2!c_2, \quad 즉\ c_2 = \frac{f''(0)}{2!} \\
f'''(0) &= 3!c_3, \quad 즉\ c_3 = \frac{f'''(0)}{3!} \\
&\vdots \\
f^{(n)}(0) &= n!c_n, \quad 즉\ c_n = \frac{f^{(n)}(0)}{n!} \\
&\vdots
\end{aligned}$$

따라서

$$f(x) = f(0) + f'(0)x + \frac{f''(0)}{2!}x^2 + \frac{f'''(0)}{3!}x^3 + \cdots + \frac{f^{(n)}(0)}{n!}x^n + \cdots$$

가 얻어진다. 이 급수를 $f(x)$에 대한 **매클로린급수**라고 하고, $f(x)$에 대한 매클로린급수를 구하는 것을 **매클로린급수전개**라 한다.

매클로린급수를 구하기 위해서는 $f(x)$와 $f(x)$의 모든 계수의 도함수가 $x=0$에서 존재하여야 함에 유의하기 바란다. 따라서 $\ln x$, $\cot x$, $\sqrt{x^3}$, $\csc x$ 등의 함수의 매클로린급수는 생각할 수 없다.

**예제 3**

$f(x)=\sin x$의 매클로린급수를 구하고, 이 급수가 모든 $x$에 대하여 수렴함을 보여라.

풀이 $f(x)=\sin x,\ \ f^{(n)}(x)=\sin\left(x+\dfrac{n\pi}{2}\right)\quad (n=1,\ 2,\ 3,\ \cdots)$이므로

$$f(0)=0,\quad f^{(n)}(0)=\sin\frac{n\pi}{2}\quad (n=1,\ 2,\ 3,\ \cdots).$$

그런데 $m=0,\ 1,\ 2,\ \cdots$ 일 때 $f^{(n)}(0)=\sin\dfrac{n\pi}{2}=\begin{cases}0 & (n=2m)\\ (-1)^m & (n=2m+1)\end{cases}$.

따라서 $f(x)=\sin x$의 매클로린급수는

$$\begin{aligned}\sin x &= f(0)+f'(0)x+\frac{f''(0)}{2!}x^2+\frac{f'''(0)}{3}x^3+\cdots+\frac{f^{(n)}(0)}{n!}x^n+\cdots\\ &= x-\frac{x^3}{3!}+\frac{x^5}{5!}-\cdots+(-1)^n\frac{x^{2n+1}}{(2n+1)!}+\cdots\end{aligned}$$

이제 이 멱급수가 수렴함을 보이자. $a_n=\dfrac{(-1)^n}{(2n+1)!}$이라 하면

$$\lim_{n\to\infty}\left|\frac{a_{n+1}}{a_n}\right|=\lim_{n\to\infty}\left|\frac{(-1)^{n+1}}{(2n+3)!}\cdot\frac{(2n+1)!}{(-1)^n}\right|=\lim_{n\to\infty}\frac{1}{2n+3}=0.$$

따라서 $\sin x$의 매클로린급수는 $|x|<\infty$, 즉 모든 실수 $x$에 대해서 수렴한다. ■

**예제 4**

$f(x)=e^x$의 매클로린급수를 구하고, 모든 실수 $x$에 대하여 수렴함을 보여라.

풀이 $f(x)=e^x,\ f^{(n)}(x)=e^x\ \ (n=1,\ 2,\ 3,\ \cdots)$이므로

$$f(0)=1,\quad f^{(n)}(0)=1\ \ (n=1,\ 2,\ 3,\ \cdots).$$

따라서 $f(x)=e^x$의 매클로린급수는

$$f(x) = e^x = f(0) + f'(0)x + \frac{f''(0)}{2!}x^2 + \cdots + \frac{f^{(n)}(0)}{n!}x^n + \cdots$$
$$= 1 + x + \frac{x^2}{2!} + \cdots + \frac{x^n}{n!} + \cdots .$$

이제 이 멱급수가 수렴함을 보이자. $a_n = \frac{1}{n!}$이라 하면

$$\lim_{n\to\infty}\left|\frac{a_{n+1}}{a_n}\right| = \lim_{n\to\infty}\left|\frac{1}{(n+1)!}\cdot\frac{n!}{1}\right| = \lim_{n\to\infty}\frac{1}{n+1} = 0.$$

따라서 $e^x$의 매클로린급수는 $|x| < \infty$, 즉 모든 실수 $x$에 대하여 수렴한다. ■

**예제 5**

$f(x) = (1+x)^p$($p$는 실수이나 0, 1, 2, $\cdots$은 아니다)의 매클로린급수를 구하여라.

풀이

$$f(x) = (1+x)^p, \quad f'(x) = p(1+x)^{p-1},$$
$$f''(x) = p(p-1)(1+x)^{p-1},$$
$$\vdots$$
$$f^{(n)}(x) = p(p-1)\cdots(p-n+1)(1+x)^{p-n}, \cdots$$

이므로

$$f(0) = 1, \quad f'(0) = p, \quad f''(0) = p(p-1), \cdots$$
$$f^{(n)}(x) = p(p-1)\cdots(p-n+1), \cdots$$

따라서 $f(x) = (1+x)^p$의 매클로린급수는

$$(1+x)^p = 1 + px + \frac{p(p-1)}{2!}x^2 + \cdots + \frac{p(p-1)\cdots(p-n+1)}{n!}x^n + \cdots$$

이고, 이 급수는 $|x| < 1$에서 수렴함을 알 수 있다. ■

앞에서 $\ln x$와 같은 함수의 매클로린급수는 생각할 수 없다고 말하였다. 그러나 $\ln x$는 $(x-1)$에 관한 멱급수

$$\ln x = (x-1) - \frac{1}{2}(x-1)^2 + \frac{1}{3}(x-1)^3 - \cdots, \quad 0 < x \le 2$$

로 나타낼 수 있다. 이와 같이 어떤 함수 $f(x)$를 $(x-a)$에 관한 멱급수로 나타내는 것을

$f(x)$를 **테일러급수전개**한다고 하고, 이 멱급수를 $f(x)$의 **테일러급수**라고 한다. 따라서 $f(x)$의 테일러급수는 그 수렴구간에서 다음과 같이 표시된다. 즉

$$f(x)=f(a)+f'(a)(x-a)+\frac{f''(a)}{2!}(x-a)^2+\cdots+\frac{f^{(n)}(a)}{n!}(x-a)^n+\cdots.$$

**예제 6**

$f(x)=\sin x$의 $\left(x-\frac{\pi}{4}\right)$에 관한 테일러급수를 구하여라.

풀이 $f(x)=\sin x$, $f^{(n)}(x)=\sin\left(x+\frac{n\pi}{2}\right)$ $(n=1,\ 2,\ 3,\ \cdots)$이므로

$$f\left(\frac{\pi}{4}\right)=\frac{2\sqrt{x}}{2},\quad f^{(n)}\left(\frac{\pi}{4}\right)=\sin\left(\frac{\pi}{4}+\frac{n\pi}{2}\right)\ (n=1,\ 2,\ 3,\ \cdots)$$

따라서 $f(x)=\sin x$의 $\left(x-\frac{\pi}{4}\right)$에 관한 테일러급수는

$$\sin x=\frac{\sqrt{2}}{2}\left\{1+\left(x-\frac{\pi}{4}\right)-\frac{1}{2!}\left(x-\frac{\pi}{4}\right)^2-\frac{1}{3!}\left(x-\frac{\pi}{4}\right)^3+\cdots\right\}$$

이다. 이 멱급수는 모든 실수 $x$에 관하여 수렴함이 증명된다. ■

$f(x)=(1+x)^p$의 매클로린급수를 **이항급수**라 한다. 특히 $p$가 자연수이면 유한급수로 되어 보통 말하는 **이항정리**가 된다.

두 멱급수가 어떤 수렴조건 아래에서는 다항식에서와 같은 연산을 할 수 있고, 또 대입도 할 수 있다. 이에 관한 정리를 증명없이 소개한다.

**정리 8.16**

두 멱급수

$$f(x)=a_0+a_1x+a_2x^2+\cdots+a_nx^n+\cdots$$

$$g(x)=b_0+b_1x+b_2x^2+\cdots+b_nx^n+\cdots$$

가 동시에 수렴하는 $x$에 대해서

$$f(x) \pm g(x) = (a_0 \pm b_0) + (a_1 \pm b_1)x + \cdots + (a_n \pm b_n)x^n + \cdots$$

로 나타낼 수 있다.

**정리 8.17**

멱급수

$$f(x) = a_0 + a_1 x + a_2 x^2 + \cdots + a_n x^n + \cdots$$

가 수렴하고, 다른 멱급수

$$g(x) = b_0 + b_1 x + b_2 x^2 + \cdots + b_n x^n + \cdots$$

가 절대수렴하는 모든 $x$에 대해서

$$\begin{aligned} f(x)g(x) = a_0 b_0 &+ (a_0 b_1 + a_1 b_0)x + (a_0 b_2 + a_1 b_1 + a_2 b_0)x^2 + \cdots \\ &+ (a_0 b_n + a_1 b_{n-1} + \cdots + a_n b_0)x^n + \cdots \end{aligned}$$

로 나타낼 수 있다.

**예제 7**

$f(x) = e^x + \cos x$이 매클로린급수를 구하여라.

**풀이**

$$e^x = 1 + x + \frac{x^2}{2!} + \frac{x^3}{3!} + \cdots + \frac{x^n}{n!} + \cdots, \quad |x| < \infty,$$

$$\cos x = 1 - \frac{x^2}{2!} + \frac{x^4}{4!} - \cdots + (-1)^n \frac{x^{2n}}{2n!} + \cdots, \quad |x| < \infty,$$

따라서 $f(x) = e^x + \cos x$의 매클로린급수는

$$\begin{aligned} f(x) &= e^x + \cos x \\ &= \left(1 + x + \frac{x^2}{2!} + \frac{x^3}{3!} + \cdots + \frac{x^n}{n!} + \cdots\right) \\ &\quad + \left(1 - \frac{x^2}{2!} + \frac{x^4}{4!} - \cdots + (-1)^n \frac{x^{2n}}{(2n)!} + \cdots\right) \end{aligned}$$

$$= 2 + x + \frac{x^3}{6} + \frac{x^4}{12} + \cdots, \quad |x| < \infty.$$ ■

**예제 8**

$f(x) = \dfrac{e^x - 1}{1 - x}$의 매클로린급수를 구하여라.

[풀이] $e^x - 1 = x + \dfrac{x^2}{2!} + \dfrac{x^3}{3!} + \cdots + \dfrac{x^n}{n!} + \cdots, \quad |x| < \infty$ 이고

$$\frac{1}{1-x} = 1 + x + x^2 + x^3 + \cdots + x^n + \cdots$$

은 $|x| < 1$에서 절대수렴한다. 따라서 $f(x) = \dfrac{e^x - 1}{1 - x}$의 매클로린급수는

$$\begin{aligned} f(x) &= \frac{e^x - 1}{1 - x} \\ &= \left(x + \frac{x^2}{2!} + \frac{x^3}{3!} + \cdots\right)(1 + x + x^2 + \cdots) \\ &= x + \left(1 + \frac{1}{2!}\right)x^2 + \left(1 + \frac{1}{2!} + \frac{1}{3!}\right)x^3 + \cdots, \quad |x| < 1. \end{aligned}$$ ■

매클로린급수와 테일러급수는 그에 대응하는 함수의 근삿값을 구하는 데 이용되고, 또 부정형의 극한을 구하는 데도 이용된다.

**예제 9**

$\sin 46°$의 근삿값을 구하여라.

[풀이] $\sin x = \dfrac{\sqrt{2}}{2}\left\{1 + \left(x - \dfrac{\pi}{4}\right) - \dfrac{1}{2!}\left(x - \dfrac{\pi}{4}\right)^2 - \dfrac{1}{3!}\left(x - \dfrac{\pi}{4}\right)^2 + \cdots\right\}$이므로

$x = 46° = \dfrac{46\pi}{180}$ 라디안이면

$$\begin{aligned} \sin\frac{46\pi}{180} &= \frac{\sqrt{2}}{2}\left\{1 + \left(\frac{46\pi}{180} - \frac{\pi}{4}\right) - \frac{1}{2!}\left(\frac{46\pi}{180} - \frac{\pi}{4}\right)^2 - \frac{1}{3!}\left(\frac{46\pi}{180} - \frac{\pi}{4}\right)^3 + \cdots \right. \\ &= 0.70711(1 + 0.01745 - 0.00015 + \cdots) \fallingdotseq 0.7193. \end{aligned}$$ ■

**예제 10**

$\frac{\pi}{4}=1-\frac{1}{3}+\frac{1}{5}-\frac{1}{7}+\cdots+(-1)^{n-1}\frac{1}{2n-1}+\cdots$ 임을 보이고, $\pi$의 근삿값을 소수 여섯째 자리까지 구하여라.

(풀이)

$$\tan^{-1}x=x-\frac{x^3}{3}+\frac{x^5}{5}-\cdots+(-1)^n\frac{x^{2n+1}}{2n+1}+\cdots,\quad |x|<1$$

그런데 $x=1$, $x-1$일 때 위 식의 우변의 멱급수는 수렴하고, $\tan^{-1}x$는 연속이다. 따라서 $\tan^{-1}x$의 멱급수 전개는 $x=1$일 때 성립하고,

$$\frac{\pi}{4}=\tan^{-1}1=1-\frac{1}{3}+\frac{1}{5}-\frac{1}{7}+\cdots+(-1)^{n-1}\frac{1}{2n-1}+\cdots$$

$$\therefore\quad \pi=4\left(1-\frac{1}{3}+\frac{1}{5}-\frac{1}{7}+\cdots+(-1)^{n-1}\frac{1}{2n-1}+\cdots\right)$$

이고, 이 식을 이용하여 $\pi$의 근삿값을 소수 여섯째 자리까지 구하면

$$\pi=3.141592$$

$\frac{\pi}{4}=1-\frac{1}{3}+\frac{1}{5}-\frac{1}{7}+\cdots+(-1)^{n-1}\frac{1}{2n-1}+\cdots$를 그레고리 급수라 한다. ■

**예제 11**

$\lim_{x\to0}\frac{e^x-e^{-x}}{\sin x}$의 값을 구하여라.

(풀이)

$$e^x=1+x+\frac{x^2}{2!}+\frac{x^3}{3!}+\cdots+\frac{x^n}{n!}+\cdots,$$

$$e^{-x}=1-x+\frac{x^2}{2!}-\frac{x^3}{3!}+\cdots+\frac{(-1)^n}{n!}x^n+\cdots,$$

$$\sin x=x-\frac{x^3}{3!}+\frac{x^5}{5!}-\cdots+(-1)^n\frac{x^{2n+1}}{(2n+1)!}+\cdots$$

이므로

$$\lim_{x\to0}\frac{e^x-e^{-x}}{\sin x}=\lim_{x\to0}\frac{\left(1+\frac{x}{1!}+\frac{x^2}{2!}+\frac{x^3}{3!}+\cdots\right)-\left(1-\frac{x}{1!}+\frac{x^2}{2!}-\frac{x^3}{3!}+\cdots\right)}{x-\frac{x^3}{3!}+\frac{x^5}{5!}-\cdots}$$

$$= \lim_{x \to 0} \frac{2x\left(1 + \frac{x^2}{3!} + \frac{x^4}{5!} + \cdots\right)}{x\left(1 - \frac{x^2}{3!} + \frac{x^4}{5!} - \cdots\right)}$$

$$= \lim_{x \to 0} \frac{2\left(1 + \frac{x^2}{3!} + \frac{x^4}{5!} + \cdots\right)}{1 - \frac{x^2}{3!} + \frac{x^4}{5!} - \cdots} = 2.$$ ■

## 연습문제 8.5 Exercises

**1.** 다음 각 함수의 매클로린급수를 구하여라.

(1) $\sqrt{1+x}$ (2) $\sin^{-1}x$

(3) $\cos^2 x$ (4) $e^{\cos x}$

(5) $\ln\frac{1+x}{1-x}$ (6) $\frac{\cos x}{1-\sin x}$

(7) $\frac{x}{(1+x)^2}$

**2.** 다음 각 함수의 테일러급수를 구하고, 수렴구간을 정하여라.

(1) $\cos x$ ; $\left(x - \frac{\pi}{4}\right)$ (2) $\sqrt{x}$ ; $(x-1)$

(3) $e^x$ ; $(x+1)$ (4) $\ln x - \ln 2$ ; $(x-2)$

**3.** 매클로린급수를 이용하여 다음 각 수의 값을 소수 셋째 자리까지 구하여라.

(1) $\sqrt{e}$ (2) $\sin^{-1}\frac{1}{4}$

(3) $\ln 2$ (4) $\sqrt[5]{1000}$

**4.** 다음 두 함수에 대해서 둘째 함수에 대응하는 멱급수를 미분하여 첫째 함수에 대응하는 멱급수를 구하여라.

(1) $\sec x^2$; $\tan x$ (2) $\dfrac{(2-x)e^x}{(1-x)^2}$; $\dfrac{e^x}{1-x}$

**5.** 매클로린 급수를 이용하여 다음 극한값을 구하여라.

$$\lim_{x\to 0}\frac{\sin x - x + \frac{1}{6}x^3}{(x^2\cos x)^{\frac{5}{2}}}$$

## 8.6 테일러 정리

**정리 8.18** 테일러 정리

$f(x)$가 점 $x=a$를 포함하는 어떤 구간에서 $n$회까지 미분가능이면 이 구간 내의 임의의 점 $b$에 대하여 $(b\neq a)$

$$f(b)=f(a)+f'(a)(b-a)+\frac{f''(a)}{2!}(b-a)^2+\cdots$$
$$+\frac{f^{(n-1)}(a)}{(n-1)!}(b-a)^{n-1}+\frac{f^{(n)}(\xi)}{n!}(b-a)^n \qquad (1)$$

인 $\xi$가 적어도 하나 존재한다 (단, $a<\xi<b$ 또는 $b<\xi<a$).

**증명**

$$f(b)=f(a)+f'(a)(b-a)+\frac{f''(a)}{2!}(b-a)^2+\cdots$$
$$+\frac{f^{(n-1)}(a)}{(n-1)!}(b-a)^{n-1}+\frac{k}{n!}(b-a)^n \qquad (2)$$

을 만족하는 실수 $k$에 대하여 함수

$$F(x)=f(b)-\left\{f(x)+f'(x)(b-x)+\frac{f''(x)}{2!}(b-x)^2+\cdots\right.$$
$$\left.+\frac{f^{(n-1)}(x)}{(n-1)!}(b-x)^{n-1}+\frac{k}{n!}(b-x)^n\right\}$$

를 만들면 이 $F(x)$는 $a$와 $b$ 사이의 구간 ($a$, $b$도 포함해서)에서 미분가능이고 $F(a)=0\ (\because (2))$, $F(b)=0$이므로 롤의 정리에 의하여 다음을 만족하는 $\xi$가 적어도 하나 존재한다.

$$F'(\xi)=0, \quad a<\xi<b \text{ 또는 } b<\xi<a.$$

그런데

$$\begin{aligned} F'(x) &= -\Big[f'(x)-f'(x)+f''(x)(b-x)-f''(x)(b-x) \\ &\quad +\frac{f'''(x)}{2!}(b-x)^2-\cdots-\frac{f^{(n-1)}(x)}{(n-2)!}(b-x)^{n-2} \\ &\quad +\frac{f^{(n)}(x)}{(n-1)!}(b-x)^{n-1}-\frac{k}{(n-1)!}(b-x)^{n-1}\Big] \\ &= \frac{(b-x)^{n-1}}{(n-1)!}[k-f^{(n)}(x)] \end{aligned}$$

이므로

$$F'(\xi)=\frac{(b-\xi)^{n-1}}{(n-1)!}[k-f^{(n)}(\xi)]=0$$

$$\therefore \quad k=f^{(n)}(\xi)\ (\because b\neq\xi). \qquad \square$$

**참고** $n=1$일 때 이 정리는 미분의 평균값의 정리가 된다.

$$\text{그런데}\begin{cases} a<\xi<b \text{ 이면 } 0<\xi-a<b-a \text{ 이므로 } 0<\dfrac{\xi-a}{b-a}<1 \text{ 이고} \\ b<\xi<a \text{ 이면 } b-a<\xi-a<0 \text{ 이므로 } 1>\dfrac{\xi-a}{b-a}>0 \text{ 이다.} \end{cases}$$

그러므로 $a<\xi<b$이거나 $b<\xi<a$인 $\xi$를 모두 $\dfrac{\xi-a}{b-a}=\theta$라고 하면

$$\xi=a+\theta(b-a), \quad 0<\theta<1$$

이라고 나타낼 수 있다. 그리고 위 정리에서 점 $b$는 점 $x=a$를 포함하는 어떤 구간 안의 임의의 점이므로 이것을 그 구간 안의 변수 $x$로 잡을 수 있다. 이와 같이 하면 위 테일러의 정리는 다음과 같이 나타낼 수 있다. 즉 $f(x)$가 점 $x=a$를 포함하는 어떤 구간에서 $n$회까지 미분가능하면 이 구간 안의 모든 점 $x$에 대하여 다음이 성립한다.

$$f(x)=f(a)+f'(a)(x-a)+\frac{f''(a)}{2!}(x-a)^2+\cdots \tag{3}$$
$$+\frac{f^{(n-1)}(a)}{(n-1)!}(x-a)^{n-1}+\frac{f^{(n)}\{a+\theta(x-a)\}}{n!}(x-a)^n \quad (\text{단, } 0<\theta<1)$$

식 (3)의 우변의 맨 끝 항을 테일러의 정리에서의 잉여항이라 하며 $R_n$으로 나타낸다. 즉

$$R_n=\frac{f^{(n)}\{a+\theta(x-a)\}}{n!}(x-a)^n, \quad (0<\theta<1).$$

식 (3)은 특히 $a=0$일 때 다음과 같이 된다.

$$f(x)=f(0)+f'(0)x+\frac{f''(0)}{2!}x^2+\cdots$$
$$+\frac{f^{(n-1)}(0)}{(n-1)!}x^{n-1}+\frac{f^{(n)}(\theta x)}{n!}x^n, \quad (0<\theta<1) \tag{4}$$

이것을 **매클로린의 정리**라고 한다. 이때 잉여항은 다음과 같다.

$$R_n=\frac{f^{(n)}(\theta x)}{n!}x^n, \quad (0<\theta<1)$$

다음에 몇 가지 기본함수에 대하여 매클로린의 정리 (4)를 적용한 결과는 다음과 같다. 단 여기에 나타나는 $\theta$는 모두 $0<\theta<1$인 적당한 어떤 수이다.

(1) $e^x=1+x+\dfrac{x^2}{2!}+\dfrac{x^3}{3!}+\cdots+\dfrac{x^{n-1}}{(n-1)!}+\dfrac{e^{\theta x}}{n!}x^n$

(2) $\sin x=x-\dfrac{x^3}{3!}+\dfrac{x^5}{5!}-\cdots+(-1)^{n-1}\dfrac{x^{2n-1}}{(2n-1)!}+(-1)^n\dfrac{\cos(\theta x)}{(2n+1)!}x^{2n+1}$

(3) $\cos x=1-\dfrac{x^2}{2!}+\dfrac{x^4}{4!}-\cdots+(-1)^n\dfrac{x^{2n}}{2n!}+(-1)^{n+1}\dfrac{\cos(\theta x)}{(2n+2)!}x^{2n+2}$

(4) $(1+x)^\alpha=1+\dbinom{\alpha}{1}x+\dbinom{\alpha}{2}x^2+\cdots+\dbinom{\alpha}{n-1}x^{n-1}+\dbinom{\alpha}{n}(1+\theta x)^{\alpha-n}x^n$

(5) $\ln(1+x)=x-\dfrac{x^2}{2}+\dfrac{x^3}{3}-\cdots+(-1)^n\dfrac{x^{n-1}}{n-1}+(-1)^{n+1}\dfrac{x^n}{n(1+\theta x)^n}$

**함수의 근사식**

$f(x)$가 점 $x=a$를 포함하는 어떤 구간에서 $n$회까지 미분가능이면, 테일러의 정리 (3)에 의하여 이 구간 안의 모든 $x$에 대하여

$$f(x)-\left\{f(a)+f'(a)(x-a)+\frac{f''(a)}{2!}(x-a)^2+\cdots+\frac{f^{(n-1)}(a)}{(n-1)!}(x-a)^{n-1}\right\}$$
$$=\frac{f^{(n)}(a+\theta(x-a))}{n!}(x-a)^n = R_n \quad (0<\theta<1)$$

이 성립한다. 여기서 만약 $f^{(n)}(x)$가 이 구간에서 연속이라고 하면 점 $a+\theta(x-a)$는 이 구간안의 점이므로 $f^{(n)}(a+\theta(x-a))$는 유한이다. 따라서

$$x\to a\text{일 때 } R_n=\frac{f^{(n)}(a+\theta(x-a))}{n!}(x-a)^n\to 0$$

이므로 $x$가 $a$에 충분히 가까우면 근사식

$$f(x) \fallingdotseq f(a)+f'(a)(x-a)+\frac{f''(a)}{2!}(x-a)^2+\cdots+\frac{f^{(n-1)}(a)}{(n-1)!}(x-a)^{n-1}$$

가 성립하고 이 근사식의 오차는

$$R_n=\frac{f^{(n)}(a+\theta(x-a))}{n!}(x-a)^n \quad (0<\theta<1)$$

이며, 여기서 $|f^{(n)}(a+\theta(x-a))|\le M$인 정수 $M$이 존재하면

$$|R_n|=\frac{|f^{(n)}(a+\theta(x-a))|}{n!}|x-a|^n \le \frac{M}{n!}|x-a|^n$$

이므로 위 근사식의 오차의 한계는 $\dfrac{M}{n!}|x-a|^n$이다.

이상을 종합하여 정리하면 다음 정리를 얻는다.

**정리 8.19**

$f(x)$가 $x=a$를 포함하는 어떤 구간에서 $n$회까지 미분가능이고 $f^{(n)}(x)$가 이 구간에서 연속이며 $|f^{(n)}(a+\theta(x-a))|\le M$ $(0<\theta<1)$이면, $x$가 $a$에 충분히 가까울 때 근사식

$$f(x) \fallingdotseq f(a)+f'(a)(x-a)+\frac{f''(a)}{2!}(x-a)^2+\cdots+\frac{f^{(n-1)}(a)}{(n-1)!}(x-a)^{n-1}$$

가 성립하고 이 근사식의 오차의 한계는 $\frac{M}{n!}|x-a|^n$이다.

위 정리에서 $a=0$이라 놓으면 다음 따름정리를 얻는다.

**따름정리 8.20**

$f(x)$가 $x=0$을 포함하는 어떤 구간에서 $n$번 미분가능이고 $f^{(n)}(x)$가 이 구간에서 연속이며 $|f^{(n)}(\theta x)| \leq M\ (0<\theta<1)$이면, $|x|$가 충분히 작을 때 근사식

$$f(x) \fallingdotseq f(0)+f'(0)x+\frac{f''(0)}{2!}x^2+\cdots+\frac{f^{(n-1)}(0)}{(n-1)!}x^{n-1}$$

가 성립하고 이 근사식의 오차의 한계는 $\frac{M}{n!}|x|^n$이다.

**예제 1**

$|x|$가 충분히 작을 때 $e^x$의 근삿값과 오차의 한계를 구하고 그것을 써서 $e$의 한 근삿값을 구하여라.

**풀이** $f(x)=e^x$라고 놓으면 앞 매클로린 정리의 응용의 예에서 본 바와 같이

$$f^{(k)}(x)=e^x,\ f^{(k)}(0)=e^0=1,\quad (k=0,\ 1,\ 2,\ \cdots)$$

이고 $f^{(n)}(x)=e^x$는 점 $x=0$을 포함하는 모든 구간에서 연속이며,

$$|f^{(n)}(\theta x)|=|e^{\theta x}| \leq e^{|\theta x|} < e^{|x|} \qquad (0<\theta<1).$$

그러므로 $|x|$가 충분히 작으면 근사식

$$f(x)=e^x \fallingdotseq 1+x+\frac{x^2}{2!}+\cdots+\frac{x^{n-1}}{(n-1)!}$$

가 성립하고 이 근사식의 오차의 한계는 $\frac{e^{|x|}}{n!}|x|^n$이다.

이제 $e$의 근삿값을 구하기 위하여 위 근사식에서 $x=1,\ \ n=15$라면

$$e = 1 + 1 + \frac{1}{2!} + \frac{1}{3!} + \cdots + \frac{1}{14!} = 2.718281828 \cdots$$

을 얻을 수 있고, 이 근삿값의 오차의 한계는 $\frac{3}{15!}\left(> \frac{e}{15!}\right)$이다. ■

정리 8.19에서 $x = a + h$라고 놓으면 다시 다음 따름정리를 얻는다.

**따름정리 8.21**

$f(x)$가 점 $x = a$를 포함하는 어떤 구간에서 $n$번 미분가능이고 $f^{(n)}(x)$가 이 구간에서 연속이며 $|f^{(n)}(a + \theta h)| \leq M$, $(0 < \theta < 1)$이면, $|h|$가 충분히 작을 때 근사식

$$f(a+h) \fallingdotseq f(a) + f'(a)h + \frac{f''(a)}{2!}h^2 + \cdots + \frac{f^{(n-1)}(a)}{(n-1)!}h^{n-1}$$

가 성립하고, 이 근사식의 오차의 한계는 $\frac{M}{n!}|h|^n$이다.

**예제 2**

$|h|$가 충분히 작을 때 $\sqrt[3]{a+h}$의 근삿값과 오차의 식을 구하고 그것을 써서 $\sqrt[3]{730}$의 한 근삿값과 그 근삿값의 오차의 한계를 계산하여라.

풀이 $f(x) = \sqrt[3]{x}$라고 놓으면

$$f'(x) = \frac{1}{3\sqrt[3]{x^2}}, \quad f''(x) = -\frac{2}{9\sqrt[3]{x^5}}$$

이므로 식 (6)에서 $n = 2$라고 잡으면 근사식

$$f(a+h) = \sqrt[3]{a+h} \fallingdotseq \sqrt[3]{a} + \frac{h}{3\sqrt[3]{a^2}}$$

를 얻고, 이 근사식의 오차는 $-\frac{h^2}{9\sqrt[3]{(a+\theta h)^5}}$이다.

다음에 $\sqrt[3]{730}$의 한 근삿값을 구하기 위하여 위 근삿값과 오차의 식에서 $a = 729$, $h = 1$이라고 놓으면

$$\sqrt[3]{730}=\sqrt[3]{729+1}\fallingdotseq\sqrt[3]{729}+\frac{1}{3\sqrt[3]{(729)^2}}=9+\frac{1}{243}$$

이고,

$$\left|\frac{-1}{9\sqrt[3]{(729+\theta)^5}}\right|<\frac{1}{9(729)^{\frac{5}{3}}}=\frac{1}{9^6}.$$

그러므로 $\sqrt[3]{730}$의 한 근삿값은 $9+\dfrac{1}{243}$이고 이 근삿값의 오차의 한계는 $\dfrac{1}{9^6}$이다. ■

**예제 3**

$|x|$가 충분히 작을 때 $\ln(1+\sin x)$의 3차다항식에 의한 근사식을 구하여라.

**풀이** 매클로린정리의 응용 예에서 얻은 식 (5)와 $\sin x$의 전개식을 쓰고 도중에 나오는 $x$의 4차 이상의 항을 생략하면

$$\begin{aligned}\ln(1+\sin x)&\fallingdotseq \sin x-\frac{\sin^2 x}{2}+\frac{\sin^3 x}{3}\\&\fallingdotseq\left(x-\frac{x^3}{3!}\right)-\frac{1}{2}\left(x-\frac{x^3}{3!}\right)^2+\frac{1}{3}\left(x-\frac{x^3}{3!}\right)^3\\&\fallingdotseq x-\frac{x^2}{2!}+\frac{x^3}{6!}.\end{aligned}$$

■

**참고** $f(x)$가 점 $x=a$를 포함하는 어떤 구간에서 몇 번이고 미분이 가능하면 근사식 (5)는 어떠한 양의 정수 $n$에 대해서도 성립할 것이며 이 구간 안의 모든 $x$에 대해서

$$\lim_{n\to\infty}R_n=\lim_{n\to\infty}\frac{f^{(n)}(a+\theta(x-a))}{n!}(x-a)^n=0\ (0<\theta<1)$$

이 된다면 근사식 (5)는 $n$이 클수록 참값에 가까워질 것이고, 궁극적으로는 식 (7)이 성립하면 식 (5)는 점 $x=a$에 있어서 $f(x)$의 테일러급수가 될 것이다.

## 연습문제 8.6 Exercises

**1.** $|x|$가 충분히 작을 때 다음 근사식이 성립되는 것을 증명하여라.

(1) $\ln\left(\dfrac{1+x}{1-x}\right) \fallingdotseq 2\left(x+\dfrac{x^3}{3}+\dfrac{x^5}{5}+\cdots\right)$

(2) $\sin^{-1}x \fallingdotseq x+\dfrac{1}{2\cdot 3}x^3+\dfrac{1\cdot 3}{2\cdot 4\cdot 5}x^5+\cdots \quad (-1\le x\le 1)$

(3) $\tan^{-1}x \fallingdotseq x-\dfrac{x^3}{3}+\dfrac{x^5}{5}-\dfrac{x^7}{7}+\cdots \quad (-1\le x\le 1)$

**2.** 다음 각 식의 근삿값을 구하여라.

(1) $\sqrt[3]{997}$ (2) $\cos 61°$

**3.** $|x|$가 충분히 클 때 $\sqrt{1+x+x^2}$의 근사식을 구하여라.

**4.** 정의역이 $\{x\in\mathbb{R} \mid -1<x<1\}$인 함수 $f(x)=\dfrac{e^x-1}{1-x}$의 $x=0$에서의 3차 다항식을 구하시오.

# 제 9 장

# 편미분

## 9.1 다변수함수의 극한과 연속

지금까지 우리는 독립변수가 한 개인 함수에 대해서 그들의 도함수와 적분을 구하는 방법과 이의 응용을 알아보았다. 앞으로는 독립변수가 두 개 이상인 함수, 즉 다변수함수의 성질들과 이들의 도함수와 적분을 구하는 방법과 그의 응용을 알아보기로 한다.

$n$개의 실수 집합의 카테시안 곱

$$R^n = R \times R \times \cdots \times R = \{(x_1,\ x_2,\ \cdots,\ x_n) \mid x_i \in R,\ i = 1,\ 2,\ \cdots,\ n\}$$

을 $n$차원 공간이라 하고, $R^n$의 원소 $(x_1,\ x_2,\ \cdots,\ x_n)$을 $n$차원 공간의 점이라 한다.

1차원 공간 $R$, 2차원 공간 $R^2$, 3차원 공간 $R^3$은 기하학적으로 각각 직선, 평면, 공간을 의미한다. 4차원 이상의 공간 $R^n(n \geq 4)$은 기하학적으로 직관적인 의미가 부여될 수 없는 것으로 이런 공간을 **초공간**(hyper space)이라 부른다.

일반적으로 독립적으로 변하는 $n$개의 변수 $x_1,\ x_2,\ \cdots,\ x_n$에 대하여 $n$차원 공간상의 점 $(x_1,\ x_2,\ \cdots,\ x_n)$에 한 실숫값 $y$를 대응시키는 대응 규칙 $f$를 $n$**변수함수**라 하고, 이를 $y = f(x_1,\ x_2,\ \cdots,\ x_n)$으로 쓴다. 이때 독립변수가 두 개 이상인 함수를 **다변수함수**라 하고 2변수함수에 대한 이론을 그대로 다변수함수로 확장 적용할 수 있으므로 이 장에서는 주로 2변수함수를 가지고 전개한다. 2변수함수 $z = f(x,\ y)$의 그래프는 공간에서 일반적으로 평면 또는 곡면이 된다.

**예제 1**

함수 $z = \dfrac{xy}{x^2 - y^2}$의 정의역을 구하여라.

풀이 분수함수는 분모가 0이 아니어야 하므로 $x^2 - y^2 \neq 0$, 즉 $x \neq \pm y$이어야 한다.
그러므로 $x \neq \pm y$인 모든 실수들의 쌍 $(x,\ y)$들이다. ■

**예제 2**

2변수함수 $z = 1 - x - y$의 그래프를 그려라.

풀이 주어진 함수의 정의역은 $R \times R$이다.
따라서 주어진 힘수의 그래프는 $f = \{(x,\ y,\ 1 - x - y) \mid (x,\ y) \in R \times R\}$,
즉 [그림 9-1]에서와 같은 평면이다. ■

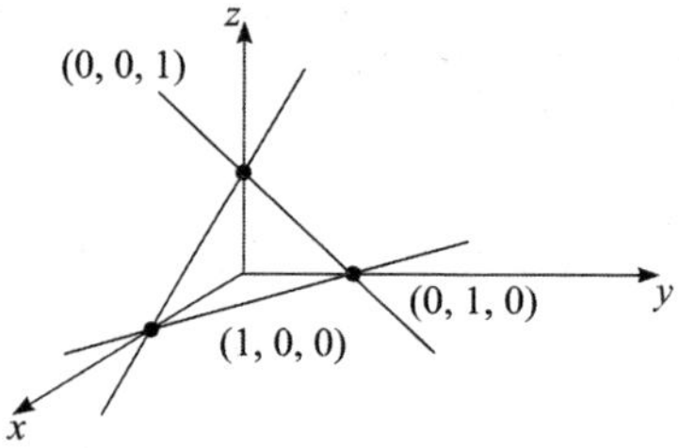


[그림 9-1]

**예제 3**

2변수함수 $f(x, y) = \sqrt{1-x^2-y^2}$ 의 그래프를 그려라.

풀이 정의역이 $D = \{(x, y) \mid x^2+y^2 \le 1\}$이고, 치역이 $R = \{z \mid z \ge 0\}$이므로 그래프는 $\{(x, y, \sqrt{1-x^2-y^2}) \mid (x, y) \in D\}$이고, 이것은 원점 $O$를 중심으로 하고 반지름의 길이가 1인 구면

$$x^2+y^2+z^2=1$$

의 상반구면이다. ■

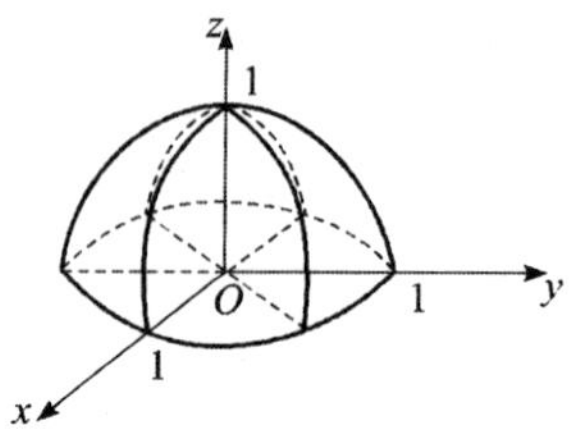


[그림 9-2]

다음은 다변수함수의 극한에 대하여 생각해 보자.

2변수함수 $f(x, y)$가 $xy$-평면상의 한 점 $(a, b)$를 중심으로 하여 각 방향으로 충분히 가까이 있는 모든 점 (점 $(a, b)$는 제외)들을 $z$축상의 한 고정된 점 $A$의 아래 위로 충분히 가깝게 있는 점($A$ 자신을 포함하여)들에 대응시킬 때, 함수 $f(x, y)$는 점 $(a, b)$에서 극한값 $A$를 갖는다고 말하며 다음과 같이 표시한다.

$$\lim_{\substack{x \to a \\ y \to b}} f(x, y) = A \quad \text{또는} \quad \lim_{(x, y) \to (a, b)} f(x, y) = A$$

이것을 $\varepsilon-\delta$방법으로 정의하면 다음과 같다.

**정의 9.1**

2변수함수 $f(x, y)$에서 임의의 양수 $\varepsilon$에 대하여 적당한 양수 $\delta$가 존재하여

$$0<|x-a|<\delta,\quad 0<|y-b|<\delta \text{ (또는 } 0<\sqrt{(x-a)^2+(y-b)^2}<\delta)$$

인 모든 점 $(x, y)$에 대하여 $|f(x, y)-A|<\varepsilon$이 성립할 때, 함수 $f(x, y)$는 점 $(a, b)$에서 극한값 $A$를 갖는다고 하며 다음과 같이 쓴다.

$$\lim_{(x,\, y)\to(a,\, b)} f(x, y) = \lim_{\substack{x\to a\\ y\to b}} f(x, y) = A$$

**예제 4**

함수 $f(x, y)=x+y$가 $(1, 1)$에서 극한값 2를 가짐을 $\varepsilon-\delta$방법으로 보여라.

풀이 임의의 $\varepsilon>0$에 대하여 $0<\sqrt{(x-1)^2+(y-1)^2}<\delta$일 때 $|x+y-2|<\varepsilon$가 성립하게 되는 $\delta>0$를 찾아내면 된다. 그런데

$$|x+y-2|=|(x-1)+(y-1)|\le|x-1|+|y-1|$$

이므로

$$0<\sqrt{(x-1)^2+(y-1)^2}<\delta<\frac{\varepsilon}{\sqrt{2}}$$

일 때 $|x-1|+|y-1|<\varepsilon$이 성립하게 된다. ■

**예제 5**

함수 $f(x, y)=\dfrac{x-y}{x+y}$에 대하여 다음을 구하여라.

(1) $x\to 0$으로 한 다음에 $y\to 0$으로 한 $f(x, y)$의 극한값

(2) $y\to 0$으로 한 다음에 $x\to 0$으로 한 $f(x, y)$의 극한값

(3) $y=mx$인 경로에 따라서 점 $(x, y)\to(0, 0)$일 때의 $f(x, y)$의 극한값

풀이 (1) $\displaystyle\lim_{y\to 0}\left(\lim_{x\to 0}\frac{x-y}{x+y}\right)=\lim_{y\to 0}\left(\frac{-y}{y}\right)=-1$

(2) $\displaystyle\lim_{x\to 0}\left(\lim_{y\to 0}\frac{x-y}{x+y}\right)=\lim_{x\to 0}\left(\frac{x}{x}\right)=1$

(3) $\dfrac{x-y}{x+y}=\dfrac{x-mx}{x+mx}=\dfrac{1-m}{1+m}$

이것은 $m$값에 따라서 달라지므로 극한값이 존재하지 않는다.

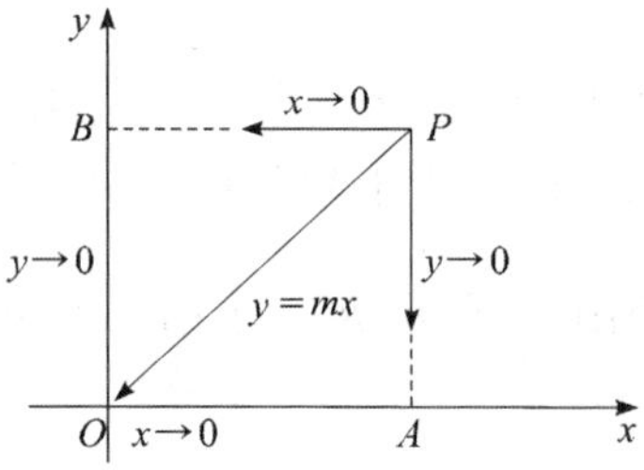


[그림 9–3]

■

다음 2변수함수의 연속성에 대해서 알아보자.

2변수함수 $z=f(x, y)$가 점 $(a, b)$근방의 모든 점에서 정의되어서

① $f(a, b)$가 존재하고,

② $\lim\limits_{(x, y)\to(a, b)} f(x, y)$가 존재하며,

③ $\lim\limits_{(x, y)\to(a, b)} f(x, y)=f(a, b)$

일 때 함수 $f(x, y)$가 점 $(a, b)$에서 연속이라고 한다. 이것을 $\varepsilon-\delta$방법으로 정의하면 다음과 같다.

> **정의 9.2**
>
> 함수 $f(x, y)$가 점 $(a, b)$와 이 점 근방에서 정의되어 있을 때, 임의의 양수 $\varepsilon$에 대하여 어떤 양수 $\delta$가 존재해서
>
> $$|x-a|<\delta,\ |y-b|<\delta \ (\text{또는 } \sqrt{(x-a)^2+(y-b)^2}<\delta)$$
>
> 인 모든 $(x, y)$에 대해서
>
> $$|f(x, y)-f(a, b)|<\varepsilon$$
>
> 일 때 2변수함수 $f(x, y)$는 점 $(a, b)$에서 **연속**이라고 한다.

**예제 6**

다음 식으로 정의되는 함수의 원점에서의 연속성을 고찰하여라.

$$f(x,\ y)=\begin{cases} \dfrac{x^2-y^2}{x^2+y^2}, & (x,\ y)\neq(0,\ 0) \\ 0\ , & (x,\ y)=(0,\ 0) \end{cases}$$

풀이 $y=mx$로 정의되는 직선을 따라서 원점에 접근하면

$$\lim_{x\to 0}\frac{x^2-y^2}{x^2+y^2}=\lim_{x\to 0}\frac{x^2-m^2x^2}{x^2+m^2x^2}=\lim_{x\to 0}\frac{x^2(1-m^2)}{x^2(1+m^2)}=\frac{1-m^2}{1+m^2}$$

이 되어서 이것은 $f(0,\ 0)=0$과 같지 않다. 따라서 $f(x,\ y)$는 원점에서 불연속이다. ■

**예 1**

다음의 2변수함수는 모든 점에서 불연속인 함수이다.

$$f(x,\ y)=\begin{cases} 1, & x\in Q, & y\in Q^c \\ 2, & x\in Q, & y\in Q \\ 3, & x\in Q^c, & y\in Q \\ 4, & x\in Q^c, & y\in Q^c \end{cases}$$

**예제 7**

다음 함수의 원점에서의 불연속성을 조사하여라.

$$f(x,\ y)=\begin{cases} \dfrac{x^2y}{x^4+y^2}, & (x,\ y)\neq(0,\ 0) \\ 0\ , & (x,\ y)=(0,\ 0) \end{cases}$$

풀이 점 $(x,\ y)$를 $y=mx^2$을 따라서 $(0,\ 0)$에 접근시키자. 그러면

$$\lim_{(x,\ y)\to(a,\ b)}f(x,\ y)=\lim_{(x,\ y)\to(a,\ b)}\frac{x^2y}{x^4+y^2}=\lim_{x\to 0}\frac{mx^4}{x^4+m^2x^4}$$

$$=\lim_{x\to 0}\frac{m}{1+m^2}=\frac{m}{1+m^2}.$$

그런데 이 값은 $m$에 따라서 극한값이 다르다. 따라서 $(x, y) \to (0, 0)$일 때의 극한값이 존재하지 않으므로 $(0, 0)$에서 불연속이다. ■

극한과 연속성에 관하여 성립되는 1변수함수에 대한 모든 정리는 일반적으로 2변수함수의 경우에도 적용될 수 있는데 여기서는 중요한 몇 가지 정리만 살펴보기로 한다.

**정리 9.1**

함수 $f(x, y)$에 대하여 점 $A=(a, b)$의 근방에서

$$g(y)=\lim_{x\to a}f(x, y), \quad h(x)=\lim_{y\to b}f(x, y)$$

가 정의되어 있다고 하자. 이때

$$\lim_{(x, y)\to(a, b)} f(x, y)=c \tag{1}$$

라고 하면 $\lim_{y\to b}g(y)$와 $\lim_{x\to a}h(x)$가 다 같이 $c$에 수렴한다. 즉

$$\lim_{y\to b}\lim_{x\to a}f(x, y)=\lim_{x\to a}\lim_{y\to b}f(x, y)=c. \tag{2}$$

그러나 이것의 역이 반드시 성립하는 것은 아니다.

**증명** $g(y)=\lim_{x\to a}f(x, y)$이므로 임의의 $\varepsilon>0$에 대하여 $\delta_1>0$가 존재하여

$$0<|x-a|<\delta_1\text{이면 } |f(x, y)-g(y)|<\frac{\varepsilon}{2}.$$

또 식 (1)이 성립하므로 임의의 $\varepsilon>0$에 대하여 $\delta_2>0$가 존재하여

$$0<|x-a|<\delta_2,\ 0<|y-b|<\delta_2\text{이면 } |f(x, y)-c|<\frac{\varepsilon}{2}.$$

그러므로 $\min(\delta_1, \delta_2)=\delta$라고 하면 $0<|x-a|<\delta$, $0<|y-b|<\delta$일 때

$$|g(y)-c|\le|g(y)-f(x, y)|+|f(x, y)-c|<\frac{\varepsilon}{2}+\frac{\varepsilon}{2}=\varepsilon.$$

이것은

$$\lim_{y\to b}\lim_{x\to a}f(x, y)=\lim_{y\to b}\left(\lim_{x\to a}f(x, y)\right)=\lim_{y\to b}g(y)=c$$

임을 뜻한다. 극한의 순서가 반대일 경우도 마찬가지로 증명할 수 있다. □

위의 정리의 역이 성립하지 않은 예로서 함수 $f(x,\ y)=\dfrac{xy}{x^2+y^2}$에서

$$y\neq 0\text{이면 } g(y)=\lim_{x\to 0}f(x,\ y)=\lim_{x\to 0}\frac{xy}{x^2+y^2}=0.$$

$$x\neq 0\text{이면 } h(x)=\lim_{y\to 0}f(x,\ y)=\lim_{y\to 0}\frac{xy}{x^2+y^2}=0.$$

$$\therefore\ \lim_{y\to 0}\lim_{x\to 0}f(x,\ y)=\lim_{x\to 0}\lim_{y\to 0}f(x,\ y)=0.$$

그러나 $x=\pm y\neq 0$일 때 $f(x,\ y)=\dfrac{xy}{x^2+y^2}=\pm\dfrac{1}{2}$(복호동순)이므로 원점 $(0,\ 0)$의 어떠한 근방 $U_\delta$를 잡더라도 그 안에서 $f(x,\ y)$는 $\dfrac{1}{2}$도 되고 $-\dfrac{1}{2}$도 되므로 $\displaystyle\lim_{(x,\ y)\to(0,\ 0)}f(x,\ y)$는 수렴하지 않는다. 따라서 식 (2)가 성립하더라도 식 (1)이 성립하지 않는 경우가 있다.

**참고** (i) 식 (1)의 극한을 이중극한, 식 (2)의 극한을 순차극한이라고 하여 양자를 구별한다. 식 (2)는 실질적으로는 1변수함수의 극한을 두 번 되풀이하였을 뿐이다.

(ii) $x$, $y$가 각각 $a$, $b$에 접근하는 방법은 무수히 많지만 그 방법에는 관계없이 항상 $f$가 일정한 값 $c$에 접근할 때 이 $c$를 $f$의 극한값이라고 한다.

(iii) 앞의 예제 5에서 $\displaystyle\lim_{x\to 0}[\lim_{y\to 0}f(x,\ y)]=1$, $\displaystyle\lim_{y\to 0}[\lim_{x\to 0}f(x,\ y)]=-1$이다. 이와같이 $\displaystyle\lim_{x\to a}[\lim_{y\to b}f(x,\ y)]$와 $\displaystyle\lim_{y\to b}[\lim_{x\to a}f(x,\ y)]$이 각각 존재하더라도 그 값이 서로 다르면 $\displaystyle\lim_{(x,\ y)\to(a,\ b)}f(x,\ y)$는 존재하지 않는다(정리 9.1의 대우).

다음 정리들은 증명 방법이 1변수인 경우와 동일하거나 이 책의 범위를 벗어나므로 증명을 생략하고 결과만 받아들인다.

**정리 9.2**

2변수함수의 합, 차, 곱, 몫의 극한에 관하여는 1변수함수의 경우와 꼭같은 성질이 있다. 따라서 2변수 연속함수의 합, 차, 곱은 연속이고 몫은 분모의 영점을 제외한 영역에서 연속이다.

**정리 9.3**

연속함수의 합성함수는 연속함수이다.

**정리 9.4**

유계폐영역 $D$에서 연속인 함수 $f(x, y)$는 그 폐영역 내에서 최댓값 및 최솟값을 갖는다.

**예제 8**

$(x, y) \to (0, 0)$일 때 다음 함수의 극한을 조사하여라.

(1) $z = (x+y)\sin\dfrac{y}{x}$　　　(2) $z = \dfrac{3x^2+5y^2}{\sqrt{x^2+y^2}}$

풀이 (1) 일반적으로 다음 부등식이 성립한다.

$$-|x+y| \le |(x+y)\sin\frac{y}{x}| \le |x+y|$$

이때 $x \to 0,\ y \to 0$이면 $|x+y| \to 0$이므로 $(x+y)\sin\dfrac{y}{x} \to 0$이다.

$$\therefore \lim_{\substack{x\to 0\\ y\to 0}}(x+y)\sin\frac{y}{x} = 0.$$

(2) 일반적으로 실수 $x$, $y$에 대하여

$$0 \le 3x^2+5y^2 \le 5(x^2+y^2)$$

이므로,

$$\frac{3x^2+5y^2}{\sqrt{x^2+y^2}} \le 5\sqrt{x^2+y^2}$$

이때, $(x, y) \to (0, 0)$이면 $\sqrt{x^2+y^2} \to 0$이므로

$$\lim_{(x,\ y)\to(0,\ 0)} z = 0$$

■

**문제 1**

함수 $f(x,\ y)=\begin{cases} \dfrac{x^n y^n}{x^{30}+y^{30}}, & (x,\ y)\neq(0,\ 0) \\ 0, & (x,\ y)=(0,\ 0) \end{cases}$ 이 $(0,\ 0)$에서 연속이 되도록 하는 자연수 $n$의 최솟값을 구하시오.

## 연습문제 9.1

Exercises

**1.** 함수 $f(x,\ y)=\dfrac{x+y}{x^2+y}$ $(x^2+y\neq 0)$에 대하여 $(x,\ y)$가 각각 다음과 같을 때 $\displaystyle\lim_{(x,\ y)\to(1,\ -1)} f(x,\ y)$를 구하여라.

(1) 직선 $x=1$을 따라서 $(x,\ y)\to(1,\ -1)$일 때

(2) 직선 $y=-1$을 따라서 $(x,\ y)\to(1,\ -1)$일 때

**2.** 다음 극한값을 구하여라.

(1) $\displaystyle\lim_{\substack{x\to 1\\ y\to 2}}\frac{3-x+y}{4+x-2y}$

(2) $\displaystyle\lim_{\substack{x\to 0\\ y\to 0}}\frac{3x-2y}{2x-3y}$

(3) $\displaystyle\lim_{\substack{x\to 4\\ y\to \pi}}x^2\sin\frac{y}{x}$

(4) $\displaystyle\lim_{\substack{x\to 0\\ y\to 0}}\frac{x\sin(x^2+y^2)}{x^2+y^2}$

(5) $\displaystyle\lim_{\substack{x\to 0\\ y\to 0}}\frac{2x-y}{x^2+y^2}$

(6) $\displaystyle\lim_{\substack{x\to 2\\ y\to 1}}\frac{\sin^{-1}(xy-2)}{\tan^{-1}(3xy-6)}$

**3.** $(x,\ y)\to(0,\ 0)$일 때의 다음 함수의 극한값을 구하여라.

(1) $f(x,\ y)=\dfrac{x^2+y^2}{xy+(x-y)^2}$, $\quad (x>0,\quad y>0)$

(2) $f(x,\ y)=\dfrac{x^2}{(x^2+1)(y^2+1)}$

**4.** 다음 함수의 연속성을 조사하라.

(1) $f(x,\ y)=\begin{cases} \dfrac{xy}{\sqrt{x^2+y^2}}, & (x,\ y)\neq(0,\ 0) \\ 0 \quad , & (x,\ y)=(0,\ 0) \end{cases}$

(2) $f(x,\ y)=\begin{cases} xy\ln(x^2+y^2), & (x,\ y)\neq(0,\ 0) \\ 0 \quad , & (x,\ y)=(0,\ 0) \end{cases}$

## 9.2 편도함수

2변수함수 $z=f(x,\ y)$에서 $y=b$를 일정한 값이라 하고, $f(x,\ b)$를 $x$만의 함수라 할 때 $x=a$에서의 미분계수

$$\lim_{\Delta x\to 0}\frac{f(a+\Delta x,\ b)-f(a,\ b)}{\Delta x}$$

가 존재하면 이 값을 점 $(a,\ b)$에서 $z=f(x,\ y)$의 $x$에 관한 **편미분계수**(partial differential coefficient)라 하고 $f_x(a,\ b)$로 나타낸다. 마찬가지로 $x=a$를 일정한 값이라 하면, $f(a,\ y)$는 $y$만의 함수가 되고 $y=b$에서의 미분계수

$$\lim_{\Delta y\to 0}\frac{f(a,\ b+\Delta y)-f(a,\ b)}{\Delta y}$$

가 존재하면 이 값을 점 $(a,\ b)$에서 $z=f(x,\ y)$의 $y$에 관한 **편미분계수**라 하고 $f_y(a,\ b)$로 나타낸다. 그리고 2변수함수 $z=f(x,\ y)$에 대해서 $f_x(a,\ b)$ 및 $f_y(a,\ b)$가 존재할 때, 함수 $f(x,\ y)$는 점 $(a,\ b)$에서 각각 $x,\ y$에 관하여 **편미분가능**(partially differentiable)이라고 한다.

**예제 1**

$f(x,\ y)=x^2+y^2$에 대해 $f_x(1,\ 2)$와 $f_y(1,\ 2)$를 구하여라.

풀이

$$f_x(1,\ 2)=\lim_{\Delta x\to 0}\frac{\{(1+\Delta x)^2+2^2\}-(1^2+2^2)}{\Delta x}$$

$$= \lim_{\Delta x \to 0} \frac{2\Delta x + \Delta x^2}{\Delta x} = 2,$$

$$f_y(1,\ 2) = \lim_{\Delta y \to 0} \frac{\{1^2 + (2 + \Delta y)^2\} - (1^2 + 2^2)}{\Delta y}$$

$$= \lim_{\Delta y \to 0} \frac{4\Delta y + \Delta y^2}{\Delta y} = 4.$$

■

**예제 2**

함수 $f(x,\ y) = |x + y|$는 점 $(0,\ 0)$에서 $x$에 관하여 편미분가능인가?

풀이

$$\lim_{\Delta x \to 0} \frac{f(0 + \Delta x,\ 0) - f(0,\ 0)}{\Delta x} = \lim_{\Delta x \to 0} \frac{|0 + \Delta x + 0|}{\Delta x} = \lim_{\Delta x \to 0} \frac{|\Delta x|}{\Delta x}$$

그런데 $\lim_{\Delta x \to 0} \frac{|\Delta x|}{\Delta x}$의 값이 일정하지 않으므로 $(0,\ 0)$에서 $x$에 관하여 편미분 불가능이다. ■

2변수함수 $z = f(x,\ y)$가 $x$에 관하여 편미분가능일 때

$$\lim_{\Delta x \to 0} \frac{f(x + \Delta x,\ y) - f(x,\ y)}{\Delta x}$$

를 함수 $f$의 $x$에 관한 **편도함수**(partial derivative)라 하고

$$z_x,\quad f_x,\quad f_x(x,\ y),\quad \frac{\partial z}{\partial x},\quad \frac{\partial f}{\partial x},\quad \cdots$$

등으로 나타낸다. 마찬가지로 $z = f(x,\ y)$의 $y$에 관한 편도함수는

$$\lim_{\Delta y \to 0} \frac{f(x,\ y + \Delta y) - f(x,\ y)}{\Delta y}$$

로 정의되며

$$z_y,\quad f_y,\quad f_y(x,\ y),\quad \frac{\partial z}{\partial y},\quad \frac{\partial f}{\partial y},\quad \cdots$$

등으로 나타낸다. 그리고 $z = f(x,\ y)$에서 $f_x(x,\ y)$, $f_y(x,\ y)$를 구하는 것을 각각 $x$, $y$에 관하여 **편미분한다**고 한다.

**예제 3**

$f(x, y)= ax^2+2bxy+cy^2$일 때 편도함수의 정의를 써서 $f_x(x, y)$ 및 $f_y(x, y)$를 구하여라.

풀이

$$\begin{aligned} f_x(x, y) &= \lim_{\Delta x \to 0} \frac{f(x+\Delta x, y)-f(x, y)}{\Delta x} \\ &= \lim_{\Delta x \to 0} \frac{\{a(x+\Delta x)^2+2b(x+\Delta x)y+cy^2\}-(ax^2+2bxy+cy^2)}{\Delta x} \\ &= \lim_{\Delta x \to 0} \frac{2(ax+by)\Delta x+a(\Delta x)^2}{\Delta x} = 2(ax+by). \end{aligned}$$

같은 방법으로

$$f_y(x, y)= 2(bx+cy).$$

■

위의 예는 $f(x, y)$에서 $f_x(x, y)$를 구할 때 $y$를 상수로 간주하고 $f(x, y)$를 $x$에 관한 1변수함수로 생각하여 함수 $f$의 $x$에 대한 도함수를 구하여도 마찬가지임을 말해주고 있다. 실제로 $z=f(x, y)$의 편도함수를 구할 때는 $y$를 상수로 보고 $x$에 관해 미분함으로써 $x$에 관한 편도함수 $f_x(x, y)$를 얻을 수 있으며, 또 $x$를 상수로 보고 $y$에 관해 미분함으로써 $y$에 관한 편도함수 $f_y(x, y)$를 구할 수 있다.

**예제 4**

$w=x^2y^3z^4$일 때 $\dfrac{\partial w}{\partial x}$, $\dfrac{\partial w}{\partial y}$, $\dfrac{\partial w}{\partial z}$를 구하여라.

풀이

$$\frac{\partial w}{\partial x}=2xy^3z^4, \qquad \frac{\partial w}{\partial y}=3x^2y^2z^4, \qquad \frac{\partial w}{\partial z}=4x^2y^3z^3.$$

■

**예제 5**

다음 함수를 $x$ 또는 $y$로 편미분하여라.

(1) $z=x^3+y^3+3xy$

(2) $z=\log_x y$

(3) $z=\sin^{-1}\dfrac{x}{\sqrt{x^2+y^2}}$

풀이 (1) $\dfrac{\partial z}{\partial x}=3(x^2+y)$, $\qquad \dfrac{\partial z}{\partial y}=3(y^2+x)$.

(2) $\log_x y = \dfrac{\ln y}{\ln x}$ 이므로

$$\frac{\partial z}{\partial x} = \ln y \frac{\partial}{\partial x}\left(\frac{1}{\ln x}\right) = (\ln y)\frac{-\dfrac{1}{x}}{(\ln x)^2} = \frac{-\ln y}{x(\ln x)^2}$$

$$\frac{\partial z}{\partial y} = \frac{1}{\ln x}\frac{\partial}{\partial x}(\ln y) = \frac{1}{\ln x}\cdot\frac{1}{y} = \frac{1}{y\ln x}.$$

(3) $$\frac{\partial z}{\partial x} = \frac{\partial}{\partial x}\left(\sin^{-1}\frac{x}{\sqrt{x^2+y^2}}\right)$$

$$= \frac{d}{dt}(\sin^{-1}t)\frac{\partial t}{\partial x} \qquad \left[\text{단},\quad t = \frac{x}{\sqrt{x^2+y^2}}\right]$$

$$= \frac{1}{\sqrt{1-t^2}}\frac{\partial}{\partial x}\left(\frac{x}{\sqrt{x^2+y^2}}\right)$$

$$= \frac{1}{\sqrt{1-\dfrac{x^2}{x^2+y^2}}}\,\frac{1\cdot\sqrt{x^2+y^2} - x\dfrac{x}{\sqrt{x^2+y^2}}}{x^2+y^2}$$

$$= \frac{\sqrt{x^2+y^2}}{\sqrt{y^2}}\times\frac{y^2}{(x^2+y^2)^{\frac{3}{2}}}$$

$$= \frac{y^2}{|y|(x^2+y^2)} = \frac{|y|}{x^2+y^2},$$

$$\frac{\partial z}{\partial y} = \frac{d}{dt}(\sin^{-1}t)\frac{\partial t}{\partial y} = \frac{1}{\sqrt{1-t^2}}\cdot\frac{-x\dfrac{y}{\sqrt{x^2+y^2}}}{x^2+y^2} \qquad \left[\text{단},\ t = \frac{x}{\sqrt{x^2+y^2}}\right]$$

$$= \frac{\sqrt{x^2+y^2}}{|y|}\cdot\frac{-xy}{(x^2+y^2)^{\frac{3}{2}}} = -\frac{xy}{|y|(x^2+y^2)}.$$ ■

**예제 6**

$z = \dfrac{xy}{y+x}$ 일 때 $x\dfrac{\partial z}{\partial x} + y\dfrac{\partial z}{\partial y} = z$ 임을 보여라.

풀이

$$\frac{\partial z}{\partial x} = \frac{y(x+y)-xy}{(x+y)^2} = \frac{y^2}{(x+y)^2},$$

$$\frac{\partial z}{\partial y} = \frac{x(x+y)-xy}{(x+y)^2} = \frac{x^2}{(x+y)^2}$$ 이므로

$$\therefore\ x\frac{\partial z}{\partial x}+y\frac{\partial z}{\partial y}=\frac{xy^2}{(x+y)^2}+\frac{x^2y}{(x+y)^2}=\frac{xy}{x+y}=z.$$ ■

다음은 한 점 $P$에서 편미분계수의 기하학적 의미에 대하여 살펴보자. [그림 9-4]에서와 같이 곡면을 함수 $z=f(x,\ y)$의 그래프라 하자. 곡면 위의 한 점 $P(x,\ y)$를 지나고 $xz$평면과 평행인 평면으로 곡면을 자르면 한 곡선 $APB$를 얻는다. 한 점이 이 곡선을 따라 움직인다면 $z$와 $x$는 변하지만 $y$는 변하지 않고 일정할 것이다. 따라서 점 $P(x,\ y)$에서의 함수 $z=f(x,\ y)$의 $x$에 관한 편미분계수 $\frac{\partial z}{\partial x}$는 곡선 $APB$의 점 $P$에서의 접선의 기울기를 의미한다. 곡선 $CPD$에 관하여도 같은 방법으로 생각하여 다음과 같은 편미분계수의 기하학적 의미를 얻는다.

$\frac{\partial z}{\partial x}$($P$에서의 $x$에 관한 편미분계수)$=\tan\alpha$ ; $P$에서 곡선 $APB$의 접선의 기울기

$\frac{\partial z}{\partial y}$($P$에서의 $y$에 관한 편미분계수)$=\tan\beta$ ; $P$에서 곡선 $CPD$의 접선의 기울기

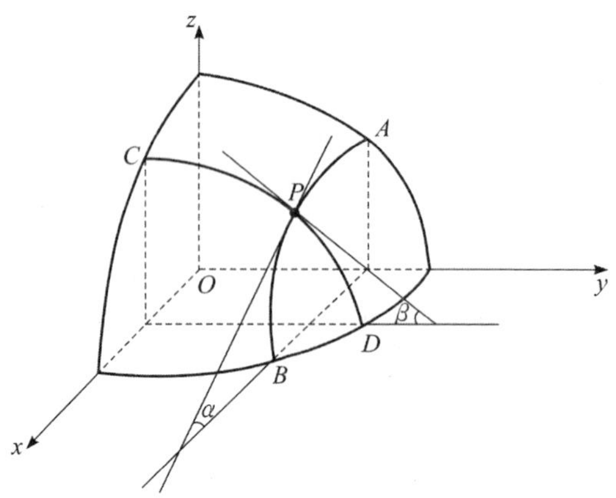


[그림 9-4]

한편, 함수 $z=f(x,\ y)$의 편도함수는 일반적으로 $x,\ y$의 함수가 되므로 이것을 다시 편미분할 수 있다. 그 결과를 다음의 기호를 사용하여 나타낸다.

$$\frac{\partial}{\partial x}\left(\frac{\partial z}{\partial x}\right)=\frac{\partial^2 z}{\partial x^2}=z_{xx}=\frac{\partial^2 f}{\partial x^2}=f_{xx}(x,\ y)$$

$$\frac{\partial}{\partial x}\left(\frac{\partial z}{\partial y}\right)=\frac{\partial^2 z}{\partial x\partial y}=z_{yx}=\frac{\partial^2 f}{\partial x\partial y}=f_{yx}(x,\ y)$$

$$\frac{\partial}{\partial y}\left(\frac{\partial z}{\partial x}\right)=\frac{\partial^2 z}{\partial y \partial x}=z_{xy}=\frac{\partial^2 f}{\partial y \partial x}=f_{xy}(x,\ y)$$
$$\frac{\partial}{\partial y}\left(\frac{\partial z}{\partial y}\right)=\frac{\partial^2 z}{\partial y^2}=z_{yy}=\frac{\partial^2 f}{\partial y^2}=f_{yy}(x,\ y)$$

등으로 표시하고 이들을 제 2계편도함수라 한다. 다시 편미분이 가능하면

$$\frac{\partial}{\partial x}\left(\frac{\partial^2 z}{\partial x \partial y}\right)=\frac{\partial^3 z}{\partial x \partial x \partial y}=\frac{\partial^3 z}{\partial^2 x \partial y}=z_{yxx}=\frac{\partial^2 f}{\partial^2 x \partial y}=f_{yxx}(x,\ y)$$
$$\frac{\partial}{\partial x}\left(\frac{\partial^2 z}{\partial x^2}\right)=\frac{\partial^3 z}{\partial x \partial x^2}=\frac{\partial^3 z}{\partial x^3}=z_{xxx}=\frac{\partial^3 f}{\partial x^3}=f_{xxx}(x,\ y)$$
$$\frac{\partial}{\partial x}\left(\frac{\partial^2 z}{\partial y \partial x}\right)=\frac{\partial^3 z}{\partial x \partial y \partial x}=z_{xyx}=\frac{\partial^3 f}{\partial x \partial y \partial x}=f_{xyx}(x,\ y)$$

등으로 표시하고 이들을 제 3계편도함수라 한다.

이와 마찬가지로 제 $n$계편도함수를 정의할 수 있으며 이들을 합쳐서 **고계편도함수**(higher partial derivative)라 한다. 고계편도함수에 대하여 $\frac{\partial z}{\partial x}$, $\frac{\partial z}{\partial y}$를 제 1계편도함수라 부른다.

제 2계편도함수 $f_{xy}$와 $f_{yx}$의 차이는 $x$와 $y$중 어느 것에 관하여 먼저 편미분했느냐 하는 순서의 차이이다. 미분하는 순서를 임의로 바꿀 수는 없으나 다음 정리는 그 순서를 바꿀 수 있는 충분조건을 말해 준다.

**정리 9.5**

$f_x$, $f_y$, $f_{xy}$가 모두 존재하고 $f_{xy}$가 연속이면, $f_{yx}$도 존재하고 $f_{xy}=f_{yx}$이다.

**증명** $y$와 $y+\Delta y$를 고정하고 $x$의 함수

$$\varphi(x)=f(x,\ y+\Delta y)-f(x,\ y)$$

를 생각하면 가정에서 $f_x$가 존재하므로 $\varphi(x)$는 미분가능이다. 따라서

$$\begin{aligned}\Delta &= f(x+\Delta x,\ y+\Delta y)-f(x+\Delta x,\ y)-f(x,\ y+\Delta y)+f(x,\ y)\\ &=\varphi(x+\Delta x)-\varphi(x)=\varphi'(x+\theta\Delta x)\Delta x \quad (\text{단},\ \ 0<\theta<1)\\ &=\{f_x(x+\theta\Delta x,\ y+\Delta y)-f_x(x+\theta\Delta x,\ y)\}\Delta x.\end{aligned}$$

또 가정에 의하여 $f_{xy}$가 존재하므로 윗식의 { }안을 $y$만의 함수로 보고 평균값의 정리를 적용하면

$$\Delta = f_{xy}(x+\theta\Delta x,\ y+\theta_1\Delta y)\Delta x\Delta y \quad (0<\theta,\ \theta_1<1).$$

그리고 다시 가정에 의하여 $f_{xy}$가 연속이므로

$$\lim_{\substack{\Delta x\to 0\\ \Delta y\to 0}}\frac{\Delta}{\Delta x\Delta y}=\lim_{\substack{\Delta x\to 0\\ \Delta y\to 0}} f_{xy}(x+\theta\Delta x,\ y+\theta_1\Delta y)=f_{xy}(x,\ y).$$

그런데 9.1절 정리 9.1에 의하여

$$\begin{aligned}\lim_{\substack{\Delta x\to 0\\ \Delta y\to 0}}\frac{\Delta}{\Delta x\Delta y}&=\lim_{\Delta x\to 0}\left(\lim_{\Delta y\to 0}\frac{\Delta}{\Delta x\Delta y}\right)\\ &=\lim_{\Delta x\to 0}\left[\frac{1}{\Delta x}\lim_{\Delta y\to 0}\left\{\frac{f(x+\Delta x,\ y+\Delta y)-f(x+\Delta x,\ y)}{\Delta y}-\frac{f(x,\ y+\Delta y)-f(x,\ y)}{\Delta y}\right\}\right]\\ &=\lim_{\Delta x\to 0}\frac{1}{\Delta x}\{f_y(x,\ y+\Delta y)-f_y(x,\ y)\}=f_{yx}(x,\ y)\end{aligned}$$

□

**주의** 제 3계편도함수가 존재하고 연속이면 $f_{xxy}(x,\ y)=f_{xyx}(x,\ y)=f_{yxx}(x,\ y)$가 성립한다. 이 결과에서 고계의 편도함수에 있어서도 그것이 연속일 때, 편미분의 순서를 바꿀 수 있음을 알 수 있다.

### 예제 7

$f(x,\ y)=\dfrac{x-y}{y+x}$일 때, $\dfrac{\partial^2 f}{\partial x^2}$, $\dfrac{\partial^2 f}{\partial y\partial x}$, $\dfrac{\partial^2 f}{\partial y^2}$을 구하여라.

**풀이**

$$\frac{\partial f}{\partial x}=\frac{(x+y)-(x-y)}{(x+y)^2}=\frac{2y}{(x+y)^2}$$

$$\frac{\partial f}{\partial y}=\frac{-(x+y)-(x-y)}{(x+y)^2}=\frac{-2x}{(x+y)^2}$$

$$\frac{\partial^2 f}{\partial x^2}=\frac{\partial}{\partial x}\left(\frac{\partial f}{\partial x}\right)=\frac{-4y(x+y)}{(x+y)^4}=\frac{-4y}{(x+y)^3}$$

$$\frac{\partial^2 f}{\partial y\partial x}=\frac{\partial}{\partial y}\left(\frac{\partial f}{\partial x}\right)=\frac{2(x+y)^2-4y(x+y)}{(x+y)^4}=\frac{2(x-y)}{(x+y)^3}$$

$$\frac{\partial^2 f}{\partial y^2}=\frac{\partial}{\partial y}\left(\frac{\partial f}{\partial y}\right)=\frac{4x(x+y)}{(x+y)^4}=\frac{4x}{(x+y)^3}$$

■

**예제 8**

$z=e^{xy}$이면 $z_{xxy}=z_{xyx}=z_{yxx}$임을 보여라.

풀이 $z_x=ye^{xy},\quad z_y=xe^{xy}$이므로 $z_{xx}=y^2e^{xy},\quad z_{xy}=(1+xy)e^{xy}=z_{yx}$

$$\therefore\ z_{xxy}=2ye^{xy}+xy^2e^{xy}=(2y+xy^2)e^{xy}$$

$$z_{xyx}=z_{yxx}=ye^{xy}+(1+xy)ye^{xy}=(2y+xy^2)e^{xy}$$

$$\therefore\ z_{xxy}=z_{xyx}=z_{yxx}.$$

■

**문제 1**

$z=xf(ax+by)+yg(ax+by)$일 때 다음 등식이 성립함을 보여라.

$$b^2\frac{\partial^2 z}{\partial x^2}-2ab\frac{\partial^2 z}{\partial x\partial y}+a^2\frac{\partial^2 z}{\partial y^2}=0.$$

## 연습문제 9.2

Exercises

**1.** 다음 함수의 편도함수를 구하여라.

(1) $z=\sin x+\sin y+\sin(x+y)$

(2) $z=\dfrac{xy}{\sqrt{x^2-y^2}}$

(3) $z=x^2\tan^{-1}\dfrac{y}{x}+y^2\tan^{-1}\dfrac{y}{x}$

(4) $z=x^y$

(5) $z=x\sin(y-x)$

(6) $z=x\ln\dfrac{y}{x}$

※ 다음 등식을 증명하여라.

**2.** $z=x\cos\left(\dfrac{y}{x}\right)+\tan\left(\dfrac{y}{x}\right)$일 때, $x^2z_{xx}+2xyz_{xy}+y^2z_{yy}=0.$

**3.** $w=\left(\dfrac{x-y+z}{x+y-z}\right)^n$일 때, $x\dfrac{\partial w}{\partial x}+y\dfrac{\partial w}{\partial y}+z\dfrac{\partial w}{\partial z}=0.$

**4.** $z=\sqrt{x^2-y^2}\sin\dfrac{y}{x}$일 때, $x\dfrac{\partial z}{\partial x}+y\dfrac{\partial z}{\partial y}=z.$

**5.** $z=\tan^{-1}\dfrac{y}{x}$일 때, $\dfrac{\partial^2 z}{\partial x^2}+\dfrac{\partial^2 z}{\partial y^2}=0.$

**6.** $z=f(x+at)+\phi(x-at)$일 때, $\dfrac{\partial^2 z}{\partial t^2}=a^2\dfrac{\partial^2 z}{\partial x^2}.$

**7.** $u=\dfrac{1}{r},\quad r=\sqrt{x^2+y^2+z^2}$일 때, $\left(\dfrac{\partial u}{\partial x}\right)^2+\left(\dfrac{\partial u}{\partial y}\right)^2+\left(\dfrac{\partial u}{\partial z}\right)^2=\dfrac{1}{r^4}.$

**8.** 다음 함수의 $x$ 및 $y$에 관한 2계편도함수를 구하여라.

(1) $z=\tan^{-1}\dfrac{x}{y}$ (2) $z=\sin^{-1}\dfrac{x}{y}$

(3) $z=\dfrac{x}{\sqrt{x^2+y^2}}$ (4) $z=x^3y+3x^2y^3$

(5) $z=\ln x^2y^2$ (6) $z=e^{xy}\sin xy$

**9.** $u=e^{xyz}$일 때 $\dfrac{\partial^3 u}{\partial x\,\partial y\,\partial z}$를 구하여라.

**10.** $\dfrac{1}{u^2}=x^2+y^2+z^2$일 때 다음 식을 증명하여라.

$$\frac{\partial^2 u}{\partial x^2}+\frac{\partial^2 u}{\partial y^2}+\frac{\partial^2 u}{\partial z^2}=0.$$

## 9.3 합성함수의 편미분

함수 $z=f(x,\ y)$에서 $x$ 및 $y$가 동시에 변화할 때 $z$의 변화량을 조사하여 보자. $x$의 증분을 $\Delta x$, $y$의 증분을 $\Delta y$라 하고 이때 $z$증분을 $\Delta z$라 하면

$$z+\Delta z=f(x+\Delta x,\ y+\Delta y)$$

에서

$$\begin{aligned}\Delta z&=f(x+\Delta x,\ y+\Delta y)-f(x,\ y)\\&=f(x+\Delta x,\ y+\Delta y)-f(x,\ y+\Delta y)+f(x,\ y+\Delta y)-f(x,\ y)\end{aligned}$$

이고 $f(x,\ y+\Delta y)$를 $x$의 함수로 보고, 평균값의 정리를 적용하면 윗식의 처음 두 항은

$$f(x+\Delta x,\ y+\Delta y)-f(x,\ y+\Delta y)=f_x(x+\theta_1\Delta x,\ y+\Delta y)\Delta x.\quad (0<\theta_1<1)$$

마찬가지로, $f(x,\ y)$를 $y$만의 함수로 보고 평균값의 정리를 적용하면 나머지 두 항은 다음과 같이 된다.

$$f(x,\ y+\Delta y)-f(x,\ y)=f_y(x,\ y+\theta_2\Delta y)\Delta y\quad (0<\theta_2<1)$$

따라서 다음 등식이 성립한다.

$$\Delta z=f_x(x+\theta_1\Delta x,\ y+\Delta y)\Delta x+f_y(x,\ y+\theta_2\Delta y)\Delta y \tag{1}$$

함수 $z=f(x,\ y)$에 있어서 $x,\ y$가 다같이 다른 변수 $t$의 함수일 때에는 $z$가 $t$만의 함수가 된다. 따라서 $t$에 관한 $z$의 도함수를 생각할 수 있다.

**정리 9.6**

$z=f(x,\ y)$가 $x,\ y$에 관해서 편미분가능이며 편도함수 $f_x(x,\ y)$, $f_y(x,\ y)$가 연속이고 $x,\ y$가 또 다른 변수 $t$의 미분가능인 함수이면 $z$는 $t$에 관해서 미분가능이며 다음 등식을 만족한다.

$$\frac{dz}{dt}=\frac{\partial z}{\partial x}\frac{dx}{dt}+\frac{\partial z}{\partial y}\frac{dy}{dt} \tag{2}$$

**증명** $x=g(t)$, $y=h(t)$라 하면 결국 $z$는 $x,\ y$를 매개로 한 $t$만의 함수로 볼 수 있다. 이것을 연쇄관계 $z\to(x,\ y)\to t$로 쓰기로 하면 여기에서도 $z$는 $t$만의 함수임을 알 수 있다. 식 (1)의 양변을 $t$의 증분 $\Delta t$로 나누면

$$\frac{\Delta z}{\Delta t}=f_x(x+\theta_1\Delta x,\ y+\Delta y)\frac{\Delta x}{\Delta t}+f_y(x,\ y+\theta_2\Delta y)\frac{\Delta y}{\Delta t}\quad (0<\theta_1,\quad \theta_2<1)$$

가 된다. 여기서 $\Delta t\to 0$일 때 $\Delta x,\ \Delta y\to 0$이고, 가정에서 $f_x(x,\ y)$, $f_y(x,\ y)$가 연

속이므로

$$\lim_{\Delta t \to 0} \frac{\Delta z}{\Delta t} = \lim_{\Delta t \to 0} f_x(x+\theta_1 \Delta x,\ y+\Delta y)\frac{\Delta x}{\Delta t} + \lim_{\Delta t \to 0} f_y(x,\ y+\theta_2 \Delta y)\frac{\Delta y}{\Delta t}$$

$$\therefore\ \frac{dz}{dt} = f_x(x,\ y)\frac{dx}{dt} + f_y(x,\ y)\frac{dy}{dt}$$

즉,

$$\frac{dz}{dt} = \frac{\partial z}{\partial x}\frac{dx}{dt} + \frac{\partial z}{\partial y}\frac{dy}{dt}. \qquad \square$$

**참고** 다음과 같이 생각하면 합성함수의 도함수를 쉽게 구할 수 있다. 위 정리에서 함수의 변수들간의 연쇄관계를 나타내면 아래의 chain이 된다. 이때 $z$를 $t$로 미분하는 것은 $z$에서 $t$에 이르는 모든 화살표를 찾는 것이며 한 변수에 대하여 나가는 방향의 화살표가 두 개 이상이면 $\partial$ 로, 하나이면 $d$로 표시하면 위 정리의 (2)식이 된다.

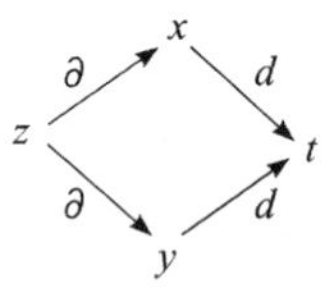


**예제 1**

$z = \sin \frac{x}{y}$, $x = e^t$, $y = t^2$일 때 $\frac{dz}{dt}$를 구하여라.

**풀이** $\frac{\partial z}{\partial x} = \frac{1}{y}\cos \frac{x}{y}$, $\frac{\partial z}{\partial y} = -\frac{x}{y^2}\cos \frac{x}{y}$, $\frac{dx}{dt} = e^t$, $\frac{dy}{dt} = 2t$이므로 식 (2)에 의하여

$$\begin{aligned}\frac{dz}{dt} &= \left(\frac{1}{y}\cos \frac{x}{y}\right)e^t + \left(-\frac{x}{y^2}\cos \frac{x}{y}\right)2t \\ &= \left(\frac{e^t}{y} - \frac{2xt}{y^2}\right)\cos \frac{x}{y} = \frac{(t-2)e^t}{t^3}\cos \frac{e^t}{t^2}.\end{aligned} \qquad \blacksquare$$

**정리 9.7**

$z = f(x,\ y)$, $y = g(x)$일 때

$$\frac{dz}{dx}=\frac{\partial z}{\partial x}+\frac{\partial z}{\partial y}\frac{dy}{dx}$$

이다.

증명 식 (1)의 양변을 $x$의 증분 $\Delta x$로 나누면 다음이 성립한다.

$$\frac{\Delta z}{\Delta x}=f_x(x+\theta_1\Delta x,\ y+\Delta y)\frac{\Delta x}{\Delta x}+f_y(x,\ y+\theta_2\Delta y)\frac{\Delta y}{\Delta x}$$

여기서 $\lim_{\Delta x\to 0}\frac{\Delta z}{\Delta x}=\frac{dz}{dx}$, $\lim_{\Delta x\to 0}\frac{\Delta y}{\Delta x}=\frac{dy}{dx}$임을 알 수 있다. 따라서 $\Delta x\to 0$일 때 윗식은

$$\frac{dz}{dx}=f_x(x,\ y)+f_y(x,\ y)\frac{dy}{dx}$$

$$\therefore\ \frac{dz}{dx}=\frac{\partial z}{\partial x}+\frac{\partial z}{\partial y}\frac{dy}{dx}.$$ □

**예제 2**

$z=\frac{x}{y}$, $x^2+y^2=16$일 때 $\frac{dz}{dx}$를 구하여라.

풀이 $z=\frac{x}{y}$에서 $\frac{\partial z}{\partial x}=\frac{1}{y}$, $\frac{\partial z}{\partial y}=-\frac{x}{y^2}$이고, $x^2+y^2=16$에서 $2x+2y\frac{dy}{dx}=0$이므로 $\frac{dy}{dx}=-\frac{x}{y}$이다.

$$\therefore\ \frac{dz}{dx}=\frac{\partial z}{\partial x}+\frac{\partial z}{\partial y}\frac{dy}{dx}$$

$$=\frac{1}{y}+\left(-\frac{x}{y^2}\right)\left(-\frac{x}{y}\right)=\frac{y^2+x^2}{y^3}=\frac{16}{y^3}.$$ ■

**예제 3**

$u=\ln(x^2+y^2+z^2)$, $y=x\sin x$, $z=x\cos x$에서 $\frac{du}{dx}$를 구하여라.

풀이 $\frac{du}{dx}=\frac{\partial u}{\partial x}+\frac{\partial u}{\partial y}\frac{dy}{dx}+\frac{\partial u}{\partial z}\frac{dz}{dx}$이고, 이때

$$\frac{\partial u}{\partial x} = \frac{2x}{x^2+y^2+z^2}, \quad \frac{\partial u}{\partial y} = \frac{2y}{x^2+y^2+z^2}, \quad \frac{\partial u}{\partial z} = \frac{2z}{x^2+y^2+z^2}$$

$\dfrac{dy}{dx} = \sin x + x\cos x, \quad \dfrac{dz}{dx} = \cos x - x\sin x$ 이므로

$$\begin{aligned}
\therefore \frac{du}{dx} &= \frac{2x}{x^2+y^2+z^2} + \frac{2y}{x^2+y^2+z^2}(\sin x + x\cos x) \\
&\quad + \frac{2z}{x^2+y^2+z^2}(\cos x - x\sin x) \\
&= \frac{2}{x^2+y^2+z^2}\{x + y(\sin x + x\cos x) + z(\cos x - x\sin x)\} \\
&= \frac{2}{x^2+y^2+z^2}\{x + x\sin x(\sin x + x\cos x) + x\cos x(\cos x - x\sin x)\} \\
&= \frac{2}{2x^2}(x+x) = \frac{2}{x}.
\end{aligned}$$

■

**정리 9.8**

$z = f(x, y)$가 연속인 편도함수를 가지며 $x = \phi(u, v)$, $y = \psi(u, v)$가 편미분가능이면

$$\frac{\partial z}{\partial u} = \frac{\partial z}{\partial x}\frac{\partial x}{\partial u} + \frac{\partial z}{\partial y}\frac{\partial y}{\partial u},$$

$$\frac{\partial z}{\partial v} = \frac{\partial z}{\partial x}\frac{\partial x}{\partial v} + \frac{\partial z}{\partial y}\frac{\partial y}{\partial v}.$$

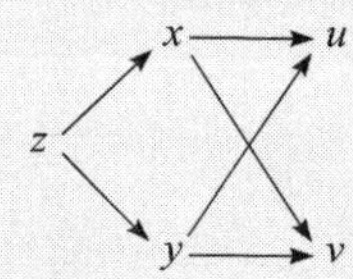


**증명** 식 (1)의 양변을 $u$의 증분 $\Delta u$로 나누면

$$\frac{\Delta z}{\Delta u} = f_x(x + \theta_1 \Delta x,\ y + \Delta y)\frac{\Delta x}{\Delta u} + f_y(x,\ y + \theta_2 \Delta y)\frac{\Delta y}{\Delta u}$$

가 된다. 여기서 $\Delta u \to 0$일 때 $\Delta x$, $\Delta y \to 0$이고

$$\lim_{\Delta u \to 0}\frac{\Delta x}{\Delta u} = \frac{\partial x}{\partial u}, \qquad \lim_{\Delta u \to 0}\frac{\Delta y}{\Delta u} = \frac{\partial y}{\partial u}$$

$$\therefore \frac{\partial z}{\partial u} = f_x(x, y)\frac{\partial x}{\partial u} + f_y(x, y)\frac{\partial y}{\partial u}$$

즉

$$\frac{\partial z}{\partial u} = \frac{\partial z}{\partial x}\frac{\partial x}{\partial u} + \frac{\partial z}{\partial y}\frac{\partial y}{\partial u}.$$

같은 방법으로

$$\frac{\partial z}{\partial v} = \frac{\partial z}{\partial x}\frac{\partial x}{\partial v} + \frac{\partial z}{\partial y}\frac{\partial y}{\partial v}. \qquad \square$$

**따름정리 9.1**

함수 $f(x, y, z)$가 연속인 1계편도함수를 가지며, 또 $x$, $y$ 및 $z$가 각각 $s$와 $t$를 변수로 갖는 연속함수이고 1계편도함수를 가지면

$$\frac{\partial f}{\partial s} = \frac{\partial f}{\partial x}\frac{\partial x}{\partial s} + \frac{\partial f}{\partial y}\frac{\partial y}{\partial s} + \frac{\partial f}{\partial z}\frac{\partial z}{\partial s},$$

$$\frac{\partial f}{\partial t} = \frac{\partial f}{\partial x}\frac{\partial x}{\partial t} + \frac{\partial f}{\partial y}\frac{\partial y}{\partial t} + \frac{\partial f}{\partial z}\frac{\partial z}{\partial t}$$

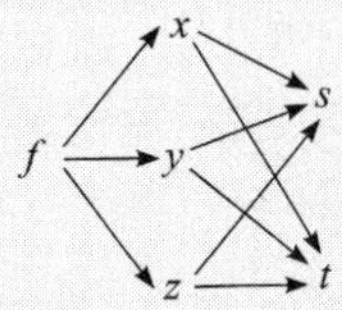


이다.

**따름정리 9.2**

$z = f(x),\ x = g(u,\ v)$이면

$$\frac{\partial z}{\partial u} = \frac{dz}{dx}\frac{\partial x}{\partial u}, \qquad \frac{\partial z}{\partial v} = \frac{dz}{dx}\frac{\partial x}{\partial v}$$

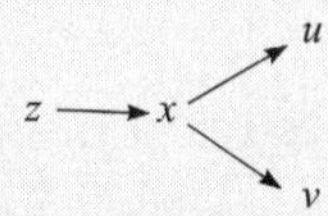


이 성립한다.

**예제 4**

$z = \sin^{-1}\left(\dfrac{y}{x}\right),\ x = u^2 + v^2,\ y = 2uv,\ u^2 > v^2$일 때 $\dfrac{\partial z}{\partial u}$를 구하여라.

풀이 $\dfrac{\partial z}{\partial u} = \dfrac{\partial z}{\partial x}\dfrac{\partial x}{\partial u} + \dfrac{\partial z}{\partial y}\dfrac{\partial y}{\partial u}$이고,

$$\frac{\partial z}{\partial x}=\frac{-\dfrac{y}{x^2}}{\sqrt{1-\left(\dfrac{y}{x}\right)^2}}=\frac{-y}{x\sqrt{x^2-y^2}}, \qquad \frac{\partial x}{\partial u}=2u,$$

$$\frac{\partial z}{\partial y}=\frac{\dfrac{1}{x}}{\sqrt{1-\left(\dfrac{y}{x}\right)^2}}=\frac{1}{\sqrt{x^2-y^2}}, \qquad \frac{\partial y}{\partial u}=2v$$

$$\begin{aligned}\therefore\ \frac{\partial z}{\partial u}&=\frac{-y}{x\sqrt{x^2-y^2}}(2u)+\frac{1}{\sqrt{x^2-y^2}}(2v)\\&=\frac{-2uy+2vx}{x\sqrt{x^2-y^2}}\end{aligned}$$

여기서 $x^2-y^2=(u^2+v^2)^2-4u^2v^2=(u^2-v^2)^2$이고, 조건에서 $u^2>v^2$이므로 $\sqrt{x^2-y^2}=u^2-v^2$이다.

$$\begin{aligned}\therefore\ \frac{\partial z}{\partial u}&=\frac{-2u\cdot 2uv+2v(u^2+v^2)}{(u^2+v^2)(u^2-v^2)}\\&=\frac{-2v(u^2-v^2)}{(u^2+v^2)(u^2-v^2)}=\frac{-2v}{u^2+v^2}.\end{aligned}$$

■

**예제 5**

$z=f(x,\ y)$, $x=r\cos\theta$, $y=r\sin\theta$일 때 다음 등식이 성립함을 보여라.

$$\left(\frac{\partial z}{\partial x}\right)^2+\left(\frac{\partial z}{\partial y}\right)^2=\left(\frac{\partial z}{\partial r}\right)^2+\frac{1}{r^2}\left(\frac{\partial z}{\partial \theta}\right)^2$$

풀이 $\dfrac{\partial z}{\partial r}=\dfrac{\partial z}{\partial x}\cos\theta+\dfrac{\partial z}{\partial y}\sin\theta$, $\dfrac{\partial z}{\partial \theta}=\dfrac{\partial z}{\partial x}(-r\sin\theta)+\dfrac{\partial z}{\partial y}(r\cos\theta)$

$$\begin{aligned}\therefore\ \left(\frac{\partial z}{\partial r}\right)^2+\frac{1}{r^2}\left(\frac{\partial z}{\partial \theta}\right)^2&=\left(\frac{\partial z}{\partial x}\cos\theta+\frac{\partial z}{\partial y}\sin\theta\right)^2+\left(-\frac{\partial z}{\partial x}\sin\theta+\frac{\partial z}{\partial y}\cos\theta\right)^2\\&=\left(\frac{\partial z}{\partial x}\right)^2+\left(\frac{\partial z}{\partial y}\right)^2.\end{aligned}$$

■

**예제 6**

$u=x^3y$, $x^5+y=t$, $x^2+y^3=t^2$일 때 $\dfrac{du}{dt}$를 구하여라.

풀이 $\dfrac{du}{dt}=\dfrac{\partial u}{\partial x}\dfrac{dx}{dt}+\dfrac{\partial u}{\partial y}\dfrac{dy}{dt}$이고, 이때 $\dfrac{\partial u}{\partial x}=3x^2y,\ \dfrac{\partial u}{\partial y}=x^3$이다.

지금 $x^5+y=t,\ x^2+y^3=t^2$를 $t$에 대하여 미분하면

$$5x^4\frac{dx}{dt}+\frac{dy}{dt}=1, \qquad 2x\frac{dx}{dt}+3y^2\frac{dy}{dt}=2t.$$

이 두 식을 연립하여 $\dfrac{dx}{dt},\ \dfrac{dy}{dt}$를 구하면

$$\frac{dx}{dt}=\frac{3y^2-2t}{15x^4y^2-2x}, \quad \frac{dy}{dt}=\frac{10x^4t-2x}{15x^4y^2-2x},$$

$$\therefore \quad \frac{du}{dt}=3x^2y\left(\frac{3y^2-2t}{15x^4y^2-2x}\right)+x^3\left(\frac{10x^4t-2x}{15x^4y^2-2x}\right).$$ ■

## 연습문제 9.3 Exercises

**1.** 다음 함수에서 $\dfrac{dz}{dx}$를 구하여라.

(1) $z=x^2+2xy-3y^2, \quad x-3y+15=0$

(2) $z=xy+\ln(x+y), \quad y=\sqrt{1+x^2}$

(3) $z=\dfrac{x+y}{x+w}, \quad y=\ln x, \quad w=\ln\dfrac{1}{x}$

**2.** 다음 함수에서 $\dfrac{dz}{dt}$를 구하여라.

(1) $z=x^3+y^3, \quad x=t, \quad y=t^3$

(2) $z=\dfrac{y}{x}, \quad x=\cos t, \quad y=\sin t$

(3) $z=\tan^{-1}(xy), \quad x=\sin t, \quad y=\sec t$

(4) $z=x\sin y, \quad x=\dfrac{1}{t}, \quad y=\tan^{-1}t$

**3.** $u=r^2+s^2, \quad r=x+y, \quad s=x-y$일 때 $\dfrac{\partial u}{\partial x},\ \dfrac{\partial u}{\partial y}$를 구하여라.

**4.** $u=r^2\sin 2\theta,\quad r=\sqrt{x^2+y^2},\quad \theta=\tan^{-1}\dfrac{y}{x}$에서 $\dfrac{\partial u}{\partial x},\ \dfrac{\partial u}{\partial y}$를 구하여라.

**5.** $z=\tan^{-1}\dfrac{x}{y},\quad x=u^2+v^2,\quad y=u^2-v^2$일 때 $\dfrac{\partial z}{\partial u}$를 구하여라.

**6.** $z=f(x,\ y),\ y=\phi(x)$일 때 $\dfrac{d^2z}{dx^2}$를 구하여라.

**7.** $z=f(u,\ v),\ u=\phi(x),\ v=\psi(x)$일 때 $\dfrac{d^2z}{dx^2}$를 구하여라.

**8.** 다음 식의 값을 구하여라.

(1) $z=\ln(x^3+y^2)$일 때 $x\dfrac{\partial z}{\partial x}+y\dfrac{\partial z}{\partial y}$

(2) $z=\ln(e^x+e^y)$일 때 $\dfrac{\partial z}{\partial x}+\dfrac{\partial z}{\partial y}$

(3) $u=\dfrac{e^{xy}}{e^x+e^y}$일 때 $\dfrac{\partial u}{\partial x}+\dfrac{\partial u}{\partial y}$

(4) $u=\begin{vmatrix} 1 & 1 & 1 \\ x & y & z \\ x^2 & y^2 & z^2 \end{vmatrix}$일 때 $u_x+u_y+u_z$

**9.** $z=f(x,\ y),\quad x=u+v,\quad y=uv$일 때 다음 등식을 증명하여라.

$$z_{uu}-2z_{uv}+z_{vv}=(x^2-4y)z_{yy}-2z_y$$

## 9.4 전미분

2변수함수 $z=f(x,\ y)$에 있어서 $x,\ y$의 증분 $\Delta x,\ \Delta y$에 대응하는 $z$의 증분을 $\Delta z$라 하면

$$\Delta z=f(x+\Delta x,\quad y+\Delta y)-f(x,\ y) \tag{1}$$

이다. 지금 함수 $z=f(x, y)$가 점 $(x, y)$의 근방에서 연속이고, 또 이 점에서 편도함수 $f_x(x, y)$, $f_y(x, y)$가 연속이라고 하면 앞 절에서 다음 등식이 성립함을 보았다.

$$\Delta z=f_x(x+\theta_1\Delta x, \ y+\Delta y)\Delta x+f_y(x, \ y+\theta_2\Delta y)\Delta y. \ (0<\theta_1, \ \theta_2<1)$$

가정에 의하여 $f_x(x, y)$, $f_y(x, y)$는 연속이므로

$$f_x(x+\theta_1\Delta x, \ y+\Delta y) = f_x(x, y)+\varepsilon_1$$
$$f_y(x, \ y+\theta_2\Delta y)=f_y(x, y)+\varepsilon_2$$

라 놓으면

$$\lim_{\substack{\Delta x\to 0\\ \Delta y\to 0}}\varepsilon_1=0, \quad \lim_{\substack{\Delta x\to 0\\ \Delta y\to 0}}\varepsilon_2=0$$

이 된다. 즉

$$\Delta z=f_x(x, y)\Delta x+f_y(x, y)\Delta y+\varepsilon_1\Delta x+\varepsilon_2\Delta y. \tag{2}$$

식 (2)에서 $\Delta x$, $\Delta y$가 충분히 작을 때에는 $\varepsilon_1\Delta x+\varepsilon_2\Delta y$는 $\Delta x$, $\Delta y$에 비하여 아주 작은 무한소이므로 이것을 생략한 것을 $dz$로 나타낸다. 즉

$$dz=f_x(x, y)\Delta x+f_y(x, y)\Delta y. \tag{3}$$

이때 $dz$를 함수 $z=f(x, y)$의 **전미분**(total differential)이라고 부른다. 특히 $z=x$ 또는 $z=y$일 때 식 (3)은 각각 $dx=\Delta x$ 또는 $dy=\Delta y$가 된다. 즉 각 독립변수의 미분은 그 증분과 같으므로 식 (3)은 다음과 같이 쓸 수 있다.

$$dz=f_x(x, y)dx+f_y(x, y)dy=\frac{\partial z}{\partial x}dx+\frac{\partial z}{\partial y}dy.$$

독립변수가 세 개 이상인 함수, 예컨대 $u=f(x, y, z)$에 대해서도 그 전미분을 다음과 같이 정의할 수 있다.

$$du=\frac{\partial u}{\partial x}dx+\frac{\partial u}{\partial y}dy+\frac{\partial u}{\partial z}dz.$$

함수 $u=f(x, y, z, \cdots)$에 있어서 독립변수의 변화가 충분히 작을 때 전미분 $du$는 증분 $\Delta u$의 근삿값이므로 이 $du$를 $u$의 오차로 볼 수 있다. 여기서 $du$를 $u$의 오차라 할 때 비 $\frac{du}{u}$를 $u$의 **상대오차**라 하고, $\frac{du}{u}\times 100$을 **백분율오차**(percentage error)라 한다.

**예제 1**

다음에서 전미분 $du$를 구하여라.

(1) $u=3x^2-6xy$ (2) $u=xy^2z^3$

풀이 (1) $du=\dfrac{\partial u}{\partial x}dx+\dfrac{\partial u}{\partial y}dy=(6x-6y)dx-6xdy.$

(2) $du=\dfrac{\partial u}{\partial x}dx+\dfrac{\partial u}{\partial y}dy+\dfrac{\partial u}{\partial z}dz=y^2z^3dx+2xyz^3dy+3xy^2z^2dz.$ ■

**예제 2**

$z=a\left(\dfrac{y}{x}\right)^{\frac{1}{2}}$일 때 $z$의 전미분을 구하여라.

풀이 전미분의 정의에 의하면

$$dz=\frac{\partial z}{\partial x}dx+\frac{\partial z}{\partial y}dy$$

이므로

$$\frac{\partial z}{\partial x}=\frac{a}{2}\left(\frac{y}{x}\right)^{-\frac{1}{2}}\left(-\frac{y}{x^2}\right)=-\frac{a}{2}\left(\frac{y}{x}\right)^{\frac{1}{2}}\left(\frac{1}{x}\right)=-\frac{z}{2}\left(\frac{1}{x}\right),$$

$$\frac{\partial z}{\partial y}=\frac{a}{2}\left(\frac{y}{x}\right)^{-\frac{1}{2}}\left(\frac{1}{x}\right)=\frac{a}{2}\left(\frac{y}{x}\right)^{\frac{1}{2}}\left(\frac{1}{y}\right)=\frac{z}{2}\left(\frac{1}{y}\right),$$

$$\therefore\ dz=-\frac{z}{2}\frac{dx}{x}+\frac{z}{2}\frac{dy}{y}=\frac{z}{2}\left(\frac{dy}{y}-\frac{dx}{x}\right).$$ ■

**예제 3**

한 삼각형의 두 변과 그 끼인각이 각각 6, 8, 30°에서 6.2, 8.1, 29°로 변했다. 이때 면적의 변화의 근삿값을 구하여라.

풀이 면적의 공식 $s=\dfrac{1}{2}xy\sin\theta$에서 $\Delta s$의 근삿값으로 $ds$를 취하면 된다.

$$ds=\frac{1}{2}y\sin\theta dx+\frac{1}{2}x\sin\theta dy+\frac{1}{2}xy\cos\theta d\theta$$

이고, $x=6$, $y=8$, $\theta=30°$, $dx=0.2$, $dy=0.1$, $d\theta=-1°=-\dfrac{\pi}{180}$을 대입하면

$ds = 0.187$을 얻는다. 실제로 증가한 양은 $\Delta s = 0.174$이다. ■

**예제 4**

한 직원기둥의 지름과 높이를 재어서 각각 5, 8을 얻었다. 이 값에는 각각 $\pm 0.1$의 오차가 있다고 할 때 이 직원기둥의 부피에 미치는 최대상대오차와 백분율오차를 구하여라.

풀이 지름이 $x$, 높이가 $y$인 직원기둥의 부피 $V$는 $V = \frac{1}{4}\pi x^2 y$이다. 이때 양변에 ln을 취하고 미분을 하면

$$\ln V = \ln \frac{\pi}{4} + 2\ln x + \ln y.$$

$$\therefore \frac{dV}{V} = \frac{2dx}{x} + \frac{dy}{y}$$

이다. $dx$, $dy$가 모두 양수일 때 $\frac{dV}{V}$가 최대가 되므로 $x = 5$, $y = 8$, $dx = 0.1$, $dy = 0.1$을 대입하면 최대상대오차

$$\frac{dV}{V} = \frac{2(0.1)}{5} + \frac{0.1}{8} = 0.0525$$

를 얻는다. 따라서 최대의 백분율오차는 5.25%이다. ■

## 연습문제 9.4

**1.** 다음 각 함수의 전미분을 구하여라.

(1) $z = 3x^3 + 4x^2y - 2y^3$

(2) $z = (x^2 - y^2)^3$

(3) $z = (x-y)\ln(x-y)$

(4) $u = a^{xyz}$

(5) $z = xy \sin \frac{1}{\sqrt{x^2+y^2}}$

(6) $u = xy + z^2$

(7) $z = (x^2 + y^2)^3$

(8) $u = x^y y^z z^x$

(9) $z = \ln\left(\frac{x}{y}\right)$

(10) $z = \sin^{-1}\left(\frac{y}{x}\right)$

(11) $z = e^{-x}\cos y$

(12) $z = y^2 \cos 2x$

**2.** 주어진 조건에서 다음 각 함수의 증분과 전미분을 구하여라.

(1) $z = x^2 - 3xy + 2y^2$ : $x = 2,\quad y = -3,\quad \Delta x = -0.3,\quad \Delta y = 0.2$

(2) $z = x\sqrt{x-y}$ : $x = 6,\quad y = 2,\quad \Delta x = \Delta y = 0.25$

(3) $u = x^2yz^3$ : $x = y = 1,\quad z = 2,\quad \Delta x = \Delta z = 0.1,\quad \Delta y = -0.2$

**3.** 곡면 $z = \dfrac{xy}{x+y}$에 있어서 $x = y = 4$인 점으로부터 $x$, $y$가 각각 $\dfrac{1}{10}$증가할 때 $z$의 근사값을 구하여라.

**4.** $\sqrt{(4.99)^3 - (2.02)^2}$의 근삿값을 구하여라.

(힌트: $z = \sqrt{x^3 - y^2}$을 써서 $z + dz$를 구하여라)

**5.** 직각삼각형의 빗변과 다른 한 변의 길이가 각각 17.1cm, 14.9cm일 때 전미분을 이용하여 면적의 근삿값을 구하여라.

**6.** 등변사다리꼴의 윗변, 밑변, 등변을 재었더니 각각 4cm, 10cm, 5cm였다. 이때 2%의 오차가 생겼다고 할 때 면적에 미치는 최대백분율오차를 구하여라.

**7.** $x^2 + y^2 > 0$인 모든 $x$, $y$와 모든 $dx$, $dy$에 대하여 다음이 성립함을 보여라.

$$x\,d\left(\frac{x}{\sqrt{x^2+y^2}}\right) + y\,d\left(\frac{y}{\sqrt{x^2+y^2}}\right) = 0$$

## 9.5 음함수의 미분

[ I ] 두 변수 $x$, $y$ 사이의 관계가

$$f(x,\ y) = 0$$

으로 주어질 때 $y$를 $x$의 음함수(implicit function)라고 한다. 이때 일반적으로 $y$는 $x$의 다가함수가 되지만 이것을 일가함수로 분류하여 생각할 수 있다. 이에 대하여 $y = f(x)$인 형태로 관계가 주어지면 $y$를 $x$의 **양함수**라 한다. 음함수 $f(x, y)=0$의 $y$가 $f_y(x, y) \neq 0$인 점의 근방에서 $x$의 일가함수이며 미분가능이면 다음 정리가 성립한다.

**정리 9.9**

$f(x, y)=0$에 의하여 $y$가 $x$의 음함수로 정의되면

$$\frac{\partial f}{\partial y} \neq 0 \text{일 때} \quad \frac{dy}{dx} = -\frac{\dfrac{\partial f}{\partial x}}{\dfrac{\partial f}{\partial y}} \tag{1}$$

이다.

**증명** 합성함수의 편미분법을 적용해서 음함수 $f(x, y)=0$을 $x$에 관하여 미분하면 다음과 같다.

$$\frac{\partial f}{\partial x} + \frac{\partial f}{\partial y}\frac{dy}{dx} = 0 \tag{2}$$

$$\therefore \quad \frac{dy}{dx} = -\frac{\dfrac{\partial f}{\partial x}}{\dfrac{\partial f}{\partial y}}, \quad \left(\text{단}, \ \frac{\partial f}{\partial y} \neq 0\right)$$ □

[ Ⅱ ] 다음에

$$f(x, y, z)=0$$

인 관계가 주어질 때 $z$를 $x$, $y$의 음함수라 한다. 식 (2)에 의해서 정해진 함수를

$$z=\phi(x, y)$$

라 하면 $z$는 $x$, $y$의 함수가 되므로 편미분을 생각할 수 있다.

**정리 9.10**

$f(x, y, z)=0$에서 $z$가 $x$, $y$의 음함수로 정의되면

$$\frac{\partial z}{\partial x} = -\frac{\frac{\partial f}{\partial x}}{\frac{\partial f}{\partial z}}, \quad \frac{\partial z}{\partial y} = -\frac{\frac{\partial f}{\partial y}}{\frac{\partial f}{\partial z}} \quad \left(단, \ \frac{\partial f}{\partial z} \neq 0\right)$$

이다.

증명 $f(x, y, z) = 0$에서 $z$를 $x$와 $y$의 함수로 보고 $z$에 관해서 풀었다고 가정하면(실제로 풀 필요는 없음), 즉 $z = \phi(x, y)$의 전미분

$$dz = \frac{\partial z}{\partial x}dx + \frac{\partial z}{\partial y}dy$$

이고, 또 $f = 0$이므로 $df = 0$이다. 따라서

$$df = f_x dx + f_y dy + f_z dz = 0.$$

이것을 $dz$에 관하여 정리하면

$$dz = -\frac{f_x}{f_z}dx - \frac{f_y}{f_z}dy, \quad (단 \ f_z \neq 0)$$

$$\therefore \quad \frac{\partial z}{\partial x} = -\frac{\frac{\partial f}{\partial x}}{\frac{\partial f}{\partial z}}, \quad \frac{\partial z}{\partial y} = -\frac{\frac{\partial f}{\partial y}}{\frac{\partial f}{\partial z}}.$$ □

**예제 1**

$x \sin y + y \cos x = 0$일 때 $\frac{dy}{dx}$를 구하여라.

풀이 $f(x, y) = x \sin y + y \cos x$로 놓으면

$$f_x = \sin y - y \sin x, \qquad f_y = x \cos y + \cos x.$$

따라서 식 (1)에 의하여

$$\frac{dy}{dx} = -\frac{\sin y - y \sin x}{x \cos y + \cos x}.$$ ■

**예제 2**

방정식 $f(x,\ y,\ z)=x^3e^{y+z}-y\sin(x-z)=0$이 어떤 직사각형 영역에서 $z$가 $x$와 $y$의 음함수로 정의된다고 할 때, $\dfrac{\partial z}{\partial x}$와 $\dfrac{\partial z}{\partial y}$를 구하여라.

풀이

$$\frac{\partial f}{\partial x}=3x^2e^{y+z}-y\cos(x-z),\quad \frac{\partial f}{\partial y}=x^3e^{y+z}-\sin(x-z),$$

$\dfrac{\partial f}{\partial z}=x^3e^{y+z}+y\cos(x-z)$이므로 (3)에 의하여

$$\frac{\partial z}{\partial x}=-\frac{3x^2e^{y+z}-y\cos(x-z)}{x^3e^{y+z}+y\cos(x-z)},\quad \frac{\partial z}{\partial y}=-\frac{x^3e^{y+z}-\sin(x-z)}{x^3e^{y+z}+y\cos(x-z)}.$$

■

## 연습문제 9.5 Exercises

**1.** 다음 함수에서 $\dfrac{dy}{dx}$를 구하여라.

(1) $2x^3+3x^2y-y^3=1$

(2) $x\tan y+y\tan x=5$

(3) $y=x^y$

(4) $x^yy^x=1$

(5) $(\cos x)^y=(\sin y)^x$

(6) $\ln(x^2+y^2)=2\tan^{-1}\dfrac{y}{x}$

**2.** 다음 함수에서 $\dfrac{\partial z}{\partial x}$, $\dfrac{\partial z}{\partial y}$를 구하여라.

(1) $x^2+y^2+z^2=9$

(2) $xy+yz+zx=4xyz$

(3) $e^x+e^y=e^{x+y+z}$

(4) $z=y\tan^{-1}(xz)$

**3.** $lx+my+nz=f(x^2+y^2+z^2)$일 때 어떤 $f$에 대하여서도

$$(mz-ny)\frac{\partial z}{\partial x}+(nx-lz)\frac{\partial z}{\partial y}=ly-mx$$

로 됨을 밝혀라.

**4.** $x^2+y^2+z^2=a^2,\quad lx+my+nz=b$일 때 $\dfrac{dy}{dx},\ \dfrac{dz}{dx}$를 구하여라.

**5.** $y-z=\phi(x-z)$일 때 $\dfrac{\partial z}{\partial x}+\dfrac{\partial z}{\partial y}=1$임을 증명하여라.

**6.** $u=(x^2+y^2+z^2)^{-\frac{1}{2}}$은 다음을 만족함을 보여라.

$$\frac{\partial^2 u}{\partial x^2}+\frac{\partial^2 u}{\partial y^2}+\frac{\partial^2 u}{\partial z^2}=0$$

주의 이 방정식을 라플라스(Laplace)의 편미분방정식이라 한다.

## 9.6 Gradient, 방향도함수와 접평면

공간곡선에 관한 접선은 평면곡선에 관한 접선과 같은 방법으로 정의된다.

**공간곡선의 방정식**

$$x=x(t),\quad y=y(t),\quad z=z(t)$$

위의 점들에서 $f(x,\ y,\ z)$에 대하여 생각할 때, $f$를 1변수 $t$의 함수로 생각할 수 있다. 이때 $f$의 편도함수가 연속이면, 미분가능곡선 $x=x(t),\ y=y(t),\ z=z(t)$을 따라 그 영역내에서 $t$에 관한 $f$값의 변화율은 공식

$$\frac{df}{dt}=\frac{\partial f}{\partial x}\frac{dx}{dt}+\frac{\partial f}{\partial y}\frac{dy}{dt}+\frac{\partial f}{\partial z}\frac{dz}{dt} \tag{1}$$

로부터 구해질 수 있다. 특별한 점

$$P_0(x_0,\ y_0,\ z_0)=P_0(x(t_0),\ y(t_0),\ z(t_0))$$

에서 이 공식을 이용하기 위해 $f$의 편도함수와 $t_0$에서 $x(t),\ y(t)$와 $z(t)$의 도함수를 구한다.

**방향도함수**

$$u = u_1\mathbf{i} + u_2\mathbf{j} + u_3\mathbf{k}$$

을 단위벡터라 하고, $P_0$을 지나는 직선을 $L$이라 하며 그 식들을

$$x = x_0 + tu_1,\quad y = y_0 + tu_2,\quad z = z_0 + tu_3 \tag{2}$$

이라 하자. $t$의 증가방향에서 $L$을 지나는 운동은 $u$의 방향으로 운동이다. 또한 $|t|$는 다음 계산에서 알 수 있듯이 $P_0(x_0,\ y_0,\ z_0)$로부터 직선을 따라 거리를 측정한 것이다. $P_0$로부터 직선위의 임의의 점 $P(x,\ y,\ z)$까지 거리는

$$\begin{aligned}
\text{거리} &= \sqrt{(x-x_0)^2 + (y-y_0)^2 + (z-z_0)^2} \\
&= \sqrt{(tu_1)^2 + (tu_2)^2 + (tu_3)^2} \\
&= |t|\sqrt{u_1^2 + u_2^2 + u_3^2} = |t| \cdot 1 = |t|
\end{aligned}$$

($\because u$는 단위벡터)

도함수들

$$\frac{dx}{dt} = \frac{d}{dt}(x_0 + tu_1) = u_1$$

$$\frac{dy}{dt} = \frac{d}{dt}(y_0 + tu_2) = u_2$$

$$\frac{dz}{dt} = \frac{d}{dt}(z_0 + tu_3) = u_3$$

을 식 (1)에 대입하면

$$\frac{df}{dt} = \frac{\partial f}{\partial x}u_1 + \frac{\partial f}{\partial y}u_2 + \frac{\partial f}{\partial z}u_3 \tag{3}$$

이 식의 우변은 $u$와

$$\nabla f = \frac{\partial f}{\partial x}\mathbf{i} + \frac{\partial f}{\partial y}\mathbf{j} + \frac{\partial \mathrm{f}}{\partial \mathrm{z}}\mathbf{k}$$

의 내적이다. 이 $\nabla f$를 점 $P_0$에서의 gradient 벡터라 한다. 이는 $f$의 영역에서 하나의 벡터로서 그리는 것이 보통이다. 그 성분들은 $(x_0,\ y_0,\ z_0)$에서 $f$의 세 가지 편도함수를 구함으로써 계산된다. 식 (3)의 좌변 도함수를 $u$방향으로 $P_0$에서 $f$의 방향도함수라 하고

$$(D_u f\ )p_0$$

로 나타낸다.

**방향도함수와 gradient의 정의**

1. $f(x, y, z)$의 편도함수가 $P_0(x_0, y_0, z_0)$에서 정의되면 $P_0$에서 $f$의 gradient는 $P_0$에서 $f$의 편도함수를 구하여 얻어진 다음의 벡터이다.

$$\nabla f = \frac{\partial f}{\partial x}\mathbf{i} + \frac{\partial f}{\partial y}\mathbf{j} + \frac{\partial f}{\partial x}\mathbf{k} \tag{4}$$

2. $f(x, y, z)$가 $P_0(x_0, y_0, z_0)$에서 연속인 편도함수들을 갖고, $u$가 단위벡터라면 $u$의 방향으로 $P_0$에서 $f$의 도함수는 $P_0$에서 $u$와 $f$의 gradient의 내적인

$$(D_u f)p_0 = (\nabla f)p_0 \cdot u \tag{5}$$

$f$의 gradient에 대한 다른 기호는

$$\text{grad } f$$

이고, $\nabla f$는 $f$의 gradient, del $f$, grad $f$ 등으로 읽을 수 있다.

**예제 1**

$f(x, y, z) = x^3 - xy^2 - z$의 방향도함수를 벡터 $A = 2\mathbf{i} - 3\mathbf{j} + 6\mathbf{k}$의 방향으로 $P_0(1, 1, 0)$에서 구하여라.

풀이 $A$방향의 단위벡터 $u$는 $A$를 그 길이로 나눔으로써 얻어진다.

$$\| A \| = \sqrt{(2)^2 + (-3)^2 + (6)^2} = \sqrt{49} = 7$$

$$\therefore\ u = \frac{A}{\| A \|} = \frac{2}{7}\mathbf{i} - \frac{3}{7}\mathbf{j} + \frac{6}{7}\mathbf{k}$$

$P_0$에서 $f$의 편도함수는

$$f_x = 3x^2 - y^2 \mid_{(1, 1, 0)} = 2,$$

$$f_y = -2xy \mid_{(1, 1, 0)} = -2,$$

$$f_z = -1 \mid_{(1, 1, 0)} = -1.$$

$P_0$에서 $f$의 gradient는

$$\nabla f\,|_{(1,1,0)} = 2\mathbf{i} - 2\mathbf{j} - \mathbf{k}$$

그러므로 $A$방향으로 $P_0$에서 $f$의 도함수는

$$\begin{aligned}(D_u f)\,|\,(1,\ 1,\ 0) &= (\nabla f)\,|_{(1,\ 1,\ 0)}\cdot u \\ &= (2\mathbf{i} - 2\mathbf{j} - \mathbf{k})\cdot\left(\frac{2}{7}\mathbf{i} - \frac{3}{7}\mathbf{j} + \frac{6}{7}\mathbf{k}\right) \\ &= \frac{4}{7} + \frac{6}{7} - \frac{6}{7} = \frac{4}{7}\end{aligned}$$

■

**예제 2**

점 $P(x,\ y,\ z)$가 $P_0(2,\ 0,\ 0)$으로부터 $P_1(4,\ 1,\ -2)$를 향해 $\Delta S = 0.1$의 거리로 움직이면 $f(x,\ y,\ z) = xe^y + yz$ 이 얼마나 변할 것인가를 추정하여라.

풀이 첫째 벡터 $\overrightarrow{P_0P_1} = 2\mathbf{i} + \mathbf{j} - 2\mathbf{k}$ 의 방향으로 $P_0$에서 $f$의 도함수를 구한다. 이 벡터의 방향은

$$u = \frac{\overrightarrow{P_0P_1}}{|\overrightarrow{P_0P_1}|} = \frac{\overrightarrow{P_0P_1}}{3} = \frac{2}{3}\mathbf{i} + \frac{1}{3}\mathbf{j} - \frac{2}{3}\mathbf{k}$$

$P_0$에서 $f$의 gradient는

$$\nabla f\,|_{(2,\ 0,\ 0)} = \left(e^y\mathbf{i} + (xe^y + z)\mathbf{j} + y\mathbf{k}\right)|_{(2,\ 0,\ 0)} = \mathbf{i} + 2\mathbf{j}$$

$$\therefore\ (D_u f)_{p_0} = (\mathbf{i} + 2\mathbf{j})\cdot\left(\frac{2}{3}\mathbf{i} + \frac{1}{3}\mathbf{j} - \frac{2}{3}\mathbf{k}\right) = \frac{2}{3} + \frac{2}{3} = \frac{4}{3}$$

$u$의 방향으로 $P_0$로부터 멀리 $\Delta s = 0.1$ 움직여 얻어진 $f$에서의 변량 $\Delta f$는 대략 이 방향에서 $f$의 도함수에 $\Delta s$배한 것이다.

$$\Delta f \approx (D_u f)\Delta s = \left(\frac{4}{3}\right)(0.1) \approx 0.13$$

방향도함수를

$$D_u f = \nabla f\cdot u = |\nabla f||u|\cos\theta = |\nabla f|\cos\theta \tag{6}$$

와 같이 쓰면 다음 사실들이 얻어진다. ■

**방향도함수 $D_u f = \nabla f \cdot u = |\nabla f| \cos\theta$의 성질**

1. $\cos\theta = 1$ 혹은 $u = \dfrac{\nabla f}{|\nabla f|}$일 때 방향도함수는 가장 큰 양의 값을 갖는다. 즉 $f$는 그 영역 내에서의 $\nabla f$의 방향으로 가장 빨리 증가한다.

$$D_u f = |\nabla f| \cos(0) = |\nabla f|$$

2. 같은 방법으로 $f$는 $-\nabla f$의 방향으로 가장 빨리 감소한다. 이 방향으로 도함수는

$$D_u f = |\nabla f| \cos(\pi) = -|\nabla f|$$

3. $D_{-u} f = \nabla f \cdot (-u) = -\nabla f \cdot u = -D_u f$ (7)

4. 방향도함수와 $f$의 편도함수의 관계들은

$$D_i f = \nabla f \cdot \mathbf{i} = f_x, \quad D_j f = \nabla f \cdot \mathbf{j} = f_y, \quad D_k f = \nabla f \cdot \mathbf{k} = f_z$$

따라서

$f_x$ = $\mathbf{i}$방향으로 $f$의 방향도함수
$f_y$ = $\mathbf{j}$방향으로 $f$의 방향도함수
$f_z$ = $\mathbf{k}$방향으로 $f$의 방향도함수

이 결과를 (7)에 적용하면

$$D_{-i} f = -f_x, \; D_{-j} f = -f_y, \; D_{-k} f = -f_z$$

5. gradient에 수직인 $u$는 $f$에 변화를 주지 않는 방향이다. 그 이유는

$$D_u f = |\nabla f| \cos(\pi/2) = |\nabla f| \cdot 0 = 0$$

2변수함수에 대해서도 3변수함수에 대한 사항들과 흡사한 결과를 얻는다. 2변수 공식들은 3변수 공식들로부터 $z$항을 삭제함으로써 얻어진다. 따라서 함수 $f(x, y)$와 단위벡터 $u = u_1\mathbf{i} + u_2\mathbf{j}$에 대해 다음 공식을 얻는다.

$$\nabla f = \frac{\partial f}{\partial x}\mathbf{i} + \frac{\partial f}{\partial y}\mathbf{j} \tag{8}$$

$$D_u f = \nabla f \cdot u = \frac{\partial f}{\partial x}u_1 + \frac{\partial f}{\partial y}u_2 \tag{9}$$

**예제 3**

(1) 단위벡터 $u = u_1\mathbf{i} + u_2\mathbf{j}$의 방향으로 점 $P_0(3,\ 4)$에서 $f(x,\ y) = 100 - x^2 - y^2$의 방향도함수를 구하여라.

(2) $xy$-평면에서 어느 방향으로 $P_0$에서 $f$가 가장 빨리 증가하는가?

(3) $f$의 방향도함수가 0이 되는 방향을 정하여라.

풀이 (1)

$$f(x,\ y) = 100 - x^2 - y^2,$$
$$f_x(3,\ 4) = -2x\,|_{(3,\ 4)} = -6,$$
$$f_y(3,\ 4) = -2y\,|_{(3,\ 4)} = -8,$$

$$\therefore\ D_u f = \nabla f \cdot u = (-6\mathbf{i} - 8\mathbf{j}) \cdot u = -6u_1 - 8u_2.$$

(2) 이 함수는 gradient의 방향으로 가장 빨리 증가한다.

$$|\nabla f| = \sqrt{(-6)^2 + (-8)^2} = \sqrt{36 + 64} = 10$$

이므로, 이 방향은

$$\frac{\nabla f}{|\nabla f|} = -\frac{6}{10}\mathbf{i} - \frac{8}{10}\mathbf{j} = -\frac{3}{5}\mathbf{i} - \frac{4}{5}\mathbf{j}.$$

이 방향에서 도함수는 $|\nabla f| = 10$이다.

(3) $f$의 도함수가 $\nabla f$에 수직인 방향에서 0이다. 이 방향은

$$\frac{\nabla f}{|\nabla f|} = -\frac{3}{5}\mathbf{i} - \frac{4}{5}\mathbf{j}$$

의 성분을 바꾸고 처음 성분의 부호를 바꾸면 얻어질수 있다. 따라서

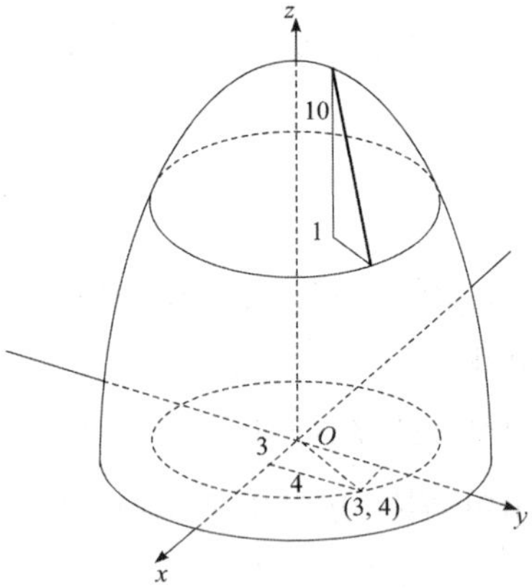


[그림 9-5]

$$n = \frac{4}{5}\mathbf{i} - \frac{3}{5}\mathbf{j}$$

$f(x,\ y) = 100 - x^2 - y^2$의 $(3,\ 4)$에서 변화율은 원점을 향한 방향에서 가장 크다. 이는 곡면 $z = 100 - x^2 - y^2$ 위의 가장 가파른 방향에 대응한다.

$\nabla f \cdot n$을 계산하면 0이 됨을 알 수 있다.

$$\nabla f \cdot n = (-6\mathbf{i} - 8\mathbf{j})\left(\frac{4}{5}\mathbf{i} - \frac{3}{5}\mathbf{j}\right) = -\frac{24}{5} + \frac{24}{5} = 0$$

$xy$-평면에서 $f$의 변화를 주지 않는 다른 방향은

$$-n = -\frac{4}{5}\mathbf{i} + \frac{3}{5}\mathbf{j}.$$

■

### gradient와 준위곡면의 기하학적 의미

$f(x,\ y,\ z)$이 연속인 편도함수를 갖고, 곡면 $S : f(x,\ y,\ z) = c$이 $f$의 준위곡면중의 하나이며, $x = x(t),\ \ y = y(t),\ \ z = z(t)$가 $S$위에서 점 $P_0(x_0,\ y_0,\ z_0)$를 지나는 미분가능곡선이라 하자. 이때 모든 $t$에 대해

$$f(x(t),\ y(t),\ z(t)) = c$$

이다. 만일 이 식의 양변을 $t$에 관해 미분하고 좌변에 연쇄법칙을 적용하면

$$\frac{d}{dt} f(x(t),\ y(t),\ z(t)) = \frac{d}{dt}(c) = 0$$

$$\frac{\partial f}{\partial x}\frac{dx}{dt} + \frac{\partial f}{\partial y}\frac{dy}{dt} + \frac{\partial f}{\partial z}\frac{dz}{dt} = 0$$

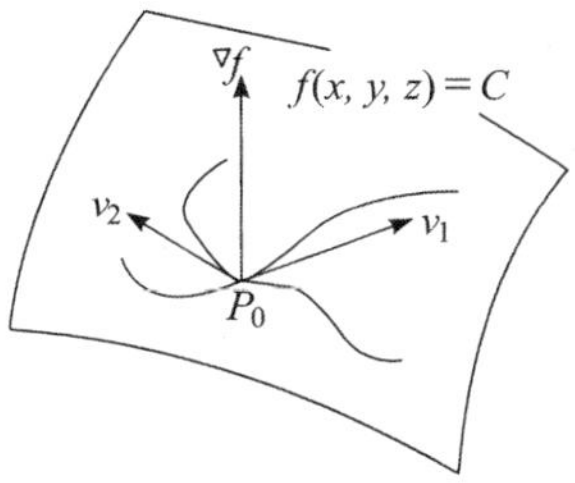


[그림 9-6]

혹은

$$\nabla f \cdot v = 0 \tag{10}$$

여기에서 $v$는 곡선의 속(도)벡터이다. 이로부터 결론지을 수 있는 것은 gradient는 $P_0$를 지나는 $S$ 위의 모든 미분가능 곡선의 속(도)벡터에 수직이다(그림 9-6). 그러므로 $\nabla f$는 $P_0$를 지나는 $S$ 위의 모든 미분가능 곡선의 접선에 수직이다. 따라서 이 직선들은 $\nabla f$에 수직이고 $P_0$를 지나는 평면 내에 있다. 이 평면은 $\nabla f$가 $P_0$를 지나고 곡면 위의 모든 미분가능한 곡선의 속(도)벡터에 수직인 평면이다.

$$f_x(P_0)(x-x_0)+f_y(P_0)(y-y_0)+f_z(P_0)(z-z_0)=0.$$

이 평면을 $P_0$에서 $S$에 접하는 **접평면**이라한다. 이 평면에 수직이고 $P_0$에서 $\nabla f$에 평행인 $P_0$를 지나는 직선은 $P_0$에서 곡면에 **법선**이라 한다. 이상을 요약하면 다음과 같다.

**준위곡면 $f(x, y, z)=c$에 접평면과 법선**

$f(x, y, z)$가 준위곡면 $S: f(x, y, z)=c$ 위의 점 $P_0(x_0, y_0, z_0)$에서 연속인 편도함수를 가지면, $P_0$에서 $S$에 접평면은 $P_0$에서 $\nabla f$에 수직이고 $P_0$를 지나는 평면이다. 그 방정식은

$$f_x(P_0)(x-x_0)+f_y(P_0)(y-y_0)+f_z(P_0)(z-z_0)=0 \tag{11}$$

이 방정식에서 편도함수들은 $P_0$에서 얻어져야 한다.

$P_0$에서 $S$에 법선은 접평면에 수직이고 $P_0$에서 $\nabla f$에 평행한 직선이다. 이 법선은 다음과 같이 주어진다.

$$\begin{aligned} x &= x_0+f_x(P_0)t, \\ y &= y_0+f_y(P_0)t, \\ z &= z_0+f_z(P_0)t. \ (\text{단, } t\text{는 실수}) \end{aligned} \tag{12}$$

$f$의 어느 편도함수도 $P_0$에서 0이 아니면, 법선은 또한 다음과 같다.

$$\frac{x-x_0}{f_x(P_0)}=\frac{y-y_0}{f_y(P_0)}=\frac{z-z_0}{f_z(P_0)} \tag{13}$$

**예제 4**

점 $P_0(1,\ 1,\ 1)$에서 곡면 $x^2+xyz-z^3=1$의 접평면과 법선을 구하여라.

풀이 $P_0$에서 gradient를 구하면

$$f_x(1,\ 1,\ 1)=\ (2x+yz)\,|_{(1,\,1,\,1)}=3,\qquad f_y(1,\ 1,\ 1)=xz\,|_{(1,\,1,\,1)}=1,$$
$$f_z(1,\ 1,\ 1)=\ (xy-3z^2)\,|_{(1,\,1,\,1)}=-2,\qquad \nabla f\,|_{(1,\,1,\,1)}=3\mathbf{i}+\mathbf{j}-2\mathbf{k}$$

식 (11)로부터 $P_0(1,\ 1,\ 1)$에서 곡면에 접하는 평면은

$$3(x-1)+(y-1)-2(z-1)=0$$

즉,

$$3x+y-2z=2$$

식 (12)로부터 $P_0(1,\ 1,\ 1)$에서 곡면에 수직인 직선은

$$x=1+3t,\qquad y=1+t,\qquad z=1-2t\ .\ (\text{단, } t\text{는 실수})$$ ■

**예제 5**

곡면 $f(x,\ y,\ z)=x^2+y^2-z^2=1$, $g(x,\ y,\ z)=x+y+z=5$은 곡선 $C$에서 교차한다. 점 $P_0(1,\ 2,\ 2)$에서 $C$에 접하는 직선을 구하여라.

풀이 접선은 $P_0$에서 $\nabla f$와 $\nabla g$에 수직이다. 그러므로

$$v=\nabla f\times\nabla g$$

는 구하는 직선에 평행한 벡터이다. 이 직선의 방정식을 구하기 위해 $v$의 성분과 $P_0$의 좌표를 이용하면

$$\nabla f\,|_{(1,\,2,\,2)}=(2x\,\mathbf{i}+2y\mathbf{j}-2z\mathbf{k})\,|_{(1,\,2,\,2)}=2\mathbf{i}+4\mathbf{j}-4\mathbf{k},$$
$$\nabla g=\mathbf{i}+\mathbf{j}+\mathbf{k}.$$

그러므로

$$v = \nabla f \times \nabla g = \begin{vmatrix} \mathbf{i} & \mathbf{j} & \mathbf{k} \\ 2 & 4 & -4 \\ 1 & 1 & 1 \end{vmatrix} = 8\mathbf{i} - 6\mathbf{j} - 2\mathbf{k}.$$

따라서 구하는 접선의 방정식은

$$x = 1 + 8t, \quad y = 2 - 6t, \quad z = 2 - 2t. \quad (\text{단, } t\text{는 실수})$$ ■

$f(x, y, z)$의 gradient는 바로 $f$의 준위곡면에 수직이고, 이변수함수 $g(x, y)$의 gradient는 준위곡선에 수직이다.

**예제 6**

$P_0(-2, 1)$을 지나는 준위곡선 $f(x, y) = \frac{x^2}{4} + y^2$을 그리고 $P_0$에서 이 곡선에 수직이고, 곡선을 포함하는 평면 내의 한 벡터를 구하여라. 그리고 그것을 그려넣어라.

풀이 $P_0$에서 $f$의 값은 $\frac{(-2)^2}{4} + (1)^2 = 2$. 그러므로 $P_0$를 지나는 $f$의 준위곡선은 타원 $\frac{x^2}{4} + y^2 = 2$이다. $(-2, 1)$에서 타원에 수직인 벡터는

$$\nabla f \mid (-2, 1) = \left(\frac{x}{2}\mathbf{i} + 2y\mathbf{j}\right) \mid (-2, 1)$$
$$= -\mathbf{i} + 2\mathbf{j}.$$

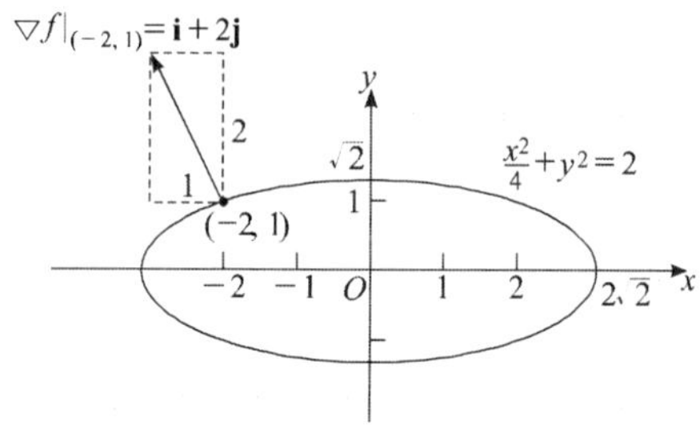


[그림 9-7] 점 $P_0(-2, 1)$에서 $f(x) = \frac{x^2}{4} + y^2$ ■

**곡면 $z=f(x,\ y)$에 대한 접평면**

곡면 $z=f(x,\ y)$에 대한 방정식은

$$\underbrace{f(x,\ y)-z}_{F(x,\ y,\ z)}=0 \tag{14}$$

와 같은 형태로 쓰여질 수 있다. 이로부터 이 곡면은 함수 $w=f(x,\ y,\ z)$의 준위곡면 $F(x,\ y,\ z)=0$이다. 따라서 $F$가 연속인 편도함수를 가지면 곡면위의 한 점 $P_0(x_0,\ y_0,\ z_0)$에서 곡면 $z=f(x,\ y)$에 접평면을 $P_0$에서 $\nabla f$에 수직인 평면으로 정의할 수 있다. 이 평면방정식은

$$F_x(P_0)(x-x_0)+F_y(P_0)(y-y_0)+F_z(P_0)(z-z_0)=0$$

이다. 그러나

$$\begin{aligned} F_x(P_0) &= \frac{\partial}{\partial x}(f(x,\ y)-z)\mid_{(x_0,\ y_0,\ z_0)}=f_x(x_0,\ y_0) \\ F_y(P_0) &= \frac{\partial}{\partial y}(f(x,\ y)-z)\mid_{(x_0,\ y_0,\ z_0)}=f_y(x_0,\ y_0) \\ F_z(P_0) &= \frac{\partial}{\partial z}(f(x,\ y)-z)\mid_{(x_0,\ y_0,\ z_0)}=-1 \end{aligned} \tag{15}$$

이므로 접평면방정식은

$$f_x(x_0,\ y_0)(x-x_0)+f_y(x_0,\ y_0)(y-y_0)-(z-z_0)=0$$

이다. $f_x$와 $f_y$가 $(x_0,\ y_0)$에서 연속이면 $F_x$, $F_y$와 $F_z$는 식 (15)로부터 $P_0$에서 연속일 것이라는 것을 알 수 있다. 이를 요약하면 다음과 같다.

**곡면 $z=f(x,\ y)$에 대한 접평면과 법선**

만일 $P_0(x_0,\ y_0,\ z_0)$가 곡면 $z=f(x,\ y)$ 위의 한 점이고, $f_x$와 $f_y$가 $(x_0,\ y_0)$에서 연속이면, $P_0$에서 곡면에 대한 접평면은

$$f_x(x_0,\ y_0)(x-x_0)+f_y(x_0,\ y_0)(y-y_0)-(z-z_0)=0 \tag{16}$$

$P_0$에서 곡면에 대한 법선은

$$\begin{aligned} x &= x_0+tf_x(x_0,\ y_0), \\ y &= y_0+tf_y(x_0,\ y_0), \end{aligned} \tag{17}$$

$$z = z_0 - t. \qquad \text{(단, } t\text{는 실수)}$$

혹은 $f_x(x_0, y_0) \neq 0$이고 $f_y(x_0, y_0) \neq 0$일 때

$$\frac{x - x_0}{f_x(x_0, y_0)} = \frac{y - y_0}{f_y(x_0, y_0)} = \frac{z - z_0}{-1}. \tag{18}$$

**예제 7**

점 $P_0(1, 2, 4)$에서 곡면 $z = f(x, y) = 9 - x^2 - y^2$에 대한 접평면과 법선의 방정식을 구하여라(그림 9-8 참고).

**풀이** $f_x(1, 2) = -2x|_{(1, 2)} = -2, \quad f_y(1, 2) = -2y|_{(1, 2)} = -4$

이므로 식 (16)과 (17)에서

$$\text{접평면}: (-2)(x-1) + (-4)(y-2) - (z-4) = 0$$

즉, $2x + 4y + z = 14$

$$\text{법선}: x = 1 - 2t, \quad y = 2 - 4t, \quad z = 4 - t. \text{ (단, } t\text{는 실수)}$$ ■

**별해** 주어진 식 $z = 9 - x^2 - y^2$을 $9 - x^2 - y^2 - z = 0$으로 쓰면 곡면 $z = f(x, y)$는 함수

$$F(x, y, z) = 9 - x^2 - y^2 - z$$

의 준위곡면

$$F(x, y, z) = 0$$

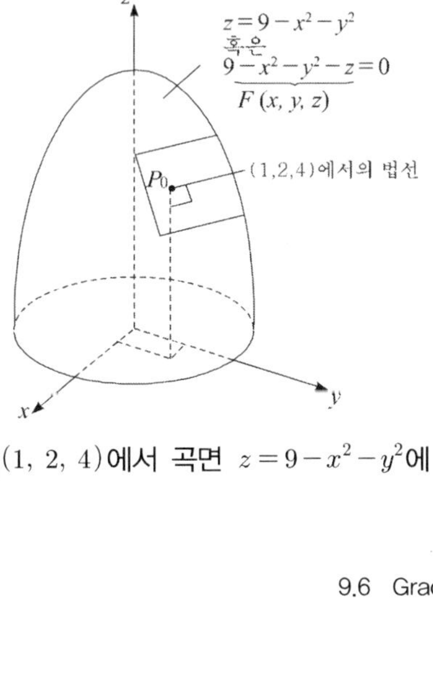


[그림 9-8] $P_0(1, 2, 4)$에서 곡면 $z = 9 - x^2 - y^2$에 접평면과 법선

인 꼴이 된다. 그러므로 접평면은 $P_0(1,\ 2,\ 4)$에서 $\nabla f$에 수직인 평면이고

$$F_x = -2x\mid_{(1,\ 2,\ 4)} = -2,$$
$$F_y = -2y\mid_{(1,\ 2,\ 4)} = -4,$$
$$F_z = -1\mid_{(1,\ 2,\ 4)} = -1$$

과 식 (11), (12)로부터 앞의 풀이와 같은

$$\text{접평면}: (-2)(x-1)+(-4)(y-2)+(-1)(z-4)=0$$
$$\text{즉}, \ 2x+4y+z=14,$$
$$\text{법선}: x=1-2t, \quad y=2-4t, \quad z=4-t \ (\text{단}, \ t\text{는 실수})$$

를 얻는다.

## 연습문제 9.6 Exercises

**1.** 벡터 $A$방향으로 점 $P_0$에서 $f$의 방향도함수를 구하여라.

(1) $f = e^x \sin \pi y, \quad P_0(0,\ 1), \quad A = 4\mathbf{i}+4\mathbf{j}$

(2) $f = \dfrac{x-y^2}{x}, \quad P_0(1,\ 1), \quad A = 12\mathbf{i}+5\mathbf{j}$

(3) $f = x\tan^{-1}\left(\dfrac{y}{x}\right), \quad P_0(1,\ 1), \quad A = 2\mathbf{i}-\mathbf{j}$

(4) $f = x^2+2y^2+3z^2, \quad P_0(1,\ 1,\ 1), \quad A = \mathbf{i}+\mathbf{j}+\mathbf{k}$

**2.** 다음에서 (i) $P_0$에서 $f$가 급속히 증가하는 방향을 (ii) 이 방향에서 $f$가 변하는 비율을 구하여라.

(1) $f(x,\ y) = x^2+\cos xy, \qquad P_0\left(1,\ \dfrac{\pi}{2}\right)$

(2) $f(x,\ y,\ z) = (x+y-2)^2+(3x-y-6)^2, \qquad P_0(1,\ 1,\ 0)$

**3.** 점 $P_0$를 지나는 곡선 $f(x,\ y)$를 그리고 $P_0$에서 그 곡선에 수직인 하나의 벡터를 구하여라.

(1) $f(x,\ y) = x^2-y^2, \quad P_0(2,\ -1)$

(2) $f(x,\ y)=x^2-y,\quad P_0(\sqrt{2},\ 1)$

**4.** 점 $P_0$에서 주어진 곡면에 ( i ) 접평면, ( ii ) 법선을 구하여라.

(1) $x^2+y^2-z^2=18,\quad P_0(3,\ 5,\ -4)$

(2) $2z-x^2=0,\quad P_0(2,\ 0,\ 2)$

(3) $(x+y)^2+z^2=25,\quad P_0(1,\ 2,\ 4)$

**5.** 다음 곡면의 주어진 점에 있어서의 법선과 접평면의 방정식을 구하여라.

(1) $4x^2+3y^2+z^2=8,\quad \left(\frac{1}{2},\ 1,\ 2\right)$

(2) $xyz=x+y+z,\quad \left(\frac{1}{2},\ \frac{1}{3},\ -1\right)$

(3) $(x+y)^2+z^2=25,\quad (1,\ 2,\ 4)$

(4) $\sqrt{x}+\sqrt{y}+\sqrt{z}=6,\quad (1,\ 4,\ 9)$

(5) $z^2=x^2+y^2,\quad (3,\ 4,\ 5)$

**6.** 타원면 $\frac{x^2}{a^2}+\frac{y^2}{b^2}+\frac{z^2}{c^2}=1$ 위의 점 $(x_1,\ y_1,\ z_1)$에서 접평면 및 법선을 구하여라.

**7.** 점 $(x_1,\ y_1,\ z_1)$에서 포물면 $z=ax^2+by^2$에 대한 접평면의 방정식을 구하여라.

**8.** 곡면 $F\left(\frac{x-a}{z-c},\ \frac{y-b}{z-c}\right)=0$의 접평면은 고정점을 지나는 것을 증명하여라.

**9.** 곡선 $x=t-1,\ y=-\frac{2}{t},\ z=t^2-1$로서 곡면 $z=x^2+2y^2$을 점 $(1,\ -1,\ 3)$에서 절단할 때 이 절단각을 구하여라.

**10.** 곡선 $x=t^2,\ y=2t,\ z=2t^3$은 곡선상의 점 $t=1$에서 곡면

$$2x^2+2y^2-z^2=6$$

과 접함을 증명하여라.

**11.** 곡선 $X=X(t)=3t\mathbf{i}+3t^2\mathbf{j}+2t^3\mathbf{k}$ 위의 모든 점에서 단위접선벡터와 평면 $x+z=0$이 이루는 각을 구하여라.

## 9.7 2변수함수의 극대 · 극소

미분가능인 1변수함수 $y = f(x)$가 그 정의역 내의 점 $a$에서 극댓값이나 극솟값을 가지면

$$f'(a) = 0$$

임을 알고 있다. 이것은 그 점에서의 접선이 $x$축에 평행임을 나타낸다. 2변수함수의 경우도 기하학적인 입장에서 조사해 보면 극대 문제나 극소 문제를 잘 알 수 있다. $z = f(x, y)$로 정의된 2변수함수가 점 $(x_1, y_1)$ 근방의 모든 점 $(x, y)$에 대하여 $f(x, y) > f(x_1, y_1)$이면 점 $(x_1, y_1, f(x_1, y_1))$은 극소점이 되고, 반대로 $f(x, y) < f(x_1, y_1)$이면 극대점이다. 이 정의에 의해 함수 $f(x, y)$가 점 $(x_1, y_1)$에서 극값을 가지면 $y = y_1$일 때 1변수함수 $f(x, y_1)$이 $x = x_1$에서 극값을 가지므로

$$f_x(x_1, y_1) = 0$$

이다. 마찬가지로 $x = x_1$일 때 $f(x_1, y)$는 $y = y_1$에서 극값을 가지므로

$$f_y(x_1, y_1) = 0$$

이다. 따라서 점 $(x_1, y_1)$에서 극댓값이나 극솟값을 가지면

$$f_x(x_1, y_1) = 0, \quad f_y(x_1, y_1) = 0$$

이 되어야 한다. 따라서 다음 정리를 얻는다.

**정리 9.11**

평면에 속한 영역 $R$에서 정의된 2변수함수 $f(x, y)$가 $R$에 속하는 점 $(x_1, y_1)$에서 편미분가능일때 이 점에서 극값을 갖기 위한 필요조건은 다음과 같다.

$$f_x(x_1, y_1) = 0, \quad f_y(x_1, y_1) = 0.$$

위 정리를 만족하는 점, 즉 $f_x(x_1, y_1)$와 $f_y(x_1, y_1)$가 동시에 0이 되는 점 $(x_1, y_1, f(x_1, y_1))$을 $f$의 **임계점(critical point)**이라 한다. $f(x, y)$가 극값을 갖는 점은 임계점이 되지만 임계점이 된다고 해서 극값을 갖는 점이라 할 수는 없다. 즉 $f_x(x, y)$와 $f_y(x, y)$가 동시에 0이 되는 점이라 해도 극대나 극소점이 아닌 경우가 있다. 이러한 임계점을 **안장점**

(saddle point)이라 한다.

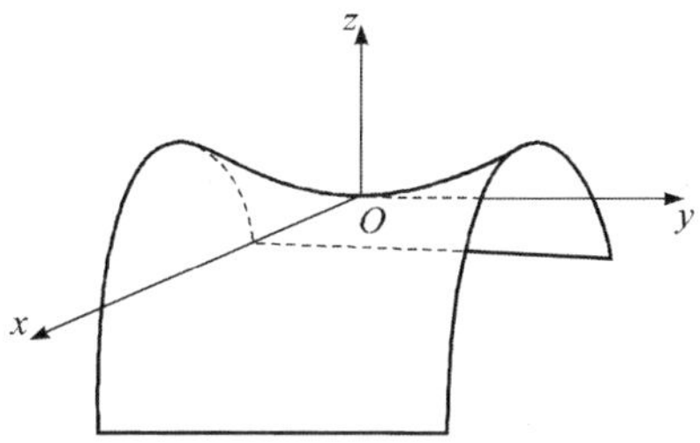


[그림 9-9]

**예제 1**

포물곡면 $z = y^2 - \frac{1}{4}x^2$에는 극대점이나 극소점이 없음을 보여라.

풀이 극대점이나 극소점에서는 $z_x$ 및 $z_y$가 모두 0이 되어야 한다. 그런데

$$z_x = -\frac{1}{2}x, \quad z_y = 2y$$

이므로 점 (0, 0, 0)만이 극대점이나 극소점이 될 가능성이 있다. 그러나 [그림 9-9]에서 보는 바와 같이 (0, 0, 0)은 극점이 아니고 안장점이 된다. 그러므로 이 곡면은 극대, 극소점이 없다. ■

1변수함수 $f(x)$의 극대·극소를 판정하는 해석적인 방법과 비슷하게 2변수함수에서도 극대·극소의 판정법이 있다.

**정리 9.12**

$f_x(a, b) = f_y(a, b) = 0$이고 연속인 2차편도함수를 가지면

(1) $f_{xx}(a, b)f_{yy}(a, b) - \{f_{xy}(a, b)\}^2 > 0$일 때, $f_{xx}(a, b) < 0$이면, $f(x, y)$는 $x = a$, $y = b$에서 극대이며, $f_{xx}(a, b) > 0$이면, $f(x, y)$는 $x = a$, $y = b$에서 극소이다.

(2) $f_{xx}(a, b)f_{yy}(a, b) - \{f_{xy}(a, b)\}^2 < 0$일 때, $f(x, y)$는 $x = a$, $y = b$에서 극대도 극소도 아니다. $(a, b)$는 안장점이다.

**증명** Taylor 정리에 의하여

$$f(a+h,\ b+k)-f(a,\ b)=hf_x(a,\ b)+kf_y(a,\ b)+\frac{1}{2!}\{h^2f_{xx}(a+\theta h,\ b+\theta k)$$
$$+2hkf_{xy}(a+\theta h,\ b+\theta k)+k^2f_{yy}(a+\theta h,\ b+\theta k)\}$$
$$(0<\theta<1)$$

이다. 여기서

$$f_{xx}(a+\theta h,\ b+\theta k)=f_{xx}(a,\ b)+\varepsilon_1$$
$$f_{xy}(a+\theta h,\ b+\theta k)=f_{xy}(a,\ b)+\varepsilon_2$$
$$f_{yy}(a+\theta h,\ b+\theta k)=f_{yy}(a,\ b)+\varepsilon_3$$

로 놓으면 $f_x(a,\ b)=f_y(a,\ b)=0$에서

$$f(a+h,\ b+k)-f(a,\ b)$$
$$=\frac{1}{2!}\{h^2f_{xx}(a,\ b)+2hkf_{xy}(a,\ b)+k^2f_{yy}(a,\ b)+(h^2\varepsilon_1+2hk\varepsilon_2+k^2\varepsilon_3)\} \quad (1)$$

가 된다. 그런데 $f_{xx}(x,\ y)$, $f_{xy}(x,\ y)$, $f_{yy}(x,\ y)$는 $x=a$, $y=b$에서 연속이므로 $h,\ k\to 0$일 때, $\varepsilon_1,\ \varepsilon_2,\ \varepsilon_3\to 0$이다. 따라서 식 (1)의 부호는 $|h|$, $|k|$가 충분히 작을 때는 $h^2f_{xx}(a,\ b)+2hkf_{xy}(a,\ b)+k^2f_{yy}(a,\ b)$의 부호와 일치한다. 여기서 $f_{xx}(a,\ b)\neq 0$이라 하면

$$h^2f_{xx}(a,\ b)+2hkf_{xy}(a,\ b)+k^2f_{yy}(a,\ b)$$
$$=\frac{\{hf_{xx}(a,\ b)+kf_{xy}(a,\ b)\}^2+k^2[f_{xx}(a,\ b)f_{yy}(a,\ b)-\{f_{xy}(a,\ b)\}^2]}{f_{xx}(a,\ b)} \quad (2)$$

이므로

(1) $f_{xx}(a,\ b)f_{yy}(a,\ b)-\{f_{xy}(a,\ b)\}^2>0$일 때 식 (2)의 분자는 항상 양이 되어서 $f_{xx}(a,\ b)<0$이면 $f(a+h,\ b+k)-f(a,\ b)<0$이므로 $f(x,\ y)$는 $x=a,\ y=b$에서 극대이며, $f_{xx}(a,\ b)>0$이면 $f(a+h,\ b+k)-f(a,\ b)>0$이므로 $f(x,\ y)$는 $x=a,\ y=b$에서 극소이다.

(2) $f_{xx}(a,\ b)f_{yy}(a,\ b)-\{f_{xy}(a,\ b)\}^2<0$일 때, 식 (2)는 $h,\ k$의 값에 따라서 양이 되고 음도 되어서 $f(a+h,\ b+k)-f(a,\ b)$의 부호가 일정하지 않으므로 $f(x,\ y)$는 $x=a$, $y=b$에서 극대도 아니고 극소도 아니다. □

**예제 2**

함수 $f(x,\ y) = xy - x^2 - y^2 - 2x - 2y + 4$의 극값을 구하여라.

풀이 이 함수는 모든 $x$와 $y$에 대해 정의되고 미분가능이며 극값을 $f_x$와 $f_y$가 동시에 0인 점에서 유일하게 갖는다.

$$f_x = y - 2x - 2 = 0, \quad f_y = x - 2y - 2 = 0$$
$$\therefore \ x = y = -2$$

그러므로 점 $(-2,\ -2)$는 $f$가 극값을 취할 수 있는 유일한 점이다. 이를 알아보기 위해

$$f_{xx} = -2, \quad f_{yy} = -2, \quad f_{xy} = 1$$

이고 $(a,\ b) = (-2,\ -2)$에서

$$\nabla = f_{xx}f_{yy} - (f_{xy})^2 = (-2)(-2) - (1)^2 = 4 - 1 = 3$$

이므로

$$f_{xx} < 0 \text{과 } f_{xx}f_{yy} - (f_{xy})^2 > 0$$

이다. 따라서 $f$는 $(-2,\ -2)$에서 극대를 갖는다. 이 점에서 $f$의 값은

$$f(-2,\ -2) = 8.$$

■

**예제 3**

함수 $f(x,\ y) = x^2 + 1 + 2x\sin y$의 극값을 구하여라.

풀이 $f_x(x,\ y) = 2x + 2\sin y = 0$, $f_y(x,\ y) = 2x\cos y = 0$에서 임계점

$$(0,\ 0), \quad \left(-1,\ \frac{\pi}{2}\right), \quad \left(1,\ \frac{3}{2}\pi\right), \quad (0,\ \pi)$$

를 얻는다. 다음에

$$f_{xx} = 2, \quad f_{xy} = 2\cos y, \quad f_{yy} = -2x\sin y$$
$$\therefore \ \Delta = f_{xx} \cdot f_{yy} - \{f_{xy}\}^2 = -4x\sin y - 4\cos^2 y$$

(i) $(0,\ 0)$ : $\Delta = 0 - 4 < 0$ ; 안장점

(ii) $\left(-1,\ \frac{\pi}{2}\right)$ : $\Delta = 4 > 0,\ f_{xx}\left(-1,\ \frac{\pi}{2}\right) > 0$ ; 극소

(iii) $\left(1,\ \frac{3}{2}\pi\right)$ : $\Delta = 4 > 0,\ f_{xx}\left(1,\ \frac{3}{2}\pi\right) > 0$ ; 극소

(iv) $(0,\ \pi)$ : $\Delta = 0 - 4 < 0$ ; 안장점

그러므로 $f$는 점 $\left(-1,\ \frac{\pi}{2}\right)$와 $\left(1,\ \frac{3}{2}\pi\right)$에서 극소이다. ■

## 연습문제 9.7 Exercises

**1.** 다음 함수의 극대·극소를 구하여라.

(1) $f(x,\ y) = xy - \ln(x^2 + y^2)$

(2) $f(x,\ y) = x^3 + y^3 - 3axy\ (a > 0)$

(3) $f(x,\ y) = \sin x + \sin y + \sin x \cos y$

(4) $f(x,\ y) = \sin x + \sin y + \cos(x + y)$ (단, $0 < x,\ y < 2\pi$)

(5) $f(x,\ y) = \cos x + \cos y + \sin(x + y)$ (단, $0 < x,\ y < \pi$)

**2.** $f(x,\ y,\ z) = ax^2 + by^2 + cz^2$의 극값을 구하여라. (단, $abc \neq 0$)

**3.** $e^{-x^2-y^2}(ax^2 + by^2)$의 극값을 구하여라. (단 $a > 0,\ b > 0,\ a \neq b$)

**4.** $x^3 + y^3 = 3axy\ (a > 0)$일 때 $x^2 + y^2$의 극값을 구하여라.

**5.** $xe^{y + x\sin y}$는 극값을 갖지 않음을 증명하여라. (단, $x > 0$)

**6.** 세 수의 곱이 최대가 되는 수들을 세 수의 합으로 표시할 때 이 수를 양의 수 $N$으로 나타내어라.

**7.** 길이가 9이고 성분들의 합이 최대가 되는 3차원 벡터를 구하시오.

**8.** 꼭지점이 $(0,\ 0)$, $(1,\ 2)$, $(2,\ -2)$인 삼각형 위에서의 $z=y^2-x^2$ 의 최댓값과 최솟값을 구하시오.

**9.** 영역 $D=\{(x,\ y)\in\mathbb{R}^2\ |\ 0\le x\le 4,\ 0\le y\le 4,\ x+y\le 4\}$에서 정의된 함수 $f(x,\ y)=4x-2xy+y^2$의 최댓값과 최솟값을 구하시오.

# 제 10 장

# 중적분

## 10.1 이중적분

구간 $[a, b]$에서 일변수함수 $f(x)$의 정적분은 $[a, b]$의 임의의 분할

$$a = x_0 < x_1 < x_2 < \cdots < x_n = b$$

와 소구간 $[x_{i-1}, x_i]$안의 임의의 점 $x_i^*$에 대하여 다음의 극한값으로 정의되었다.

$$\int_a^b f(x)dx = \lim_{\|p\| \to 0} f(x_i^*)(x_i - x_{i-1}).$$

이변함수의 적분은 일변함수의 적분과 비슷한 방법으로 정의된다.

$R$을 $xy$-평면에서 하나 또는 둘 이상의 곡선으로 둘러싸인 유계인 폐영역이라 하고, $f(x, y)$를 $R$에서 정의된 이변수함수라고 하자. [그림 10-1](a)에서 보는 것처럼 좌표축에 평행인 직선으로 $xy$-평면을 작은 직사각형으로 분할할 때, 작은 직사각형을 각각 $A_{11}, A_{12}, \cdots, A_{ij}, \cdots, A_{mn}$으로 나타낸다. 이때 이 작은 직사각형들의 집합을 영역 $R$의 **분할**(partition)이라고 한다. 영역 $R$의 한 분할을 $P$라 할 때, $A_{ij}(i = 1, 2, \cdots, m; j = 1, 2, \cdots, n)$의 대각선 중 가장 긴 것의 길이를 $P$의 **노름**(norm)이라 하고, $\|P\|$로 쓴다. $A_{ij} \cap R \ (i = 1, 2, \cdots, m; j = 1, 2, \cdots, n)$에 속하는 임의의 점을 $(x_i^*, y_j^*)$라 하고, 즉

$$x_{i-1} \le x_i^* \le x_i, \qquad y_{i-1} \le y_j^* \le y_j$$

$A_{ij}$의 면적을 $\Delta A_{ij}$라 할 때, 영역 $R$에서 정의된 함수 $f(x, y)$에 대하여 다음과 같은 합을 얻을 수 있다.

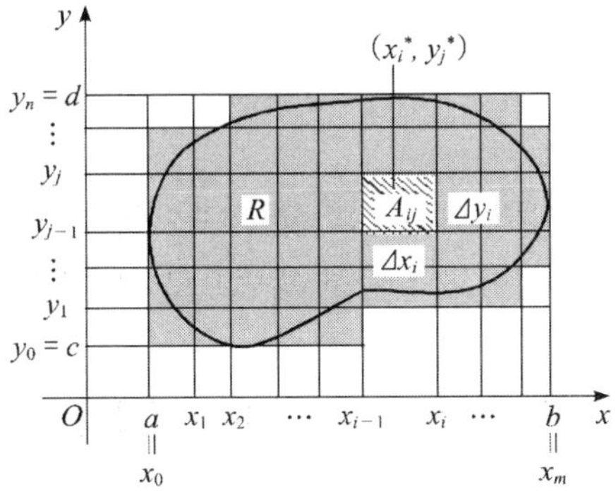

(a)

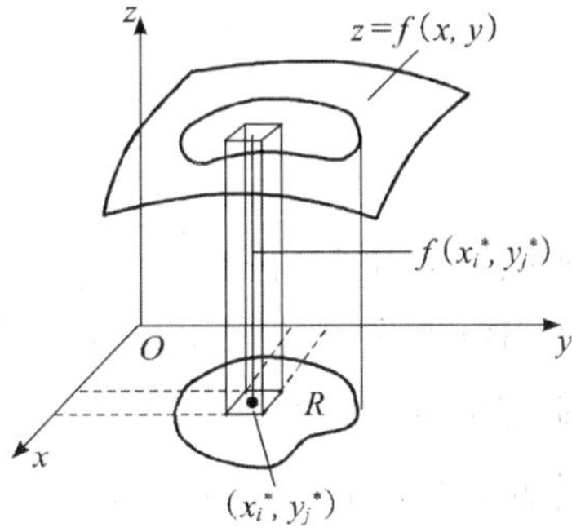

(b)

[그림 10-1]

$$\sum_{i,\ j} f(x_i^*,\ y_j^*) \cdot \Delta A_{ij} = \sum_{i=1}^{m}\sum_{j=1}^{n} f(x_i^*,\ y_j^*)(x_i - x_{i-1})(y_i - y_{i-1}). \tag{1}$$

여기에서 영역 $R$의 임의의 분할 $P$의 노름 $\| P \|$가 0에 접근할 때 (즉 $m \to \infty,\ n \to \infty$의 의미), 영역 $R$의 분할방법이나 점 $(x_i^*,\ y_j^*)$을 택하는 방법에 관계없이 위의 합이 극한값을 가지면, 이것을

$$\int\int_R f(x,\ y)dA \text{ 또는 } \int\int_R f(x)dxdy$$

로 나타내고, 영역 $R$에서 $f(x,\ y)$의 **이중적분**(double integral)이라 한다. 이때 $f$는 $R$에서 **적분가능**(intergrable)하다고 한다. 즉

$$\begin{aligned}\int\int_R f(x)dxdy &= \lim_{\|P\| \to 0} \sum_{i=1}^{m}\sum_{j=1}^{n} f(x_j^*,\ y_j^*)(x_i - x_{i-1})(y_j - y_{j-1}) \\ &= \lim_{\|P\| \to 0} \sum_{i=1}^{m}\sum_{j=1}^{n} f(x_j^*,\ y_j^*)\Delta x_i \Delta y_j.\end{aligned} \tag{2}$$

정적분이 평면에서 면적을 나타낸 것과 같이 이중적분은 기하학적으로 어떤 입체의 체적을 나타낸다. 영역 $R$에 속하는 모든 점 $(x,\ y)$에 대하여 $f(x,\ y) > 0$이면 $z = f(x,\ y)$는 영역 $R$의 위쪽에 놓인 곡면을 나타낸다. 만일 $\Delta A_{ij}$가 작으면 $f(x_j^*,\ y_j^*)\Delta A_{ij}$는 $\Delta A_{ij}$의 상부와 곡면 하부에 놓인 수직기둥의 체적과 근사적으로 같다(그림 10-1 (b)). 따라서 합 (1)은 입체의 체적의 전체적인 근삿값이 되고, 따라서 식 (2)는 평면 $R$부터 곡면 $f(x,\ y)$까지의 체적이 된다. 이때 $R$에서 $f(x,\ y) < 0$이면 곡면이 $xy$-평면의 밑에 있으므로 (2)는 음수가 된다. 특히 $f(x,\ y) = 1$이면 이중적분 $\int\int_R dA$는 영역 $R$의 면적 $A$가 된다. 즉

$$A = \int\int_R dA$$

이중적분을 정의에 의하여 구하려면 항상 2변수함수의 합의 극한값을 계산해야 하는데, 이 과정이 간단하지 않다. 그러나 이중적분은 반복적분이라는 간단한 방법으로 계산될 수 있다. 이것에 대하여 알아보자.

먼저 $R = \{(x,\ y) | a \le x \le b,\ c \le y \le d\}$라고 하자. 지금 $x$의 값을 고정시켰을 때

$$A(x) = \int_c^d f(x,\ y)dy$$

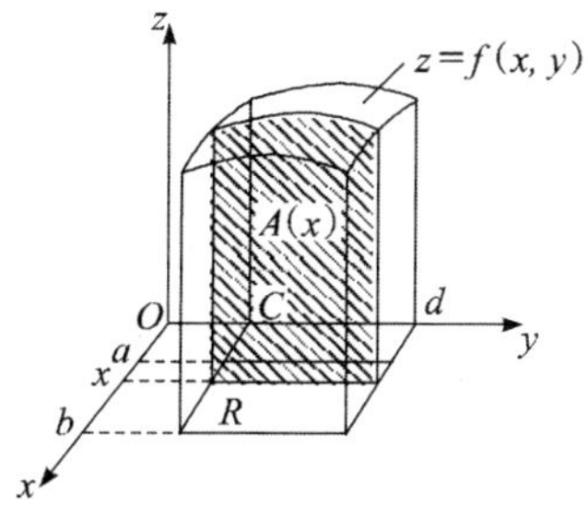


[그림 10-2]

로 놓으면, 이것은 곡선 $z=f(x,\ y)$ (단, $x$는 일정, $c \leq y \leq d$) 아래 부분의 면적이 된다. 이때 $x_{i-1} \leq x_i^* \leq x_i$인 $x_i^*$에 대하여

$$A(x_i^*)=\int_c^d f(x_i^*,\ y)dy=\sum_{j=1}^{n}\int_{y_{j-1}}^{y_j} f(x_i^*,\ y)dy$$

이므로, 적분에 관한 평균값의 정리를 적용하면

$$\int_{y_{j-1}}^{y_j} f(x_i^*,\ y)dy=f(x_i^*,\ y_j^*)(y_j-y_{j-1}),\quad (y_{j-1} \leq y_j^* \leq y_j)$$

이고

$$A(x_i^*)=\sum_{j=1}^{n} f(x_i^*,\ y_j^*)(y_j-y_{i-1}).$$

$$\therefore\ \sum_{i=1}^{m} A(x_i^*)(x_i-x_{i-1})=\sum_{i=1}^{m}\sum_{j=1}^{n} f(x_j^*,\ y_j^*)(x_i-x_{i-1})(y_j-y_{j-1})$$

이 되어서, $\| P \| \to 0$일 때 이 식의 좌변의 극한값은

$$\int_a^b A(x)dx=\int_a^b \left[\int_c^d f(x,\ y)dy\right]dx$$

가 되고, 또 우변의 극한값은

$$\iint_R f(x,\ y)dxdy=\int_a^b \left[\int_c^d f(x,\ y)dy\right]dx \tag{1}$$

이 된다. 이때 $x$와 $y$를 교환하면

$$\iint_R f(x,\ y)dydx=\int_c^d \left[\int_a^b f(x,\ y)dx\right]dy. \tag{2}$$

따라서

$$\iint_R f(x, y)dxdy = \int_a^b \left[\int_c^d f(x, y)dy\right]dx \\ = \int_c^d \left[\int_a^b f(x, y)dx\right]dy. \tag{3}$$

이때 식 (1), (2)의 우변을 **반복적분**(iterated integral)이라 하고 다음과 같이 간단히 쓴다.

$$\int_a^b\left[\int_c^d f(x, y)dy\right]dx = \int_a^b\int_c^d f(x, y)dydx = \int_a^b dx\int_c^d f(x, y)dy.$$

즉 식 (3)에서 보듯이 이중적분을 1변수함수의 적분을 두 번 하는 반복적분으로 바꾸어 계산할 수 있다. 또 식 (3)의 두 번째 등식에서 적분하는 순서가 바뀌었는데 이것을 **적분의 순서변경**이라고 한다.

**예제 1**

영역 $R=\{(x, y)| 0 \le x \le 2, \ \ 0 \le y \le 2\}$에서 다음 이중적분을 구하여라.

$$\iint_R (8x^2+2y)dxdy$$

풀이

$$\iint_R (8x^2+2y)dxdy = \int_0^2\int_0^2 (8x^2+2y)dxdy$$

$$= \int_0^2\left[\frac{8}{3}x^3+2xy\right]_0^2 dy = \int_0^2\left[\frac{64}{3}+4y\right]dy$$

$$= \left[\frac{64}{3}y+2y^2\right]_0^2 = \frac{152}{3}.$$

■

만일 영역 $R$이 사각형이 아니고 유계폐곡선일 때에는 좌표축에 평행한 직선으로 둘러싸인 직사각형 안에 $R$을 넣어서 생각한다. $R$을 둘러싸는 아래쪽 곡선의 방정식을 $y=f_1(x)$, 위쪽의 방정식을 $y=f_2(x)$라 하면

$$\iint_R f(x, y)dxdy = \int_a^b\int_{f_1(x)}^{f_2(x)} f(x, y)dydx.$$

또 $R$을 둘러싸는 왼쪽 곡선의 방정식을 $x=\phi_1(y)$, 오른쪽 곡선의 방정식을 $x=\phi_2(y)$라

하면

$$\int\int_R f(x,\ y)dxdy = \int_c^d \int_{\phi_1(y)}^{\phi_2(y)} f(x,\ y)dxdy$$

가 된다.

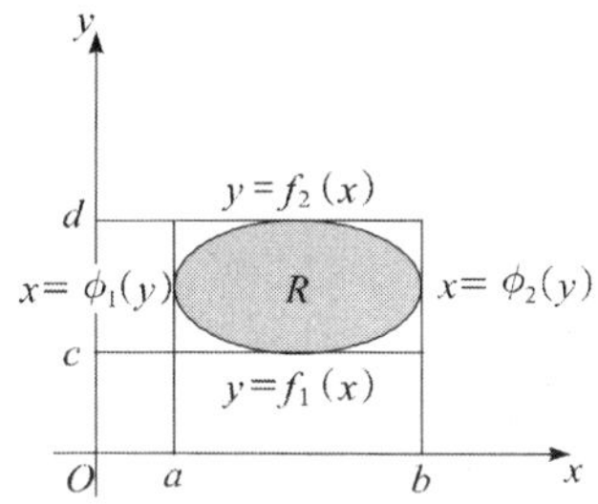


[그림 10-3]

**예제 2**

영역 $R$이 $y$축과 반원 $x=\sqrt{4-y^2}$ 으로 둘러싸인 부분일 때 이중적분 $\int\int_R xdxdy$를 적분순서를 변경하여 각각 구하여라.

풀이 영역 $R=\{(x,\ y)|\ 0 \le x \le 2,\ \ -\sqrt{4-x^2} \le y \le \sqrt{4-x^2}\}$이므로

$$\begin{aligned}\int\int_R xdA &= \int_0^2\int_{-\sqrt{4-x^2}}^{\sqrt{4-x^2}} xdydx \\ &= \int_0^2 x\,[y]_{-\sqrt{4-x^2}}^{\sqrt{4-x^2}}dx = \int_0^2 2x\sqrt{4-x^2}\,dx \\ &= \frac{16}{3}.\end{aligned}$$

또 영역 $R=\{(x,\ y)\,|\ 0\ \le\ x\ \le\ \sqrt{4-y^2},\ \ -2 \le y \le 2\}$로 바꿀 수 있으므로

$$\begin{aligned}\int\int_R xdxdy &= \int_{-2}^2\int_0^{\sqrt{4-y^2}} xdxdy \\ &= \int_{-2}^2\left[\frac{x^2}{2}\right]_0^{\sqrt{4-y^2}} dy = \frac{1}{2}\int_{-2}^2(4-y^2)dy \\ &= \frac{16}{3}.\end{aligned}$$

■

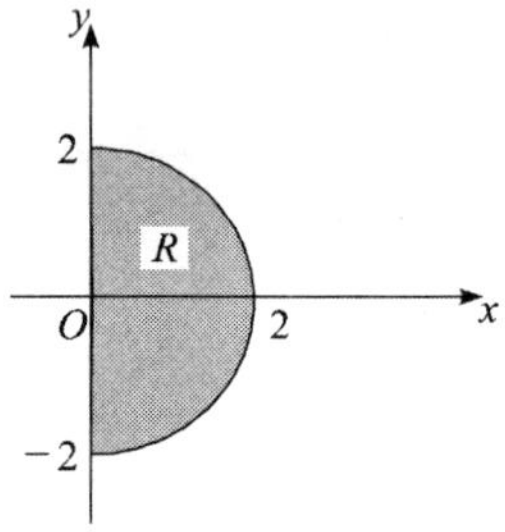


[그림 10-4]

**적분 한계의 결정**

중적분을 계산하는 데 있어 가장 힘든 부분은 적분 한계를 구하는 것이다. 다행히 다음과 같은 좋은 절차가 있다. [그림 10-5](a)에서 $R$위의 적분

$$\int\int_R f(x,\ y)dA$$

을 먼저 $y$에 관해 적분하고 다음에 $x$에 관해 적분하려면 다음과 같은 절차를 택한다.

(1) $y$의 증가방향으로 $R$을 자르는 수직선 $L$을 생각한다([그림 10-5(b)]).
(2) $L$이 $R$로 진입한 $y$값으로부터 $R$의 밖으로 나가는 $y$의 값까지 적분한다([그림 10-5(c)]).
(3) $R$을 지나 수직이 되는 모든 $x$의 한계를 취한다([그림 10-5(c)]). 그 적분은

$$\int_{x=0}^{x=1}\int_{y=1-x}^{y=\sqrt{1-x^2}} f(x,\ y)dydx.$$

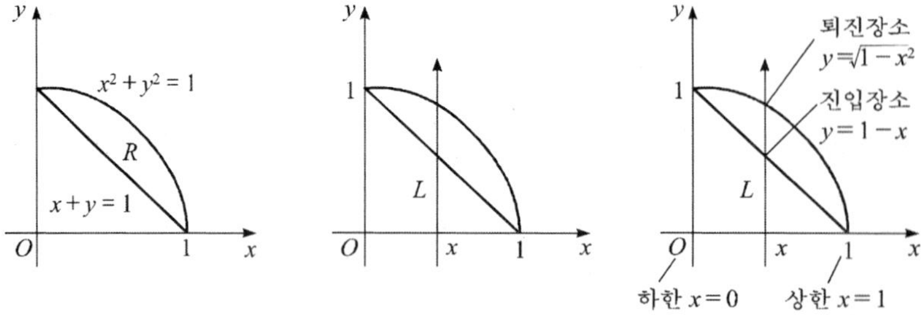


(a) (b) (c)

[그림 10-5] 적분 한곗값 찾기

**예제 3**

적분영역 $A$가 $y=\sqrt{2ax}\ (a>0)$, $y=\sqrt{2ax-x^2}$, $x=2a$로 둘러싸인 영역일 때 $\displaystyle\iint_R (x+y)dxdy$를 구하여라.

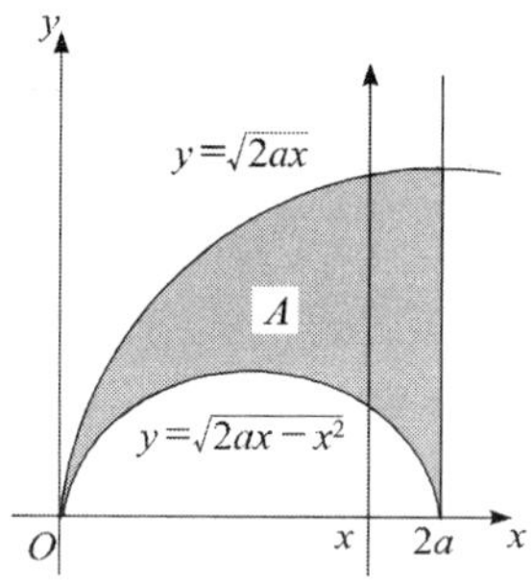


[그림 10-6]

풀이

$$\begin{aligned}\iint_R (x+y)dxdy &= \int_0^{2a}\int_{\sqrt{2ax-x^2}}^{\sqrt{2ax}}(x+y)dydx \\ &= \int_0^{2a}\left[xy+\frac{y^2}{2}\right]_{\sqrt{2ax-x^2}}^{\sqrt{2ax}}dx \\ &= \int_0^{2a}\left(\frac{x^2}{2}+\sqrt{2a}\,x^{\frac{3}{2}}-x\sqrt{2ax-x^2}\right)dx \\ &= \left[\frac{x^3}{6}+\frac{2}{5}\sqrt{2ax^5}\right]_0^{2a}-\int_{-a}^{a}t\sqrt{a^2-t^2}\,dt \\ &\quad -a\int_{-a}^{a}\sqrt{a^2-t^2}\,dt \quad (\text{단, } t=x-a) \\ &= a^3\left(\frac{68}{15}-\frac{\pi}{2}\right).\end{aligned}$$

■

**예제 4**

평면 $\dfrac{x}{a}+\dfrac{y}{b}+\dfrac{z}{c}=1$과 좌표평면에 의하여 만들어지는 삼각뿔의 체적을 구하여라.

풀이 주어진 평면의 방정식을 $z$에 관하여 바꾸어 쓰면

$$z = c\left(1 - \frac{x}{a} - \frac{y}{b}\right)$$

가 되므로 이 평면과 $xy$-평면과의 교선은 직선

$$\frac{x}{a} + \frac{y}{b} = 1.$$

이 직선과 $x$축, $y$축에 의해서 만들어지는 삼각형을 $R$이라 하면

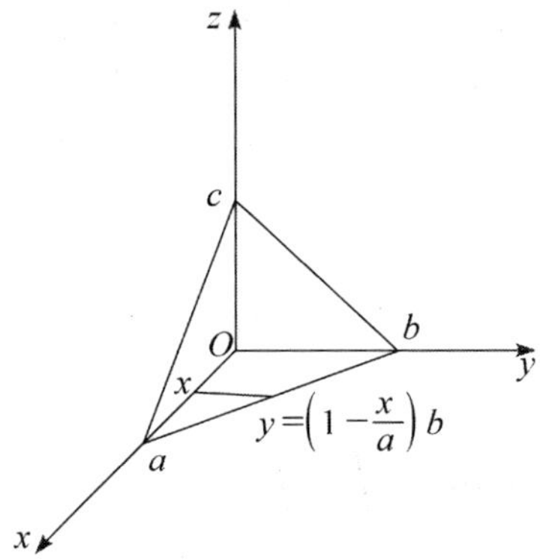


[그림 10–7]

$$\begin{aligned}\iint_R f(x,\ y)dxdy &= \iint_R c\left(1 - \frac{x}{a} - \frac{y}{b}\right)dxdy \\ &= c\int_0^a \left[\int_0^{b(1-\frac{x}{a})} \left(1 - \frac{x}{a} - \frac{y}{b}\right)dy\right]dx \\ &= c\int_0^a \left[-\frac{b}{2}\left(1 - \frac{x}{a} - \frac{y}{b}\right)^2\right]_0^{b(1-\frac{x}{a})} dx \\ &= \frac{bc}{2}\int_0^a \left(1 - \frac{x}{a}\right)^2 dx = \frac{bc}{2}\left[-\frac{a}{3}\left(1 - \frac{x}{a}\right)^3\right]_0^a \\ &= \frac{1}{6}abc.\end{aligned}$$

■

**예제 5**

다음 이중적분 $\iint_R \frac{\sin x}{x} dA$에서 $R$이 $xy$-평면상의 $x$축, 직선 $y = x$, 그리고 직선 $x = 1$에 의해 둘러싸인 삼각형일 때 중적분 값을 구하여라.

풀이 적분 영역은 [그림 10-8]에서와 같다. 처음 $y$에 관하여 적분하고 난 다음, $x$에 대하여 적분하면

$$\int_0^1\left(\int_0^x \frac{\sin x}{x}dy\right)dx = \int_0^1\left[y\frac{\sin x}{x}\right]_{y=0}^{y=x}dx = \int_0^1 \sin x dx = -\cos(1)+1$$

그러나 적분순서를 바꾸면,

$$\int_0^1\int_y^1 \frac{\sin x}{x}dxdy$$

를 계산하게 된다. 그러나 $\int \frac{\sin x}{x}dx$는 부정적분을 나타낼 수 없으므로 계산할 수 없다.

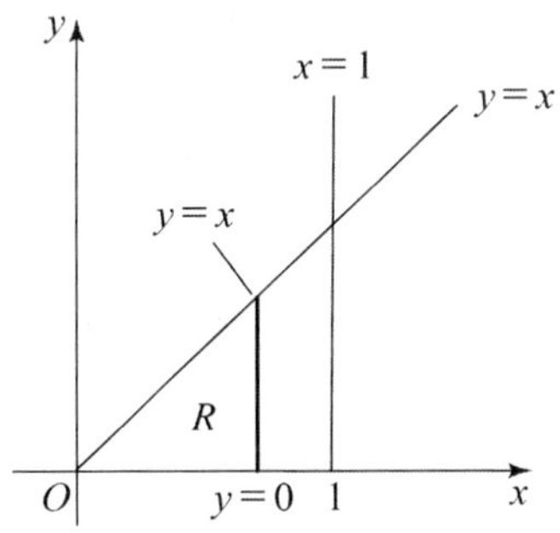


[그림 10-8] ■

예제 6

$I = \int_0^2\int_{x^2}^{2x} f(x,\ y)dydx$의 적분영역을 그리고 적분순서를 바꾸어라.

풀이 적분영역이 $x^2 \geq y \geq 2x,\quad 0 \geq x \geq 2$이므로, 작도하면 수직선 $x=0$과 $x=2$ 사이의 $y=x^2$과 $y=2x$에 의해 유계인 영역이다. 순서가 바뀐 적분을 하려면 영역을 지나는 수평선을 생각하여 $x=\frac{y}{2}$에서 진입하고 $x=\sqrt{y}$에서 퇴진한다.
그 같은 수평선은 모두 $y=0$부터 $y=4$까지 취해지므로 그 적분은

$$I = \int_0^4\int_{\frac{y}{2}}^{\sqrt{y}} f(x,\ y)dxdy.$$ ■

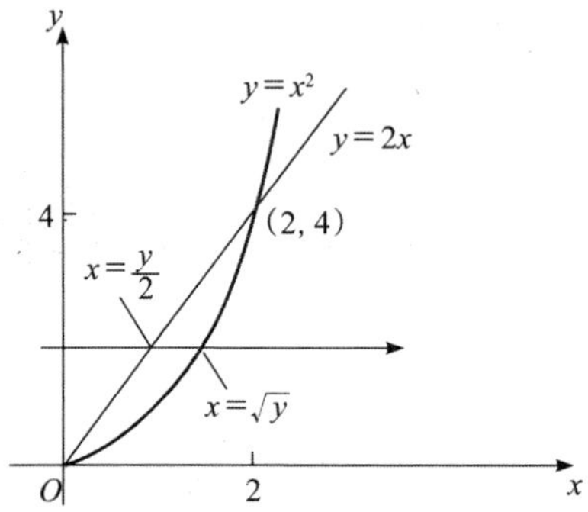


[그림 10-9] $\int_0^2 \int_{x^2}^{2x} f(x,\ y)dydx = \int_0^4 \int_{\frac{y}{2}}^{\sqrt{y}} f(x,\ y)dxdy$

**예제 7**

$f(x,\ y)$가 연속일 때 다음 적분순서를 변경하여라.

$$I = \int_0^1 dx \int_{-x}^{x} f(x,\ y)dy$$

풀이 이것은 [그림 10-10]의 삼각형 $OAB$에서 이중적분을 먼저 $y$에 관하여 적분하고 그 결과를 $x$에 관하여 적분한 것이다. 이 삼각형 $OAB$의 영역은 $-1 \le y \le 0$일 때 $-y \le x \le 1$, $0 \le y \le 1$일 때 $y \le x \le 1$로 표시되므로 위 반복적분의 적분순서를 바꾸면 다음과 같다.

$$I = \int_{-1}^{0} dy \int_{-y}^{1} f(x,\ y)dx + \int_0^1 dy \int_y^1 f(x,\ y)dx.$$ ■

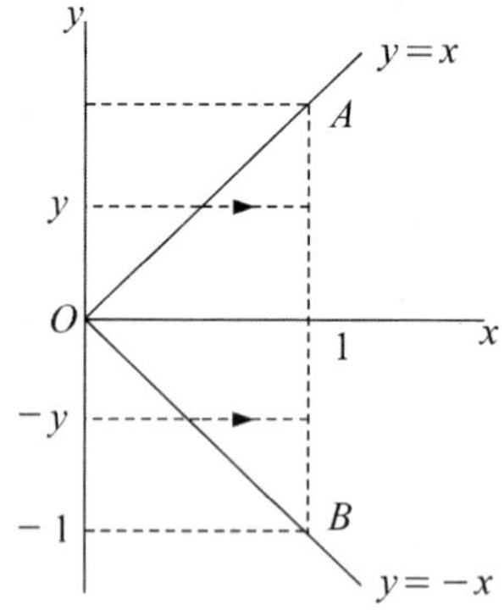


[그림 10-10]

## 연습문제 10.1 Exercises

**1.** 다음 이중적분의 적분순서를 변경하여라. $(a>0)$

(1) $\int_0^{\frac{1}{2}}\int_x^{1-x} f(x,\ y)dydx$

(2) $\int_0^4\int_0^{2\sqrt{x}} f(x,\ y)dydx$

(3) $\int_{-a}^{a}\int_0^{\sqrt{a^2-x^2}} f(x,\ y)dydx$

(4) $\int_0^{\frac{1}{2}}\int_{x^2}^{x} f(x,\ y)dydx$

**2.** 다음의 이중적분을 구하여라.

(1) $\int_0^1\int_0^4 x^3dydx$

(2) $\int_1^2\int_0^{2y} x^3ydxdy$

(3) $\int_0^3\int_{-x}^{x} xydydx$

(4) $\int_0^{\frac{\pi}{2}}\int_0^{\sin y} \frac{x}{\sqrt{1-x^2}}dxdy$

(5) $\int_{-1}^1\int_1^{e^x} \frac{x}{y}dydx$

(6) $\int_0^1\int_0^x e^{x+y}dydx$

(7) $\int_0^a\int_0^{\sqrt{a^2-y^2}} xdxdy$

(8) $\int_0^1\int_0^{3y} \sqrt{x+y}\,dxdy$

(9) $\int_0^1\int_{y^{\frac{1}{3}}}^1 6\sqrt{1+x^4}\,dxdy$

(10) $\int_{-2}^2\int_{-2}^2 \max\{|x-y|,\ |x+y|\}\,dxdy$

**3.** 다음 적분의 적분순서를 변경하여 계산하여라.

(1) $\int_0^2\int_{2y}^4 e^{x^2}dxdy$

(2) $\int_0^1\int_y^1 \sin x^2dxdy$

(3) $\int_0^1\int_0^{\cos^{-1}x} e^{\sin y}dydx$

(4) $\int_0^1\int_{\sqrt{y}}^1 7y^2\sin x^7\,dx\,dy$

**4.** 영역 $D=\{(x,\ y)\in\mathbb{R}^2 \mid 0\le x\le 2,\ 0\le y\le 9\}$일 때 함수 $f:D\to\mathbb{R}$을 다음과 같이 정의하자.

$$f(x,\ y)=\begin{cases} y, & y\ge\sin\sqrt{x} \\ \sin\sqrt{x}, & y<\sin\sqrt{x}\end{cases}$$

이때 $\int_0^2 \int_0^9 f(x, y)\,dy\,dx + \int_0^2 \int_0^{\sin\sqrt{x}} (y - \sin\sqrt{x})\,dy\,dx$의 값을 구하시오.

**5.** 양의 실수 $t$에 대하여 함수 $f$를

$$f(t) = \int_0^{\sqrt{t}} \int_y^{\sqrt{t}} \frac{1}{2 + \sin x^2}\,dx\,dy$$

로 정의할 때 $f'\left(\frac{\pi}{2}\right)$의 값을 구하여라.

**6.** 함수 $f(x, y) = \dfrac{x^2}{(\sqrt{x^2 + y^2})^3}$에 대하여 다음 적분의 값을 구하시오. (단, $[x]$는 $x$보다 크지 않은 최대 정수)

$$\int_{\frac{1}{\sqrt{2}}}^{1} \int_{\sqrt{1-y^2}}^{y} (f(x, y) - [x+y])dxdy$$
$$+ \int_1^{\sqrt{2}} \int_0^y f(x, y)dxdy + \int_{\sqrt{2}}^{2} \int_0^{\sqrt{4-y^2}} f(x, y)dxdy$$

**7.** 영역 $R = \{(x, y) \in \mathbb{R}^2 \mid 0 \le x \le 1,\ 0 \le y \le x^2\}$일 때 다음의 적분값을 구하시오.

$$\iint_R 3\cos(x^3)dA$$

## 10.2 극좌표계에서의 이중적분

극좌표평면에서 두 곡선 $r = \phi_1(\theta)$, $r = \phi_2(\theta)$ $(\phi_1(\theta) \ge \phi_2(\theta))$와 두 직선 $\theta = \alpha$, $\theta = \beta$ $(\alpha < \beta)$로 둘러싸인 영역을 $R$이라 하자.

극점을 중심으로 하는 동심원들과 극점을 지나는 직선들에 의하여 영역 $R$을 작은 영역으로 분할하고, 분할된 작은 영역을 $A_{11}$, $A_{12}$, $\cdots$, $A_{ij}$, $\cdots$, $A_{mn}$으로 나타낼 때, 이 $m \cdot n$개의 작은 영역들의 집합을 영역 $R$의 **극분할**(polar partition) $P$라고 하자 (단, $i=1, 2, \cdots, m$ ; $j = 1, 2, \cdots, n$). 이때 $A_{ij}$의 대각선 중 가장 긴 것의 길이를 $P$의 노름이라 하고

$\| P \|$ 로 쓴다.

이때 소영역 $A_{ij}$의 면적 $\Delta A_{ij}$ $(i = 1, 2, \cdots, m; j = 1, 2, \cdots, n)$은

$$\Delta A_{ij} = \frac{1}{2}(r_i + \Delta r_i)^2 \Delta\theta_j - \frac{1}{2}r_i^2 \Delta\theta_j = \left(r_i + \frac{1}{2}\Delta r_i\right)\Delta r_i \Delta\theta_j,$$

여기서 $r_i + \frac{1}{2}\Delta r_i = r_i^*$로 놓으면 $r_i \le r_i^* \le r_i + \Delta r_i$이고

$$\Delta A_{ij} = r_i^* \Delta r_i \Delta\theta_j$$

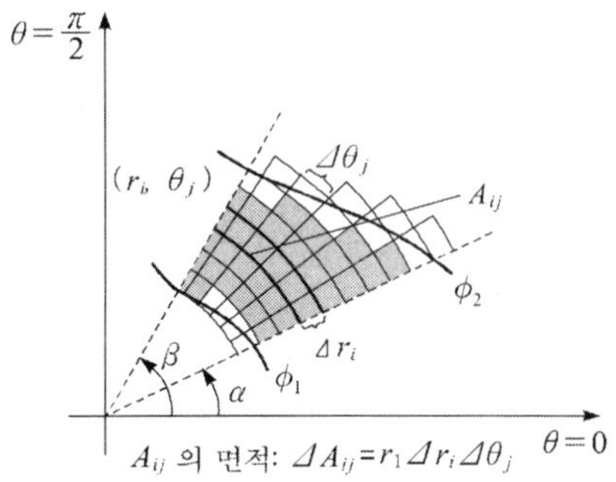


[그림 10-11]

로 쓸 수 있다. 이때 $A_{ij} \cap R$에 속하지 않는 $r_i^*$를 0이라 하면

$$\therefore \int\int_R f(r, \theta)dA = \lim_{\|P\| \to 0} \sum_{i=1}^{m} \sum_{j=1}^{n} f(r_i, \theta_j) r_j^* \Delta r_i^* \Delta\theta_j$$

$$= \int\int_R f(r, \theta) r dr d\theta$$

이다. 극좌표로 표시된 이변수함수의 이중적분은 다음의 두 가지 방법으로 계산할 수 있다.

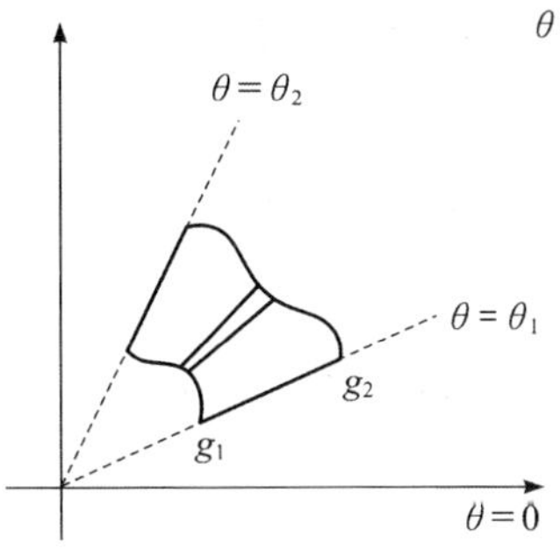


[그림 10-12]

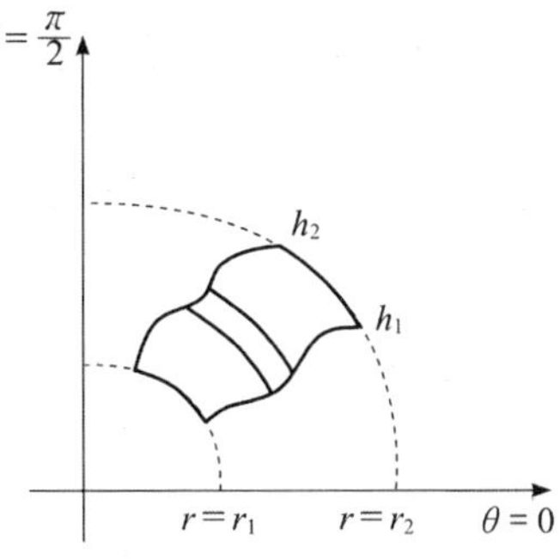


[그림 10-13]

(1) $\begin{bmatrix} \text{고정된 } \theta\text{의 범위 : } \theta_1 \le \theta \le \theta_2 \\ \text{변하는 } r\text{의 범위 : } g_1(\theta) \le r \le g_2(\theta) \end{bmatrix}$ (그림 10-12)

$$\Rightarrow \int\int_R f(r,\ \theta)dA = \int_{\theta_1}^{\theta_2}\int_{g_1(\theta)}^{g_2(\theta)} f(r,\ \theta) r dr\, d\theta.$$

(2) $\begin{bmatrix} \text{변하는 } \theta\text{의 범위 : } h_1(r) \le \theta \le h_2(r) \\ \text{고정된 } r\text{의 범위 : } r_1 \le r \le r_2 \end{bmatrix}$ (그림 10-13)

$$\Rightarrow \int\int_R f(r,\ \theta)dA = \int_{r_1}^{r_2}\int_{h_1(r)}^{h_2(r)} f(r,\ \theta) r d\theta\, dr.$$

**예제 1**

$R$이 제1사분면에 있고, 원 $r = 4\cos\theta$의 내부와 $r = 2$의 외부로 둘러싸인 영역일 때 $\int\int_R \sin\theta dA$를 계산하여라.

**풀이** [그림 10-14]에서 보면 $\theta$는 $0 \le \theta \le \frac{\pi}{3}$으로 고정된 범위, $r$은 $2 \le r \le 4\cos\theta$로 변하는 범위이므로

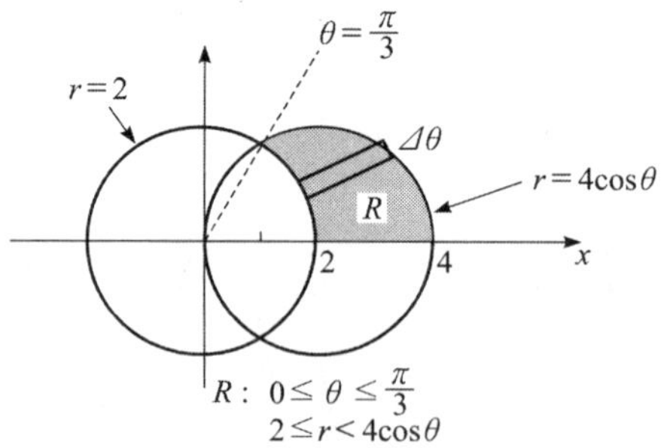


[그림 10–14]

$$\int\int_R \sin\theta dA = \int_0^{\frac{\pi}{3}}\int_2^{4\cos\theta} (\sin\theta) r dr\, d\theta$$

$$= \int_0^{\frac{\pi}{3}} \left[(\sin\theta)\frac{r^2}{2}\right]_2^{4\cos\theta} d\theta$$

$$= \frac{1}{2}\int_0^{\frac{\pi}{3}} \sin\theta(16\cos^2\theta - 4)d\theta$$

$$= 2\int_0^{\frac{\pi}{3}} [4\cos^2\theta \sin\theta - \sin\theta]d\theta$$

$$= 2\left[-\frac{4\cos^3\theta}{3} + \cos\theta\right]_0^{\frac{\pi}{3}} = \frac{4}{3}.$$ ■

직교좌표 $(x,\ y)$와 극좌표 $(r,\ \theta)$ 사이에는 다음 관계가 있다.

$$x = r\cos\theta, \quad y = r\sin\theta$$

함수 $f(x,\ y)$가 $xy$-평면의 영역 $R$에서 연속이고, 영역 $R$을 식 (1)을 이용하여 극좌표면의 영역으로 나타낼 수 있으면 다음 관계가 성립함을 앞에서 보았다.

$$\iint_R f(x,\ y)dxdy = \iint_R f(r\cos\theta,\quad r\sin\theta)\, rdr\, d\theta$$

직교좌표계에서 $\iint_R dxdy$는 영역 $R$의 면적을 나타내었다. 식 (2)에 의하면 극좌표계에서도 마찬가지로 $\iint_R rdr\,d\theta$는 영역 $R$의 면적을 나타낸다.

**참고** 직교좌표계에서는 $\iint_R f(x,\ y)dA$에서 $dA = dx\,dy$를 가리켰는데, 극좌표계에서는 [그림 10-15]에서 보는 바와 같이 면적 $dA$를 $rd\theta$, $dr$을 두 변으로 갖는 직사각형의 면적 처럼 생각하여 $dr(rd\theta)$와 같이 보는 것이 편리하다.

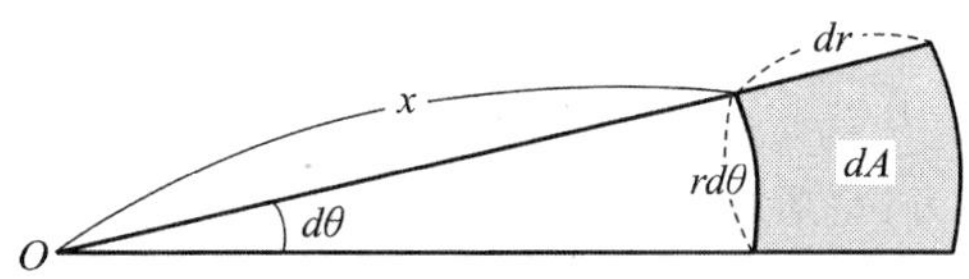


[그림 10-15]

다음 예제들은 이중적분을 극좌표계에서 다루는 것이 직교좌표계에서 다루는 것보다 편리한 경우의 예이다.

**예제 2**

$R = \{(x,\ y) \mid 1 \le x^2 + y^2 \le 4,\quad 0 \le y \le \sqrt{3}x\}$일 때([그림 10-16] 참고) $\iint_R (x^2+y^2)^{\frac{3}{2}} dxdy$의 값을 구하여라.

풀이 $x = r\cos\theta,\ y = r\sin\theta$로 놓으면 $x^2 + y^2 = r^2$, $\tan\theta = \frac{y}{x} = \sqrt{3}$ 이므로 $\theta = \frac{\pi}{3}$ 이다.

따라서 $R$을 극좌표로 나타내면

$$R=\left\{(r,\quad \theta)\,|\,1\le r\le 2,\quad 0\le\theta\le\frac{\pi}{3}\right\}$$

따라서

$$\int\int_R (x^2+y^2)^{\frac{3}{2}}dxdy=\int\int_R (r^2)^{\frac{3}{2}}rdrd\theta=\int_0^{\frac{\pi}{3}}\int_1^2 r^4 drd\theta=\int_0^{\frac{\pi}{3}}\frac{31}{5}d\theta=\frac{31}{15}\pi.$$

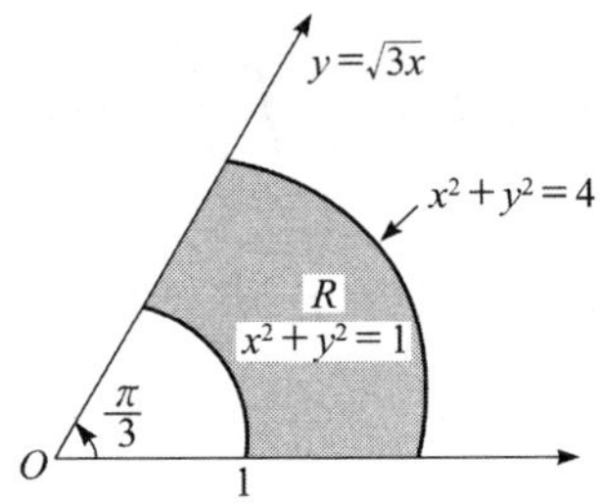


[그림 10-16] ■

**예제 3**

적분 $D=\int_0^{\infty}e^{-x^2}dx$를 구하여라.

풀이 지금 $0\le x\le a$, $0\le y\le a$인 사각형을 $A$, 원점을 중심으로 하고 반지름이 각각 $a$, $\sqrt{2}a$인 원의 제1사분면의 부분을 각각 $A_1$, $A_2$라 하면

$$\int\int_{A_1} e^{-(x^2+y^2)}dxdy < \int\int_A e^{-(x^2+y^2)}dxdy < \int\int_{A_2} e^{-(x^2+y^2)}dxdy$$

이다. 여기서

$$\int\int_A e^{-(x^2+y^2)}dxdy=\int_0^a dx\int_0^a e^{-x^2}e^{-y^2}dy=\left\{\int_0^a e^{-x^2}dx\right\}^2.$$

또 극좌표를 이용하면

$$x^2+y^2=(r\cos\theta)^2+(r\sin\theta)^2=r^2$$

이므로

$$\iint_{A_1} e^{-(x^2+y^2)}dxdy = \int_0^{\frac{\pi}{2}} d\theta \int_0^a e^{-r^2} r dr = \int_0^{\frac{\pi}{2}} \left[-\frac{1}{2}e^{-r^2}\right]_0^a d\theta$$

$$= \frac{1}{2}\int_0^{\frac{\pi}{2}} (1-e^{-a^2})d\theta = \frac{1}{2}\left[(1-e^{-a^2})\theta\right]_0^{\frac{\pi}{2}}$$

$$= \frac{\pi}{4}(1-e^{-a^2}).$$

같은 방법으로

$$\iint_{A_1} e^{-(x^2+y^2)}dxdy = \frac{\pi}{4}(1-e^{-2a^2})$$

이 된다. 따라서 위의 부등식은

$$\frac{\pi}{4}(1-e^{-a^2}) < \left\{\int_0^a e^{-x^2}dx\right\}^2 < \frac{\pi}{4}(1-e^{-2a^2})$$

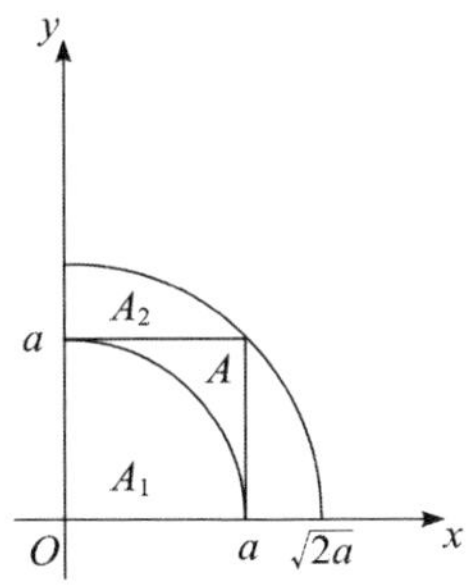


[그림 10-17]

으로 쓸 수 있다. 여기서 $a \to \infty$로 하면

$$D^2 = \left\{\int_0^a e^{-x^2}dx\right\}^2 = \frac{\pi}{4}$$

가 되므로 $D > 0$에서 $D = \frac{\sqrt{\pi}}{2}$가 된다. ■

**좌표 변환**

$uv$-평면의 영역 $G$가 미분가능함수

$$x = f(u, v), \ y = g(u, v)$$

에 의해 $xy$-평면의 영역 $R$로 변환될 수가 있다면(그림 10-18), $R$에서 정의된 $\phi(x,\ y)$는 $G$에서 정의된 $\phi(f(u,\ v),\ g(u,\ v))$ 으로 생각할 수 있다. 고등해석학에서 얻은 정리로서 모든 함수들이 연속이고, 연속인 일차도함수를 가지면 $R$위의 $\phi(x,\ y)$의 적분과 $G$위의 $\phi(f(u,\ v),\ g(u,\ v))$의 적분은 다음과 같은 관계가 있다.

$$\int\int_R \phi(x,\ y)dxdy = \int\int_G \phi[(f(u,\ v),\ g(u,\ v))]\left|\frac{\partial(x,\ y)}{\partial(u,\ v)}\right|dudv \qquad (1)$$

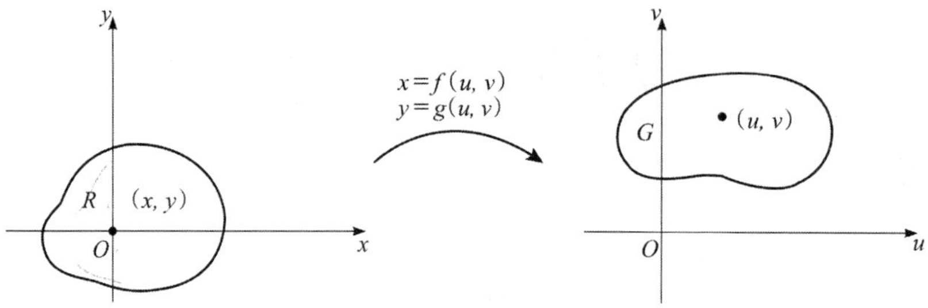


[그림 10-18] 식 $x = f(u,\ v)$, $y = g(u,\ v)$은 $R$을 $G$로 변환

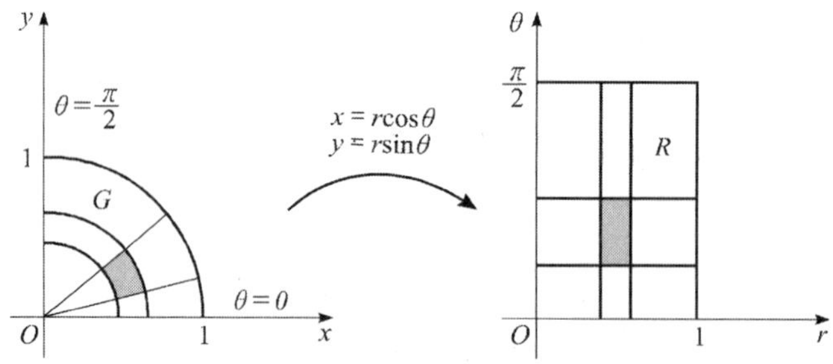


[그림 10-19] 식 $x = r\cos\theta$, $y = r\sin\theta$는 $G$를 $R$로 변환

단, $\dfrac{\partial(x,\ y)}{\partial(u,\ v)}$는 편미분의 행렬식

$$\frac{\partial(x,\ y)}{\partial(u,\ v)} = \begin{vmatrix} \dfrac{\partial x}{\partial u} & \dfrac{\partial x}{\partial v} \\ \dfrac{\partial y}{\partial u} & \dfrac{\partial y}{\partial v} \end{vmatrix} = J\left(\frac{x,\ y}{u,\ v}\right)$$

을 나타낸다. 이 행렬은 좌표변환 $x = f(u,\ v)$, $y = g(u,\ v)$의 야코비안(Jacobian)이라 불린다. 극좌표의 경우에는 $u$, $v$ 대신에 $r$, $\theta$이다.

$$x = r\cos\theta, \qquad\qquad y = r\sin\theta$$

$$\frac{\partial(x,\ y)}{\partial(r,\ \theta)} = \begin{vmatrix} \cos\theta & -r\sin\theta \\ \sin\theta & r\cos\theta \end{vmatrix} = r(\cos^2\theta + \sin^2\theta) = r$$

따라서 식 (1)은

$$\int\int_R \phi(x,\ y)dxdy \equiv \int\int_G \phi(r\cos\theta,\ r\sin\theta)r\,dr\,d\theta$$

가 된다. 이 정리의 증명은 이 책의 정도를 넘으므로 여기서는 생략한다.

[그림 10-19]는 식 $x = r\cos\theta$, $y = r\sin\theta$가 직사각형 $G: 0 \le r \le 1,\ 0 \le \theta \le \frac{\pi}{2}$을 $xy$-평면의 제1사분면에서 $x^2 + y^2 = 1$에 의해 유계된 $\frac{1}{4}$원으로 어떻게 변환하는가를 보여주고 있다.

**예제 4**

$I = \int\int_R (x^2 + y^2)dx\,dy$를 계산하여라. (단, $R: \frac{x^2}{a^2} + \frac{y^2}{b^2} \le 1,\ a > 0,\ b > 0$)

풀이 $x = au$, $y = bv$라 하면 $\left| J\left(\frac{x,\ y}{u,\ v}\right) \right| = ab$이고 $R$은 $G: u^2 + v^2 \le 1$과 1대 1로 대응한다(단, $a > 0,\ b > 0$). 따라서 식 (1)에 의하여

$$\begin{aligned} I &= ab\int\int_G (a^2u^2 + b^2v^2)du\,dv \\ &= a^3b\int\int_G u^2du\,dv + ab^3\int\int_G v^2du\,dv. \end{aligned}$$

여기서 다시 $u = r\cos\theta$, $v = r\sin\theta$라 놓으면

$$\int\int_G u^2du\,dv = \int_0^{2\pi}\int_0^1 r^2\cos^2\theta \cdot r\,dr\,d\theta = \frac{\pi}{4}$$

가 된다. 마찬가지로 $\int\int_G v^2du\,dv = \frac{\pi}{4}$이므로 $I = \frac{\pi}{4}ab(a^2 + b^2)$. ■

**예제 5**

$R$이 $(1,\ 0)$, $(0,\ 1)$, $(-1,\ 0)$, $(0,\ -1)$을 정점으로 하는 사각형일 때

$$\int\int_R (x + y)^2 e^{x-y}dx\,dy$$

를 구하여라.

(풀이) $x+y=u,\quad x-y=v$라 하면

$$x=\frac{u+v}{2},\qquad y=\frac{u-v}{2}.$$

$G=\{(u,\ v)\mid -1\le u\le 1,\ -1\le v\le 1\}$라 하면 $R$과 $G$는 1대 1 대응이다. 이 때

$$J(u,\ v)=\begin{vmatrix}\frac{1}{2} & \frac{1}{2}\\ \frac{1}{2} & -\frac{1}{2}\end{vmatrix}=-\frac{1}{2},$$

$$\therefore\ \int\int_R (x+y)^2 e^{x-y}dx\,dy=\frac{1}{2}\int\int_G u^2e^v du\,dv$$

$$=\frac{1}{2}\int_{-1}^{1}u^2du\int_{-1}^{1}e^v dv=\frac{e-e^{-1}}{3}.$$

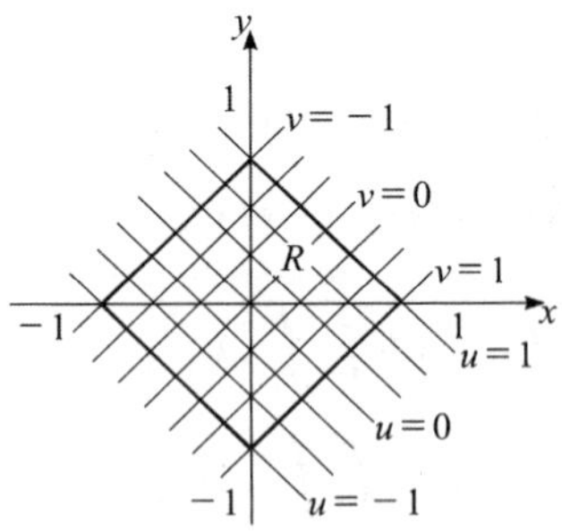


[그림 10-20] ■

## 연습문제 10.2 Exercises

**1.** 극좌표에 의한 이중적분을 이용하여 다음 반복적분을 계산하여라.

(1) $\displaystyle\int_0^2\int_0^{\sqrt{4-x^2}} e^{-(x^2+y^2)}dy\,dx$ (2) $\displaystyle\int_0^3\int_{-\sqrt{18-y^2}}^{-y}\sin(x^2+y^2)dx\,dy$

(3) $\displaystyle\int_{-a}^{a}\int_0^{\sqrt{a^2-x^2}}\sqrt{x^2+y^2}\,dy\,dx$

**2.** 다음 각 곡선으로 둘러싸인 평면도형의 면적을 구하여라.

(1) $r=2\cos 3\theta$　　(2) $r=1+\sin\theta$

(3) $r=a(1+\cos\theta)\,(a>0)$　　(4) $r^2=\cos 2\theta$

**3.** 다음 평면도형의 면적을 구하여라.

(1) 원 $r=3$의 외부와 원 $r=2\sqrt{3}\sin\theta$의 내부로 이루어진 도형.

(2) 곡선 $r=2\tan\theta$와 직선 $r=\sqrt{2}\sec\theta,\ \theta=0$으로 둘러싸이고 제1사분면에 놓인 도형.

(3) 포물선 $r=3\sec^2\dfrac{\theta}{2}$의 오른쪽과 원 $r=6$의 내부로 이루어지는 도형.

(4) $r=2$의 외부와 심장형 $r=2(1+\cos\theta)$의 내부로 이루어지는 도형.

(5) $r=a\cos\theta$의 내부와 심장형 $r=a(1-\cos\theta)$의 외부로 이루어지는 도형.

**4.** 좌표 변환을 하여 다른 적분을 계산하여라.

(1) $\displaystyle\int_0^1\int_0^{1-y}\cos\left(\frac{x-y}{x+y}\right)dx\,dy$　　(2) $\displaystyle\int_0^1\int_0^{1-x}e^{\frac{y}{x+y}}dy\,dx$

(3) $\displaystyle\int\int_R ydA$ 단, $R=\{(x,\ y)|1\le xy\le 2,\ \ 1\le xy^2\le 3\}$

(4) $\displaystyle\int\int_R x^3y\,dA$ 단, $R=\{(x,\ y)\,|\,1\le xy\le 3,\ \ x\le y\le 2x\}$

(5) $\displaystyle\iint_R\frac{1}{x+y}e^{\frac{x-y}{x+y}}dxdy$, 단 $R=\{(x,\ y)\,|\,x\ge 0,\ y\ge 0,\ 1\le x+y\le 3\}$

**5.** $\displaystyle\int_0^1(1-x)f(x)dx=5$일 때 $\displaystyle\int_0^1\int_0^x f(x-y)dydx$의 값을 구하여라.

**6.** 좌표평면에서 세 점 $(0,\ 0)$, $\left(-\dfrac{1}{2},\ 0\right)$, $(0,\ 1)$을 꼭지점으로 하는 삼각형과 그 내부를 $R$이라 할 때 다음 중적분의 값을 구하여라.

$$\iint_R\sin(y-2x)^2\,dA$$

**7.** 자연수 $n$에 대하여 $D_n=\{(x,\ y)\in\mathbb{R}^2\,|\,(x-y)^2+x^2\le n\}$일 때 다음 극한값을 구하시오.

$$\lim_{n\to\infty}\iint_{D_n} e^{-[(x-y)^2+x^2]}dxdy \text{ (단, } [x]\text{는 } x\text{보다 크지 않은 최대 경우)}$$

**8.** 실수 $t$에 대하여

$$g(t)=\frac{1}{\pi}\iint_D (x^2+y^2+1)^t dxdy \text{ (단, } D_n=\{(x,\ y)\in\mathbb{R}^2 \mid x^2+y^2\le 1\}\text{)}$$

일 때, $g(-2)$와 $\lim_{t\to 0} g(t)^{\frac{1}{t}}$의 값을 구하시오.

**9.** $x>0,\ y>0$이고 곡선 $x^2-y^2=1,\ x^2-y^2=9,\ xy=2,\ xy=4$로 둘러싸인 영역을 $R$이라 할 때 $\iint (x^2+y^2)dA$의 값은?

## 10.3 이중적분에 의한 체적

이중적분은 입체의 체적과 밀접한 관계를 가지고 있다. $R$을 두 곡선 $y=y_1(x)$, $y=y_2(x)$와 두 직선 $x=a$, $x=b$로 둘러싸인 $xy$-평면 위의 영역이라 하고, $S$를 $R$ 위에서 함수 $z=f(x,\ y)$로 정의된 곡면이라 할 때 영역 $R$과 곡면 $S$를 각각 아래와 윗면으로 가지는 직각기둥의 체적 $V$는 이중적분 $\int\int_R zdA$로 표시됨을 알고 있을 것이다. 이에 대하여 다시 생각해 보기로 한다.

영역 $R$을 세로, 가로가 각각 $\Delta x$, $\Delta y$인 사각형의 면적소로 나누고 곡면 $S$위에 꼭지점의 하나가 놓인 사각기둥을 각 면적소 위에 세우면 사각기둥 하나의 체적은 $z\Delta x\Delta y$이다. 따라서 영역 $R$위에 세워진 사각기둥의 체적의 총합은 영역 $R$과 곡면 $S$를 각각 아래와 윗면으로 가지는 직각기둥의 체적의 근삿값이다. 그러므로 $\Delta x\to 0$, $\Delta y\to 0$일 때 사각기둥의 체적의 총합의 극한값은 구하려는 직각기둥의 체적 $V$와 같다. 즉,

$$V=\lim_{\substack{\Delta x\to 0\\ \Delta y\to 0}}\sum z\Delta x\Delta y=\int\int_R zdA.$$

이 값은 사각기둥의 체적을 먼저 얇은 판으로 나누어 각각의 합을 구한 다음 얇은 판의 체적을 모두 합하여 극한값을 구한 것이다. 따라서 직각기둥의 체적 $V$는

$$V = \int_a^b \int_{y_1(x)}^{y_2(x)} z dy dx$$

이다. 또 영역 $R$이 곡선 $x = x_1(y)$, $x = x_2(y)$와 직선 $y = c$, $y = d$로 둘러싸인 $xy$-평면 위의 영역이고 곡면 $S$가 방정식 $z = f(x, y)$로 정의되었을 때 $R$, $S$를 각각 아래 윗면으로 가지는 직각기둥의 체적 $V$는

$$V = \int_c^d \int_{x_1(y)}^{x_2(y)} z dx dy$$

이다.

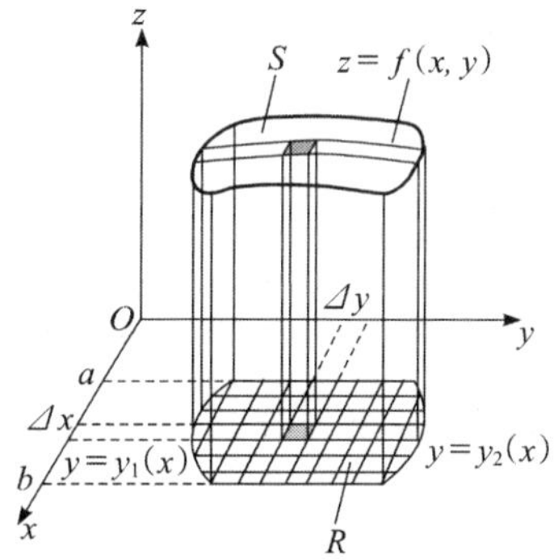


[그림 10-21]

**예제 1**

정사각형 $x = 0$, $x = 1$, $y = 0$, $y = 1$을 아랫면으로 포물면 $z = 4 - x^2 - y^2$을 윗면으로 가지는 입체의 체적을 구하여라.

[풀이] 이 입체는 영역

$$R = \{(x, y) \mid 0 \le x \le 1, 0 \le y \le 1\}$$

을 아랫면으로, 포물면 $z = 4 - x^2 - y^2$을 윗면으로 가지는 입체이다. 따라서 구하는 입체의 체적 $V$는

$$V = \iint_R z dA = \iint_R (4 - x^2 - y^2) dA = \int_0^1 \left(\frac{11}{3} - x^2\right) dx = \frac{10}{3}. \qquad ■$$

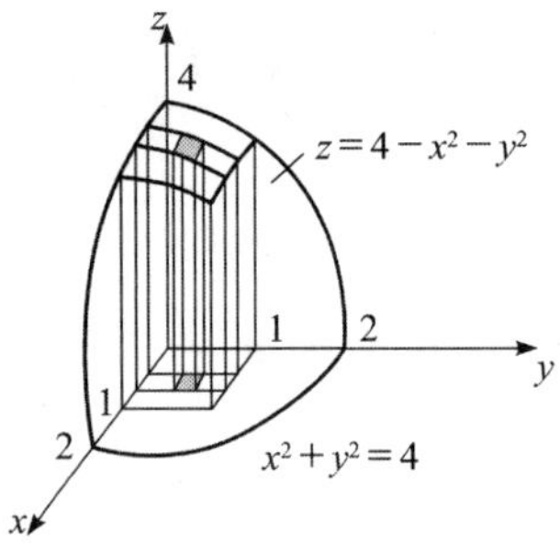


[그림 10-22]

**예제 2**

곡면이 $z=x^2+y^2$, 밑면이 $xy$-평면상의 $y=x^2$, $x=y^2$으로 둘러싸인 부분이고 옆면이 주면인 입체의 체적을 구하여라.

풀이 밑면을 둘러싸는 곡선의 방정식

$$y=\sqrt{x}, \quad y=x^2$$

을 연립하여 풀면 교점의 좌표는 (0, 1), (1, 1)이다. 따라서 구하는 입체의 체적 $V$는 다음과 같다.

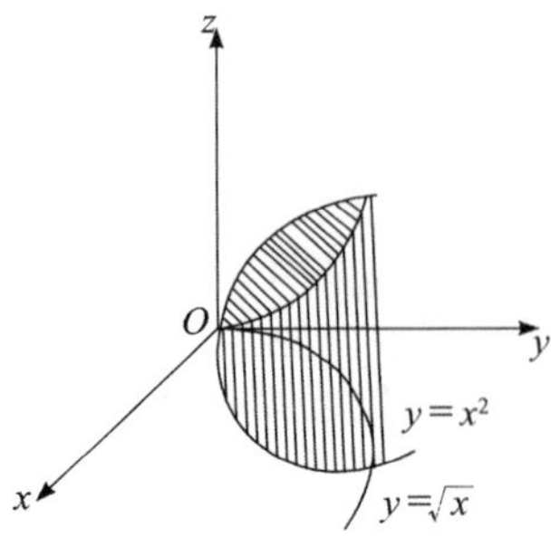


[그림 10-23]

$$\begin{aligned} V &= \int_0^1 dx \int_{x^2}^{\sqrt{x}} (x^2+y^2)dy = \int_0^1 \left[x^2y+\frac{1}{3}y^3\right]_{x^2}^{\sqrt{x}} dx \\ &= \int_0^1 \left(x^{\frac{5}{2}}+\frac{1}{3}x^{\frac{3}{2}}-x^4-\frac{1}{3}x^6\right)dx \\ &= \left[\frac{2}{7}x^{\frac{7}{2}}+\frac{2}{15}x^{\frac{5}{2}}-\frac{1}{5}x^5-\frac{1}{21}x^7\right]_0^1 = \frac{6}{35}. \end{aligned}$$

■

**예제 3**

제1팔분공간에 있고 평면 $x+y+z=6$의 아래, 그리고 포물면 $y=4-x^2$의 내부(그림 10-24)로 되는 입체의 부피를 구하여라.

풀이

$$\begin{aligned} V &= \int_0^2 \int_0^{4-x^2} (6-x-y)\,dy\,dx \\ &= \int_0^2 \left[6y - xy - \frac{1}{2}y^2\right]_0^{4-x^2} dx \\ &= \frac{292}{15} \end{aligned}$$

적분의 순서를 변경하면,

$$V = \int_0^4 \int_0^{\sqrt{4-y}} (6-x-y)\,dx\,dy = \frac{292}{15}.$$

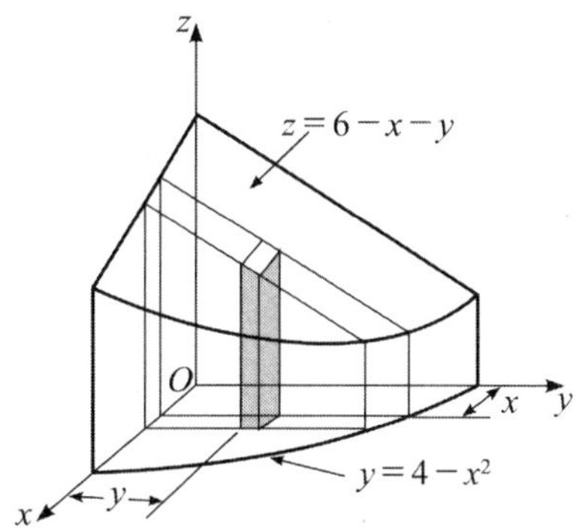


[그림 10-24] ■

**예제 4**

구면 $x^2+y^2+z^2=a^2$의 내부와 주면 $x^2+y^2=ax$의 내부의 공통부분의 체적을 구하여라.

풀이 $x=r\cos\theta,\quad y=r\sin\theta$라 하면 주어진 구와 원통의 방정식은

$$r^2+z^2=a^2, \qquad r=a\cos\theta$$

가 된다. 따라서 입체의 체적 $V$는 다음과 같이 구해진다.

$$
\begin{aligned}
V &= 4\int_0^{\frac{\pi}{2}} d\theta \int_0^{a\cos\theta} r\sqrt{a^2-r^2}\,dr \\
&= 4\int_0^{\frac{\pi}{2}} \left[-\frac{1}{3}(a^2-r^2)^{\frac{3}{2}}\right]_0^{a\cos\theta} d\theta \\
&= \frac{4}{3}a^3\int_0^{\frac{\pi}{2}}(1-\sin^3\theta)d\theta = \frac{4}{3}a^3\left(\frac{\pi}{2}-\frac{2}{3}\right) \\
&= \frac{2}{3}\left(\pi-\frac{4}{3}\right)a^3.
\end{aligned}
$$

■

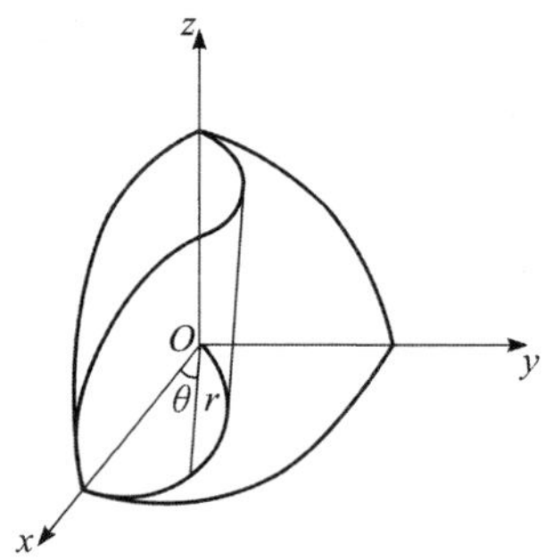


[그림 10-25]

## 연습문제 10.3 Exercises

**1.** $R$을 $xy$-평면에서 $x=0,\ \ x=1,\ \ y=0,\ \ y=1$로 둘러싸인 정사각형이라 할 때, 다음 곡면과 $R$을 위 아래면으로 가지는 직각기둥의 체적을 구하여라.

(1) $x+2y+4z=8$ (2) $z=\sqrt{x}+\sqrt{y}$

**2.** $R$을 $xy$-평면에서 $x+y=1,\ \ x=0,\ \ y=0$로 둘러싸인 삼각형이라 할 때, 다음 곡면과 $R$을 위 아래면으로 가지는 직각기둥의 체적을 구하여라.

(1) $2x+2y+4z=8$ (2) $z=\sqrt{x+y}$

**3.** 이중적분을 이용하여 다음 곡면들로 둘러싸인 입체의 체적을 구하여라.

(1) 원주면 $x^2+y^2=a^2$, $xy$-평면, 평면 $z=2x$

(2) 포물주면 $x^2+z=1$, 평면 $x+y=1$, $y=0$, $z=0$

(3) 포물주면 $y^2=x$, $xy$-평면, 평면 $x+z=1$

(4) 평면 $x+2y+3z=6$, 평면 $x=0$, $y=0$, $z=0$

(5) 원주면 $x^2+y^2=4$, 평면 $z+y=2$, $z=0$

**4.** 다음 곡선들로 둘러싸인 평면도형의 면적을 이중적분을 써서 구하여라.

(1) $x=0$, $y=0$, $x+y=a$

(2) $y^2=x+1$, $x+y=1$

(3) $y=0$, $y=e^x$, $x=0$, $x=1$

(4) $y^2+x=0$, $y=x+2$

(5) $y=\sqrt{a^2-x^2}$, $x=\pm a$, $y=-a$

(6) $y^2=x^3$, $y=x$

**5.** 원주좌표를 써서 다음 입체의 체적을 이중적분으로 구하여라.

(1) 구면 $r^2+z^2=4$와 원통 $r=1$로 둘러싸인 입체

(2) 주면 $x^2+y^2+z^2=a^2$으로 둘러싸인 입체

(3) 포물면 $4z=r^2$, 평면 $r=2\sec\theta$, $\theta=0$, $\theta=\dfrac{\pi}{4}$, $z=0$으로 둘러싸인 입체

(4) 구 $x^2+y^2+z^2=4$를 원기둥 $r=2\sin\theta$로 잘랐을 때의 체적

## 10.4 곡면적

함수 $z=f(x, y)$로 정의되는 곡면 위에서 폐곡선 $C$로 둘러싸인 곡면적을 $S$라 하고, $S$의 $xy$-평면 위의 정사영을 $A$라 하자. $A$를 변의 길이가 각각 $\Delta x$, $\Delta y$인 직사각형으로 분할하고 그 면적을 $\Delta A=\Delta x\Delta y$라 하자. 이들 각 직사각형을 밑면으로 가지는 사각기둥을 $xy$-평면 위에 수직으로 세울 때 이 사각기둥에 의해서 잘리는 곡면의 면적을 $\Delta S$, 곡면의 잘린 부분의 한 꼭지점 $P$에서 곡면에 외접하는 접평면이 사각기둥에 의하여 잘리는 부분의 면적을 $\Delta S'$이라 하자. 접평면이 $xy$-평면과 이루는 각(예각)을 $\gamma$라 하면

$$\Delta A=\Delta S'\cos\gamma$$

이고, $\gamma$는 점 $P$에서의 곡면의 법선과 $z$축이 이루는 각과 같다. 그런데 법선의 방향여현은 점 $P$에서의 $\dfrac{\partial z}{\partial x}$, $\dfrac{\partial z}{\partial y}$, $-1$과 비례하므로 다음과 같다.

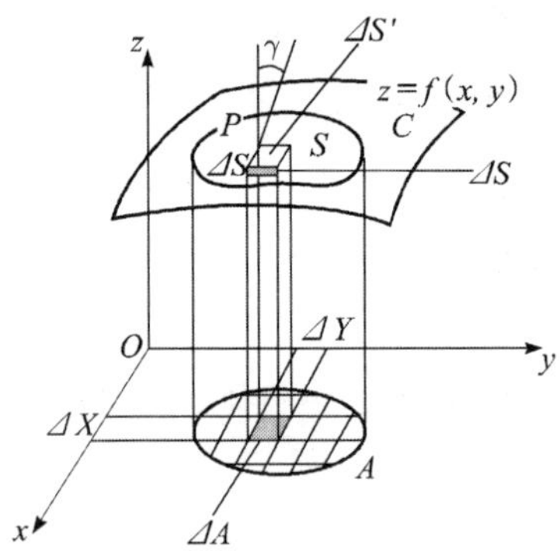

[그림 10-26]

$$\cos\gamma = \frac{1}{\sqrt{1+\left(\frac{\partial z}{\partial x}\right)^2+\left(\frac{\partial z}{\partial y}\right)^2}}$$

$$\therefore \quad \Delta S' = \sqrt{1+\left(\frac{\partial z}{\partial x}\right)^2+\left(\frac{\partial z}{\partial y}\right)^2}\,\Delta A$$

그런데 $\Delta x$, $\Delta y$가 충분히 작으면 $\Delta S$와 $\Delta S'$은 근사하므로 $\Delta x \to 0$, $\Delta y \to 0$일 때 $\dfrac{\Delta S'}{\Delta S} \to 1$이 된다.

그러므로 곡면의 면적 $S$는 다음과 같이 정의된다.

$$\begin{aligned} S &= \int\!\!\int_A \sqrt{1+\left(\frac{\partial z}{\partial x}\right)^2+\left(\frac{\partial z}{\partial y}\right)^2}\,dA \\ &= \int\!\!\int_A \sqrt{1+\left(\frac{\partial z}{\partial x}\right)^2+\left(\frac{\partial z}{\partial y}\right)^2}\,dydx \end{aligned}$$

같은 방법으로 곡면 $z=f(x,\ y)$ 위의 폐곡선 $C$로 둘러싸인 곡면적 $S$는 $yz$-평면, $xz$-평면 위의 정사영을 각각 $A'$, $A''$이라 하면 곡면적 $S$는 다음과 같이 표시된다.

$$\begin{aligned} S &= \int\!\!\int_{A'} \sqrt{1+\left(\frac{\partial x}{\partial y}\right)^2+\left(\frac{\partial x}{\partial z}\right)^2}\,dydz \\ &= \int\!\!\int_{A''} \sqrt{1+\left(\frac{\partial y}{\partial x}\right)^2+\left(\frac{\partial y}{\partial z}\right)^2}\,dxdz \end{aligned}$$

**예제 1**

곡면 $z=1-y$가 평면 $x=0$, $x=1$에 의해 잘리는 제1팔분공간에 있는 부분의 곡면적을 구하여라.

풀이 잘려진 제1팔분공간에 있는 부분의 $xy$-평면 위의 정사영 $A$는

$$A=\{(x,\ y) \mid 0 \le x \le 1,\ 0 \le y \le 1\}$$

이고, 평면 $z=1-y$에 대하여

$$\frac{\partial z}{\partial x}=0,\quad \frac{\partial z}{\partial y}=-1$$

이므로 구하는 부분의 면적 $S$는

$$\begin{aligned} S &= \int\int_A \sqrt{1+\left(\frac{\partial z}{\partial x}\right)^2+\left(\frac{\partial z}{\partial y}\right)^2}\,dA \\ &= \int_0^1\int_0^1 \sqrt{1+0^2+(-1)^2}\,dxdy \\ &= \int_0^1\int_0^1 \sqrt{2}\,dxdy = \sqrt{2} \end{aligned}$$

■

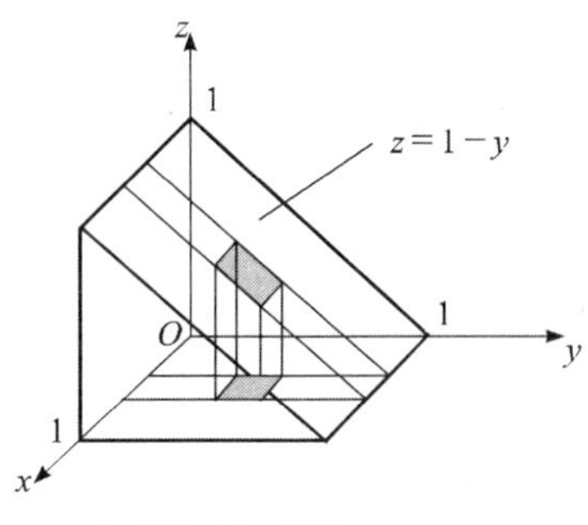


[그림 10-27]

**예제 2**

좌표평면과 평면 $z=x$로 잘린 원주면 $x^2+y^2=a^2$의 제1팔분공간에 있는 부분의 곡면적을 구하여라.

풀이 잘려진 제1팔분공간에 있는 부분의 $xz$-평면 위의 정사영 $A$는

$$A=\{(x,\ y) \mid 0 \le x \le a,\quad 0 \le z \le x\}$$

이고, 원주면 $y=\sqrt{a^2-x^2}$에 대하여

$$\frac{\partial y}{\partial x}=-\frac{x}{\sqrt{a^2-x^2}},\quad \frac{\partial y}{\partial z}=0$$

이므로 구하는 면적 $S$는

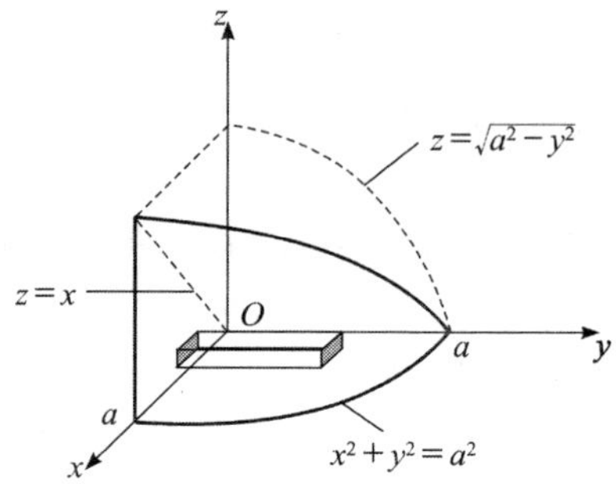


[그림 10-28]

$$\begin{aligned}S&=\int\int_A\sqrt{1+\left(\frac{\partial y}{\partial x}\right)^2+\left(\frac{\partial y}{\partial z}\right)^2}\,dA\\&=\int_0^a\int_0^x\sqrt{1+\left(\frac{x}{\sqrt{a^2-x^2}}\right)^2+0^2}\,dzdx\\&=\int_0^a\int_0^x\frac{a}{\sqrt{a^2-x^2}}dzdx\\&=a\int_0^a\frac{x}{\sqrt{a^2-x^2}}dx\\&=a^2\end{aligned}$$

■

**예제 3**

구면 $x^2+y^2+z^2=a^2$의 표면적을 구하여라 $(a>0)$.

풀이 구면의 표면적은 제1팔분공간에 있는 부분의 면적의 8배이고, 제1팔분공간에 있는 구면의 $xy$-평면 위의 정사영 $A$는

$$A=\left\{(x,\ y)\,|\,0\le x\le a,\ 0\le y\le\sqrt{a^2-x^2}\right\}$$

이다. 주어진 방정식에서

$$\frac{\partial z}{\partial x} = -\frac{x}{z}, \quad \frac{\partial z}{\partial y} = -\frac{y}{z}$$

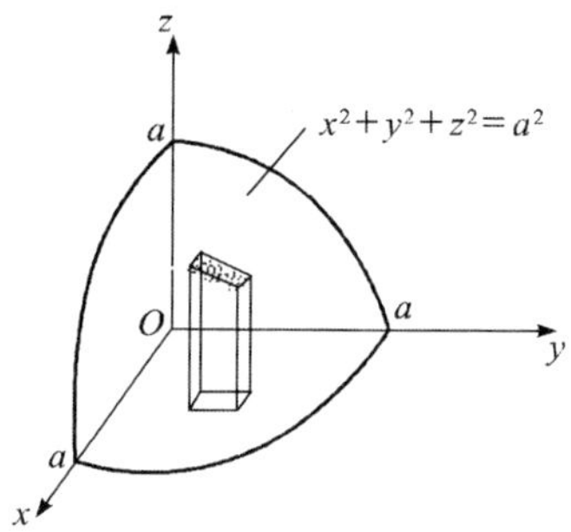


[그림 10-29]

$$\therefore \ 1+\left(\frac{\partial z}{\partial x}\right)^2+\left(\frac{\partial z}{\partial y}\right)^2 = 1+\left(-\frac{x}{z}\right)^2+\left(-\frac{y}{z}\right)^2 = \frac{a^2}{z^2}$$

따라서 구의 표면적 $S$는

$$S = 8\int\int_A \sqrt{1+\left(\frac{\partial z}{\partial x}\right)^2+\left(\frac{\partial z}{\partial y}\right)^2}\, dA$$
$$= 8\int\int_A \frac{a}{\sqrt{a^2-x^2-y^2}} dA.$$

$x = r\cos\theta, \quad y = r\sin\theta$에 의하여 좌표변환을 하면 $A$는

$$A^* = \left\{(r, \ \theta) \mid 0 \le r \le a, \quad 0 \le \theta \le \frac{\pi}{2}\right\}$$

로 변환되고, $\sqrt{a^2-x^2-y^2} = \sqrt{a^2-r^2}$ 이다. 따라서

$$S = \int\int_{A^*} \frac{a}{\sqrt{a^2-r^2}} dA = 8\int_0^{\frac{\pi}{2}}\int_0^a \frac{a}{\sqrt{a^2-r^2}} r dr d\theta$$
$$= 8a\int_0^{\frac{\pi}{2}} \left[-\sqrt{a^2-r^2}\right]_0^a d\theta = 4\pi a^2.$$

■

**예제 4**

원주면 $x^2+y^2=a^2$의 내부에 있는 다른 원주면 $x^2+z^2=a^2$의 표면적을 구하여라($a>0$).

풀이 구하고자 하는 표면적을 $S$라 하면 이것에 대한 정사영 $A$는 반지름이 $a$인 사분원이다. 그리고 $z=\sqrt{a^2-x^2}$ 에서

$$\frac{\partial z}{\partial x}=-\frac{x}{\sqrt{a^2-x^2}}, \quad \frac{\partial z}{\partial y}=0$$

이므로

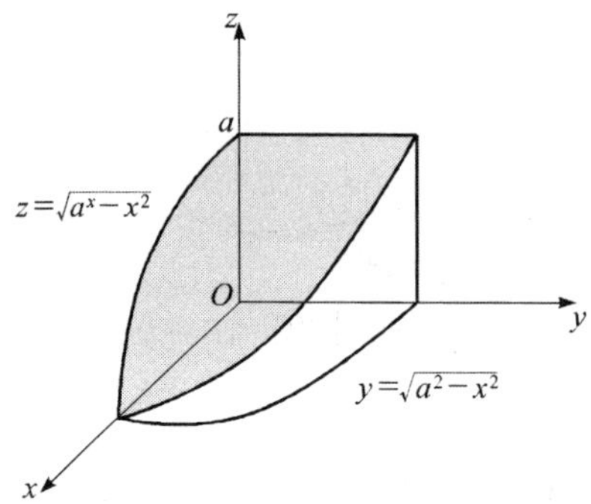


[그림 10-30]

$$\begin{aligned} S &= 8\int\int_A \sqrt{1+\frac{x^2}{a^2-x^2}}\,dx\,dy = 8a\int\int_A \frac{1}{\sqrt{a^2-x^2}}\,dx\,dy \\ &= 8a\int_0^a dx\int_0^{\sqrt{a^2-x^2}} \frac{1}{\sqrt{a^2-x^2}}\,dy = 8a\int_0^a dx = 8a^2. \end{aligned}$$ ■

만일 곡면의 방정식이 원주좌표에 의하여

$$z=\phi(r, \quad \theta)$$

로 주어질 때는 영역 $A$를 사각형으로 분할하는 대신 원점 $O$를 지나는 직선군과 $O$를 중심으로 하는 동심원군으로 분할하면 된다. 따라서 $dxdy$ 대신에 $r\,dr\,d\theta$를 사용하면 된다. 이때 피적분 함수를 $r$, $\theta$로 나타내면

$$x=r\cos\theta, \quad y=r\sin\theta$$

에서

$$\begin{aligned} \frac{\partial z}{\partial r} &= \frac{\partial z}{\partial x}\frac{\partial x}{\partial r}+\frac{\partial z}{\partial y}\frac{\partial y}{\partial r}=\frac{\partial z}{\partial x}\cos\theta+\frac{\partial z}{\partial y}\sin\theta \\ \frac{\partial z}{\partial \theta} &= \frac{\partial z}{\partial x}\frac{\partial x}{\partial \theta}+\frac{\partial z}{\partial y}\frac{\partial y}{\partial \theta}=\frac{\partial z}{\partial x}(-r\sin\theta)+\frac{\partial z}{\partial y}(r\cos\theta) \end{aligned}$$

이므로 $\left(\frac{\partial z}{\partial r}\right)^2+\frac{1}{r^2}\left(\frac{\partial z}{\partial \theta}\right)^2=\left(\frac{\partial z}{\partial x}\right)^2+\left(\frac{\partial z}{\partial y}\right)^2$. 따라서

$$\sqrt{1+\left(\frac{\partial z}{\partial x}\right)^2+\left(\frac{\partial z}{\partial y}\right)^2}=\sqrt{1+\left(\frac{\partial z}{\partial r}\right)^2+\frac{1}{r^2}\left(\frac{\partial z}{\partial \theta}\right)^2}$$

이 된다. 그러므로 다음 공식을 얻는다.

$$S=\int\int_B\sqrt{r^2+\left(r\frac{\partial z}{\partial r}\right)^2+\left(\frac{\partial z}{\partial \theta}\right)^2}\,drd\theta$$

여기서 영역 $A$가 $r$, $\theta$에 관해서는 영역 $B$가 된다.

**예제 5**

구면 $x^2+y^2+z^2=a^2$이 주면 $x^2+y^2=ax$에 의해서 잘라지는 부분의 표면적을 구하여라(그림 10-25 참고).

풀이 $x=r\cos\theta$, $y=r\sin\theta$라면 구면과 주면의 식은 각각 $r^2+z^2=a^2$, $r=a\cos\theta$가 된다. 따라서 $z=\pm\sqrt{a^2-r^2}$에서

$$\frac{\partial z}{\partial r}=\mp\frac{r}{\sqrt{a^2-r^2}},\quad \frac{\partial z}{\partial \theta}=0.$$

따라서 구하려는 표면적을 $S$라고 하면

$$\begin{aligned} s &=4\int_0^{\frac{\pi}{2}}\int_0^{a\cos\theta}\frac{ar}{\sqrt{a^2-r^2}}drd\theta \\ &=4a\int_0^{\frac{\pi}{2}}\left[-\sqrt{a^2-r^2}\right]_0^{a\cos\theta}d\theta \\ &=4a^2\int_0^{\frac{\pi}{2}}(1-\sin\theta)d\theta=2(\pi-2)a^2. \end{aligned}$$

■

**예제 6**

$a\le x\le b$에서 $f(x)\ge 0$이고 $f'(x)$는 연속이라 하자. 곡선 $y=f(x)$의 $a\le x\le b$인 부분이 $x$축의 주위로 회전하여 만드는 회전면의 표면적 $S$를 구하여라.

풀이 이 회전면이 방정식은 다음과 같다.

$$y^2 + z^2 = \{f(x)\}^2, \quad a \le x \le b$$

이 방정식을 $x$및 $y$로 편미분하면

$$2zz_x = 2f(x)f'(x), \quad 2y + 2zz_y = 0$$

$$\therefore \ z_x = \frac{f(x)f'(x)}{z}, \quad z_y = -\frac{y}{z}.$$

그러므로 $f(x)$, $f'(x)$를 각각 $f$, $f'$로 표시할 때

$$\sqrt{z_x^2 + z_y^2 + 1} = \frac{\sqrt{f^2 f'^2 + y^2 + z^2}}{\sqrt{z^2}} = \frac{f\sqrt{f'^2+1}}{\sqrt{f^2 - y^2}}$$

따라서 $z \ge 0$인 경우도 고려하면

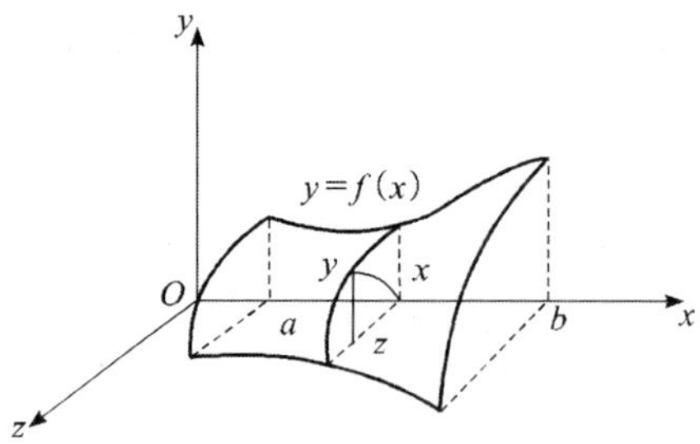


[그림 10-31]

$$\begin{aligned} S &= 2\int_a^b \int_{-f}^{f} \frac{f\sqrt{f'^2+1}}{\sqrt{f^2-y^2}} dydx \\ &= 2\int_a^b f\sqrt{f'^2+1}\left\{\int_{-f}^{f}\frac{dy}{\sqrt{f^2-y^2}}\right\}dx \end{aligned}$$

그런데

$$\int_{-f}^{f}\frac{dy}{\sqrt{f^2-y^2}} = \left[\sin^{-1}\frac{y}{f}\right]_{-f}^{f} = \frac{\pi}{2} - \left(-\frac{\pi}{2}\right) = \pi$$

$$\therefore \ S = 2\pi\int_a^b f(x)\sqrt{\{f'(x)\}^2+1}\,dx.$$

이것은 회전체의 표면적을 구하는 공식이다. 이 식을 7.5절의 정리 7.8과 비교해 보라.

■

## 연습문제 10.4 Exercises

**1.** 다음 곡면의 주어진 평면으로 잘리는 부분의 면적을 구하여라.

(1) $x+2y+z=4$ ; 평면 $x=0,\ x=1,\ y=0,\ y=1$로 정해지는 사각형

(2) $z=x^{\frac{3}{2}}+\sqrt{3}\,y$ ; 평면 $x=0,\ x=1,\ y=0,\ y=1$로 정해지는 사각형

(3) $2x+2y+z=4$ ; 평면 $x=1,\ y=0,\ y=x$로 정해지는 사각형

(4) $z=\frac{2}{3}(1+y^2)^{\frac{3}{2}}$ ; 평면 $x=1,\ y=0,\ y=x$로 정해지는 사각형

**2.** 다음 곡면을 주어진 평면으로 잘랐을 때, 제1팔분공간에 있는 부분의 곡면적을 구하여라.

(1) 주면 $x^2+z^2=a^2$ ; 평면 $y=2x$

(2) 원뿔 $z^2=x^2+y^2$ ; 평면 $x+y=a$

(3) 주면 $x^2=4y$ ; 평면 $2x+2z=3$

**3.** 구면 $x^2+y^2+z^2=a^2$의 상반부 중 이것을 $xy$-평면에 정사영한 것이 장미선 $r=a\cos 2\theta$의 한 고리가 되는 부분의 곡면적을 구하여라.

**4.** 다음 그림에서 볼 수 있는 것처럼 원통 $y^2+z^2=1,\ x^2+z^2=1$이 교차하는 부분의 표면적을 구하여라.

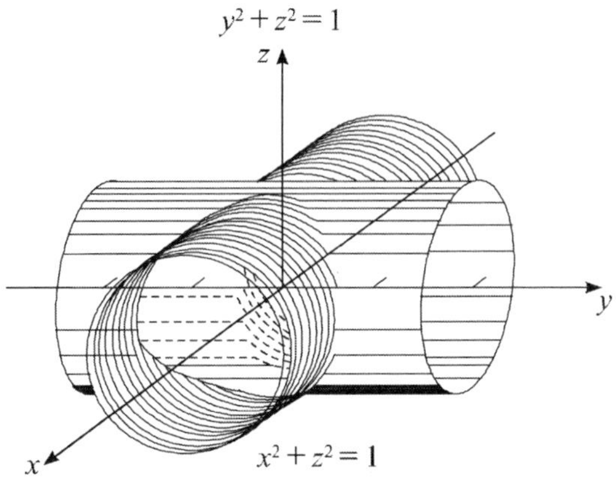


[그림 10-32]

**5.** 함수 $z = f(x,\ y) : D \to R$에 의하여 만들어지는 곡면을 $G$라 할때 $G$의 법선과 $z$축 사이의 각을 $\theta$라 하자. 이때 다음이 성립함을 보여라.

$$\int\int_G \cos^2\frac{\theta}{2}ds = \frac{1}{2}S(G) + \frac{1}{2}A(D).$$

(단, $S(G)$는 곡면의 면적, $A(D)$는 $D$의 넓이로 모두 유한이며, $ds = \sec\theta dA$이다.)

# 제 11 장

# 선적분과 면적분

## 11.1 벡터장과 벡터공간

공간 내의 어떤 집합 $D$의 각 점 $p$에 대하여 함수 $\varphi$가 정의되어 그 함숫값이 특정한 좌표계의 선택에 관계없이, 점 $p$의 위치에 의해서만 결정될 때 이 함수 $\varphi$를 **스칼라함수**(scalar function)라 하고 이 함수가 정의된 영역 또는 그 영역과 함수 $\varphi$를 합한 개념을 **스칼라장**(scalar field)이라고 한다. 온도분포, 밀도함수 등도 스칼라 함수의 예이다.

이에 비하여 강에서의 물의 흐름을 생각해 보면, 물의 속도는 어디에서 측정하느냐에 따라 변할 것이다. 따라서 우리는 각 점마다 속도를 나타내는 벡터를 얻을 수 있다.

공간의 어떤 부분집합 $D$의 각 점 $p$에서 벡터가 $v(p)$로 정의되어 있을 때 이 영역 $D$ 또는 이 영역과 함수 $v(p)$를 합한 개념을 **벡터장**(vector field)이라 하고, 함수 $v(p)$를 **벡터함수**라고 한다.

[그림 11-1]

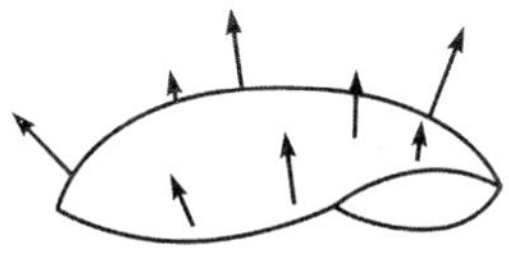

[그림 11-2]

만일 3차원 공간에 직교좌표계가 도입된다면 $p(x, y, z)$에 대하여 스칼라장은 $\varphi = \varphi(p) = \varphi(x, y, z)$이지만 벡터장은

$$\mathbf{v}(p) = \mathbf{v}(x, y, z) = v_1(x, y, z)\mathbf{i} + v_2(x, y, z)\mathbf{j} + v_3(x, y, z)\mathbf{k}$$

와 같이 쓸 수 있다. 예컨대 중력장, 속도분포 등은 벡터장이고, 접선벡터, 속도벡터, 가속도벡터 등도 곡선 또는 궤도에 따라서 정의된 벡터장이다.

직교좌표계가 도입되었을 때 한 점 $P(x(t), y(t), z(t))$가 $t$의 변화에 따라서 움직이면 $P$는 1개의 공간곡선 $C$를 나타낸다. 이때 $C$는 벡터함수로써

$$\mathbf{r} = \mathbf{r}(t) = x(t)\mathbf{i} + y(t)\mathbf{j} + z(t)\mathbf{k}$$

와 같이 표시되면, 방정식 (2)를 곡선의 **매개변수함수**(parametric representation), $t$를 **매개변수**(parametric variable)라고 한다.

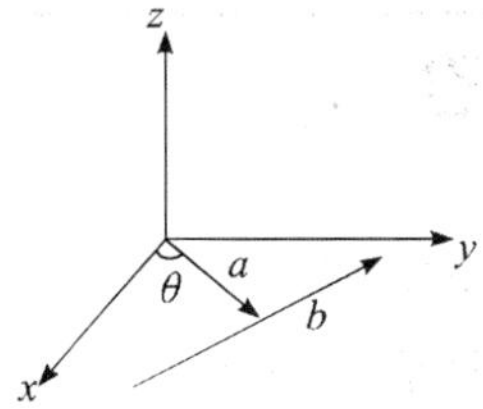


[그림 11-3]

**예제 1**

벡터함수 $\mathbf{r}(t) = \mathbf{a} + t\mathbf{b}$ ($\mathbf{a}$, $\mathbf{b}$ 는 일정한 벡터)는 $a$의 끝점 $A$를 지나며, $b$에 평행한 직선의 식을 의미한다.

**예제 2**

벡터함수 $\mathbf{r}(t) = a\cos t\,\mathbf{i} + a\sin t\,\mathbf{j} + bt\,\mathbf{k}$ $(b \neq 0)$는 **원나선**(circular helix)을 나타낸다. 이 곡선은 원주면을 따라 회전하는 곡선을 나타낸다. 만일 $b > 0$이면 오른손나사, $b < 0$이면 왼손나사 모양이다.

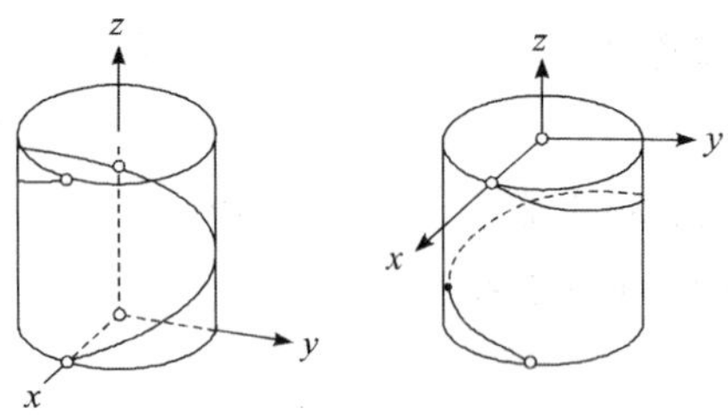


[그림 11-4]

하나의 구간 $I = [a, b]$에 대하여 $C$의 매개변수함수 $C : \mathbf{r} = \mathbf{r}(t),\ t \in I$가 **정규곡선**(regular parametric representation)이라는 것은

(i) $\mathbf{r} = \mathbf{r}(t)$의 성분함수 $x(t)$, $y(t)$, $z(t)$가 미분가능하며

(ii) $I$에 속한 모든 $t$에 대하여 $\mathbf{r}'(t) \neq 0$

의 두 조건을 만족할 때를 말한다. 이제부터 우리가 다루고자 하는 대상은 정규곡선에 한한다.

곡선 $C : r = r(t)$에서 구간 $a \le t \le b$에 대응하는 호의 길이는 다음과 같다.

$$S = \int_a^b \sqrt{\left(\frac{dx}{dt}\right)^2 + \left(\frac{dy}{dt}\right)^2 + \left(\frac{dz}{dt}\right)^2}\, dt.$$

**예제 3**

원나선: $\mathbf{r}(t) = (a\cos t)\mathbf{i} + (a\sin t)\mathbf{j} + bt\,\mathbf{k} \quad (0 \le t \le 2\pi)$에서의 호의 길이를 구하여라.

풀이

$$\begin{aligned} S &= \int_0^{2\pi} \sqrt{\left(\frac{dx}{dt}\right)^2 + \left(\frac{dy}{dt}\right)^2 + \left(\frac{dz}{dt}\right)^2}\, dt \\ &= \int_0^{2\pi} \sqrt{a^2\sin^2 t + a^2\cos^2 t + b^2}\, dt \\ &= \int_0^{2\pi} \sqrt{a^2 + b^2}\, dt = 2\pi\sqrt{a^2 + b^2}. \end{aligned}$$ ■

공간상의 한 점 $P$의 위치벡터 $(\mathbf{r} = \overrightarrow{OP})$가 두 변수 $u$, $v$의 함수라 하면 $u$, $v$의 변화에 따라 동점 $P$는 일반적으로 1개의 곡면 $S$를 그린다. 이때 $\mathbf{r} = \mathbf{r}(u,\ v) = x(u,\ v)\mathbf{i} + y(u,\ v)\mathbf{j} + z(u,\ v)\mathbf{k}$를 곡면 $S$의 벡터방정식이라 한다.

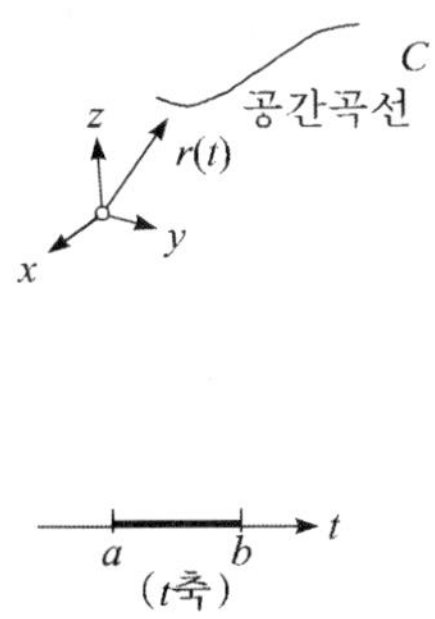

[그림 11-5]

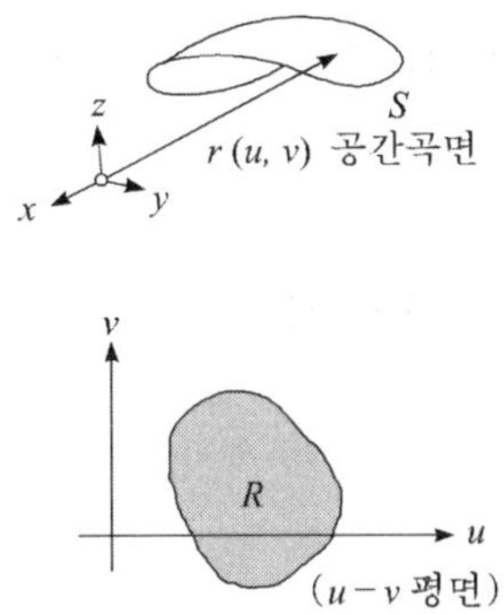

[그림 11-6]

제 10 장에서 구했던 곡면의 면적을 위의 벡터표현을 이용하여 계산할 수 있다. 즉, 곡면이 $z = f(x,\ y)$로 주어졌다면 $\mathbf{r} = \mathbf{r}(u,\ v) = u\mathbf{i} + v\mathbf{j} + f(u,\ v)\mathbf{k}$로 나타낼 수 있다. 유도과정은 미분기하학에서 곡면을 나타내는 제1기본형 등을 사용하여야 하므로 생략하고 다음과 같이 결과만을 보기로 하자.

정리 11.1

곡면 $C: r = r(u, v)$의 면적 $A$는 이중적분

$$A = \int\int_R \| r_u \times r_v \| \, du\, dv$$

으로 정의된다. 여기서 $R$은 이 곡면에 대응하는 $uv$평면상의 영역이다. 또한

$$r_u = \frac{\partial r}{\partial u}, \quad r_v = \frac{\partial r}{\partial v}$$

이다.

## 11.2 벡터장의 발산과 회전

제 9 장에서 알아보았던 방향미분계수와 경사도(gradient)를 이용하여 벡터장의 발산(divergence)과 회전(curl)에 대하여 살펴보자. 벡터장의 도함수는 두 종류가 있는데 하나는 실가함수이고, 다른 하나는 벡터장이다. 실가함수인 도함수가 발산이고, 벡터장인 도함수가 회전이다.

미분연산자인 $\nabla$를 해밀톤(Hamilton)의 연산자라고 하며,

$$\nabla f = \text{grad} f = \frac{\partial f}{\partial x}\mathbf{i} + \frac{\partial f}{\partial y}\mathbf{j} + \frac{\partial f}{\partial z}\mathbf{k}$$

로 나타낼 수 있다.

**예제 1**

$f = x^3 - y^2 + xyz^2$에 대해서 점 $(1, -1, 2)$에서의 $\text{grad} f$를 구하여라. 또 벡터 $\mathbf{v} = 2\mathbf{i} - \mathbf{j} + \mathbf{k}$ 방향에 대한 $f$의 방향미분계수를 구하여라.

풀이 $\text{grad} f = (3x^2 + yz^2)\mathbf{i} + (-2y + xz^2)\mathbf{j} + 2xyz\mathbf{k}$ 이므로 점$(1, -1, 2)$에서

$$\text{grad} f = -\mathbf{i} + 6\mathbf{j} - 4\mathbf{k}.$$

또 벡터 $v$방향의 단위벡터 $\mathbf{u}$는

$$\mathbf{u}=\frac{2}{\sqrt{6}}\mathbf{i}-\frac{1}{\sqrt{6}}\mathbf{j}+\frac{1}{\sqrt{6}}\mathbf{k}$$

이므로 점 $(1,\ -1,\ 2)$에서

$$\begin{aligned}\nabla f\cdot\mathbf{u} &= (-\mathbf{i}+6\mathbf{j}-4\mathbf{k})\cdot\left(\frac{2}{\sqrt{6}}\mathbf{i}-\frac{1}{\sqrt{6}}\mathbf{j}+\frac{1}{\sqrt{6}}\mathbf{k}\right)\\ &=-\frac{12}{\sqrt{6}}\end{aligned}$$

이다. ■

**정의 11.1**

벡터장의 공간에 직교좌표계가 도입되었을 때 하나의 벡터함수

$$V(x,\ y,\ z)=v_1\mathbf{i}+v_2\mathbf{j}+v_3\mathbf{k}$$

가 미분가능하면, 새로 만들어진 스칼라

$$\operatorname{div} V=\frac{\partial v_1}{\partial x}+\frac{\partial v_2}{\partial y}+\frac{\partial v_3}{\partial z}$$

을 벡터 $V$의 발산(dirvergence)이라 한다.

앞에서 도입한 $\nabla$를 이용하면 $\operatorname{div} V=\nabla\cdot V$로 쓸 수 있으며 다음과 같다.

$$\nabla\cdot V=\frac{\partial v_1}{\partial x}+\frac{\partial v_2}{\partial y}+\frac{\partial v_3}{\partial z}=\left(\frac{\partial}{\partial x}\mathbf{i}+\frac{\partial}{\partial y}\mathbf{j}+\frac{\partial}{\partial z}\mathbf{k}\right)\cdot(v_1\mathbf{i}+v_2\mathbf{j}+v_3\mathbf{k})$$

**주의** $\nabla\cdot V$는 스칼라량 $\operatorname{div} V$를 의미하고, 앞에서 정의한 $\nabla f$는 벡터량 $\operatorname{grad} f$를 의미한다.

**정의 11.2**

$V=v_1\mathbf{i}+v_2\mathbf{j}+v_3\mathbf{k}$에 대하여

$$\text{curl } V = \nabla \times V = \begin{vmatrix} \mathbf{i} & \mathbf{j} & \mathbf{k} \\ \dfrac{\partial}{\partial x} & \dfrac{\partial}{\partial y} & \dfrac{\partial}{\partial z} \\ v_1 & v_2 & v_3 \end{vmatrix}$$
$$= \left(\frac{\partial v_3}{\partial y} - \frac{\partial v_2}{\partial z}\right)\mathbf{i} + \left(\frac{\partial v_1}{\partial z} - \frac{\partial v_3}{\partial x}\right)\mathbf{j} + \left(\frac{\partial v_2}{\partial x} - \frac{\partial v_1}{\partial y}\right)\mathbf{k}$$

를 벡터장 $V$의 회전(curl 또는 rotation)이라고 한다.

**예제 2**

$V = x^2yz\mathbf{i} - xy^2z\mathbf{j} + xyz^2\mathbf{k}$에 대하여 div $V$와 curl $V$를 구하여라.

풀이

$$\text{div } V = \nabla \cdot V = \frac{\partial(x^2yz)}{\partial x} + \frac{\partial(-xy^2z)}{\partial y} + \frac{\partial(xyz^2)}{\partial z}$$
$$= 2xyz - 2xyz + 2xyz = 2xyz.$$
$$\text{curl } V = \nabla \times V = \begin{vmatrix} \mathbf{i} & \mathbf{j} & \mathbf{k} \\ \dfrac{\partial}{\partial x} & \dfrac{\partial}{\partial y} & \dfrac{\partial}{\partial z} \\ x^2yz & -xy^2z & xyz^2 \end{vmatrix}$$
$$= (xz^2 + xy^2)\mathbf{i} - (yz^2 - x^2y)\mathbf{j} - (y^2z + x^2z)\mathbf{k}$$
$$= x(y^2 + z^2)\mathbf{i} + y(x^2 - z^2)\mathbf{j} - z(x^2 + y^2)\mathbf{k}.$$

■

점 $P(x, y, z)$에 대하여 $\varphi(p) = \varphi(x, y, z)$와 같은 표현을 스칼라함수(scalar function)라고 하면(이는 벡터함수 $\mathbf{v}(p) = v(x, y, z) = v_1(x, y, z)\mathbf{i} + v_2(x, y, z)\mathbf{j} + v_3(x, y, z)\mathbf{k}$에 대비하여 볼 수 있다), 이제 스칼라장 $\varphi$에 대하여 그 grad$\varphi$의 발산을 생각해 보자.

$$\text{div } V(\text{grad}\varphi) = \nabla \cdot (\nabla\varphi)$$
$$= \left(\mathbf{i}\frac{\partial}{\partial x} + \mathbf{j}\frac{\partial}{\partial y} + \mathbf{k}\frac{\partial}{\partial z}\right) \cdot \left(\mathbf{i}\frac{\partial\varphi}{\partial x} + \mathbf{j}\frac{\partial\varphi}{\partial y} + \mathbf{k}\frac{\partial\varphi}{\partial z}\right)$$
$$= \frac{\partial^2\varphi}{\partial x^2} + \frac{\partial^2\varphi}{\partial y^2} + \frac{\partial^2\varphi}{\partial z^2}.$$

따라서 다음의 스칼라 미분연산자

$$\nabla^2 = \nabla \cdot \nabla = \frac{\partial^2}{\partial x^2} + \frac{\partial^2}{\partial y^2} + \frac{\partial^2}{\partial z^2}$$

를 Laplace 연산자라 하며 위 식은 div $V(\text{grad}\varphi) = \nabla^2\varphi$와 같이 쓸 수 있다.

**예제 3**

$\mathbf{r}=x\mathbf{i}+y\mathbf{j}+z\mathbf{k}$, $\|\mathbf{r}\|=r$일 때 다음을 증명하여라.

(1) $\nabla\cdot\mathbf{r}=3$

(2) $\nabla\cdot\left(\dfrac{\mathbf{r}}{r^3}\right)=0$ (단, $r\neq 0$)

(3) $\nabla^2\left(\dfrac{1}{\mathbf{r}}\right)=0$

(4) $\nabla\times\mathbf{r}=0$

(5) $\nabla\times(r^2\mathbf{r})=0$

(6) $\nabla(\log r)=\dfrac{\mathbf{r}}{r^2}$

[풀이] (1) $\nabla\cdot\mathbf{r}=\nabla\cdot(x\mathbf{i}+y\mathbf{j}+z\mathbf{k})=3$

(2) $$\nabla\cdot\left(\frac{\mathbf{r}}{r^3}\right)=\nabla\cdot\left(\frac{1}{r^3}\mathbf{r}\right)=\nabla\left(\frac{1}{\mathbf{r}^3}\right)\cdot\mathbf{r}+\frac{1}{r^3}\nabla\cdot\mathbf{r}$$
$$=\left\{\frac{d}{dr}\left(\frac{1}{r^3}\mathbf{r}\right)\right\}\frac{\mathbf{r}}{r}\cdot\mathbf{r}+\frac{3}{r^3}=-\frac{3}{r^4}\frac{r^2}{r}+\frac{3}{r^3}=0.$$

(3) $$\nabla^2\left(\frac{1}{\mathbf{r}}\right)=\nabla\cdot\nabla\left(\frac{1}{\mathbf{r}}\right)=\nabla\cdot\left(-\frac{\mathbf{r}}{r^3}\right)$$
$$=-\left(\nabla\frac{1}{r^3}\right)\cdot\mathbf{r}-\frac{1}{r^3}\nabla\cdot\mathbf{r}=\frac{3}{r^4}\frac{\mathbf{r}}{r}\cdot\mathbf{r}-\frac{3}{r^3}=0.$$

(4) $$\nabla\times\mathbf{r}=\mathbf{i}\left(\frac{\partial}{\partial y}z-\frac{\partial}{\partial z}y\right)+\mathbf{j}\left(\frac{\partial}{\partial z}x-\frac{\partial}{\partial x}z\right)+\mathbf{k}\left(\frac{\partial}{\partial x}y-\frac{\partial}{\partial y}x\right)=0.$$

(5) $\nabla\times(r^2 r)=\nabla r^2\times\mathbf{r}+r^2\nabla\times r=2\mathbf{r}\times r+r^2 0=0.$

(6) $\nabla(\log r)=\dfrac{d(\log r)}{dr}\nabla\mathbf{r}=\dfrac{1}{r}\dfrac{\mathbf{r}}{r}=\dfrac{\mathbf{r}}{r^2}.$ ■

## 11.3 선적분과 면적분

이 절에서는 제5장에서 배운 1변수함수의 정적분을 보다 일반화한 **선적분**(line integral)을 공부한다. 정적분은 $x$축상의 구간 $[a, b]$위에서 적분을 하였으나 공간에서의 선적분은 공간에서의 곡선 $C$를 따라 적분을 하는 것으로 유체, 공학, 물리학 등에서 중요하게 쓰인다.

$C$를 공간상의 벡터함수로 표시된 곡선이라 하자. 즉,

$$C:\mathbf{r}(s)=x(s)\mathbf{i}+y(s)\mathbf{j}+z(s)\mathbf{k},\ \alpha\geq s\geq\beta\ (\text{단, } s\text{는 호의 길이})$$

라 하자. 이때 $\mathbf{r}(s)$의 각 성분 $x(s)$, $y(s)$, $z(s)$가 $s$에 대하여 미분가능할 때, 이 곡선 $C$를 **매끄러운 곡선**(smooth curve) 또는 **미분가능한 곡선**(differentiable curve)이라고 한다.

지금 $f(x, y, z)$를 곡선 $C$ 상의 임의의 점에서 정의된 $s$의 연속함수라 하고 곡선 $C$의 분할(partition)과 그에 대응하는 $s$의 값을 각각

$$A = P_0,\ P_1,\ P_2,\ \cdots,\ P_n = B, \quad \alpha = s_1 < s_2 < \cdots < s_n = \beta$$

라 하자. 이때 소구간 $(P_0, P_1)$, $(P_1, P_2)$, $\cdots$, $(P_{n-1}, P_n)$ 내의 각각에서 적당한 값

$$Q_1(x_1, y_1, z_1), \quad Q_2(x_2, y_2, z_2), \quad \cdots, \quad Q_n(x_n, y_n, z_n)$$

에서의 함수 $f$의 값을 택하여

$$I_n = \sum_{k=1}^{n} f(x_k, y_k, z_k)\Delta s_k \quad (\text{단, } \Delta s_k = s_k - s_{k-1})$$

를 구한다. 이때 가장 큰 $\Delta s_k \to 0$이 되도록 했을 때의 $I_n$의 극한값을 유한곡선 $C$ 위에서의 $f$의 **선적분**(line integral)이라 하고,

$$\int_C f(x, y, z)ds$$

로 나타내며 곡선 $C$를 **적분(경)로**(path of integral)라 한다.

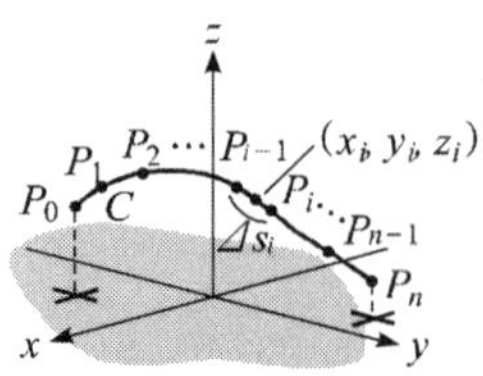


곡선 $C$의 분할

[그림 11–7]

앞의 식은 다시 다음과 같이 쓸 수 있다.

$$\int_C f(x, y, z)ds = \int_\alpha^\beta f(x(s), y(s), z(s))ds \quad (\text{단, } s\text{는 호의 길이}) \tag{1}$$

실제로 (1)에서 함수 $f$는 호의 길이 $s$를 변수로 갖는 함수이므로 계산이 쉽지 않다. 그러나 일반적으로 곡선 $C$를 매개변수화하면 보다 쉽게 계산할 수 있다. 곡선 $C$를 매개변수 $t$에

의하여 매개변수화하면 다음과 같다.

$$C \ : \ \mathbf{r}(t) = x(t)\mathbf{i} + y(t)\mathbf{j} + z(t)\mathbf{k}$$

이때 4.8절의 (1) 식을 이용하여 호를 미분하면

$$ds = \frac{ds}{dt}dt = \sqrt{\left(\frac{dx}{dt}\right)^2 + \left(\frac{dy}{dt}\right)^2 + \left(\frac{dz}{dt}\right)^2}\, dt = \left\| \frac{d\mathbf{r}}{dt} \right\| dt \tag{2}$$

이므로, $s = \alpha$일 때 $t = a$, $s = \beta$일 때 $t = b$라면 식 (1)은

$$\int_C f(x,\ y,\ z)ds = \int_a^b f(x(t),\ y(t),\ z(t))\sqrt{\left(\frac{dx}{dt}\right)^2 + \left(\frac{dy}{dt}\right)^2 + \left(\frac{dz}{dt}\right)^2}\, dt \tag{3}$$

가 된다.

**주의** (1) 이 책에서는 선적분의 적분로를 구분적으로 매끄러운 곡선 (piecewise smooth curve), 즉 유한개의 원활한 곡선으로 이루어진 곡선으로 가정한다.

(2) 닫힌 적분로 $C$ 위에서의 선적분을 $\int_C$ 대신 $\oint_C$를 사용하기도 한다.

**정리 11.2**

(1) 점 $A$와 $B$까지의 선적분이 $\int_C f\, ds$일 때 $B$에서 $A$에 이르는 적분은 $\int_{-C} f\, ds = -\int_C f\, ds$이다.

(2) $\int_C kf\, ds = k\int_C f\, ds$ (여기서 $k$는 상수)

(3) $\int_C (f+g)\, ds = \int_C f\, ds + \int_C g\, ds$

(4) $\int_C f\, ds = \int_{C_1 + C_2} f\, ds = \int_{C_1} f\, ds + \int_{C_2} f\, ds$($C_1$, $C_2$는 $C$와 같은 방향)

**증명** 정의에 의하여 자명하다. □

**예제 1**

곡선 $C$가 $C:\ \mathbf{r}(t)=t\,\mathbf{i}+\frac{4}{3}t^{\frac{3}{2}}\mathbf{j}+\frac{1}{2}t^2\mathbf{k},\ 0\le t\le 2$로 주어졌을 때 $\int_C (x+2)ds$를 계산하여라.

풀이 $\int_C f\,ds=\int_{t_0}^{t_1} f(x(t),\ y(t),\ z(t))\frac{ds}{dt}dt$이고 $\frac{ds}{dt}=\sqrt{\left(\frac{dx}{dt}\right)^2+\left(\frac{dy}{dt}\right)^2+\left(\frac{dz}{dt}\right)^2}$ 이므로

$$\begin{aligned}\int_C (x+2)ds &= \int_0^2 (t+2)\sqrt{1+4t+t^2}\,dt\\ &=\frac{1}{2}\int_0^2 2(t+2)\sqrt{1+4t+t^2}\,dt=\frac{1}{3}\left[(1+4t+t^2)^{\frac{3}{2}}\right]_0^2\\ &=\frac{1}{3}(13\sqrt{13}-1).\end{aligned}$$

■

**예제 2**

곡선 $C$가 점 $(0,\ 0,\ 0)$에서 점 $(1,\ -3,\ 2)$까지의 선분일 때 다음을 구하여라.

$$\int_C (x+y^2-2z)\,ds$$

풀이 곡선 $C$를 $\mathbf{r}(t)=t\,\mathbf{i}+(-3)t\mathbf{j}+2t\mathbf{k},\ 0\le t\le 1$로 매개변수화하면

$$x(t)=t,\quad y(t)=-3t,\quad z(t)=2t,$$

$$\left\|\frac{d\mathbf{r}}{dt}\right\|=\sqrt{1+(-3)^2+2^2}=\sqrt{14}.$$

$$\begin{aligned}\therefore\ &\int_C (x+y^2-2z)ds\\ &=\int_0^1 [t+(-3t)^2-2(2t)]\sqrt{14}\,dt\\ &=\sqrt{14}\int_0^1 (-3t+9t^2)dt\\ &=\frac{3}{2}\sqrt{14}.\end{aligned}$$

■

**문제 1**

곡선 $C : [-1, 1] \to R^3$을 $C(t) = \left(2t,\ t^2,\ \frac{1}{3}t^3\right)$라 정의하고, $\phi = ydx + zdy + xydz$일 때 $\int_C \phi$를 계산하여라.

**문제 2**

다음 적분을 계산하여라. (단, $i = 1,\ 2,\ 3$)

$$\int_{C_i} (x^2 - y)dx + (y^2 - x)dy$$

(1) $C_1$ : 점 (0, 1)과 (1, 2)를 연결한 선분

(2) $C_2$ : 점 (0, 1)과 (1, 1), (1, 2)를 연결한 선분

(3) $C_3$ : $x = t,\quad y = t^2 + 1$이고 $0 \le t \le 1$인 포물선

이제 벡터장에서 곡선 $C$ : $\mathbf{r}(s) = x(s)\mathbf{i} + y(s)\mathbf{j} + z(s)\mathbf{k}$($s$는 호의 길이)를 따르는 벡터 $\mathbf{v} = v_1\mathbf{i} + v_2\mathbf{j} + v_3\mathbf{k}$ 의 적분을 구해보자. 이때

$$v_1dx + v_2dy + v_3dz = \left(v_1\frac{dx}{ds} + v_2\frac{dy}{ds} + v_3\frac{dz}{ds}\right)ds$$

이고

$$\mathbf{r}'(s) = \frac{d\mathbf{r}}{ds} = \frac{dx}{ds}\mathbf{i} + \frac{dy}{ds}\mathbf{j} + \frac{dz}{ds}\mathbf{k}$$

이므로,

$$v_1\frac{dx}{ds} + v_2\frac{dy}{ds} + v_3\frac{dz}{ds} = \mathbf{v} \cdot \mathbf{r}'$$

가 된다. 따라서

$$\begin{aligned}\int_C v_1dx + v_2dy + v_3dz &= \int_C \mathbf{v} \cdot \frac{d\mathbf{r}}{ds}ds \\ &= \int_C \mathbf{v} \cdot d\mathbf{r}\ \ (\text{단, } d\mathbf{r} = dx\mathbf{i} + dy\mathbf{j} + dz\mathbf{k}) \qquad (4)\end{aligned}$$

이고, 이것을 벡터장 $V$의 $C$에 따르는 **선적분**(line integral)이라 한다.

벡터장의 선적분도 계산의 편의를 위하여 식 (3)처럼 호의 길이 $s$ 에 관한 식을 매개변수 $t$ 로 변수 변환하고자 한다. 식 (2)에서 $\frac{ds}{dt} = \left\| \frac{d\mathbf{r}}{dt} \right\|$ 이므로

$$d\mathbf{r} = \frac{d\mathbf{r}}{ds}ds = \frac{d\mathbf{r}}{dt} \cdot \frac{dt}{ds}ds = \frac{d\mathbf{r}}{dt}dt.$$

따라서 곡선 $C$ : $\mathbf{r}(t) = x(t)\mathbf{i} + y(t)\mathbf{j} + z(t)\mathbf{k}$ 이고, $\mathbf{v} = v_1\mathbf{i} + v_2\mathbf{j} + v_3\mathbf{k}$ 일 때 선적분 (4)는

$$\begin{aligned} \int_C \mathbf{v} \cdot d\mathbf{r} &= \int_a^b (v_1(t),\ v_2(t),\ v_3(t)) \cdot \frac{d\mathbf{r}}{dt}dt \\ &= \int_a^b \mathbf{v}(\mathbf{r}(t)) \cdot \mathbf{r}'(t)dt \end{aligned}$$

가 된다.

**예제 3**

벡터장 $\mathbf{v}$ 가 $V(x,\ y,\ z) = xz\mathbf{i} + xy\mathbf{j} + z\mathbf{k}$ 이고 $C$가 매개변수표현식

$$\mathbf{r}(t) = t\mathbf{i} + t^2\mathbf{j} + t^3\mathbf{k} \quad (0 \le t \le 1)$$

로 주어졌을 때, 선적분 $\int_C V \cdot d\mathbf{r}$ 을 구하여라.

풀이 지금 $\mathbf{r}' = \mathbf{i} + 2t\mathbf{j} + 3t^2\mathbf{k}$, $V(\mathbf{r}(t)) = t^4\mathbf{i} + t^3 j + t^3\mathbf{k}$ 이므로

$$\begin{aligned} \int_C V \cdot d\mathbf{r} &= \int_0^1 V(\mathbf{r}(t)) \cdot \mathbf{r}'(t)dt \\ &= \int_0^1 (3t^4 + 3t^5)dt = \frac{11}{10}. \end{aligned}$$

■

**문제 3**

$A = (3x^2 - 6yz)\mathbf{i} + (2y + 3xz)\mathbf{j} + (1 - 4xyz^2)\mathbf{k}$ 일 때 다음의 적분로 $C_i$ (단, $i = 1,\ 2,\ 3$)를 따라서 $\int_{C_i} A \cdot d\mathbf{r}$ 을 구하여라.

(1) $C_1$ : $x = t,\quad y = t^2,\quad z = t^3,\quad (0 \le t \le 1)$

(2) $C_2$ : 점 $(0,\ 0,\ 0)$, $(0,\ 0,\ 1)$, $(0,\ 1,\ 1)$, $(1,\ 1,\ 1)$을 순서대로 연결한 선분

(3) $C_3$ : 점 $(0,\ 0,\ 0)$과 $(1,\ 1,\ 1)$을 연결한 선분

이제 선적분을 중적분으로 또는 중적분을 선적분으로 바꾸어 계산하는 것을 다루고자 한다. Green의 정리는 유계인 영역 $D$ 위에서 정의된 중적분과 $D$의 경계선상에서 정의된 선적분 사이의 관계를 말해준다.

이 관계는 적분계산을 쉽게 해 주고, 어떤 형태의 적분을 다른 형태의 적분으로 전환시키는데 도움이 되므로 매우 유용하다. 이 Green의 정리를 알아보자.

**정리 11.3** **Green의 정리**

단순 연결된 영역 $D$의 반시계 방향의 경계폐곡선을 $C$라 하자.
$M,\ N,\ \dfrac{\partial M}{\partial y},\ \dfrac{\partial N}{\partial x}$가 $R$을 포함하는 영역에서 항상 연속이면 다음이 성립한다.

$$\int_C (Mdx + Ndy) = \int\int_D \left(\frac{\partial N}{\partial x} - \frac{\partial M}{\partial y}\right) dA.$$

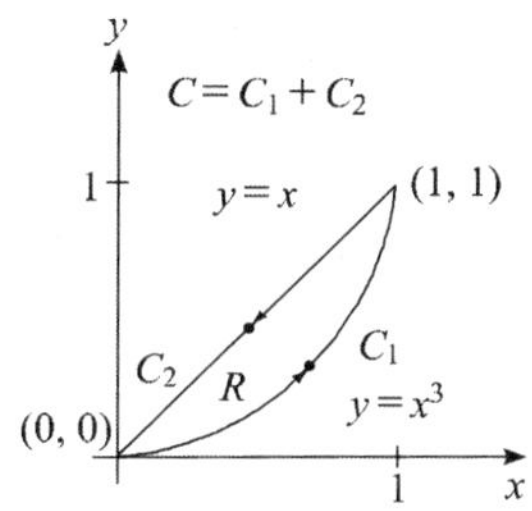


[그림 11-8]

**예제 4**

Green의 정리를 이용하여 $\int_C y^3\, dx + (x^3 + 3xy^2)dy$를 계산하여라.
여기서 $C$는 점 $(0,\ 0)$에서 $(1,\ 1)$까지는 $y = x^3$, $(1,\ 1)$에서 $(0,\ 0)$까지는 $y = x$를 따라 만들어진 곡선이다.

**풀이** $\dfrac{\partial N}{\partial x} = 3x^2 + 3y^2$ 이고 $\dfrac{\partial M}{\partial y} = 3y^2$ 이므로,

$$\begin{aligned}\int_C y^3\, dx + (x^3 + 3xy^2)dy &= \int\int_D \left(\frac{\partial N}{\partial x} - \frac{\partial M}{\partial y}\right) dA \\ &= \int_0^1 \int_x^{x^3} \left[(3x^2 + 3y^2) - 3y^2\right] dydx\end{aligned}$$

$$= \int_0^1 \int_x^{x^3} 3x^2 dy dx = \int_0^1 [3x^2 y]_{x^3}^{x} dx$$

$$= \int_0^1 (3x^3 - 3x^5) dx = \left[ \frac{3x^4}{4} - \frac{x^6}{2} \right]_0^1$$

$$= \frac{1}{4}.$$

■

**문제 4**

좌표평면에서 원 $x^2 + y^2 = 4$ 위를 반시계 방향으로 한 바퀴 도는 곡선을 $C$라 할 때 다음 선적분의 값을 구하여라.

$$\int_C (e^{\sin x} - 4x^2 y)\, dx + (e^{\cos y} + 4xy^2)\, dy$$

위의 예제는 Green의 정리를 이용하여 선적분을 이중적분으로 만들어서 계산하였다. 만약 $\frac{\partial N}{\partial x} - \frac{\partial M}{\partial y} = 1$이라면 $\int_C (Mdx + Ndy) = \int\int_D 1dA = R$의 면적이 된다. 면적 즉 이중적분을 선적분으로 하여 계산할 수 있다.

특히 $M = \frac{-y}{2}$, $N = \frac{x}{2}$로 선택하면, 조건 $\frac{\partial N}{\partial x} - \frac{\partial M}{\partial y} = 1$을 만족하고 면적은 $\frac{1}{2}\int_C x\, dy - y\, dx$가 된다.

**예제 5**

선적분을 사용하여 곡선 $\frac{x^2}{a^2} + \frac{y^2}{b^2} = 1$의 내부면적을 구하여라.

풀이 [그림 11-9]에서 $C$를 반시계방향으로 하며 $x = a\cos t$, $y = b\sin t$, $0 \le t \le 2\pi$로 놓는다.

$$A = \frac{1}{2}\int_C x\, dy - y\, dx$$

$$= \frac{1}{2}\int_0^{2\pi} (a\cos t)(b\cos t)dt - (b\sin t)(-a\sin t)dt$$

$$= \frac{ab}{2}\int_0^{2\pi} (\cos^2 t + \sin^2 t)dt$$

$$= \left[\frac{ab}{2} t\right]_0^{2\pi} = \pi ab$$

■

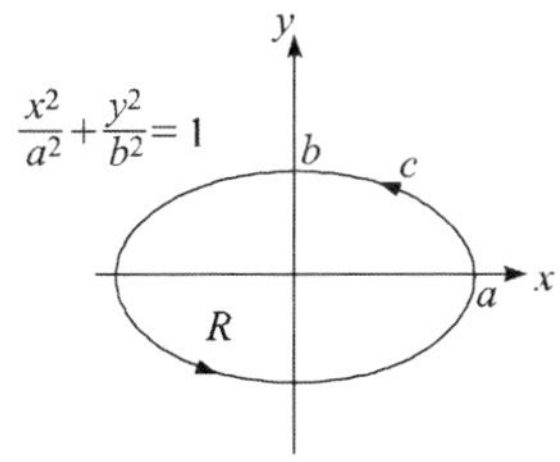


[그림 11-9]

정적분의 발전된 형태가 중적분이라면, 선적분의 발전된 형태가 면적분이다. 면적분은 방향이 없는 곡면과 방향이 있는 곡면의 경우로 나누어 생각하는데, 방향이 있는 경우는 복잡하고 미분기하의 기초 지식이 필요하므로 여기서는 다루지 않는다.

이제 방향이 없는 곡면의 면적분을 알아보자.

스칼라함수 $f$는 곡면 $S$의 각 점에 값을 정해준다. 지금 곡면 $S$의 방정식을 $\mathbf{r}=\mathbf{r}(u,\ v)=x(u,\ v)\mathbf{i}+y(u,\ v)\mathbf{j}+z(u,\ v)\mathbf{k}$ 라 하자. 곡면 $S$를 세분해서 얻어진 각 구역 $i$, $(i=1,\ 2,\ \cdots,\ n)$의 소면적을 $\triangle A_i$라 하고 각 $S_i$에서 한 점$P_i(x_i,\ y_i,\ z_i)$을 택하여

$$S_n=\sum_{i=1}^{n}f(P_i)\triangle A_i=\sum_{i=1}^{n}f(x_i,\ y_i,\ z_i)\triangle A_i$$

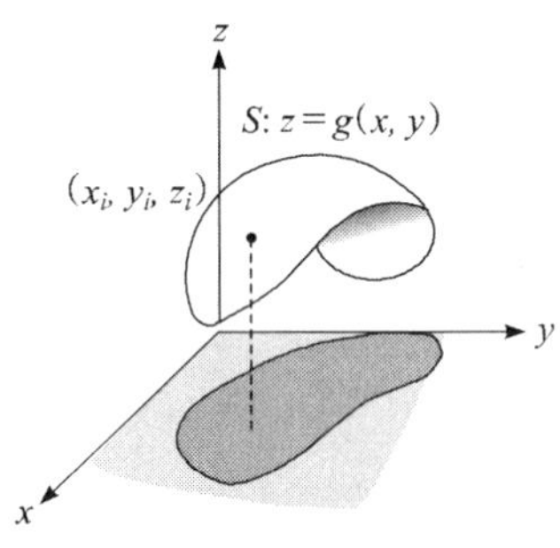


[그림 11-10]

를 만든다. 그런데 $\triangle A_i=\left|\frac{\partial \mathbf{r}}{\partial u}\times\frac{\partial \mathbf{r}}{\partial v}\right|\triangle u\triangle v$이므로,

$$S_n=\sum_{i=1}^{n}f(x_i,\ y_i,\ z_i)\left|\frac{\partial \mathbf{r}}{\partial u}\times\frac{\partial \mathbf{r}}{\partial v}\right|\triangle u\triangle v.$$

따라서 $n$이 무한히 커질 때 $S$이 분할과 $p$의 선택에 관계없이 $n$의 극한값이 존재하면 이 극한값을 곡면 $S$에서의 $f(x,\ y,\ z)$의 **면적분**(surface integral)이라 하고

$$\lim_{n\to\infty} S_n = \iint_S f(x,\ y,\ z)dA$$

$$= \iint_R f(x(u,\ v),\ y(u,\ v),\ z(u,\ v))\left|\frac{\partial \mathbf{r}}{\partial u}\times\frac{\partial \mathbf{r}}{\partial v}\right|dudv. \tag{5}$$

(여기서 $R$은 $S$에 대응하는 $uv$평면상의 영역이다.)

따라서 곡면 $\mathbf{r}$ 이 $z=g(x,\ y)$형태로 주어지면, 곡면에 대응하는 $xy$평면상의 영역이 $R$일 때 $dA=\sqrt{g_x^2+g_y^2+1}\,dxdy$이므로 식 (5)는 다음과 같다.

$$\iint_S f(x,\ y,\ z)dA = \iint_R f(x,\ y,\ g(x,\ y))\sqrt{{g_x}^2+{g_y}^2+1}\,dxdy.$$

**예제 6**

$S$가 평면 $2x+y+2z=6$의 제1팔분공간에 있는 곡면이라 할 때 $\iint_S (y^2+2yz)ds$를 계산하여라.

풀이 $z=\frac{1}{2}(6-2x-y)$이고 이것은 $\boldsymbol{r}=x\mathbf{i}+y\mathbf{j}+\frac{1}{2}(6-2x-y)\mathbf{k}$ 이므로

$$\left|\frac{\partial \mathbf{r}}{\partial u}\times\frac{\partial \mathbf{r}}{\partial v}\right|\triangle u\triangle v=\sqrt{1+\left(\frac{\partial z}{\partial x}\right)^2+\left(\frac{\partial z}{\partial y}\right)^2}\,dydx$$

이다. 따라서

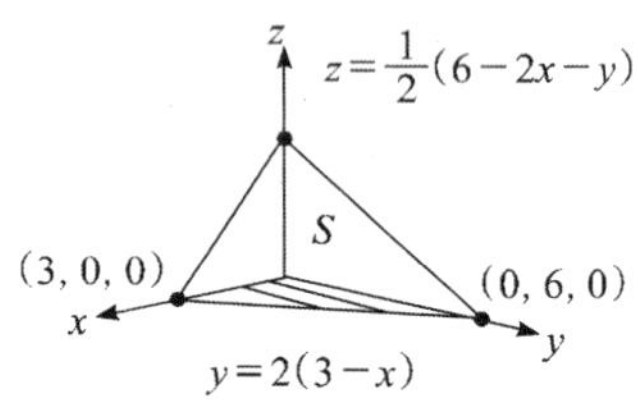


[그림 11-11]

$$\iint_S (y^2+2yz)ds = \iint_R f(x,\ y,\ g(x,\ y))\sqrt{1+[g_x(x,\ y)]^2+[g_y(x,\ y)]^2}\,dA$$

$$= \iint_s \left[y^2+2y\left(\frac{1}{2}\right)(6-2x-y)\right]\left(\frac{3}{2}\right)dA$$

$$= 3\int_0^3\int_0^{2(3-x)} y(3-x)dydx$$

$$= 6\int_0^3 (3-x)^2\, dx$$

$$= \left[ -\frac{3}{2}(3-x)^4 \right]_0^3 = \frac{243}{2}. \qquad \blacksquare$$

**예제 7**

곡면 $z = 1 - x^2 - y^2$에서 $z \geq 0$인 부분을 $S$라 할 때, $S$ 위에서의 면적분 $\int\int_S \frac{1}{\sqrt{5-4z}} ds$를 계산하여라.

**풀이** $f(x,\ y) = 1 - x^2 - y^2$라 놓으면

$$\sqrt{f_x^2 + f_y^2 + 1} = \sqrt{4x^2 + 4y^2 + 1} = \sqrt{4(1-z)+1} = \sqrt{5-4z}$$

이고 $S$를 $xy$평면에 대응시킨 $D = \{(x,\ y) \mid x^2 + y^2 \leq 1\}$이므로 주어진 적분은

$$\int\int_D \frac{1}{\sqrt{5-4z}} ds = \int\int_D \frac{1}{\sqrt{5-4z}} \sqrt{5-4z}\, dA = \int\int_D dA = \pi.$$

이제 벡터함수의 면적분을 증명을 생략하고 간단히 살펴보기로 한다. 곡면 $S$가 매끄러운 유계곡면으로

$$S : r(u,\ v) = x(u,\ v)\mathbf{i} + y(u,\ v)\mathbf{j} + z(u,\ v)\mathbf{k}, \quad (u,\ v) \in R$$

이고, 벡터함수 $F(x,\ y,\ z)$가 $S$를 내포하는 어떤 공간영역 $D$의 모든 점에서 연속일 때 곡면 $S$에 대응하는 벡터함수 $F$의 면적분을 다음과 같이 쓴다.

$$\int\int_S F \cdot n\, ds$$

여기서 $R$은 $S$에 대응하는 $uv$-평면상의 영역이고, $n$은 곡면 $S$에 대한 단위 법선벡터이다. 이때 벡터 $N(n,\ u) = \frac{\partial r}{\partial u} \times \frac{\partial r}{\partial v}$라고 하면 다음이 성립한다.

$$\int\int_S F \cdot n\, ds = \int\int_S F(x,\ y,\ z) \cdot n(x,\ y,\ z) ds$$
$$= \int\int_R F[(x(u,\ v),\ y(u,\ v),\ z(u,\ v)] \cdot N(u,\ v) du dv. \qquad \blacksquare$$

**예제 8**

곡면 $S$가 $2x+2y+z=6$의 제1팔분면이고 $F(x,\ y,\ z)=xy\mathbf{i}-x^2\mathbf{j}+(x+z)\mathbf{k}$일 때 $\displaystyle\iint_S F\cdot n\,ds$ 를 구하시오.

풀이 곡면 $S$를 벡터함수로 나타내면

$$S : r(u,\ v)=u\mathbf{i}+v\mathbf{j}+(6-2u-2v)\mathbf{k}\ ,\quad (u,\ v)\in R$$

이고, 이때 $R=\{(u,\ v)\,|\,0\le u\le 3,\ 0\le v\le 3-v\}$가 된다. 따라서

$$N=\frac{\partial r}{\partial u}\times\frac{\partial r}{\partial v}=(\mathbf{i}-2\mathbf{k})\times(\mathbf{j}-2\mathbf{k})=2\mathbf{i}+2\mathbf{j}+\mathbf{k}\ .$$

또

$$\begin{aligned}F(x,\ y,\ z)&=uv\mathbf{i}-\mathrm{u}^2\mathbf{j}+(u+6-2u-2v)\mathbf{k}\\&=uv\mathbf{i}-\mathrm{u}^2\mathbf{j}+(6-u-2v)\mathbf{k}\end{aligned}$$

이므로 $F\cdot N=2uv-2u^2+6-u-2v$가 된다. 따라서

$$\begin{aligned}\iint_S F\cdot n\,ds&=\int_0^3\int_0^{3-u}(2uv-2u^2-u-2v+6)dv\,du\\&=\frac{27}{4}.\end{aligned}$$

■

## 연습문제 11.3 Exercises

**1.** 원호 $C:\mathbf{r}(\mathrm{s})=\mathbf{i}\cos s+\mathbf{j}\sin s,\ 0\le s\le\frac{\pi}{2}$를 따라 함수 $f(x,\ y)=2xy^2$를 적분하여라.

**2.** 선적분 $\displaystyle\int_C(xydx-2y\,dy+3dz)$의 값을 다음의 선분에 따라서 구하여라.

(1) 점 (0, 0, 0)과 점 (1, 1, 1)을 연결하는 선분

(2) 점 (0, 0, 0)과 점 (1, 2, 3)을 연결하는 선분

**3.** 다음의 각 경우에 대해서 선적분 $\int_C (xzdx + xydy - yzdz)$를 구하여라.

(1) $C$: $(0,\ 0,\ 0)$, $(1,\ 0,\ 0)$, $(0,\ 1,\ 0)$을 차례로 맺은 선분

(2) $C$: $(0,\ 0,\ 0)$, $(1,\ 0,\ 0)$, $(1,\ 2,\ 3)$을 차례로 맺은 선분

(3) $C$: $x = t+1,\quad y = 2t^3,\quad z = t^2,\quad 0 \le t \le 1$

**4.** 다음에 주어진 벡터함수 $F(x,\ y,\ z)$와 곡선 $C$에 대하여 $\int_C F \cdot dr$을 계산하시오.

(1) $F(x,\ y,\ z) = 2z\mathbf{i} + 3x\mathbf{j} - y\mathbf{k}$, $C : r(u) = \cos u\mathbf{i} + \sin u\mathbf{j} + 2u\mathbf{k}$, $0 \le u \le 2\pi$

(2) $F(x,\ y,\ z) = y^3\mathbf{i} + z^3\mathbf{j} - x^2y\mathbf{k}$, $C : r(u) = \cos u\mathbf{i} + \sin u\mathbf{j} + 2u\mathbf{k}$, $0 \le u \le 2\pi$

(3) $F(x,\ y,\ z) = e^x\mathbf{i} + e^{\frac{y}{x}}\mathbf{j} + e^{\frac{z}{x^2}}\mathbf{k}$, $C : r(u) = u\mathbf{i} + u^2\mathbf{j} + u^3\mathbf{k}$, $0 \le u \le 1$

**5.** $\mathrm{v} = z\mathbf{i} + x\mathbf{j} - y^2\mathbf{k}$ 일 때 곡면 $S$: $x^2 + y^2 = 16,\ x \ge 0,\ y \ge 0, 0 \le z \le 1$에서의 벡터장 $\mathbf{v}$의 면적을 구하여라.

**6.** $F(x,\ y) = y\mathbf{i} + x\mathbf{j}$일 때 다음 경로에 따른 $\int_C F \cdot d\mathbf{r}$을 구하여라.

(1) $C_1$ : $(0,\ 0) \rightarrow (1,\ 1)$까지 선분

(2) $C_2$ : $y = x^2$을 따라 $x = 0 \rightarrow x = 1$까지

(3) $C_3$ : $y = x^3$을 따라 $x = 0 \rightarrow x = 1$까지

**7.** 곡선 $C$가 $y = \sqrt{x}$, $y = x^3$으로 둘러싸인 영역의 경계이고 벡터함수

$$F = (x^2 + y^2)\mathbf{i} + (x + 2y)\mathbf{j}$$

일 때 선적분 $\int_C Fd\mathbf{r}$을 구하여라.

**8.** 다음에 주어진 스칼라함수 $f(x,\ y,\ z)$와 곡면 $S$에 대하여 면적분 $\int\int_S f(x,\ y,\ z)\,dS$를 계산하여라.

(1) $f(x,\ y,\ z) = \cos x + \sin y$, $S = \{(x,\ y,\ z) \mid z = x + y,\ 0 \le y \le x,\ 0 \le x \le 1\}$

(2) $f(x,\ y,\ z) = 3xy + 2z$, $S = \left\{(x,\ y,\ z) \mid x^2 + y^2 \le 9, |z| \le 1\right\}$

(3) $f(x, y, z) = xe^y + x^2z^2$, $S = \{(x, y, z) \mid x^2 + y^2 \le 25, 0 \le y, 0 \le z \le 3\}$

(4) $f(x, y, z) = e^{x^2+y^2} + x^2 - z^2$, $S$는 벡터방정식이 다음과 같은 곡면

$$\mathbf{r}(u, v) = u\cos v\,\mathbf{i} + u\sin v\,\mathbf{j} + 3u\,\mathbf{k},\ 0 \le u \le 1,\ 0 \le v \le 2\pi$$

**9.** 다음에 주어진 벡터함수 $F(x, y, z)$와 곡면 $S$에 대하여 면적분

$$\int\int_S F(x, y, z) \cdot n\, dS$$

을 계산하여라.

(1) $F(x, y, z) = e^y\mathbf{i} + e^z\mathbf{j} + e^x\mathbf{k}$

$$S = \{(x, y, z) \mid x^2 + y^2 = 9,\ 0 \le x \le 1,\ 0 \le y \le 1,\ 0 \le z \le 2\}$$

(2) $F(x, y, z) = y^2\mathbf{i} + x^4\mathbf{j} + z^2\mathbf{k}$, $S = \{(x, y, z) \mid z = x^2 + y^2, 0 \le y, z = 9\}$

(3) $F(x, y, z) = z^3(\mathbf{i} - \mathbf{k})$, $S$는 벡터방정식이 다음과 같은 곡면

$$r(u, v) = u\cos v\,\mathbf{i} + u\sin v\,\mathbf{j} + u\,\mathbf{k},\ 0 \le u \le 5,\ 0 \le v \le 2\pi$$

(4) $F(x, y, z) = 3\mathbf{i} + x^2\mathbf{j} + xyz\mathbf{k}$, $S = \{(x, y, z) \mid z = xy, 0 \le x \le y, 0 \le y \le 1\}$

(5) $F(x, y, z) = \tan xy\,\mathbf{i} + x^2y\,\mathbf{j} - z\,\mathbf{k}$, $S = \{(x, y, z) \mid 4y^2 + z^2 = 4, 1 \le x \le 3\}$

(6) $F(x, y, z) = \cosh\,\mathbf{i} + \sin y\,\mathbf{k}$,

$S = \{(x, y, z) \mid z = x + y^2, 0 \le y \le x, 0 \le x \le 1\}$

## 11.4 가우스 발산정리와 스톡스 정리

이제 3중적분을 중적분으로 변환시킬 수 있는(Gauss의) 발산정리에 대하여 알아보자.

**정리 11.4** **발산정리**

$S$를 유계인 닫힌 영역 $R$의 완전 경계를 형성하는 구분적으로 매끄러운(piecewise smooth) 곡면이라 하고 $f(x, y, z) = F_1\mathbf{i} + F_2\mathbf{j} + F_3\mathbf{k}$ 를 연속인 일계 편도함수를 갖

는 연속인 벡터함수라 하자. 그러면

$$\iiint_R \nabla \cdot F dV = \iint_S F \cdot \mathbf{n} dA.$$

이때 n은 $S$의 외향 단위법선 벡터이다(그림 11-13).

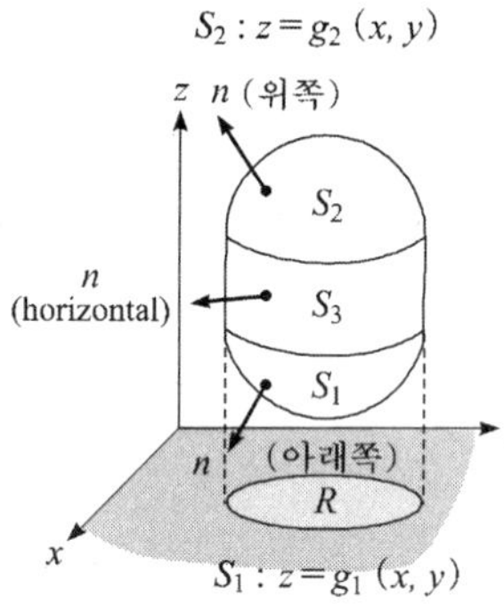


[그림 11-13]

**참고** $\mathbf{n} = \cos\alpha \mathbf{i} + \cos\beta \mathbf{j} + \cos\gamma \mathbf{k}$ 이므로 공식

$$\begin{aligned}\iiint_R \left(\frac{\partial F_1}{\partial x} + \frac{\partial F_2}{\partial y} + \frac{\partial F_3}{\partial z}\right) dxdydz \\ = \iint_S (F_1 \cos\alpha + F_2 \cos\beta + F_3 \cos\gamma) dA.\end{aligned}$$

**예제 1**

곡면 $S$의 방정식이 $x^2 + y^2 + z^2 = 4$일 때 면적분

$$I = \iint_S (7x\mathbf{i} - z\mathbf{k}) \cdot n\, dS$$

의 값을 다음 방법으로 계산하여라.

1 발산정리를 이용한 방법

2 곡면적분의 기본정리에 의한 방법

**풀이** 1 발산정리에 의하면 다음 등식이 성립한다.

$$I=\iint_S (7x\mathbf{i}-z\mathbf{k})\cdot n\,dS=\iiint_V \operatorname{div}(7x\mathbf{i}-z\mathbf{k})dV$$

이 때 $\operatorname{div}(7x\mathbf{i}-z\mathbf{k})=6,\quad V=\frac{32}{3}\pi$이므로

$$I=\iint_S (7x\mathbf{i}-z\mathbf{k})\cdot n\,dS=\iiint_V 6\,dV=6V=64\pi.$$

[2] 곡면 $S$의 벡터방정식을 구하면

$$r(u,\ v)=2\cos v\ \cos u\,\mathbf{i}+2\cos v\sin u\,\mathbf{j}+2\sin v\,\mathbf{k},\ 0\le u\le 2\pi,\ -\frac{\pi}{2}\le v\le\frac{\pi}{2}$$

이고, 이 때

$$r_u(u,\ v)=-2\cos v\sin u\,\mathbf{i}+2\cos v\cos u\,\mathbf{j}$$
$$r_v(u,\ v)=-2\sin v\cos u\,\mathbf{i}-2\sin v\sin u\,\mathbf{j}+2\cos v\,\mathbf{k}$$

이므로, 곡면 $S$ 위의 점 $(u,\ v)$에서의 법선벡터 $N(u,\ v)$는

$$\begin{aligned}N(u,\ v)&=r_u(u,\ v)\times r_v(u,\ v)\\&=4\cos^2 v\cos u\,\mathbf{i}+4\cos^2 v\sin u\,\mathbf{j}+4\cos v\sin v\,\mathbf{k}.\end{aligned}$$

따라서

$$\begin{aligned}I&=\iint_S (7x\mathbf{i}-z\mathbf{k})\cdot \mathrm{n\ dS}\\&=\iint_R (14\cos v\cos u-2\sin v)\cdot N(u,\ v)dA\\&=\iint_R (56\cos^2 u\ \cos^3 v-8\sin^2 v\cos v)dA\end{aligned}$$

이 때 $uv$-평면 위의 영역 $R$이

$$R=\left\{(u,\ v)\mid 0\le u\le 2\pi,\ -\frac{\pi}{2}\le v\le\frac{\pi}{2}\right\}$$

이므로

$$I=\int_0^{2\pi}\int_{-\pi/2}^{\pi/2}(56\cos^2 u\ \cos^3 v-8\sin^2 v\cos v)dvdu=64\pi$$ ■

**예제 2**

공체를 좌표면과 평면 $2x+2y+z=6$로 둘러싸인 체라 하고 $F=x\mathbf{i}+y^2\mathbf{j}+z\mathbf{k}$라 할 때 다음 면적분을 구하여라.

$$\int\int_S F\cdot \mathbf{n}\, dA$$

풀이 $\nabla\cdot F=\operatorname{div}F=\dfrac{\partial x}{\partial x}+\dfrac{\partial y^2}{\partial y}+\dfrac{\partial z}{\partial z}=1+2y+1$이므로

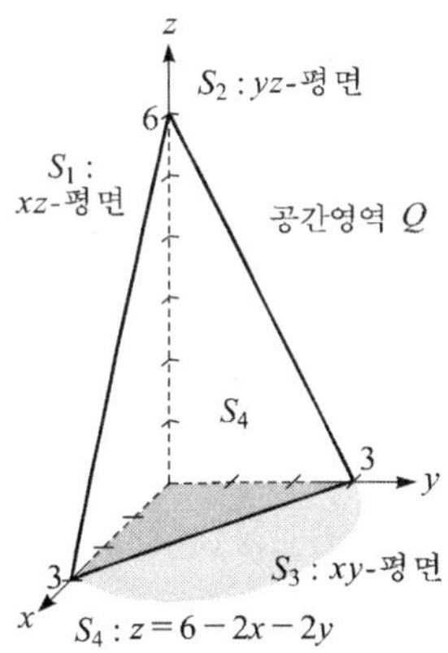


[그림 11-14]

$$\begin{aligned}\int\int_S F\cdot \mathbf{n}dA &= \int\int\int_Q \div F\,dV \\ &= \int_0^3\int_0^{3-y}\int_0^{6-2x-2y}(1+2y+1)dzdxdy \\ &= \int_0^3\int_0^{3-y}[(2z+2yz)]_0^{6-2x-2y}dxdy \\ &= \int_0^3\int_0^{3-y}(12x-4x+8xy-4xy-4xy^2)dxdy \\ &= \int_0^3[12x-2x^2+8xy-2x^2y-4xy^2]_0^{3-y}dy \\ &= \int_0^3(18+6y-10y^2+2y^3)dy \\ &= \left[18y+3y^2-\frac{10y^3}{3}+\frac{y^4}{2}\right]_0^3=\frac{63}{2}.\end{aligned}$$

■

**예제 3**

$R^3$ 공간에서 $x=0,\ \ x=1,\ \ y=0,\ \ y=1,\ \ z=0,\ \ z=1$로 둘러싸인 정육면체 $V$의 표면을 $S$라 두고 $F=2xz\mathbf{i}-y^2\mathbf{j}+yz^2\mathbf{k}$일 때 면적분

$$\int\int_S F\cdot\mathbf{n}\,dA$$

를 구하여라.

풀이 $\nabla\cdot F=\operatorname{div}F=\dfrac{\partial}{\partial x}(2xz)+\dfrac{\partial}{\partial y}(-y^2)+\dfrac{\partial}{\partial z}(yz^2)=2z-2y+2yz$ 이므로

$$\begin{aligned}\int\int_S F\cdot\mathbf{n}\,dA &= \int\int\int_V (2z-2y+2yz)\,dV\\ &= \int_0^1\int_0^1\int_0^1 (2z-2y+2yz)\,dV\\ &= \int_0^1\int_0^1 [z^2-2yz+yz^2]_0^1\,dydx\\ &= \frac{1}{2}.\end{aligned}$$

■

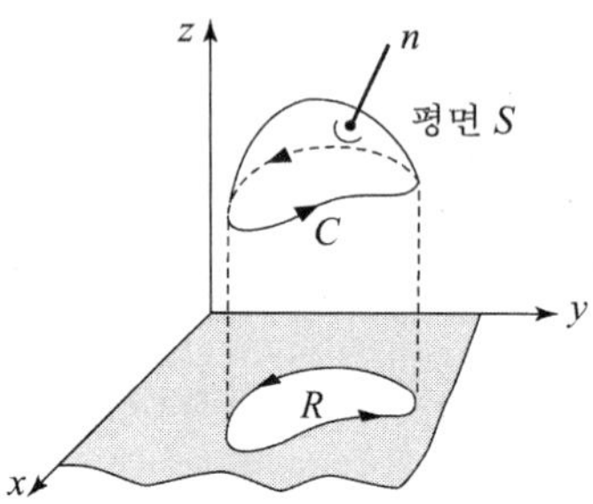


[그림 11-15]

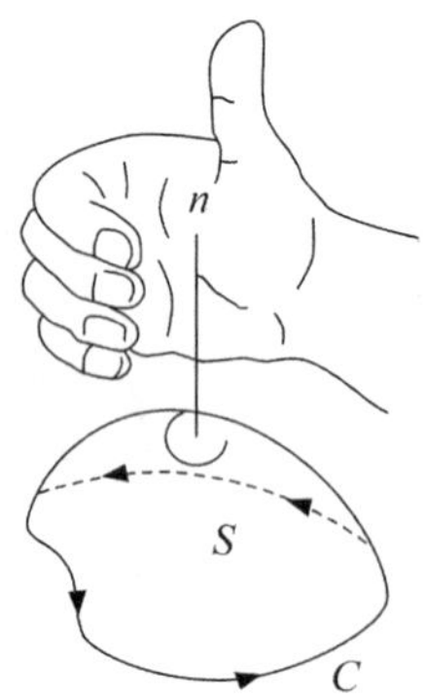


[그림 11-15]

이 발산정리는 열전도방정식(heat equation)을 유도하는데 이용되는 등 많은 응용분야를 가지고 있다. 다음으로 역시 공학물리학 등에 중요하게 사용되는 Stokes의 정리를 알아보자. 이 정리는 방향을 가진 곡면 $S$ 위에서의 면적분과, $S$의 경계(테두리)를 형성하는 닫힌 곡선 $C$에서의 선적분과의 관계를 설명하고 있다.

$C$의 방향은 여기서의 법선 벡터 n에 관하여 정해진다. 이때는 [그림 11-16]의 방법을 사

용하여 $C$의 방향을 결정한다.

Green의 정리는 평면의 영역에 대한 중적분과 그 경계선상의 선적분에 관련된 정리이다. 반면에 Stokes의 정리는 Green의 정리의 3차원 형태로 공간상의 곡면에 대한 면적분과 그 경계상의 선적분에 관련된 정리로 다음과 같다.

**정리 11.5** **Stokes의 정리**

$C$를 구분적으로 매끄러운 단순 폐곡선, $S$를 $C$가 경계선인 구분적으로 매끄러운 유한곡면이라 하자. 이때 곡면 $S$에서 정의된 벡터 $\mathbf{v}$에 대하여

$$\int\int_S (\text{curl } v)_n \, dA = \oint_C v_t \, ds = \oint_C v \cdot dr$$

(여기서$(\text{curl} v)_n = \text{curl } v \cdot n$은 $S$의 단위법선벡터 $n$방향의 curl $v$의 성분이며 $v_t$는 $C$의 접선방향의 $v$의 성분이다.

**예제 4**

[그림 11-17]에서와 같이 평면 $2x+2y+z=6$ 위의 방향곡선 (삼각형)이라 할 때 $\mathbf{v} = -y^2\mathbf{i}+z\mathbf{j}+x\mathbf{k}$에 대하여 $\int_C \mathbf{v} \cdot d\mathbf{r}$ 을 계산하여라.

풀이

$$\text{curl } \mathbf{v} = \begin{vmatrix} \mathbf{i} & \mathbf{j} & \mathbf{k} \\ \dfrac{\partial}{\partial x} & \dfrac{\partial}{\partial y} & \dfrac{\partial}{\partial z} \\ -y^2 & z & x \end{vmatrix} = -\mathbf{i}-\mathbf{j}+2y\mathbf{k},$$

$z = 6-2x-2y = g(x, y)$라고 하면

$$\begin{aligned} \int_C \mathbf{v} \cdot d\mathbf{r} &= \int\int_S (\text{curl}\mathbf{v}) \cdot \mathbf{n} ds \\ &= \int\int_R (-\mathbf{i}-\mathbf{j}+2y\mathbf{k}) \cdot [-g_x(x, y)\mathbf{i}-g_y(x, y)\mathbf{j}+\mathbf{k}]dA \\ &= \int\int_R (-\mathbf{i}-\mathbf{j}+2y\mathbf{k}) \cdot (2\mathbf{i}+2\mathbf{j}+\mathbf{k})dA \\ &= \int_0^3 \int_0^{3-y} (2y-4)dxdy \\ &= \int_0^3 (-2y^2+10y-12)dy \end{aligned}$$

$$= \left[ -\frac{2y^3}{3} + 5y^2 - 12y \right]_0^3$$

$$= -9. \quad \blacksquare$$

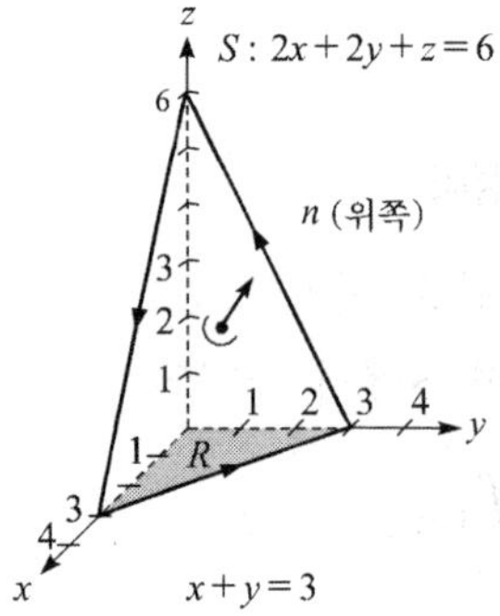


[그림 11-17]

## 연습문제 11.4

**1.** 벡터장 $\mathbf{v} = 2z\,\mathbf{i} + x\,\mathbf{j} + y^2\,\mathbf{k}$ 의 곡면($z = 4 - x^2 - y^2$, $xy$ 평면 포함)상의 면적분을 구하고 Gauss의 발산정리를 확인하여라.

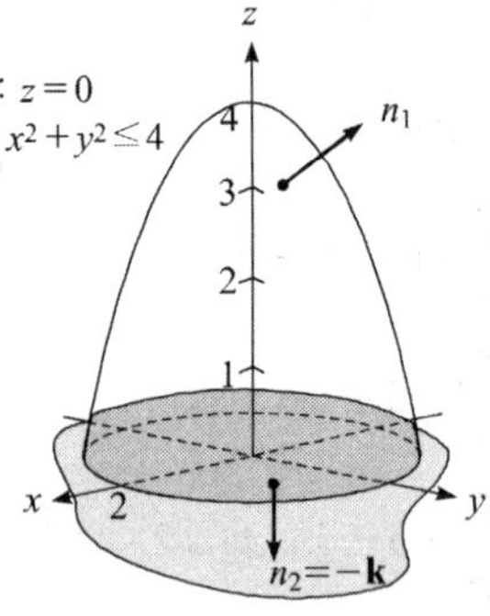


**2.** 적분 $I = \int\int_S (x^3 dydz + x^2 ydzdx + x^2 dxdy)$를 삼중적분으로 변환시켜서 그 값을 구하여라. 여기서 $S$는 원주면 $x^2 + y^2 = a^2$, $0 \le z \le b$와 원판 $z = 0$, $z = b$로 이루어진 폐

곡면이다.

**3.** 아래의 그림처럼 $z=4-x^2-y^2$으로 주어지는 구면 $S$, 벡터장

$$\mathbf{v}=2z\,\mathbf{i}+x\,\mathbf{j}+y^2\,\mathbf{k}$$

에 대해 Stokes의 정리가 성립함을 밝혀라.

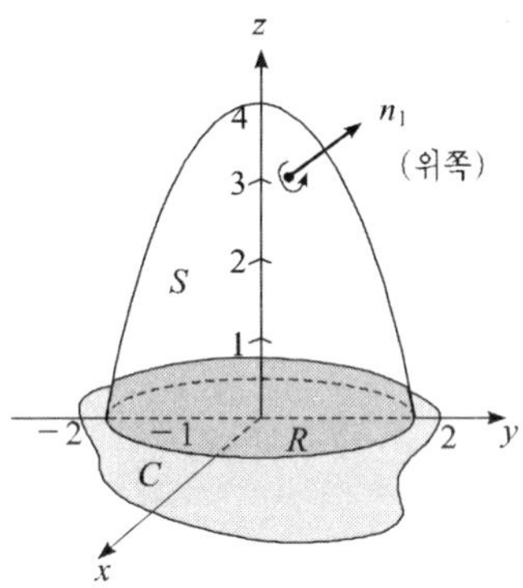


$S: z=4-x^2-y^2$
$R: x^2+y^2\le 4$

**4.** 폐곡면 $S$가 $S=\{(x,\ y,\ z)\,|\,0\le x\le 3,\ 0\le y\le 2,\ 0\le z\le 1\}$와 같은 입방면체일 때 벡터함수의 면적분

$$\int\int_S (yz\,\mathbf{i}+xz\,\mathbf{j}+xy\,\mathbf{k})\cdot n\,dS$$

의 값을

(1) 벡터함수의 면적분의 기본정리를 써서 계산하여라.

(2) Gauss의 발산정리를 이용하여 계산하여라.

**5.** 폐곡면 $S$가 $S=\left\{(x,\ y,\ z)\,|\,x^2+y^2+z^2=25\right\}$와 같은 구면일 때, 벡터함수의 면적분

$$\int\int_S (x\,\mathbf{i}+2y\,\mathbf{j}+3z\,\mathbf{k})\cdot ndS$$

의 값을

(1) 벡터함수의 면적분의 기본정리를 써서 계산하여라.

(2) Gauss의 발산성리를 이용하여 계산하여라.

**6.** 폐곡면 $S$가 $S_1 = \{(x,\ y,\ z) \mid x^2 + y^2 + z^2 = 25\}$와 같은 원기둥면과 원기둥의 아래와 위를 덮고 있는 두 개의 면 $S_2$, $S_3$로 이루어지는 면일 때 벡터함수의 면적분

$$\iint_S (x\mathbf{i} + y\mathbf{j} + z\mathbf{k}) \cdot n\, dS$$

의 값을

(1) 벡터함수의 면적분의 기본정리를 써서 계산하여라.

(2) Gauss의 발산정리를 이용하여 계산하여라.

**7.** 벡터함수 $F(x,\ y,\ z)$와 폐곡면 $S$가 다음과 같이 주어질 때, 면적분

$$\iint_S F(x,\ y,\ z) \cdot n\ dS$$

의 값을 Gauss의 발산정리를 써서 계산하여라.

(1) $F(x,\ y,\ z) = x^2\mathbf{i} + y^2\mathbf{j} + z^2\mathbf{k}$,

$S = \{(x,\ y,\ z) \mid 0 \le x \le 1,\ 0 \le y \le 2,\ 0 \le z \le 3\}$

(2) $F(x,\ y,\ z) = e^x\mathbf{i} + ye^x\mathbf{j} + 3z\mathbf{k}$, $S = \{(x,\ y,\ z) \mid x^2 + y^2 = 1,\ 0 \le z \le 3\}$

# 연습문제 해답

## 제 1 장 행렬과 행렬식

### 1.1

문제 1

$$\begin{pmatrix} -1 & 1 \\ 2 & 1 \end{pmatrix}$$

### 1.2

문제 2

$$A^T=\begin{pmatrix} 1 & 4 \\ 2 & 5 \\ 3 & 0 \end{pmatrix},\ B^T=\begin{pmatrix} 1 & 3 & 0 \\ 2 & -1 & 5 \\ -4 & 2 & 3 \end{pmatrix}$$

$$E^T=\begin{pmatrix} 5 & -3 & 2 \\ 4 & 2 & 1 \end{pmatrix},\quad D^T=\begin{pmatrix} 3 \\ 0 \\ 1 \end{pmatrix},$$

$$E^T=(2\ \ 0\ \ -3)$$

### 연습문제 1.1

1. (1) $\begin{bmatrix} 14 & -19 \\ 0 & -1 \end{bmatrix}$

 (2) $AB=\begin{bmatrix} 6 & 8 \\ -4 & 1 \end{bmatrix}$

 $BA=\begin{bmatrix} 1 & 2 & 3 \\ -4 & -3 & -6 \\ -1 & 8 & 9 \end{bmatrix}$

2. $A=\begin{bmatrix} 1 & 2 \\ 0 & 0 \end{bmatrix},\ B=\begin{bmatrix} 0 & -2 \\ 0 & 1 \end{bmatrix}$

4. (1) $\begin{bmatrix} -3 & -2 \\ 4 & 1 \end{bmatrix}$ (2) $\begin{bmatrix} -24 & -30 \\ 60 & 36 \end{bmatrix}$

6. $k\begin{bmatrix} 1 & 0 \\ 0 & 1 \end{bmatrix},\ k\in R$

### 1.3

문제 1

$$\begin{pmatrix} 1 & 0 & 0 & 2 & 1 \\ 0 & 1 & 0 & 3 & 2 \\ 0 & 0 & 1 & -1 & 3 \end{pmatrix}$$

### 1.4

문제 3

$$A^{-1}=\begin{bmatrix} 2 & 4 & -3 \\ -4 & -5 & 4 \\ 7 & 9 & -7 \end{bmatrix}$$

### 연습문제 1.4

1. (1) $x=1,\ y=2,\ z=-2$

 (2) $x=t,\ y=0,\ z=-2t,\ w=t,\ t\in R$

 (3) $x=1,\ y=3,\ z=1$

 (4) $x=-13t,\ y=10t,\ z=3t,\ w=t,\ t\in R$

2. (1) $a=3$ (2) $a\neq 3,\quad a\neq 2$

 (3) $a=2$

3. $5a-2b-c=0$

4. (1) $\begin{pmatrix} -5 & 2 \\ 3 & -1 \end{pmatrix}$

 (2) $\begin{pmatrix} 1 & 0 & 0 & 0 \\ -\frac{1}{2} & \frac{1}{2} & 0 & 0 \\ 0 & -\frac{1}{4} & \frac{1}{4} & 0 \\ 0 & 0 & -\frac{1}{8} & \frac{1}{8} \end{pmatrix}$

 (3) $\begin{pmatrix} \frac{34}{14} & -2 & -\frac{3}{7} & -\frac{6}{7} \\ \frac{16}{7} & -1 & \frac{5}{7} & -\frac{11}{7} \\ \frac{11}{7} & -1 & \frac{3}{7} & -\frac{8}{7} \\ -\frac{9}{7} & 1 & \frac{2}{7} & \frac{4}{7} \end{pmatrix}$

 (4) $\begin{pmatrix} \frac{1}{2} & -\frac{1}{2} & \frac{1}{2} \\ -\frac{1}{2} & \frac{1}{2} & \frac{1}{2} \\ \frac{1}{2} & \frac{1}{2} & -\frac{1}{2} \end{pmatrix}$

5. $a\neq 0$이고 $A^{-1}=\begin{pmatrix} 0 & 1 & 0 \\ 1 & -a & 0 \\ -\frac{2}{a} & \frac{1}{a} & \frac{1}{a} \end{pmatrix}$

8. (1), (2)

9. (1) $x=5t,\quad y=6t,\quad z=t,\quad t\in R$

 (2) $x=-t,\quad y=0,\quad z=t,\quad t\in R$

## 연습문제 1.5

1. (1) $-30$  (2) $72$

 (3) $2$  (4) $-30$

2. $B=4,\quad C=-8,\quad D=-4$

3. (1) $(\lambda-1)(\lambda-2)(\lambda-3)$

 (2) $\lambda(\lambda-1)(\lambda+1)$

 (3) $(abc+a+c)x+(bc+1)$

 (4) $x^2y^2$

5. (1) $16$  (2) $256$

 (3) $-\dfrac{1}{4}$

## 연습문제 1.6

1. (1) $-43$  (2) $0$

 (3) $(b-a)(c-a)(c-b)$

 (4) $85$

2. (1) $x=\dfrac{37}{77},\quad y=-\dfrac{21}{77},\quad z=\dfrac{27}{77}$

 (2) $x=6,\quad y=4,\quad z=5$

 (3) $x=\dfrac{2}{3},\quad y=\dfrac{5}{6},\quad z=\dfrac{1}{3},\quad u=\dfrac{1}{2}$

## 1.7

문제 1 6

## 연습문제 1.8

1. (1) $X+Y=(4,\ 2,\ -1)$

 $X-Y=(-2,\ 2,\ -5)$

 $3X=(3,\ 6,\ -9)$

 $\|Y\|=\sqrt{13},\quad X\cdot Y=-3$

 (2) $X+Y=i+7j$

 $X-Y=3i+3j-2k$

 $3X=6i+25j-2k,$

 $\|Y\|=\sqrt{6},\quad X\cdot Y=8$

 (3) $X+Y=\begin{pmatrix}6\\-3\\3\end{pmatrix},\ X-Y=\begin{pmatrix}6\\-1\\3\end{pmatrix},$

 $3X=\begin{pmatrix}18\\-6\\9\end{pmatrix},\quad \|Y\|=1,\quad X\cdot Y=2$

2. (1) $\cos\theta=\dfrac{2\sqrt{13}}{30}$

 (2) $\cos\theta=\dfrac{7\sqrt{15}}{30}$

3. (1) $u=\left(0,\ -\dfrac{3\sqrt{13}}{13},\ \dfrac{2\sqrt{13}}{13}\right)$

 (2) $u=-\dfrac{3}{\sqrt{50}}i-\dfrac{4}{\sqrt{50}}j+\dfrac{5}{\sqrt{50}}k$

 (3) $u=\begin{pmatrix}\frac{4}{5}\\0\\\frac{3}{5}\end{pmatrix}$

4. (1) $\sqrt{14}$ (2) $\sqrt{51}$

5. (1) $X_1\perp X_4,\quad X_1\perp X_5,\quad X_1\perp X_7,\quad X_2\perp X_4$

 $X_2\perp X_8,\quad X_3\perp X_4,\quad X_3\perp X_5,\quad X_3\perp X_7$

 $X_4\perp X_5,\quad X_4\perp X_6,\quad X_4\perp X_7,\quad X_4\perp X_8$

 $X_5\perp X_6,\quad X_6\perp X_7$

 (2) $X_4$ : 모든 벡터와 평행, $X_1 // X_3 // X_6$

7. (1) $X\times Y=(14,\ -24,\ -6)$

 $Y\times X=(-14,\ 24,\ 6)$

 (2) $X\times Y=(-2,\ -9,\ -3)$

 $Y\times X=(2,\ 9,\ 3)$

8. (1) $13i-j-6k$

 (2) $9i-10j+6k$

9. (1) $(16,\ -20,\ 8)$, $64$

 (2) $-8i+8j,\quad 8$

11. (1) $\begin{pmatrix}-3\\5\\2\end{pmatrix}$  (2) $X=i+2j$

12. $\left(\dfrac{1}{\sqrt{3}},\ -\dfrac{1}{\sqrt{3}},\ \dfrac{1}{\sqrt{3}}\right)$

13. $\sqrt{3}$

14. $\dfrac{3}{2}$

## 연습문제 1.9

1. (1) $\dfrac{x+2}{2}=\dfrac{y-2}{5}=\dfrac{z-3}{-2}$

   (2) $\dfrac{x-3}{4}=\dfrac{y-1}{-1}=\dfrac{z}{2}$

2. (1) $\dfrac{x-2}{1}=\dfrac{y+1}{3}=\dfrac{z-3}{-7}$

   (2) $\dfrac{x+3}{4}=\dfrac{y-2}{-6}=\dfrac{z-5}{-6}$

3. (1) $(5,\ -3,\ 2)$

   (2) $(-2,\ 3,\ 5)$

4. (1) $2(x-2)-(y-3)+(z+1)=0$

   (2) $(x-4)+y-3(z+3)=0$

5. (1) $x+y+z-2=0$

   (2) $5x+10y+z-16=0$

6. (1) $(1,\ -3,\ 5)$ (2) $(4,\ -3,\ 1)$

7. (1) $x=\dfrac{7y-26}{-22}=\dfrac{7z+9}{13}$,

   (2) $x=-\dfrac{16}{3}-3t$

   $y=-\dfrac{8}{3}-4t,\quad z=t$

8. 동일 직선 위에 없다.

9. $\left(\dfrac{51}{26},\ \dfrac{27}{26},\ -\dfrac{21}{26}\right)$

10. $2x-3y+5z-30=0$

11. $x-2=\dfrac{y+5}{2}=\dfrac{z-4}{-4}$

12. $x+y+6z=11$

13. $3x-2y=5$

14. $3x-4y+5z=-22$

# 제 2 장 집합과 함수

### 2.2

문제 1 상한: 2, 속한다.

문제 2 상계: $x \geq 1$인 실수, 상한: 1

문제 3 1의 상: 4, 8의 원상: 2,

치역: $\{4,\ 8,\ 9\}$

문제 4 $y=\dfrac{x}{1-x}$.

문제 5 $(f\circ g)(x)=\tan|x|$,

$(g\circ f)(x)=|\tan x|$

## 연습문제 2.3

1. $\{n^2\}$ : 아래로 유계, $\{-n^3\}$ : 위로 유계

2. (1) 수렴 (2) 수렴

   (3) 발산 (4) 수렴

   (5) 발산 (6) 수렴

   (7) 발산 (8) 수렴

4. (1) 0 (2) $\infty$

   (3) $-\dfrac{1}{6}$ (4) $n$

6. $-\dfrac{1}{x^2}$

7. 0

8. $e^a$

9. (1) $\sqrt{2}$ (2) 3 (3) $\sqrt{2}$

10. 0

## 연습문제 2.4

1. (1) 모든 실수에서 연속

   (2) $x\neq 0$인 실수에서 연속

   (3) $x=-1$인 실수에서 연속

2. (1) $f(0)=2$

   (2) $f(2)=\dfrac{1}{3}$

   (3) $f(1)=\dfrac{1}{2}$

6. (1) 불연속 (2) 불연속

7. $x=0$에서 불연속

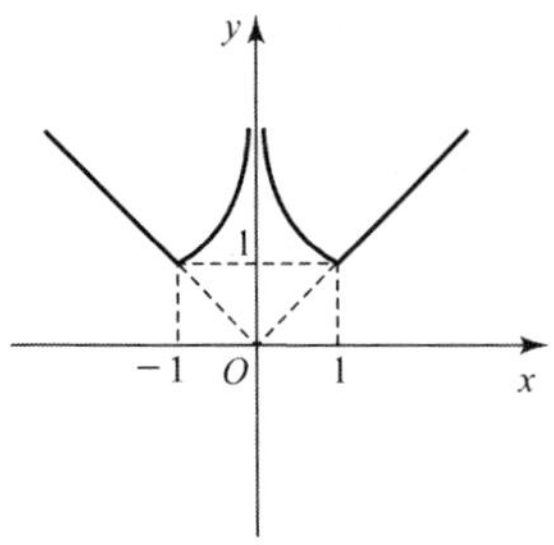


## 연습문제 2.5

1. (1) $\frac{\pi}{3}$ (2) $\frac{3}{4}\pi$

(3) $\frac{\pi}{3}$ (4) $\frac{\pi}{3}$

(5) $-\frac{\pi}{6}$ (6) $\frac{\pi}{4}$

2. (1) $\frac{\pi}{2}$ (2) $-\frac{\pi}{2}$ (3) 1

3. (1) $\frac{\pi}{2}$ (2) $-\frac{\pi}{4}$

(3) $\pi$ (4) $\sin^{-1}\frac{119}{169}$

(5) $\sin^{-1}\frac{56}{65}$ (6) $\frac{\pi}{4}$

6.

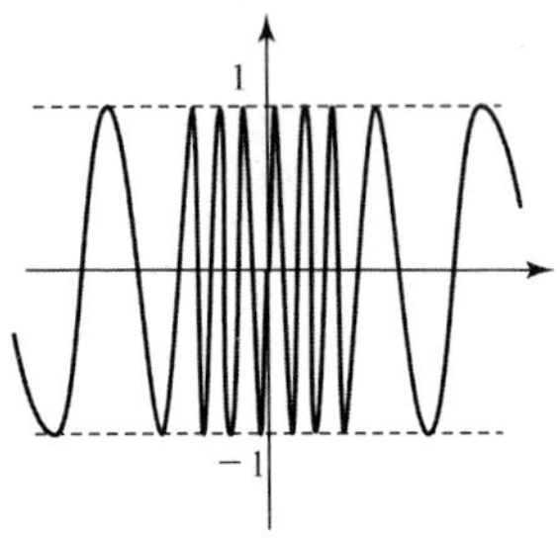


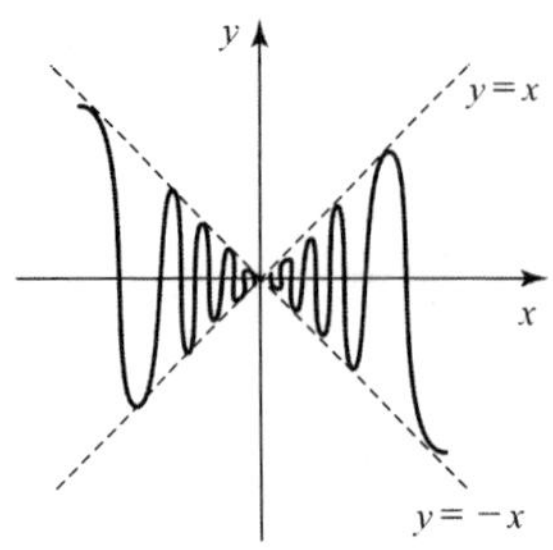


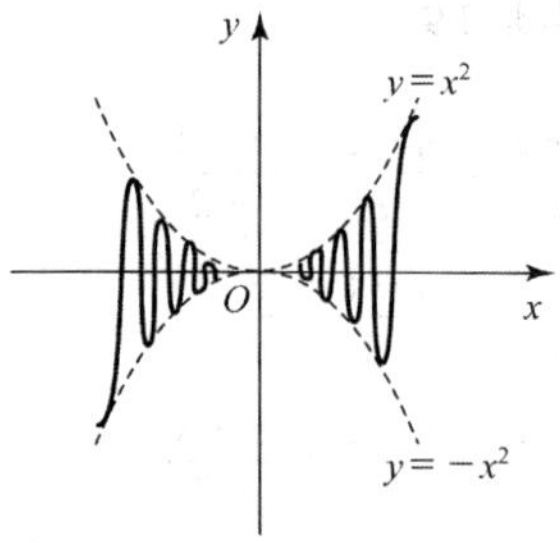


## 2.7

문제 1 (1) 1 (2) 2

## 연습문제 2.7

1. (1) $\frac{n}{m}$ (2) 2

(3) 1 (4) 2

(5) $\cos x$ (6) 1

(7) 1 (8) 1

(9) $\frac{1}{2}$ (10) 3

(11) $\frac{3}{4}$ (12) $\frac{7}{3}$

(13) 0 (14) 1

(15) $\infty$ (16) 2

(17) 1 (18) 0

(19) 1 (20) $-\frac{25}{49}$

(21) $e^a$ (22) $e^2$

2. (1) 0 (2) 0

(3) 1

3. $-\frac{\pi}{4}$

## 제 3 장 미분

### 연습문제 3.1

1. (1) $y' = \dfrac{1}{(1+x)^2}$ (2) $y' = 6x+1$

(3) $y' = \dfrac{1}{2\sqrt{x+1}}$

2. (1) $-\dfrac{4}{9}$ (2) $-\dfrac{a-2}{(a+2)^2}$

### 3.2

문제 1

(1) $y' = 90x^9 - 90x^8 + 9$

(2) $y' = 2x - \dfrac{2}{x^3}$

(3) $y' = \dfrac{2}{(x+1)^2}$

(4) $y' = \dfrac{4x}{(2-3x^2)^2}$

(5) $y' = 2x(24x^4 + 12x^2 - 5)$

(6) $y' = \dfrac{16x}{(x^2+4)^2}$ (7)$y' = 24x^{-9}$

(8) $y' = -3x^{-4} - \dfrac{4}{x^5}$

### 연습문제 3.2

1. (1) $64(x+1)^3$ (2) $12x(x^2-4)^2$

(3) $-\dfrac{1}{x^2}$

(4) $3x(x^2+1)^2(x^3+1)^4(7x^3+5x+2)$

(5) $-\dfrac{5(x^2-6x+1)(x-3)^4}{(x^2+1)^6}$

(6) $-\dfrac{4(x^2-2x-3)(x-1)^4}{(x^2+x+1)^5}$

(7) $1 - \dfrac{1}{2\sqrt{x}}$

(8) $\dfrac{6(1+2\sqrt{x})^5}{\sqrt{x}}$

2. (1) $-\dfrac{x}{y}$ (2) $-\sqrt[3]{\dfrac{y}{x}}$

(3) $\dfrac{2x-3y}{3x-2y}$ (4) 1

3. $\left(\dfrac{4}{\sqrt{3}}, \dfrac{1}{\sqrt{3}}\right)$, $\left(-\dfrac{4}{\sqrt{3}}, -\dfrac{1}{\sqrt{3}}\right)$

### 연습문제 3.4

1. (1) $\dfrac{1}{9y^2+1}$ (2) $\dfrac{2x}{3(y^2+1)}$

(3) $\dfrac{2y\sqrt{y}}{y+1}$ (4) $\dfrac{(2-y^2)^2}{3y^2+8y+6}$

(5) $\dfrac{(y^2-y)^2}{1-2y}$

2. (1) $y = x^2 - 6x + 7$ (2) $y = \dfrac{1-2x}{x^2}$

(3) $\dfrac{x^2}{4} + \dfrac{y^2}{9} = 1$ (4) $y = a^{2x} - 1$

3. (1) $\dfrac{x}{y}$ (2) $\dfrac{-1}{x^{\frac{3}{2}}\sqrt{1+2x}}$

(3) $-\dfrac{1}{x^2}$ (4) $\dfrac{2u-u^4}{1-2u^3}$

(5) $2x$ (6) $\dfrac{\sqrt{2t+5}}{3^3\sqrt{16t^2}(3t+5)}$

4. (1) $x = \dfrac{4t-1}{t^3}$, $y = \dfrac{4t-1}{t^2}$

(2) $x = \dfrac{8}{1+2t+4t^2}$, $y = \dfrac{8t}{1+2t+4t^2}$

5. $y = \dfrac{9}{2}x + 2$, $y = -\dfrac{2}{9}x + 2$

6. $\dfrac{1}{7}$

7. $\dfrac{1}{4e}$

### 연습문제 3.5

1. (1) $y' = \dfrac{1}{x\ln x}$ (2) $y' = \dfrac{\ln x - 1}{(\ln x)^2}$

(3) $y' = \dfrac{\ln a^e}{2x\sqrt{\ln a^x}}$ (4) $y' = \dfrac{2\ln x}{x}$

(5) $y' = 3\ln x + 3$

(6) $y' = \dfrac{x(x+1)}{(x^2-x+1)(x^2+x+1)}$

2. (1) $y' = \dfrac{-2}{3(x+1)^{\frac{2}{3}}(x-1)^{\frac{4}{3}}}$

(2) $y' = \dfrac{1}{\sqrt{x^2-a^2}}$

(3) $y' = \dfrac{2x^2-10x+11}{\{(x-1)(x-2)\}^{\frac{1}{2}}\{(x-3)(x-4)\}^{\frac{3}{2}}}$

(4) $y' = \dfrac{-x(2x^2-x-4)}{(x+2)^4}$

3. $y = \dfrac{1}{e}x + \dfrac{1}{e}$

4. (1) $\dfrac{3x^2}{y^{n-1}(n\ln y+1)}$

(2) $1-t$

(3) $-e^t\sec t(1+\cot t)$

(4) $-\cot t$

5. (1) $y' = x(x+2)e^x$

(2) $y' =-(1+\ln x)\left(\dfrac{1}{x}\right)^x$

(3) $y' = \dfrac{\ln x - 1}{x^2}\left(\dfrac{1}{x}\right)^{\frac{1}{x}}$

(4) $y' = (\ln\sin x + x\cot x)(\sin x)^x$

(5) $y' = \left\{\ln\left(1+\dfrac{1}{x}\right) - \dfrac{1}{1+x}\right\}\left(1+\dfrac{1}{x}\right)^x$

(6) $y' = (\cos\ln\tan x + \sec x)(\tan x)^{\sin x}$

(7) $y' = \dfrac{2\ln x}{x}x^{\ln x}$

(8) $y' = 13e^{2x}\cos 3x$

(9) $y' = \dfrac{y(x\ln y - y)}{x(y\ln x - x)}$

(10) $y' = \dfrac{1}{\ln y}$

6. (1) $\sqrt{e}$ (2) $\sec^2 1$

(3) $\dfrac{e-1}{e+1}$ (4) $e\ln 2(3+\log e)$

7. $y =-2x+4$

## 연습문제 3.6

1. (1) $y' = 8\csc(3-2x)\cot(3-2x)$

(2) $y' = \dfrac{\sec\sqrt{x}\tan\sqrt{x}}{\sqrt{x}}$

(3) $y' = a\cos 2ax$

(4) $y' = \dfrac{2\sec^2 x}{(1-\tan x)^2}$

2. (1) $\dfrac{1}{x\sqrt{x^2-1}}$

(2) $-\dfrac{y\cos x + \sin y}{\sin x + x\cos y}$

(3) $\tan\theta$ (4) $-\dfrac{x}{y}$

3. (1) $y' = \dfrac{1}{\sqrt{2x+x^2}}$

(2) $y' =-\dfrac{2}{|x|\sqrt{x^2-4}}$

(3) $y' = \dfrac{-1}{2\sqrt{x-1}}$

(4) $y' = \tan^{-1}\dfrac{x}{2} + \dfrac{2x}{x^2+4}$

(5) $y' = 0$

(6) $y' = \dfrac{-|x|}{x\sqrt{4-x^2}}$

4. (1) $y' = \dfrac{-y}{x+\sqrt{1-x^2y^2}}$

(2) $y' =-1$

(3) $y' = \dfrac{y+2\sqrt{x-y}}{2y-x}$

(4) $y' = \dfrac{2}{\sqrt{1-y^2}}$

5. (1) $\dfrac{2\pi+\sqrt{3}}{3}$ (2) $\dfrac{\pi+2}{4}$

(3) $\pi+2$ (4) $\dfrac{\pi+2}{4}$

7. (1) $y' = 2\cosh 2x$

(2) $y' = 2\tanh 2x$

(3) $y' = 2x\,\text{csch}^2(1-x^2)$

(4) $y' = 2x\,\text{sech}(1-x^2)\tanh(1-x^2)$

## 3.7

문제 1

(1) $3^n\cos\left(3x+\frac{n\pi}{2}\right)$

(2) $\frac{1}{4}\left\{3\sin\left(x+\frac{n\pi}{2}\right)-3^n\sin\left(3x+\frac{n\pi}{2}\right)\right\}$

(3) $e^x(x+n)$

(4) $2^{n-2}e^{2x}(4x^2+4nx+n^2-n)$

(5) $(\sqrt{2})^n e^x\sin\left(x+\frac{n}{4}\pi\right)$

(6) $x^3\sin\left(x+\frac{n}{2}\pi\right)+3nx^2\sin\left(x+\frac{(n-1)}{2}\pi\right)$

$+3n(n-1)\sin\left(x+\frac{(n-2)}{2}\pi\right)$

$+n(n-1)(n-2)\sin\left(x+\frac{(n-3)}{2}\pi\right)$

문제 2

$g''(f(x))(f'(x))^2+g'(f(x))f''(x)$

문제 3

$a=-3,\quad b=9,\quad c=6$

# 제 4 장 미분의 응용

## 연습문제 4.1

1. (1) $\frac{5}{2}$ (2) $e-1$

(3) $x=0$에서 미분불가능

(4) $x=0$에서 불연속

(5) $\frac{9}{4}$ (6) $\frac{\sqrt{3}}{3}$

8. $c=\frac{1}{2}$

## 4.2

문제 1

(1) 0 (2) $\frac{2}{3}$

## 연습문제 4.2

1. (1) 0 (2) 2

(3) 0 (4) 1

(5) 0 (6) $\infty$

(7) $-1$ (8) $\infty$

(9) $-\frac{1}{3}$ (10) 1

2. (1) $\frac{n}{m}a^{n-m}$ (2) ×

(3) 1 (4) ×

(5) 1 (6) $\cos\alpha$

(7) $e^{ab}$ (8) 0

(9) 1 (10) $e^2$

(11) $e^2$ (12) $\frac{1}{6}$

## 연습문제 4.3

1. (1) $x=1$ 극댓값 : 2, $x=2$ 극솟값 : 1

(2) $x=0$ 극솟값 : 0

(3) $x=1$ 극댓값 : 2, $x=5$ 극솟값 : $-30$

(4) $x=2$ 극솟값 : 12

(5) $x=-6$ 극솟값 : $-9$

(6) $x=0$ 극솟값 : 0, $x=-2$ 극솟값 : $-4$

(7) $x=-1$ 극댓값 : 9

(8) $x=2$ 극솟값 : 0, $x=0$ 극댓값 : 4

(9) $x=\frac{2}{3}$ 극댓값 : $\frac{\pi}{3}+\frac{\sqrt{3}}{2}$,

$x=\frac{4}{3}\pi$ 극솟값 : $\frac{2\pi}{3}-\frac{\sqrt{3}}{2}$

(10) $x=1$ 극댓값 : $\frac{1}{e}$

2. 8, 8

3. $27\sqrt{3}\,\text{cm}^2$

4. $\dfrac{32}{81}\pi a^3$

5. $\dfrac{8(b-1)\sqrt{b-1}}{3\sqrt{3}}$

## 연습문제 4.4

1. (1) $x<0$, $x>\dfrac{2}{3}$에서 오목, $0<x<\dfrac{2}{3}$에서 볼록, 변곡점 : $(0,\ 1)$, $\left(\dfrac{2}{3},\ \dfrac{11}{27}\right)$

   (2) $x<-2$에서 볼록, $x>-2$에서 오목, 변곡점 : $(-2,\ 26)$

   (3) $x>0$에서 오목

   (4) $-\dfrac{1}{\sqrt{2}}<x<\dfrac{1}{\sqrt{2}}$에서 볼록,

   $-\dfrac{1}{\sqrt{2}}>x$, $x>\dfrac{1}{\sqrt{2}}$에서 오목,

   변곡점 : $\left(-\dfrac{1}{\sqrt{2}},\ \dfrac{1}{\sqrt{e}}\right)$, $\left(\dfrac{1}{\sqrt{2}},\ \dfrac{1}{\sqrt{e}}\right)$

2. (1) 극대 :$(0,\ 4)$ 극소 :$(\pm\sqrt{2},\ 0)$

   (2) 극대 :$(1,\ 3)$ 극소 :$(2,\ 2)$

   (3) 극대 :$\left(\dfrac{\pi}{6}+2n\pi,\ \dfrac{\pi}{6}+2n\pi+\sqrt{3}\right)$

   극소 :$\left(\dfrac{5}{6}+2n\pi,\ \dfrac{5}{6}+2n\pi-\sqrt{3}\right)$

   (4) 극대 : $\left(1,\ \dfrac{1}{e}\right)$

   (5) 극소 :$(1,\ 3)$

   (6) $a>0$이면 극소 :$(0,\ a)$

   $a<0$이면 극소 :$(0,\ a)$

3. $a=-\dfrac{9}{2}$, $b=6$

4. $a=2\sqrt{b}$, $b>0$

5. $a=1$이면 $x=-1$에서 극솟값 3

   $a=-1$이면 $x=1$에서 극솟값 3

6. (1) 증가 :$-3<x<-1$, $0<x<2$, $x>6$

   감소 :$x<-3$, $-1<x<0$, $2<x<6$

   (2) 임계점 :$x=-3$, $-1$, $0$, $2$, $6$

   변곡점 :$x=-2$, $4$

   (3) 극대 : $x=-1$, $2$, 극소 :$x=-3$, $0$, $6$

   (4) 아래로 볼록 : $x<-2$, $x>4$,

   위로 볼록 :$-2<x<0$, $0<x<4$

   (5)

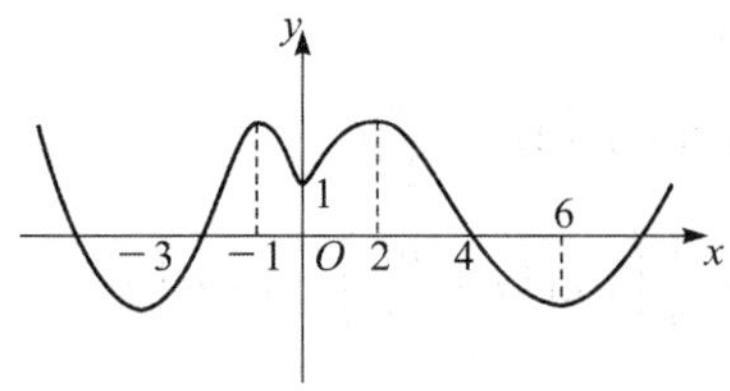


7. $a=-1$, $b=3$

## 4.5

문제 1

(1)

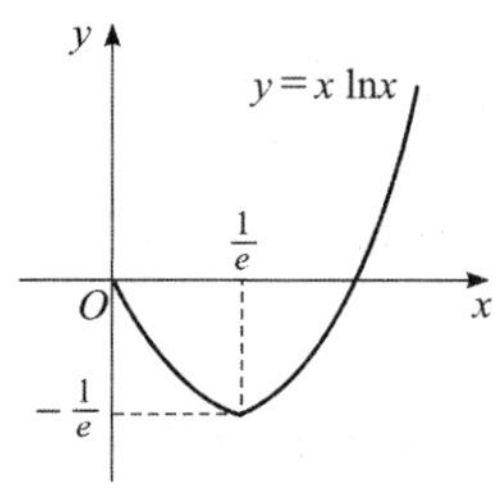


(2)

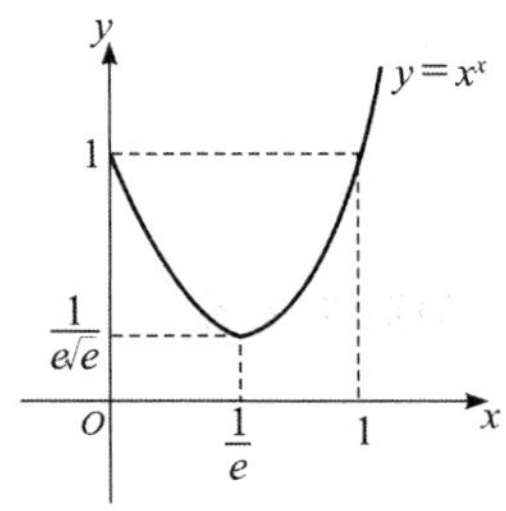


(3)

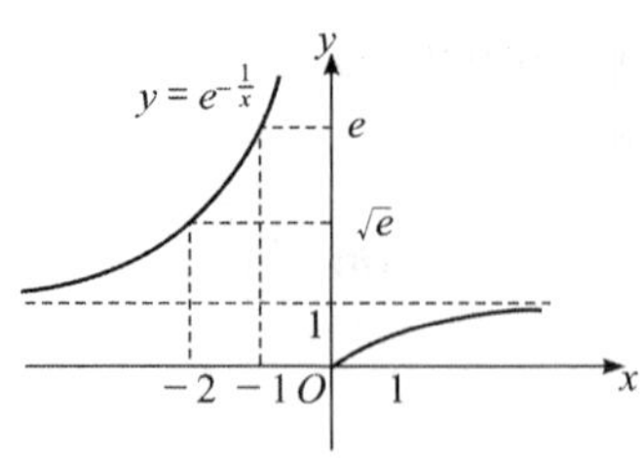

## 연습문제 4.7

1. (2)

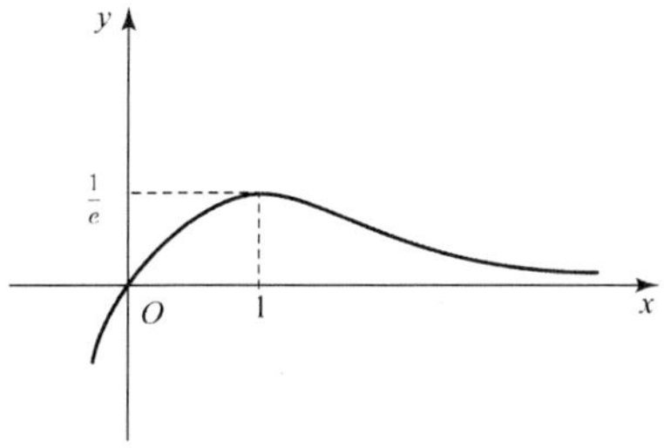


(4)

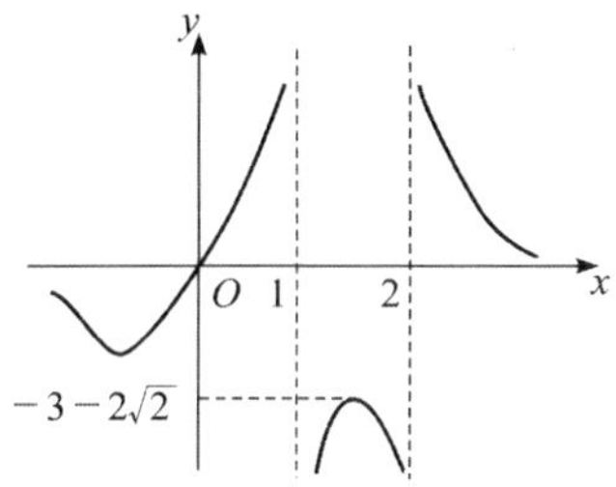


2. $24\text{cm}^2/\text{sec}$

3. $\frac{1}{4\pi}\text{m/min}$

4. (1) $v=19.6-9.8t$

   (2) 19.6m/sec

   (3) $t=2$초

   (4) 19.6m

   (5) $s=-24.5m$, $v=-29.4\text{m/sec}$

   (6) $a=-9.8\text{m/sec}^2$

5. $-\frac{3}{16}$

## 연습문제 4.8

1. (1) $K=1$　　(2) $K=\frac{1}{4}$

   (3) $K=\frac{4}{5\sqrt{5}}$　　(4) $K=\frac{1}{2}$

2. (1) $(2,\ 4)$　　(2) $(-3,\ -1)$

3. (1) $\left(0,\ -\frac{1}{2}\right)$　　(2) $\left(\frac{7}{4},\ \frac{7}{4}\right)$

4. (1) $\begin{cases} X=\frac{1}{2}x-\frac{9}{2}x^5 \\ Y=\frac{5}{2}x^3+\frac{1}{6x} \end{cases}$

   (2) $\begin{cases} X=-t^6-\frac{3}{4}t^4 \\ Y=\frac{6}{5}t^5+t^3 \end{cases}$

5. (1) $27aY^2=8(X-a)^3$

   (2) $(aX)^{\frac{2}{3}}+(bY)^{\frac{2}{3}}=(a^2-b^2)^{\frac{2}{3}}$

# 제 5 장　적분

## 연습문제 5.2

1. (1) $\frac{7}{3}$　　(2) $\frac{20}{3}$

2. (1) $\int_1^2 \frac{1}{x}dx$　　(2) $\int_0^1 \sqrt{x}\,dx$

   (3) $\int_1^2 \frac{1}{\sqrt{x}}dx$　　(4) $\int_0^1 \frac{1}{\sqrt{1+x^2}}dx$

   (5) $\frac{\int_0^1 \sqrt{1+x}\,dx}{\int_0^1 \sqrt{x}\,dx}$　　(6) $\int_0^1 e^x\,dx$

## 연습문제 5.3

1. (1) $\frac{\pi}{4}$　　(2) $\frac{153}{2}$

   (3) $\frac{\pi}{\sqrt{3}}$　　(4) $\frac{1}{4}$

2. (1) $-t^2$　　(2) $2xe^{x^4}$

   (3) $(\sqrt{x}+1)^{\frac{1}{2}}\cdot\frac{1}{2\sqrt{x}}$　　(4) $e^{x}_{1^2}$

   (5) $-f(x)$　　(6) $f(x)-f(a)$

8. 4

9. $a=-\frac{5}{4}$, $f(x)=3x-\frac{5}{2}$

## 제 6 장 적분법

### 연습문제 6.1

1. (1) $\tan^{-1}e^x$ (2) $\frac{1}{4}\tan^{-1}(x^4)$

(3) $\ln(e^x+1)$ (4) $\ln(\ln x)$

(5) $\frac{1}{5}(\ln x)^5$

(6) $\frac{1}{2\sqrt{2}}\ln\frac{\sqrt{2}-\cos x}{\sqrt{2}+\cos x}$

(7) $\frac{1}{2}x^2\sin^{-1}x-\frac{1}{4}\sin^{-1}x+\frac{1}{4}x\sqrt{1-x^2}$

(8) $x(\ln x)^2-2\ln x+2x$

(9) $\frac{1}{3}x^3\tan^{-1}x-\frac{1}{6}x^2+\frac{1}{6}\ln(1+x^2)$

(10) $\frac{x}{1+x}\ln x-n(1+x)$

2. (2) $-\frac{1}{6}\left(\frac{2}{x}-1\right)-\frac{1}{2}\left(\frac{2}{x}-1\right)$

3. (1) $\frac{3\sqrt{3}+4\pi}{648}$ (2) $\frac{\pi}{2}+\frac{1}{3}$

(3) $\frac{1}{\sqrt{3}}+1-\frac{1}{\sqrt{2}}$ (4) $\frac{\pi}{4}$

(5) $\frac{\pi}{8}\ln 2$ (6) $\frac{4\ln 2}{n}$

(7) $\frac{\pi}{4}-\frac{1}{2}$ (8) $\frac{3}{4}\pi^2-6$

(9) $\frac{1}{2}$ (10) $\frac{3}{16}\pi$

6. $1-e$

### 연습문제 6.2

1. (1) $\frac{1}{6}\ln\frac{(x+1)^2}{x^2+x+1}-\frac{1}{\sqrt{3}}+\tan^{-1}\left(\frac{2x+1}{\sqrt{3}}\right)$

(2) $\ln\left|\frac{x-1}{x+1}\right|-2\tan^{-1}x$

(3) $\frac{1}{3}\ln(x-5)^2(x+1)$

(4) $-\frac{2}{5}\tan^{-1}\frac{x}{2}+\frac{3}{5}\tan^{-1}\frac{x}{3}$

(5) $\frac{1}{8}\ln\frac{(x-1)^2}{x^2+1}+\frac{3}{4}\tan^{-1}x+\frac{1-2x}{4(x^2+1)}$

(6) $\frac{13}{2}\ln|2x+3|-4\ln|x+1|$

(7) $\ln\frac{(x-1)^2}{|x|}-\frac{x}{(x-1)^2}$

(8) $-\frac{1}{3x^2}+\frac{2}{x}+\frac{5}{2}\tan^{-1}x+\frac{x}{2(x^2+1)}$

(9) $\ln 4+\frac{\pi}{4}$

(10) $\frac{3}{2}\ln\frac{20}{13}+\ln\frac{12}{5}$

(11) $\frac{1}{6}\ln\frac{|x-1|^3|x+1|}{(x^2+2)^2}+\frac{\sqrt{2}}{3}\tan^{-1}\frac{x}{\sqrt{2}}$

(12) $\frac{1}{12}\ln\frac{(x-1)^2(x^2-x+1)}{(x+1)^2(x^2+x+1)}$

$-\frac{1}{2\sqrt{3}}\tan^{-1}\left(\frac{\sqrt{3x}}{1-x^2}\right)$

(13) $\ln\left|\frac{x+1}{x}\right|+\tan^{-1}x$

(14) $\frac{1}{2}\ln\left|\frac{x^2-1}{x^2+1}\right|+\frac{1}{2(x^2+1)}$

(15) $3\ln 2+2-\frac{\pi}{2}$

(16) $\ln\frac{3}{4}+\frac{1}{2}$

### 6.3

문제 1

(1) $\frac{1}{2}x+\frac{1}{4}\sin 2x$

(2) $\sin x-\frac{1}{3}\sin^3 x$

(3) $-\frac{1}{5}\cos^5 t+\frac{2}{3}\cos^3 t-\cos t$

(4) $\frac{1}{2}\tan^2 y+\ln|\cos y|$

(5) $-\frac{1}{3}\cos^3 3x\left(\frac{1}{3}-\frac{3}{5}\right)\cos^2 3x$

$+\frac{3}{7}\cos^4 3x-\frac{1}{9}\cos^6 3x\Big)$

(6) $-\csc\theta-\sin\theta$

(7) $\frac{1}{64}\left(\frac{3}{2}t-\frac{1}{4}\sin 8t+\frac{1}{32}\sin 16t\right)$

(8) $\sec^3 3y\left(\frac{1}{15}\sec^2 3y-\frac{1}{9}\right)$

(9) $-\frac{1}{3}\csc^3 x$

(10) $-\frac{1}{2}\cot^2 x$

(11) $-\frac{1}{18}\cos 9y+\frac{1}{2}\cos y$

(12) $-\frac{1}{6}\cot^3 2x+\frac{1}{2}\cot 2t+x$

문제 2

(1) $\ln|\cos x+\sin x|+x$

(2) $\frac{1}{3}\tan^{-1}\left(\frac{5\tan x+4}{3}\right)$

(3) $\frac{x}{4}-\frac{5}{6}\tan^{-1}\left(\frac{\tan\frac{x}{2}}{3}\right)$

(4) $x-\tan x+\sec x$

(5) $\frac{1}{\sqrt{2}}\ln\left|\frac{\tan\frac{x}{2}+1-\sqrt{2}}{\tan\frac{x}{2}+1+\sqrt{2}}\right|$

(6) $\frac{1}{4}\ln\left|\frac{\tan\frac{x}{2}+\frac{1}{3}}{\tan\frac{x}{2}+3}\right|$

(7) $\ln\frac{\tan^2\frac{x}{2}+3}{\tan^2\frac{x}{2}+1}+\frac{4}{\sqrt{3}}\tan^{-1}\left(\frac{\tan\frac{x}{2}}{\sqrt{3}}\right)$

(8) $\frac{1}{2}\ln\tan\frac{x}{2}-\frac{1}{4}\tan^2\frac{x}{2}$

## 연습문제 6.3

1. (1) $\frac{2}{3}\sin\frac{3}{2}x$ (2) $\frac{1}{\pi}\cos\frac{\pi}{x}$

(3) $2\ln\left|\sin\frac{x}{2}\right|$

(4) $\frac{1}{4}\sin^4 x-\frac{1}{6}\sin^6 x$

(5) $\frac{1}{2}(y+\sin y)$

(6) $\frac{4}{3}\tan\frac{3}{4}x-x$

(7) $-\frac{1}{16}\cos 8x+\frac{1}{4}\cos 2x$

(8) $\frac{1}{2}\sin z-\frac{1}{10}\sin 5z$

(9) $\tan x+\frac{1}{3}\tan^3 x$

(10) $\frac{1}{5}\sec^5 x-\frac{1}{3}\sec^3 x$

(11) $\frac{2}{3}\sin^{\frac{3}{2}}x$

(12) $-\frac{1}{6}\sin^5 x\cos x-\frac{5}{24}\sin^3 x\cos x$

$-\frac{5}{32}\sin 2x+\frac{5}{16}x$

(13) $-\frac{2}{3}\cot\frac{3}{2}\theta-\frac{2}{9}\cot^3\frac{2}{3}\theta$

(14) $-\frac{1}{4}\cot^2 2\theta-\frac{1}{2}\ln|\sin 2\theta|$

## 6.4

문제 1

(1) $\ln\frac{|\sqrt{1+x}-1|}{\sqrt{1+x}+1}$

(2) $\frac{3}{2}\ln|x^{\frac{2}{3}}-1|$

(3) $\frac{1}{\sqrt{2}}\ln\left|\frac{x+\sqrt{x^2+2x+2}-\sqrt{2}}{x+\sqrt{x^2+2x+2}+\sqrt{2}}\right|$

(4) $\sqrt{2}\tan^{-1}\sqrt{\frac{2(x-1)}{2-x}}$

## 6.5

문제 1

(1) $\frac{1}{\ln 2}$ (2) $-\frac{1}{4}$

(3) 1 (4) $\pi$

(5) $-1$ (6) $\frac{\pi}{2}$

문제 2

(1) $\frac{45}{8}$ (2) $\frac{\sqrt{\pi}}{3}$

(3) $\frac{\sqrt{\pi}}{4\sqrt{\ln 3}}$ (4) $\sqrt{\pi}$

문제 3

(1) $\frac{3}{2}$ (2) $\pi$

(3) $\frac{3}{2}$ (4) 4

## 제 7 장 적분의 응용

### 연습문제 7.1

1. (1) $r=a$ (2) $\theta=\frac{\pi}{4}$

(3) $r=\cos\theta+\sin\theta$ (4) $r\sin^3\theta=a\cos^2\theta$

(5) $r^2\sin 2\theta=a^2$ (6) $r=a\tan\theta$

(7) $r\sin(\theta+\alpha)=a$ (8) $r^2=a^2\cos 2\theta$

2. (1) $x=a$ (2) $(x^2+y^2)y=a^2x$

(3) $y=x^2$ (4) $(x^2+y^2)y=a^3$

(5) $(x^2+y^2)^2=2a^2xy$

(6) $(x^2+y^2)x^4=a^2y^4$

(7) $x^2+y^2=\tan^{-1}\frac{y}{x}$

(8) $x=0$

4. (1) $\left(2,\ \pm\frac{\pi}{3}\right)$ (2) $(-1,\ \pi)$

5. (1) 3(2) $\pm 1$

6. (1) 30°, 90° (2) 45°

### 연습문제 7.2

1. (1) $\frac{1}{2}$ (2) 8

(3) $\frac{1}{6}a^2$ (4) $\frac{8}{3}\pi-2\sqrt{3}$

(5) $\frac{4}{3}$ (6) $\frac{1}{2}$

(7) $4\pi$ (8) $\frac{32}{15}\sqrt{2}$

(9) $\frac{125}{24}$ (10) $\frac{16}{3}$

(11) $\frac{37}{6}+\frac{e^2}{2}$ (12) $\pi ab$

2. (1) $11\pi$ (2) $\frac{1}{32}\pi$

(3) $\frac{\pi}{6}$ (4) $6\pi$

(5) $54\pi$ (6) $4\pi$

(7) $2a^2$ (8) $\frac{\pi}{2}a^2$

(9) $n$ : 짝수$\rightarrow\frac{\pi a^2}{2}$, $n$ : 홀수$\rightarrow\frac{\pi a^2}{4}$

(10) $3\pi a^2$ (11) $\frac{5}{4}\pi$

3. $\frac{3}{8}\pi a^2$

### 연습문제 7.3

1. $8a^3$

2. $\frac{3}{8}\pi a^2$

3. $\frac{32}{105}\pi a^3$

4. $\frac{4}{3}\pi ab^2$

5. $\frac{2}{3}\pi$

6. $\frac{\pi^2}{4}a^3$

## 연습문제 7.4

문제 1

(1) $\frac{56}{27}$ (2) $4$

(3) $\frac{3}{2}\pi a$ (4) $8a$

(5) $1+\frac{1}{\sqrt{2}}\ln(\sqrt{2}+1)$

(6) $\pi\sqrt{a^2+b^2}$ (7) $6a$

(8) $\pi a$ (9) $4a$

(10) $\frac{21}{16}$

## 연습문제 7.5

1. (1) $4\pi a^2$

   (2) $\{2\sqrt{2}+2\ln(\sqrt{2}+1)\}\pi$

   (3) $\frac{2\sqrt{2}}{5}(2e^{\pi}+1)$

   (4) $4\pi a^2(2-\sqrt{2})$

   (5) $\frac{4\sqrt{2}\pi}{5}(e^{2\pi}-1)$

2. (1) $\frac{32}{5}\pi a^2$

4. $4\pi a^2$

5. (1) $2\pi\int_0^x (1+\sin x)\sqrt{1+\cos^2 x}\,dx$

   (2) $2\pi\int_0^x x\sqrt{1+\cos^2 x}\,dx$

   (3) $2\pi\int_2^4 (x-2)\sqrt{\frac{1+(2x+1)^2}{4(x^2+x)}}\,dx$

   (4) $2\pi\int_0^x (1+\sin t)\sqrt{4t^2+\cos^2 t}\,dt$

# 제 8 장 무한급수

문제 2 $\frac{1}{\ln 2}$

## 연습문제 8.2

1. (1) 수렴 (2) 수렴

   (3) 수렴 (4) 수렴

   (5) 수렴 (6) 수렴

   (7) 수렴 (8) 수렴

   (9) 발산 (10) 수렴

   (11) 수렴 (12) 수렴

   (13) 수렴 (14) 발산

   (15) 수렴 (16) 발산

3. 1

## 연습문제 8.3

1. (1) 수렴 (2) 수렴

   (3) 수렴 (4) 수렴

   (5) 수렴 (6) 수렴

   (7) 수렴 (8) 수렴

2. (1) 조건수렴 (2) 조건수렴

   (3) 발산 (4) 절대수렴

   (5) 발산 (6) 발산

3. (1) $|x|<1$이면 절대 수렴,

   $-1<x\le 1$이면 발산

   (2) $|x|>1$이면 절대 수렴,

   $-1<x<0,\ \ 0<x\le 1$이면 발산

   (3) 절대 수렴

   (4) $|\rho|<1$이면 절대 수렴

## 연습문제 8.4

1. (1) $\infty$ (2) $0$

   (3) $1$ (4) $1$

   (5) $\infty$ (6) $1$

   (7) $0$ (8) $e$

(9) 2

2. (1) $-1 < x < 1$ (2) $x = 0$
(3) $-1 \le x \le 1$ (4) $-1 \le x < 1$
(5) $-2 \le x < 2$ (6) $x \le 1$
(7) $-5 \le x < 1$ (8) $-5 < x \le 5$

### 연습문제 8.5

1. (1) $1 + \frac{x}{2} - \frac{1}{8}x^2 + \frac{1}{16}x^3 - \cdots,\ |x| < \infty$

(2) $x + \frac{1}{2} \cdot \frac{x^2}{3} + \frac{1 \cdot 3}{2 \cdot 4} \cdot \frac{x^5}{5} + \cdots,\ |x| < 1$

(3) $1 - x^2 + \frac{1}{3}x^4 - \frac{2}{45}x^6 + \cdots,\ |x| < \infty$

(4) $e\left(1 - \frac{x^3}{2} + \frac{x^4}{6} - \frac{31}{720}x^6 + \cdots\right)$

(5) $2\left(x + \frac{x^3}{3} + \frac{x^5}{5} + \frac{x^7}{7} + \cdots\right),\ |x| < 1$

(6) $1 + x + \frac{1}{2}x^2 + \frac{1}{3}x^3 + \cdots,\ |x| < \frac{\pi}{2}$

(7) $x - 2x^2 + 3x^3 - 4x^4 + \cdots,\ |x| < 1$

2. (1) $\frac{\sqrt{2}}{2}\left\{1 - \left(x - \frac{\pi}{4}\right) - \frac{1}{2!}\left(x - \frac{\pi}{4}\right)^2 + \cdots\right\},$
$|x| < \infty$

(2) $1 + \frac{1}{2}(x-1) - \frac{1}{8}(x-1)^2 + \cdots$
$0 < x < 2$

(3) $\frac{1}{e}\left\{1 + (x+1) + \frac{1}{2!}(x+1)^2 + \cdots\right\},$
$|x| < \infty$

(4) $\frac{1}{2}(x-2) - \frac{1}{2^2 \cdot 3}(x-2)^2$
$+ \frac{1}{2^2 \cdot 3}(x-2)^3 - \cdots,\ 0 < x \ge 4$

3. (1) 1.649 (2) 0.25
(3) 0.693 (4) 3.981

4. (1) $1 + x^2 + \frac{2}{3}x^4 + \cdots,\ |x| < \frac{\pi}{2}$

(2) $2 + 5x + 8x^2 + \cdots,\ |x| < 1$

5. $\frac{1}{120}$

### 연습문제 8.6

2. (1) 9.99 (2) 0.4851

3. $|x|\left(1 + \frac{1}{2x} + \frac{3}{8x^2}\right)$

4. $x + \frac{3}{2}x^2 + \frac{5}{3}x^3$

## 제 9 장 편미분

문제 1 $n = 16$

### 연습문제 9.1

1. (1) 1 (2) $\frac{1}{2}$

2. (1) 4 (2) 부존재
(3) $8\sqrt{2}$ (4) 0
(5) 부존재 (6) $\frac{1}{3}$

3. (2) 0

4. (1), (2) 원점에서 불연속, 그 외는 연속

### 연습문제 9.2

1. (1) $Z_x = \cos x + \cos(x+y),$
$Z_y = \cos y + \cos(x+y)$

(2) $Z_x = \frac{-y^3}{(x^2-y^2)^{\frac{3}{2}}},\ Z_y = \frac{x^3}{(x^2-y^2)^{\frac{3}{2}}}$

(3) $Z_x = 2x\tan^{-1}\frac{y}{x} - y,$
$Z_y = x - 2y\tan^{-1}\frac{x}{y}$

(4) $Z_x = yx^{y-1},\ Z_y = x^y \ln x$

(5) $Z_x = \sin(y-x) - x\cos(y-x),$
$Z_y = x\cos(y-x)$

(6) $Z_x = \ln\frac{y}{x} - 1,\ Z_y = \frac{x}{y}$

8. (1) $Z_{xx} = \frac{-2xy}{(x^2+y^2)^2},\ Z_{yy} = \frac{2xy}{(x^2+y^2)^2}$

$Z_{xy} = Z_{yx} = \frac{x^2-y^2}{(x^2+y^2)^2}$

(2) $Z_{xx} = \frac{\pm x}{(y^2-x^2)^{\frac{3}{2}}}$,

$Z_{yy} = \frac{\pm x(2y^2-x^2)}{y^2(y^2-x^2)^{\frac{3}{2}}}$,

$Z_{xy} = \frac{\mp y}{(y^2-x^2)^{\frac{3}{2}}}$

(3) $Z_{xx} = \frac{-3xy^2}{(x^2+y^2)^{\frac{5}{2}}},\ Z_{yy} = \frac{x(2y^2-x^2)}{(x^2+y^2)^{\frac{5}{2}}}$

$Z_{xy} = \frac{y(2x^2-y^2)}{(x^2+y^2)^{\frac{5}{2}}}$

(4) $Z_{xx} = 6xy+6y^3,\ Z_{yy} = 18x^2y$

$Z_{xy} = 3x^2+18xy^2$

(5) $Z_{xx} = -\frac{2}{x^2},\ Z_{yy} = -\frac{2}{y^2},\ Z_{xy} = 0$

(6) $Z_{xx} = 2y^2e^{xy}\cos xy$,

$Z_{yy} = 2x^2e^{xy}\cos xy$,

$Z_{xy} = e^{xy}\{\sin xy + (1+2xy)\cos xy\}$

9. $e^{xyz}(1+3xyz+x^2y^2z^2)$

## 연습문제 9.3

1. (1) $\frac{8}{3}x$ (2) $2\sqrt{1+x^2}$

(3) $\frac{2(1-\ln x)}{(x-\ln x)^2}$

2. (1) $3t^2+9t^8$ (2) $\sec^2 t$

(3) 1 (4) $\frac{-t}{(1+t^2)^{\frac{3}{2}}}$

3. $\frac{\partial u}{\partial x} = 4x,\ \frac{\partial u}{\partial y} = 4y$

4. $\frac{\partial u}{\partial x} = |2y|,\ \frac{\partial u}{\partial y} = |2x|$

5. $\frac{-2uv^2}{u^4+v^4}$

6. $\frac{\partial^2 z}{\partial x^2} + 2\frac{\partial^2 z}{\partial x\partial y}\frac{dy}{dx} + \frac{\partial^2 z}{\partial y^2}\left(\frac{dy}{dx}\right)^2$

$+\frac{\partial z}{\partial y}\frac{d^2y}{dx^2}$

7. $\frac{\partial^2 z}{\partial x^2}\left(\frac{du}{dx}\right)^2 + 2\frac{\partial^2 z}{\partial u\partial y}\frac{du}{dx}\frac{dv}{dx}$

$\frac{\partial^2 z}{\partial v^2}\left(\frac{dv}{dx}\right)^2 + \frac{\partial z}{\partial u}\frac{d^2u}{dx^2} + \frac{\partial z}{\partial v}\frac{d^2v}{dx^2}$

8. (1) $\frac{3x^2+2y^2}{x^3+y^2}$ (2) 1

(3) $(x+y-1)u$ (4) 0

## 연습문제 9.4

1. (1) $(9x^2+8xy)dx+(4x^2-6y^2)dy$

(2) $6x(x^2-y^2)dx-6y(x^2-y^2)dy$

(3) $\{\ln(x-y)+1\}(dx-dy)$

(4) $a^{xyz}xyz\left(\frac{dx}{x}+\frac{dy}{y}+\frac{dz}{x}\right)\ln a$

(5) $(ydx+xdy)\sin\frac{1}{\sqrt{x^2+y^2}}$

$-\frac{xy(xdx+xdy)}{(x^2+y^2)^{\frac{3}{2}}}\cos\frac{1}{\sqrt{x^2+y^2}}$

(6) $ydx+xdy+2zdz$

(7) $6(x^2+y^2)^2(xdx+ydy)$

(8) $x^xy^yz^z\left\{\left(\frac{y}{x}+\ln z\right)dx\right.$

$\left.+\left(\frac{z}{y}+\ln x\right)dy+\left(\frac{x}{z}+\ln y\right)dz\right\}$

(9) $\frac{1}{x}dx-\frac{1}{y}dy$

(10) $\frac{1}{x\sqrt{x^2-y^2}}(xdy-ydx)$

(11) $-e^{-x}\cos ydx - e^{-x}\sin ydy$

(12) $-2y^2\sin 2xdx + 2y\cos 2xdy$

2. (1) 0.58, 0.4 (2) $\frac{1}{2}$, $\frac{1}{2}$

(3) 0.964548, 1, 2

3. 2.0025

4. 10.962

5. 6.26cm$^2$

6. 6.25%

## 연습문제 9.5

1. (1) $\frac{2x}{y-x}$ (2) $\frac{\tan y + y\sec^2 x}{x\sec^2 y + \tan x}$

(3) $\frac{y^2}{x(1-y\ln x)}$ (4) $-\frac{y^2+xy\ln y}{x^2+xy\ln x}$

(5) $-\frac{y\tan x + \ln(\sin x)}{\ln(\cos x) - x\cot y}$

(6) $\frac{y^2+1}{y(3y-2x)}$

2. (1) $-\frac{x}{z}$, $-\frac{y}{z}$

(2) $-\frac{y+z-4yz}{y+z-4xy}$, $-\frac{z+x-4xz}{y+x-4xy}$

(3) $\frac{-e^y}{e^x+e^y}$, $\frac{-e^x}{e^x+e^y}$

(4) $-\frac{yz}{1-xy+x^2z^2}$, $-\frac{(1+x^2z^2)\tan^{-1}(xz)}{1-xy+x^2z^2}$

4. $\frac{dy}{dx}=\frac{lz-nx}{ny-mz}$, $\frac{dz}{dx}=\frac{mx-ly}{ny-mz}$

## 연습문제 9.6

1. (1) $\frac{-\pi}{\sqrt{2}}$ (2) $\frac{2}{13}$

(3) $\frac{\pi-3}{2\sqrt{5}}$ (4) $4\sqrt{3}$

2. (1) ( i ) $\left[1/\sqrt{1+\left(2-\frac{\pi}{2}\right)^2}\right] \cdot \left[\left(2-\frac{\pi}{2}\right)i-j\right]$

( ii ) $\sqrt{1+\left(2-\left(\frac{\pi}{2}\right)\right)^2}$

(2) ( i ) $\frac{1}{\sqrt{10}}(-3i+j)$ ( ii ) $8\sqrt{10}$

3. (1) $n=4i+2j$ (2) $n=2\sqrt{2}i-j$

4. (1) ( i ) $6x+10y+8z=36$

( ii ) $\frac{x-3}{6}=\frac{y-5}{10}=\frac{z+4}{8}$

(2) ( i ) $z-2x=-2$

( ii ) $\frac{x-2}{-2}=z-2$, $y=0$

(3) ( i ) $3x+3y+4z=25$

( ii ) $\frac{x-1}{3}=\frac{y-2}{3}=\frac{z-4}{4}$

5. (1) $\frac{x-\frac{1}{2}}{2}=\frac{y-1}{3}=\frac{z-2}{2}$ :

$2x+3y+2z-8=0$

(2) $\frac{x-\frac{1}{2}}{8}=\frac{y-\frac{1}{3}}{9}=\frac{z+1}{5}$ :

$8x+9y+5z-2=0$

(3) $\frac{x-1}{3}=\frac{y-2}{3}=\frac{z-4}{4}$ :

$3x+3y+4z-25=0$

(4) $\frac{x-1}{1}=\frac{2(y-4)}{1}=\frac{3(z-9)}{1}$ :

$x+\frac{1}{2}y+\frac{1}{3}z-6=0$

(5) $\frac{x-3}{3}=\frac{y-4}{4}=\frac{z-5}{-5}$ :

$3x+4y-5z=0$

6. $\frac{x_1x}{a^2}+\frac{y_1y}{b^2}+\frac{z_1z}{c^2}=1$ :

$\frac{a^2(x-x_1)}{x_1}=\frac{b^2(y-y_1)}{y_1}=\frac{c^2(z-z_1)}{z_1}$

7. $\frac{1}{2}(z+z_1)=ax_1x+by_1y$

9. $\frac{\pi}{2}-\cos^{-1}\frac{8}{3\sqrt{161}}=12.1°$

11. $\frac{\pi}{4}$

## 연습문제 9.7

1. (1) 극대, 극소 없음 (2) $(a,\ a)$ 극소

   (3) $\left(\frac{\pi}{2},\ \frac{\pi}{4}\right)$ 극대

   (4) $\left(\frac{\pi}{2},\ \frac{\pi}{2}\right)$ 극대, 극소 없음

   $\left(\frac{3\pi}{2},\ \frac{3\pi}{2}\right)$ 극소

   $\left(\frac{\pi}{6},\ \frac{\pi}{6}\right)$, $\left(\frac{5\pi}{6},\ \frac{5\pi}{6}\right)$ 극대

   (5) $\left(\frac{\pi}{6},\ \frac{\pi}{6}\right)$ 극대, $\left(\frac{5\pi}{6},\ \frac{5\pi}{6}\right)$ 극소

2. (i) $a>0,\ b>0,\ c>0$이면

   $f(0,\ 0,\ 0)=0$ 극솟값

   (ii) $a<0,\ b<0,\ c<0$이면

   $f(0,\ 0,\ 0)=0$ 극댓값

   (iii) $a,\ b,\ c$의 조건이 위 (i), (ii)가 아닌 경우, 극대, 극소 없음

3. (i) $x=y=0$이면 $f(0,\ 0)=0$ 극솟값

   (ii) $x=0,\ \ y=1$ 그리고 $x=0,\ \ y=-1$이면

   $a>b>0$인 경우 극대, 극소 없음

   $b>a>0$인 경우 극댓값 $b/e$

   (iii) $x=1,\ \ y=0$ 및 $x=-1,\ \ y=0$이면

   $b>a>0$인 경우 극대, 극소 없음

   $a>b>0$인 경우 극댓값 $a/e$

4. (i) $x=y=0$이면 극솟값 0

   (ii) $x=y=\frac{3a}{2}$이면, 극댓값 $\frac{9a^2}{2}$

6. 각 수는 $\frac{N}{3}$

7. $3\sqrt{3}(\mathbf{i}+\mathbf{j}+\mathbf{k})$

8. $(1,\ 2)$에서 최댓값 3,

   $\left(\frac{8}{5},\ -\frac{2}{5}\right)$에서 최솟값 $-\frac{12}{5}$

9. 최댓값 16, 최솟값 0

# 제10장 중적분

## 연습문제 10.1

1. (1) $\int_0^{\frac{1}{2}}\int_0^{y} f(x,\ y)dxdy + \int_{\frac{1}{2}}^{1}\int_0^{1-y} f(x,\ y)dxdy$

   (2) $\int_0^{4}\int_{\frac{y^2}{4}}^{4} f(x,\ y)dxdy$

   (3) $\int_0^{a}\int_{-\sqrt{a^2-y^2}}^{\sqrt{a^2-y^2}} f(x,\ y)dxdy$

   (4) $\int_0^{\frac{1}{4}}\int_y^{\sqrt{y}} f(x,\ y)dxdy + \int_{\frac{1}{4}}^{\frac{1}{2}}\int_y^{\frac{1}{2}} f(x,\ y)dxdy$

2. (1) 1 (2) 42

   (3) 0 (4) $\frac{\pi}{2}-1$

   (5) $\frac{2}{3}$ (6) $\frac{1}{2}(e-1)^2$

   (7) $\frac{1}{3}a^2$ (8) $\frac{28}{15}$

   (9) $2\sqrt{2}-1$ (10) 32

3. (1) $\frac{1}{4}(e^{16}-1)$ (2) $\frac{1}{2}(1-\cos 1)$

   (3) $e-1$ (4) $\frac{1}{3}(1-\cos 1)$

4. 81

5. $\frac{1}{6}$

6. $\frac{\pi}{4}-\frac{3}{4}$

7. $\sin 1$

## 연습문제 10.2

1. (1) $\frac{\pi}{4}(1-e^{-4})$ (2) $\frac{\pi}{8}(1-\cos 18)$

(3) $\frac{1}{3}\pi a^3$

2. (1) $\pi$ (2) $\frac{3}{2}\pi$

(3) $\frac{3}{2}\pi a^2$ (4) 1

3. (1) $\frac{1}{2}(3\sqrt{3}-\pi)$ (2) $\frac{\pi}{2}-1$

(3) $18\pi-24$ (4) $\pi+8$

(5) $\frac{a^2}{3}(3\sqrt{3}-\pi)$

4. (1) $\frac{1}{2}\sin 1$ (2) $\frac{e-1}{2}$

(3) $2\ln 2$ (4) $\frac{13}{6}$

(5) $e-e^{-1}$

5. 5

6. $\frac{1}{4}(1-\cos 1)$

7. $\frac{e\pi}{e-1}$

8. $\frac{1}{2}$, $\frac{4}{e}$

9. 8

## 연습문제 10.3

1. (1) $\frac{18}{3}$ (2) $\frac{4}{3}$

2. (1) $\frac{5}{6}$ (2) $\frac{2}{5}$

3. (1) $\frac{4}{3}a^3$ (2) $\frac{4}{3}$

(3) $\frac{8}{15}$ (4) 6

(5) $8\pi$

4. (1) $\frac{a^2}{2}$ (2) $\frac{9}{2}$

(3) $e-1$ (4) $\frac{9}{2}$

(5) $2a^2+\frac{\pi a^2}{2}$ (6) $\frac{1}{10}$

5. (1) $\frac{4}{3}\pi(8-3\sqrt{3})$ (2) $\frac{4}{3}\pi a^3$

(3) $\frac{4}{3}$ (4) $\frac{16}{9}(3\pi-4)$

## 연습문제 10.4

1. (1) $\sqrt{6}$ (2) $\frac{61}{27}$

(3) $\frac{3}{2}$ (4) $\frac{2}{3}$

2. (1) $2a^2$ (2) $\frac{\sqrt{2}}{2}a^2$ (3) $\frac{13}{96}+\frac{3}{2}\ln 2$

3. $\frac{1}{2}(\pi-2)a^2$

4. 16

# 제11장 선적분과 면적분

## 11.3

문제 1 $\frac{8}{5}$

문제 2

(1) $\frac{5}{3}$ (2) $\frac{8}{3}$

(3) 2

문제 3

(1) 2 (2) $-3$

(3) $\frac{6}{5}$

문제 4 $32\pi$

## 연습문제 11.3

1. $\frac{2}{3}$

2. (1) $\frac{7}{3}$ (2) $\frac{17}{3}$

3. (1) $\frac{2}{3}$ (2) $-4$

(3) $3\frac{61}{84}$

4. $-10$

5. (1) 1 (2) 1

(3)1

6. $\frac{5}{84}$

7. $\frac{5}{84}$

## 연습문제 11.4

2. $\frac{5\pi}{4}a^2b^3$

# 찾아보기

예비교사를 위한

# 미분적분학

지은이 이홍렬
펴낸이 조경희
펴낸곳 경문사
펴낸날 2023년 3월 2일 1판 1쇄
등 록 1979년 11월 9일 제1979-000023호
주 소 04057, 서울특별시 마포구 와우산로 174
전 화 (02)332-2004 팩스 (02)336-5193
이메일 kyungmoon@kyungmoon.com

값 26,000원

ISBN 979-11-6073-607-6